普通高等院校计算机基础教育规划教材·精品系列

计算机软件技术基础

主　编　李廷元　付茂洺　何元清

副主编　高大鹏　戴　蓉　张　欢

主　审　刘晓东　王　欣　张选芳

U0316527

中国铁道出版社有限公司
CHINA RAILWAY PUBLISHING HOUSE CO., LTD.

内 容 简 介

本书按照教育部高等学校大学计算机课程教学指导委员会提出的"三个层次五门课"的系列课程体系设置的第二层次的一门基础理论课的课程大纲编写而成，系统介绍了计算机软件技术的基本内容，包括数据结构、计算机操作系统、软件工程及数据库技术。本书内容丰富、重点突出，体系结构和内容选取强调基础性和实用性，符合理工科学生的认知规律，各章后均配有选择题、填空题和问答题，供学生练习使用。

本书适合作为高等院校理工科非计算机专业教材，也可供科技人员及计算机爱好者阅读，还可作为全国计算机二级考试软件理论基础部分的参考用书。

图书在版编目（CIP）数据

计算机软件技术基础/李廷元，付茂洺，何元清主编. —北京：中国铁道出版社，2017.8（2023.7 重印）

普通高等院校计算机基础教育规划教材. 精品系列

ISBN 978-7-113-23519-2

Ⅰ.①计… Ⅱ.①李… ②付… ③何… Ⅲ.①软件-高等学校-教材 Ⅳ.①TP31

中国版本图书馆 CIP 数据核字（2017）第 200607 号

书　　名：计算机软件技术基础	
作　　者：李廷元　付茂洺　何元清	
策　　划：周海燕	编辑部电话：（010）63549501
责任编辑：周海燕　冯彩茹	
封面设计：穆　丽	
封面制作：刘　颖	
责任校对：张玉华	
责任印制：樊启鹏	

出版发行：中国铁道出版社有限公司（100054，北京市西城区右安门西街 8 号）

网　　址：http://www.tdpress.com/51eds/

印　　刷：北京铭成印刷有限公司

版　　次：2017 年 8 月第 1 版　　2023 年 7 月第 3 次印刷

开　　本：787 mm×1 092 mm　1/16　印张：18.75　字数：456 千

书　　号：ISBN 978-7-113-23519-2

定　　价：45.00 元

前言
PREFACE

党的二十大报告中提到，要"实施科教兴国战略，强化现代化建设人才支撑""教育、科技、人才是全面建设社会主义现代化国家的基础性、战略性支撑"，要"全面提高人才自主培养质量"。其中，人才自主培养、关键核心技术自主研发是当前教育和科技工作的重点任务，如何做到用国产软件替代国外软件也是我国科技领域的当务之急。

本书按照教育部高等学校大学计算机课程教学指导委员会提出的"三个层次五门课"系列课程体系设置的第二层次的一门基础理论课的课程大纲编写而成。通过本书的学习，学生会对计算机软件设计所需的基本知识和技巧有一个全面的认识，为软件设计开发工作打下坚实的基础。

学习本书需要学习一门计算机编程语言作为先导课程，推荐 C 语言。针对非计算机专业的理工科学生，着重介绍了数据结构、计算机操作系统、软件工程和数据库技术等方面的基础理论知识。一方面涵盖尽可能多的专业知识以提高学生对计算机软件开发的专业素养，一方面增加与全国计算机等级考试二级考试的契合度，做到技能提高和考证通过两不耽误。内容力求由浅入深，通俗易懂，简明扼要，注重实用技术。

本书共 4 章，第 1 章数据结构，主要讲述算法与数据结构的基本概念及常用的典型数据结构与算法，包括链表、队列、栈、数组等线性数据结构，二叉树、哈夫曼树等树形数据结构和简单的图形数据结构。在算法方面，结合数据结构讲述了查找与排序算法。第 2 章计算机操作系统，主要介绍操作系统的几大管理功能：处理器管理、存储管理、作业管理、设备管理与文件管理。第 3 章软件工程，介绍软件工程的概念、常用开发模型以及新型软件工程技术。第 4 章数据库技术，主要介绍数据库的基本概念与技术，包括数据库的基础知识、数据库的数据模型、结构化查询语言、数据库设计以及新型数据库技术。

本书内容简明清晰、重点突出、实例丰富、图文并茂，并结合每章内容给出了习题，以达到通过练习巩固每章所学知识的目的。

本书由李廷元、付茂洺、何元清任主编，高大鹏、戴蓉、张欢任副主编。其中，李廷元、高大鹏、潘磊编写了第 1 章，付茂洺、张欢编写了第 2 章，戴蓉编写了第 3 章，何元清、张欢编写了第 4 章，刘晓东、王欣、张选芳主审。

本书在编写和出版过程中得到了许多老师的热情支持和帮助，在此对他们一并表示诚挚的谢意！

由于编者水平有限，加之时间仓促，书中难免存在疏漏和不足之处，恳请同行和读者不吝赐教。

编　者
2023 年 7 月

目录

CONTENTS

第**1**章

数据结构

从第一台电子计算机诞生到现在的 70 多年中，计算机的应用领域从单纯的科学计算扩展到情报检索、信息管理、工业生产、数据库应用等方面，处理对象也从原来的数值计算发展到对非数值数据的处理，而非数值数据不仅数据量大，而且类型繁多复杂，因此需要首先考虑这些数据量大且关系复杂的数据如何组织的问题，这正是数据结构的研究内容。

本章首先介绍数据结构的基本概念，然后重点介绍了数据结构中的线性结构和非线性结构，最后介绍了数据的查找和排序。

1.1　数据结构的基本概念

计算机软件离不开程序设计，而程序设计的两大基础是算法和数据结构，"程序=算法+数据结构"的概念已经广为人知。计算机软件加工处理的对象是数据，而数据具有一定的组织结构，因此数据结构就是研究数据的逻辑结构、存储结构及其运算的一门科学。

1.1.1　数据结构的研究内容及其重要性

数据结构是组织和访问数据的系统方法。自从 1946 年第一台计算机 ENIAC 问世以来，计算机已经在各个领域得到了广泛的应用。用计算机处理问题，首先需要把客观对象抽象为某种形式的数据，然后设计对这些数据进行处理的算法，由计算机执行设计好的算法，最后获得问题的处理结果。著名计算机科学家 Niklaus Wirth 在其经典著作《数据结构+算法=程序》中，认为程序其实就是数据在特定的表示方式和结构的基础上对抽象算法的具体描述，说明了数据结构的重要性。

在计算机应用的早期，计算机主要应用于科学计算，要解决的问题侧重于数值计算，处理的对象相对较为简单，如对整数、实数进行算术运算、逻辑运算等，此时用一些变量或数组等足以表示要解决的问题。但随着计算机从早期的数值计算扩展到非数值计算领域，如管理信息系统、受控热核聚变、人工智能模拟、工业过程实时控制、卫星遥感遥测及气象等领域，数据的处理对象日益复杂和多样化，处理的数据呈海量式增长，有关数据结构的研究内容已经成为编译系统、操作系统、数据库管理系统及其他系统程序和一些应用系统的重要基础。

1968 年，美国唐纳德·克努特（Donald E. Knuth）教授出版了其名著《计算机程序设计艺术》第一卷《基本算法》，首次系统地阐述了数据结构的主要内容，即数据的逻辑结构、存储结构以及对数据进行操作的各种算法。到 20 世纪 70 年代中期和 80 年代初，各种有关数据结构的著作大量问世，我国于 20 世纪 70 年代末开始设置数据结构的相关课程，现在数据结构不仅是计算机科学与技术专业的核心课程，同时也是很多计算机应用相关专业的一门重要的选修课或必修课，因此掌握数据结构的知识对于我们进一步进行高效率的计算机程序开发非常重要。

1.1.2　数据结构的基本概念和术语

① 数据（Data）：是信息的载体，是描述客观事物的数、字符，以及所有能输入到计算机中、能被计算机程序识别和处理的符号的集合。数据又可分为数值性数据和非数值性数据两大类。数值性数据如整数、实数、复数等，一般用于工程和科学计算等；非数值性数据如字符、字符串、文字、图形、语音等。

② 数据元素（Data Element）：是数据的基本单位，在计算机程序中通常作为一个整体进行考虑和处理。

③ 数据项（Data Item）：是具有独立含义的最小标识单位。有时，一个数据元素可由若干数据项组成。如整数集合中，10 就可以称为是一个数据元素。又如在一个关系型数据库中，一个记录可称为一个数据元素，而这个元素中的某一字段就是一个数据项。

④ 数据对象（Data Object）：数据的子集。数据对象是具有相同性质的数据成员（数据元素）的集合。如整数数据对象 $N=\{0,1,2,\cdots\}$，英文字母数据对象 LETTER=\{'A','B',\cdots,'Z'\}。

⑤ 数据类型（Data Type）：是一个值的集合以及在这些值上定义的一组操作的总称。

⑥ 结构（Structure）：数据元素相互之间的关系称为结构，有以下 4 种类型的基本结构。

- 集合结构：结构中的数据元素之间除了"同属于一个集合"的关系外，别无其他关系。
- 线性结构：结构中的数据元素之间存在一对一的关系。
- 树状结构：结构中的数据元素之间存在一对多的关系。
- 图状结构或网状结构：结构中的数据元素之间存在多对多的关系。

以上 4 种类型的基本结构如图 1-1 所示。

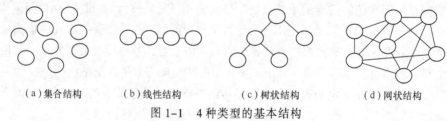

（a）集合结构　　　（b）线性结构　　　（c）树状结构　　　（d）网状结构

图 1-1　4 种类型的基本结构

⑦ 数据结构（Data Structure）：相互之间存在一种或多种特定关系的数据元素的集合。

数据结构的定义虽然没有统一的标准，但是它包括以下 3 方面的内容：逻辑结构、存储结构和对数据的操作。为了增加对数据结构的认识，举一个实例，如表 1-1 所示。

表 1-1 是一个班级学生的成绩表（也称成绩数据库），同时，它也构成一个数据结构。它由很多记录（数据元素）组成，每个元素又由多个数据列（字段、数据项）组成。那么这张表的逻辑结构是怎么样的呢？我们分析数据结构都是从结点（其实也就是元素、记录、顶点，虽然在各种情况下所用名字不同，但指的是同一个东西）之间的关系来分析的，对于这个表中的任意一个记录（结点），它只有一个直接前驱和一个直接后继（前驱、后继就是前相邻、后相继

的意思），整个表只有一个开始结点和一个终端结点。所有这些就构成了这个表的逻辑结构，亦即逻辑结构就是数据元素之间的逻辑关系。

表 1-1 学生成绩表

学 号	姓 名	语 文	数 学	物 理
121001	王强	87	90	96
121002	李一龙	69	91	89
121003	张映月	87	79	71
121004	何一端	84	88	68
…	…	…	…	…

数据的逻辑结构通常分两大类：线性结构和非线性结构。

① 线性结构：其特征是若结构为非空集，则该结构有且只有一个开始结点和一个终端结点，并且所有结点最多只有一个直接前驱和一个直接后继。线性表就是一个典型的线性结构。

② 非线性结构：其逻辑特征是该结构中一个数据元素可能有多个直接前驱和直接后继。非线性结构中最普遍的是图结构。

数据的存储结构是指数据的逻辑结构在计算机存储空间中的存放形式。在数据的存储结构中，不仅要存放各数据元素的信息，还需要存放各数据元素之间的前后间关系的信息。数据的存储结构有时也称为数据的物理结构，它是逻辑结构在计算机存储器中的物理实现。

表 1-1 中的数据元素在计算机中可以采取不同的存储方式：①将数据元素连续存放在一片内存单元中；②将数据元素随机地存放在不同的内存单元中，再用指针将这些数据元素链接在一起。这两种存储方式就形成两种不同的存储结构。

常用的数据存储结构有以下 4 种基本形式：

1）顺序存储

该方法把逻辑上相邻的数据元素存储在物理位置上相邻的存储单元中，数据元素间的逻辑关系由存储单元的邻接关系来体现。由此得到的存储表示称为顺序存储结构(Sequential Storage Structure)，通常借助程序语言的数组来实现。顺序存储方法主要应用于线性的数据结构。非线性的数据结构也可通过某种线性化的方法实现顺序存储。

2）链式存储

该方法不要求逻辑上相邻的数据元素在物理位置上也相邻，数据元素间的逻辑关系由附加的指针字段表示。由此得到的存储表示称为链式存储结构（ Linked Storage Structure ），通常借助于程序语言的指针类型来实现。

3）索引存储

该方法通常在存储数据元素信息的同时，还建立附加的索引表。索引表由若干索引项组成。若每个数据元素在索引表中都有一个索引项，则该索引表称为稠密索引（ Dense Index ）。若一组数据元素在索引表中只对应一个索引项，则该索引表称为稀疏索引（ Spare Index ）。索引项的一般形式是 “（关键字,地址）”。关键字是能唯一标识一个数据元素的数据项。稠密索引中索引项的地址表示数据元素所在的存储位置；稀疏索引中索引项的地址表示一组数据元素的起始存储位置。

4）散列存储

该方法的基本思想是：根据数据元素的关键字直接计算该数据元素的存储地址。

以上4种基本存储方法既可单独使用，也可组合起来对数据结构进行存储。同一逻辑结构采用不同的存储方法，可以得到不同的存储结构。选择何种存储结构表示相应的逻辑结构，视具体要求而定，主要考虑运算方便及算法的时间和空间要求。

除了逻辑结构和物理结构外，数据结构的第三个内容是对数据的操作（运算），如一张表格，如何进行查找、增加、修改、删除记录等操作？这也就是数据的运算，它不仅仅是指加减乘除算术运算，在数据结构中，这些运算常常涉及算法问题。

算法（Algorithm）是对特定问题求解步骤的一种描述，由有限的指令序列组成，可完成某项特定的任务。为了保证正确地处理数据，学习数据结构必然要学习算法。要理解数据结构本身，重要的是理解实现数据结构操作的算法。算法和数据结构是相辅相成、缺一不可的两个方面。数据结构是算法处理的对象，也是设计算法的基础。一个具体问题的数据在计算机中往往可以采用多种不同的数据结构来表示；一个计算过程的实现又常常有多种可用的算法。因此，选择什么样的算法和数据结构就成为实现程序过程中最重要的一个课题。

（1）算法的5个重要特性

① 有穷性：一个算法必须在执行有穷步之后结束。

② 确定性：算法的每一个步骤，必须是确切地定义的。

③ 输入：一个算法有零个或多个输入。

④ 输出：一个算法有一个或多个输出。

⑤ 可行性：算法中执行的任何计算步都是可以被分解为基本的可执行的操作步，即每个计算步都可以在有限时间内完成（也称之为有效性）。

有的书把算法的特性中的输入/输出特性又称为"有足够的情报"，是指有足够条件的"输入"能让算法得到结果，这个情报也包括了结果。

（2）算法的两种基本要素

算法由数据对象的运算和操作、算法的控制结构两种基本要素组成。

① 算法中对数据的运算和操作：算法实际上是按解题要求，从环境中能进行的所有操作中选择合适的操作所组成的一组指令序列。即算法是由计算机能够处理的操作所组成的指令序列。

② 算法的控制结构：在算法中，操作的执行顺序又称算法的控制结构，一般的算法控制结构有3种：顺序结构、选择结构和循环结构。

（3）算法设计的基本方法

① 列举法：基本思想是，根据提出的问题，列举出所有可能的情况，并用问题中给定的条件检验哪些是满足条件的，哪些是不满足条件的。

② 归纳法：基本思想是，通过列举少量的特殊情况，经过分析，最后找出一般的关系。

③ 递推：是从已知的初始条件出发，逐次推出所要求的各个中间环节和最后结果。本质也是一种归纳，递推关系式通常是归纳的结果。

④ 递归：在解决一些复杂问题时，为了降低问题的复杂程序，通常是将问题逐层分解，最后归结为一些最简单的问题。分为直接递归和间接递归两种方法。

⑤ 减半递推技术：减半递推即将问题的规模减半，然后，重复相同的递推操作。

⑥ 回溯法：是一种选优搜索法，又称为试探法，按选优条件向前搜索，以达到目标。但当探索到某一步时，发现原先选择并不优或达不到目标，就退回一步重新选择，这种走不通就退回再走的技术为回溯法，而满足回溯条件的某个状态的点称为"回溯点"。

（4）算法分析

在使用算法对特定的问题进行求解时，往往涉及对算法的分析。算法分析（Algorithm Analysis）是指对算法的执行时间和所需内存空间的估算。同一问题的求解往往可以使用不同的算法。通过算法分析可以比较两个算法的效率高低。

① 算法的时间复杂度：执行一个算法所花费的时间代价。当要解决的问题的规模以某种单位由 1 增至 n 时，对应算法所耗费的时间也以某种单位由 $f(1)$ 增至 $f(n)$。此时称该算法的时间复杂度为 $f(n)$。

② 算法的空间复杂度：执行一个算法所需占用的空间代价。当要解决的问题的规模以某种单位由 1 增至 n 时，对应算法所需占用的空间也以某种单位由 $g(1)$ 增至 $g(n)$。此时称该算法的空间复杂度为 $g(n)$。

③ 问题的规模：指的是算法要解决的问题所要处理的数据量的大小。例如，对 n 个记录进行排序，n 就是问题的规模。再例如，求 n 阶矩阵的转置矩阵，n 也可以看作是问题的规模。时间单位一般规定为一个简单语句（如赋值语句、条件判断语句等）所用的时间。空间单位一般规定为一个简单变量（如整型、字符型、浮点型等）所占用的存储空间大小。

要全面地分析一个算法，应考虑该算法在最坏情况下的代价、最好情况下的代价、平均情况下的代价。然而，要全面准确地分析每一个算法是相当困难的，一般考虑这个算法在最坏情况下的代价。在多数情况下，只要得到一个估计值就足够了。

在描述算法分析的结果时，通常采用 O 表示法：即某个算法的时间代价（或空间代价）为 $O(f(n))$，如果存在正常数 c 和 n_0，当问题的规模 $n \geqslant n_0$ 时，该算法的时间代价（或空间代价）为 $T(n) \leqslant c \cdot f(n)$，这时也称该算法的时间（或空间）代价的增长率为 $f(n)$。这种说法意味着，当 n 充分大时，该算法的复杂度不大于 $f(n)$ 的一个常数倍。

采用 O 表示法简化了时间复杂度和空间复杂度的度量，其基本思想是关注复杂性的数量级，而忽略数量级的系数，这样在分析算法的复杂度时，可以忽略零星变量的存储空间和个别语句的执行时间，重点分析算法的主要代价。

常见的时间复杂度按数量级递增排列依次为常数阶 $O(1)$、对数阶 $O(\log_2 n)$、线性阶 $O(n)$、线性对数阶 $O(n \log_2 n)$、平方阶 $O(n^2)$、立方阶 $O(n^3)$、k 次方阶 $O(n^k)$、指数阶 $O(2^n)$。

理解了逻辑结构、存储结构以及对数据的操作 3 个问题，即可理解数据结构的概念。

在不引起混淆的情况下，通常将数据的逻辑结构简称为数据结构，但要清楚的是，数据结构研究的不仅仅是数据的逻辑结构，还包含对数据的存储结构以及数据的操作的研究。

1.1.3　数据结构、数据类型和抽象数据类型

数据结构用来反映一个数据的内部构成，即一个数据由哪些数据元素构成，以什么方式构成，呈什么结构。数据结构包括逻辑上的数据结构和物理上的数据结构。逻辑上的数据结构反映数据元素之间的逻辑关系，物理上的数据结构反映数据元素在计算机内的存储方式。数据结构是数据存在的形式。

数据按照数据结构分类，具有相同数据结构的数据属同一类。同一类数据的全体称为一个数据类型。在高级程序设计语言中，数据类型用来说明一个数据在数据分类中的归属。它是数据的一种属性。这个属性限定了该数据的变化范围。为了解题的需要，根据数据结构的种类，高级语言定义了一系列的数据类型。不同的高级语言所定义的数据类型不完全相同，例如，C++语言所定义的数据类型如图 1-2 所示。

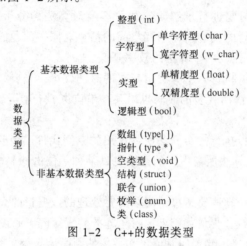

图 1-2　C++的数据类型

其中，基本数据类型对应于简单的数据结构，非基本数据类型对应于复杂的数据结构。在复杂的数据结构中，允许数据元素本身具有复杂的数据结构，因而，非基本数据类型允许复合嵌套。指针类型对应于数据结构中数据元素之间的关系，表面上属基本数据类型，实际上都指向复杂的数据元素即构造数据类型中的数据，因此这里没有把它划入基本数据类型中，而是把它划入非基本数据类型中。

数据结构反映数据内部的构成方式，常常用一个结构图来描述：数据中的每一项，数据元素被看作一个结点，并用方框或圆圈表示，数据元素之间的关系用带箭头的连线表示。如果数据元素本身又有它自身的结构，则结构出现嵌套。这里的嵌套还允许是递归的嵌套。

指针数据的引入使构造各种复杂的数据结构成为可能。

按照数据结构中的数据元素之间的关系，数据结构有线性与非线性之分。在非线性数据结构中又有层次与网状之分。由于数据类型是按照数据结构划分的，因此一类数据结构对应一种数据类型。数据类型按照该类型中的数据所呈现的结构也有线性与非线性之分和层次与网状之分。一个数据变量在高级语言中的类型说明必须是该变量所具有的数据结构所对应的数据类型。

抽象数据类型（Abstract Data Type，ADT）是带有一些操作的数据元素的集合，是一种描述用户和数据间接口的抽象模型，ADT 的主要功能是简单而明确地描述数据结构的操作。此处的"抽象"意味着应该从与实现方法无关的角度去研究数据结构。抽象数据类型为用户提供了一种定义数据类型的手段，其关键的两个要素为数据的结构以及在该结构上相应的操作的集合。

引入抽象数据类型的目的是把数据类型的表示和数据类型上运算的实现与这些数据类型和运算在程序中的应用隔开，使它们相互独立。对于抽象数据类型的描述，除了必须描述它的数据结构外，还必须描述定义在它上面的运算（过程或函数）。抽象数据类型上定义的过程和函数以该抽象数据类型的数据所应具有的数据结构为基础。

下面的各节将讨论一些基本抽象数据类型。所谓基本，只是相对而言，这些数据类型是最基本、最简单的，并且是实现其他抽象数据类型的基础。

在后面的内容中我们将了解到表、栈、队列、串、树、图等常见的基本抽象数据类型的 ADT 操作以及这些操作用不同数据描述方法的具体实现。

1.2 线 性 结 构

线性结构是数据结构中最简单且最常用的一种数据结构。线性结构的基本特点是数据元素有序并且是有限的。

线性结构包括以下几种常见的数据类型：线性表、栈、队列、数组、串等。

1.2.1 线性表

线性表（Linear List）是 n（$n \geq 0$）个相同类型的元素 $a_1, a_2, a_3, \cdots, a_n$ 所构成的有限线性序列，通常表示为 $(a_1, a_2, a_3, \cdots, a_n)$，其中，$n$ 为线性表的长度。a_i（$0 \leq i \leq n$）是线性表中第 i 个序号的数据元素。a_i 是抽象表示符号，在不同的情况下含义不同。例如，一个整数序列 $(7,8,9,10,11,12,34)$ 是一个线性表，表中每一个元素 a_i 均为整数，表长为 7。

以上每个数据元素包括一个数据项，而 1.1.2 节中的学生成绩表数据，对于每一位学生 student1、student2、student3……每个数据元素均包括多个数据项。

1. 线性表的概念

简单地说，线性表就是 n 个数据元素的有限序列。线性表具有如下特点：存在唯一的被称为"第一个"的数据元素；存在唯一的被称为"最后一个"的数据元素；除第一个数据元素之外，线性表中的每个数据元素均只有一个前驱；除最后一个数据元素之外，线性表中的每个数据元素均只有一个后继。

在线性表中，一个元素可以由若干数据项组成，在这种情况下的数据元素称为记录，而含有大量记录的线性表又称为文件。线性表中元素的个数 n 定义为线性表的长度，$n \geq 0$。

同一个线性表中的元素必定具有相同特性，即属于同一数据对象，相邻数据元素之间存在序偶关系，即数据元素是"一个接一个地排列在一起"：

$$(a_1, \cdots, a_{i-1}, a_i, a_{i+1}, \cdots, a_n)$$

其中，a_{i-1} 为 a_i 的直接前驱，a_{i+1} 为 a_i 的直接后继，a_i 是第 i 个元素，称 i 为数据元素 a_i 在线性表中的位序。

线性表是相当灵活的一种数据结构，如长度可根据需要增减，元素也可以增删。

线性表的基本操作有以下几种：

① Initiate(L){初始化}：设定一个空的线性表。

② Length(L){求表长}：对给定的线性表 L，函数返回值为其数据元素的个数。

③ Get(L,i){取元素}：若给定的数据元素序号 i 满足 $1 \leq i \leq$ Length(L)，则函数返回值为给定线性表 L 的第 i 个元素 a_i，否则返回空元素。

④ Locate(L,x){定位}：对给定值，若线性表 L 中存在某个数据元素 a_i 等于 x，则函数返回索引号最小的 i 的值；若 L 中不存在等于 x 的数据元素，则函数返回一个特殊值（比如 -1），

以说明不存在的位置。

⑤ Insert(*L*,*i*,*x*){插入}：对给定的线性表 *L*，若索引号 *i* 满足 $1 \leqslant i \leqslant \text{Length}(L)+1$，则在线性表的第 *i* 个位置上插入一个新的数据元素 *x*，使原来表长度为 *n* 的线性表变为表长为 *n*+1 的线性表，并使函数返回值为 true，否则函数返回值为 false。

⑥ Delete(*L*,*i*){删除}：对给定的线性表，若索引号 *i* 满足 $1 \leqslant i \leqslant \text{Length}(L)$，则把线性表中第 *i* 个元素 a_i 删除，使原来表长为 *n* 的线性表变成表长为 *n*-1 的线性表，并使函数返回值为 true，否则函数返回值为 false。

对于线性表的其他有关操作，如线性表的合并、排序等操作，都可以通过以上基本操作来实现。

2. 线性表的抽象数据类型的定义

```
ADT List{
    数据对象: D={ai|ai∈Elemset, i=1,2,…,n,n≥0}
    数据关系: R1={<ai-1,ai>|ai-1,ai∈D,i=2,…,n}
    基本操作:
    InitList(&L)
    操作结果: 构造一个空的线性表L
    DestroyList(&L)
    初始条件: 线性表已存在
    操作结果: 销毁线性表L
    ClearList(&L)
    初始条件: 线性表已存在
    操作结果: 置线性表L为空表
    ListEmpty(L)
    初始条件: 线性表已存在
    操作结果: 若线性表L为空表，则返回Ture，否则返回False
    ListLenght(L)
    初始条件: 线性表已存在
    操作结果: 返回线性表L数据元素个数
    GetElem(L,i,&e)
    初始条件: 线性表已存在（1≤i≤ListLenght(L)）
    操作结果: 用e返回线性表L中第i个数据元素的值
    locatElem(L,e,compare())
    初始条件: 线性表已存在，compare()是数据元素判定函数
    操作结果: 返回线性表L中第1个与e满足关系compare()的数据元素的位序
    PriorElem(L,cur_e,&pre_e)
    初始条件: 线性表已存在
    操作结果: 若cur_e是线性表L的数据元素，且不是第一个,则用pre_e返回它的前驱,否则操作失败,pre_e无定义
    NextElem(L,cur_e,&)
    初始条件: 线性表已存在
    操作结果: 若cur_e是线性表L的数据元素，且不是最后一个,则用next_e返回它的后继,否则操作失败,next_e无定义
    ListInsert(&L,i,e)
    初始条件: 线性表已存在（1≤i≤ListLenght(L)+1）
```

操作结果：在线性表 L 中第 i 个数据元素之前插入新元素 e，L 长度加 1

ListDelete(&L,i,&e)

初始条件：线性表已存在（1≤i≤ListLenght(L)）

操作结果：删除线性表 L 中第 i 个数据元素，用 e 返回其值，L 长度减 1

ListTraverse(L,visit())

初始条件：线性表已存在

操作结果：依次对线性表 L 的每个数据元素调用 visit() 函数，一旦 visit() 失败，则操作失败

}ADT List

上述是线性表抽象数据类型的定义，其中只是一些基本操作，也可以更复杂，如将两个线性表合并等。

3. 线性表的顺序存储结构及其实现——顺序表

线性表的存储结构有多种类型，如顺序存储结构和链式存储结构，因此线性表可以采用使用顺序存储结构的顺序表和有序顺序表来实现，也可以采用链式存储结构的单链表、双链表和循环链表等来实现。

（1）顺序表的定义

① 顺序存储结构：即把线性表的数据元素按逻辑次序依次存放在一组地址连续的存储单元中的方法。

② 顺序表（Sequential List）：用顺序存储结构实现的线性表简称顺序表。按数据元素的值无序或有序存放，顺序表又可分为无序顺序表和有序顺序表两种。

（2）数据元素的存储地址

设线性表中所有数据元素的类型相同，则每个数据元素所占用的存储空间大小也相同。当把线性表的数据元素存入存储空间后，称这样的一种存储空间为一个"结点"。假设表中每个结点占用 c 个存储单元，并设表中第一个结点 a_1 的存储地址（简称基地址）是 Loc(a_1)，那么结点 a_i 的存储地址 Loc(a_i) 可通过下式计算：

$$\text{Loc}(a_i)= \text{Loc}(a_1)+(i-1)\times c \qquad (1\leq i\leq n)$$

在顺序表中，每个结点 a_i 的存储地址是该结点在表中的位置 i 的线性函数。只要知道基地址和每个结点的大小，就可在相同时间内求出任一结点的存储地址，因此顺序表是一种随机存取存储的结构。

（3）顺序表类型定义

```
#define ListSize 100      //表空间的大小可根据实际需要而定，这里假设为100
struct SeqList
{   int data[ListSize];   //数组 data 用于存放表结点，结点中元素的类型假设为 int
    int length;           //当前的表长度
};
```

① 除了用数组这种顺序存储的类型存储线性表的元素外，顺序表还应该用一个变量来表示线性表的长度属性，因此用结构体类型来定义顺序表类型。

② 存放线性表结点的数组空间的大小 ListSize 应仔细选值，使其既能满足表结点的数目动态增加的需求，又不至于浪费存储空间。

③ 由于 C 语言中数组的下标从 0 开始，所以若 L 是 SeqList 类型的顺序表，则线性表的

开始结点 a_1 和终端结点 a_n 分别存储在 L.data[0] 和 L.Data[L.length–1] 中。

④ 若 L 是 SeqList 类型的指针变量，则 a_1 和 a_n 分别存储在 L->data[0] 和 L->data[L->length–1] 中。

（4）顺序表的特点

顺序表是用顺序存储结构实现的线性表，具有以下优点：

① 存储方式简单：几乎所有的程序设计语言都支持数组，因此用一维数组表示顺序表是最简单的实现方式。数组的下标可以看作数据元素的相对地址，因此在顺序表中逻辑上相邻的数据元素，其物理位置也相邻。

② 顺序表便于随机访问，访问效率高。顺序表第 i 个元素的地址可表示为：

$$\text{Loc}(a_i)= \text{Loc}(a_1)+(i-1)\times c \quad （1\leqslant i\leqslant n）$$

因此，只要知道顺序表的首地址和每个数据元素所占存储单元的大小即可求出第 i 个数据元素的地址。

但顺序表也具有一些缺点：

① 扩充不方便：顺序表一般采用数组实现，而定义数组时必须指明大小，该大小一旦确定，在程序运行过程中一般不允许修改，因此对于表中数据元素个数需要增加的情况，存储空间不易扩充。

② 插入和删除操作不方便：由于顺序表一般采用数组实现，因此在顺序表中插入或删除某个数据元素时，需要移动数组中的元素，从而占用较大的存储空间和较多的运行时间，致使插入和删除效率低。

（5）顺序表上实现的基本运算

① 表的初始化：

```
void InitList(struct SeqList *L)
{  //顺序表的初始化即将表的长度置为 0
   L->length=0;
}
```

② 求表长：

```
int ListLength(struct SeqList *L)
{  //求表长只需返回 L->length
   return L->length;
}
```

③ 取表中第 i 个结点：

```
int GetNode(struct SeqList *L,i)
{    //取表中第 i 个结点只需返回 L->data[i-1]即可
     if(i<1||i>L->length-1)  Error("position error");
     return L->data[i-1];
}
```

④ 插入：

a. 插入运算的逻辑描述：线性表的插入运算是指在表的第 i（$1\leqslant i\leqslant n+1$）个位置上，插入一个新结点 x，使长度为 n 的线性表：

$$(a_1,\cdots,a_{i-1},a_i,\cdots,a_n)$$

变成长度为 $n+1$ 的线性表：

$$(a_1,\cdots,a_{i-1},x,a_i,\cdots,a_n)$$

由于向量空间大小在声明时已确定，当 L->length≥ListSize 时，表空间已满，不可再进行插入操作；当插入位置 i 的值为 $i>n$ 或 $i<1$ 时为非法位置，不可进行正常插入操作。

b．顺序表插入操作过程：在顺序表中，结点的物理顺序必须和结点的逻辑顺序保持一致，因此必须将表中位置为 $n,n-1,\cdots,i$ 上的结点，依次后移到 $n+1,n,\cdots,i+1$ 位置上，空出第 i 个位置，然后在该位置上插入新结点 x。仅当插入位置 $i=n+1$ 时，不需要移动结点，直接将 x 插入表的末尾。

c．具体算法描述如下：

```
void InsertList(struct SeqList *L,int x,int i)
{    //将新结点 x 插入 L 所指的顺序表的第 i 个结点的位置上
    int j;
    if(i<1||i>L->length+1)  Error("position error");  //非法位置，退出运行
    if(L->length>=ListSize)  Error("overflow");       //表空间溢出，退出运行
    for(j=L->length-1;j>=i-1;j--)
       L->data[j+1]=L->data[j];                       //结点后移
    L->data[i-1]=x;                                    //插入 x
    L->Length++;                                       //表长加 1
}
```

d．算法分析：

● 问题的规模：表的长度 L->length（设值为 n）是问题的规模。

● 移动结点的次数由表长 n 和插入位置 i 决定。

● 算法的时间主要花费在 for 循环中的结点后移语句上。该语句的执行次数是 $n-i+1$。当 $i=n+1$ 时，移动结点次数为 0，即算法在最好情况下时间复杂度是 $O(1)$；当 $i=1$ 时，移动结点次数为 n，即算法在最坏情况下时间复杂度是 $O(n)$。

4. 线性表的链式存储结构及其实现——链表

（1）链式存储结构

由于顺序表存在占用连续存储空间且不易动态扩充以及插入和删除操作效率低的缺点，对于数据元素个数动态变化，需要频繁插入和删除操作的应用场合，必须考虑其他存储结构，例如链式存储结构。采用链式存储结构的线性表简称链表（Linked List）。链表的具体存储结构表示为：

① 用一组任意存储单元存放线性表的数据元素（这组存储单元既可以是连续的，也可以是不连续的）。

② 采用链式存储结构的线性表中，数据元素的逻辑次序和物理次序不一定相同。为了能正确表示数据元素间的逻辑关系，在存储每个数据元素（a_i）值（Data）的同时，还必须存储指示其后继数据元素（a_{i+1}）的地址（或位置）信息，称为指针（Pointer）或链（Link），这两部分组成一个结构体，称为一个"结点"，其结构如图 1-3 所示。

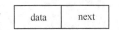

图 1-3　单链表的结点结构

链式存储结构是最常用的存储方式之一，不仅可用来表示线性表，还可用来表示各种非线性的数据结构（如树、图等），其存储结构灵活多样，包括单链表、循环链表和双链表等，其特点是对线性表进行插入和删除运算时不需要移动数据元素，且允许表长任意扩充。

（2）单链表的结点结构

采用链式存储结构的线性表，每一个数据元素占一个结点（Node）。一个结点由两个域组成，一个域存放数据元素 data，称为数据域，其数据类型由应用问题决定；另一个域存放一个指向该链表中下一个结点的指针 next，称为指针域，它给出了下一个结点的开始存储地址。

图 1-3 中 data 域为存放结点值的数据域，next 域为存放结点的直接后继的地址（位置）的指针域（链域）。链表通过每个结点的链域将线性表的 n 个结点按其逻辑顺序链接在一起，每个结点只有一个链域的链表称为单链表。

【例 1-1】一个线性表$(a_0,a_1,a_2,\cdots,a_{n-1})$的单链表结构如图 1-4 所示，其中，first 为指向单链表中第一个结点的指针，last 为指向单链表中最后一个结点的指针。

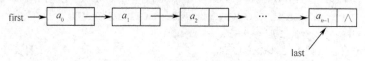

图 1-4　单链表的结构

（3）头指针 head 和终端结点指针域的表示

单链表中每个结点的存储地址是存放在其前驱结点的 next 域中的，而开始结点（a_0）无前驱，为了让开始结点也具有前驱，可以另设一个结点，该结点的 data 域不存放值，其 next 域指向开始结点（a_0），这个结点称为"头结点"，再设一个头指针 head 指向头结点。链表由头指针唯一确定，单链表可以用头指针的名字来命名。头指针名是 head 的链表可称为表 head。终端结点无后继，故终端结点的指针域为空，即 NULL，或者简记为∧，如图 1-5 所示。

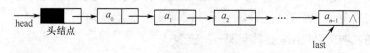

图 1-5　带头结点的单链表

（4）单链表类型描述

由于单链表中所有结点的存储结构都相同，当需要向线性表中新增加一个数据元素时，只需要申请一个结点的存储空间，向该结点的 data 域存入数据元素的值，再把该结点插入链表中即可。单链表的结点类型描述如下：

```
struct ListNode                    //结点类型定义
{
    char data;                     //结点的数据域，假设结点的数据域类型为字符
    struct ListNode *next;         //结点的指针域
};
struct ListNode *head,*last;       //单链表的头指针、尾指针
struct ListNode *p;                //指向单链表某一结点的指针
```

5. 单链表的运算

（1）建立单链表

假设线性表中结点的数据类型是字符，逐个输入这些字符型的结点，并以换行符'\n'为输

入条件结束标志符。动态地建立单链表的常用方法有如下两种：

① 头插法建立单链表。

算法思路：从一个空表开始，重复读入数据，生成新结点，将读入的数据存放在新结点的数据域中，然后将新结点插入到当前链表的表头上，直到读入结束标志为止。该方法生成的链表的结点次序与输入顺序相反。具体算法实现如下：

```c
#include <stdio.h>
#include <stdlib.h>
struct ListNode
{ char data;                    //数据域
    struct ListNode *next;      //指针域
};
//头插法建立单链表
struct ListNode *CreateList()
{ char ch;
    struct ListNode *head;      //头指针
    struct ListNode *s;         //工作指针
    head=NULL;                  //链表开始为空
    ch=getchar();               //读入第 1 个字符
    while(ch!='\n')
    { s=(struct ListNode*)malloc(sizeof(struct ListNode)); //生成新结点
        s->data=ch;             //将读入的数据放入新结点的数据域中
        s->next=head;           //头插法生成的第一个结点是链表最后一个结点，
                                //指针域为 NULL
        head=s;                 //头指针指向新插入的结点
        ch=getchar();           //读入下一个字符
    }
    return head;                //返回单链表的头指针
}
void main()
{ struct ListNode *p,*q;
    q=CreateList();             //建立单链表
    while(q)                    //从头指针开始遍历单链表
    { printf("%c ",q->data);    //输出单链表结点数据
        p=q->next;              //p 为 q 的后继结点
        free(q);                //释放 q 结点所占内存
        q=p;
    }
    printf("\n");
}
```

② 尾插法建立单链表。

算法思路：从一个空表开始，重复读入数据，生成新结点，将读入数据存放在新结点的数据域中，然后将新结点插入到当前链表的表尾，直到读入结束标志为止。尾插法建立链表时，头指针固定不动，故必须设立一个搜索指针，向链表右边延伸，则整个算法中应设立三个链表

指针，即头指针 head、搜索指针 r、申请单元指针 s。尾插法最先得到的是头结点，生成的链表的结点次序与输入顺序相同。具体算法实现如下：

```
#include <stdio.h>
#include <stdlib.h>
struct ListNode
{ char data;                      //数据域
    struct ListNode *next;        //指针域
};
//尾插法建立单链表
struct ListNode *CreateList()
{ char ch;
    struct ListNode *head,*r;     //head 为头指针，r 为搜索指针
    struct ListNode *s;           //申请单元指针
    head=NULL;                    //链表开始为空
    ch=getchar();                 //读入第 1 个字符
    while(ch!='\n')
    {   s=(struct ListNode *)malloc(sizeof(struct ListNode)); //生成新结点
        s->data=ch;               //将读入的数据放入新结点的数据域中
        if(head==NULL) head=s;
        else r->next=s;           //建立连接
        r=s;                      //保存当前结点
        ch=getchar();             //读入下一字符
    }
    if(r!=NULL) r->next=NULL;     //尾结点指针域为空指针
    return head;                  //返回单链表的头指针
}
```

（2）单链表的插入运算

在单链表中插入一个结点时，仅需要修改指针而不需要移动元素，如此能高效地实现插入操作。例如，要在单链表 $(a_0,a_1,a_2,\cdots,a_{n-1})$ 的数据 a_i 结点之前插入一个新元素 x，插入操作如图 1-6 所示。

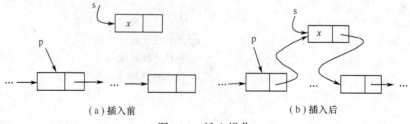

(a) 插入前　　　　　　　　　　(b) 插入后

图 1-6　插入操作

要在带头结点的单链表 head 中第 i 个数据元素之前插入数据元素 x，首先需要在单链表中寻找到第 $i-1$ 个结点并用指针 p 指示，然后申请一个由指针 s 指示的结点空间，并置 x 为其数据域值，最后修改第 $i-1$ 个结点的指针指向 x 结点，并使 x 结点的指针指向第 i 个结点，其插入过程如图 1-7 所示。

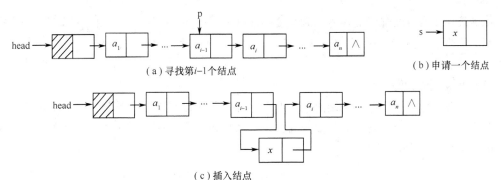

（a）寻找第 *i*-1 个结点　　　　　　　　　　　　　（b）申请一个结点

（c）插入结点

图 1-7　在单链表中插入结点示意图

单链表插入算法如下：

```
int Insert(struct ListNode *head,int i,char x)
{   /*在头指针为 head 的单链表中第 i 个结点前插入数据元素 x,插入成功返回 1,不成功返回 0*/
    struct ListNode *p=head,*s;
    int j=1;
    while(p!=NULL&&j<i-1)   /*寻找第 i-1 个结点,用 p 指向它*/
    {   p=p->next;
        j++;
    }
    if(j!=i-1)
    {   printf("插入位置不合理! \n");
        return 0;
    }
    /*生成一个空结点*/
    if((s=(struct ListNode *)malloc(sizeof(struct ListNode)))==NULL)
        return 0;
    s->data=x;             /*给数据域赋值*/
    s->next=p->next;       /*结点 s 插入在第 i-1 个结点的后面,插入后 s 指向第 i 个结点*/
    p->next=s;             /*第 i-1 个结点原来指向第 i 个结点,现在指向新插入的结点 s*/
    return 1;
}
void main()
{   struct ListNode *p,*q;
    q=CreateList();   //建立单链表
    Insert(q,3,'x');
    while(q)          //从头指针开始遍历单链表针
    {   printf("%c ",q->data);     //输出单链表结点数据
        p=q->next;                 //p 为 q 的后继结点
        free(q);                   //释放 q 结点所占内存
        q=p;
    }
    printf("\n");
}
```

若单链表中有 n 个结点，插入位置 i 允许的取值范围为 $1 \leqslant i \leqslant n+1$。当 $i=n+1$ 时，即为在链尾插入一个结点，算法中用条件(p!=NULL && j<i-1)使 p 指向第 $i-1$ 个结点，从而使新结点插在第 n 个结点之后。

（3）单链表的删除运算

如果希望删除链表中第 i 个结点，应当先让第 $i-1$ 个结点的指针域指向第 $i+1$ 个结点，通过重新拉链，把第 i 个结点从链表中分离出来，然后再删去，如图 1-8 所示（注意：图中 × 表示该指针关系不再存在。）。

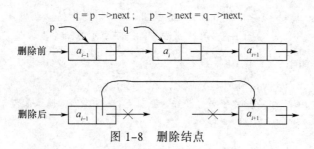

图 1-8　删除结点

要在带头结点的单链表 head 中删除第 i 个结点，首先计数寻找第 i 个结点并使指针 p 指向其前驱第 $i-1$ 个结点，再删除第 i 个结点并释放被删除的结点空间，其操作过程如图 1-9 所示。

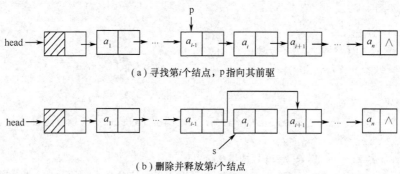

（a）寻找第 i 个结点，p 指向其前驱

（b）删除并释放第 i 个结点

图 1-9　在单链表中删除结点示意图

单链表删除算法如下：

```
int Delete(struct ListNode *head,int i)
{ /*在头指针为 head 的单链表中删除第 i 个结点，删除成功返回 1，不成功返回 0*/
    struct ListNode *p=head,*s;
    int j=1;
    /*寻找第 i 个结点，p 指向其前驱*/
    while(p->next!=NULL&&j<i-1)
    {  p=p->next;
       j++;
    }
    if(j!=i-1)
    {  printf("\n删除位置不合理!");
       return 0;
    }
    s=p->next;
```

```
        p->next=p->next->next;     /*删除第 i 个结点*/
        free(s);                   /*释放被删结点的内存*/
        return 1;
}
void main()
{ struct ListNode *p,*q;
  q=CreateList();                  //建立单链表
  Delete(q,3);
  while(q)                         //从头指针开始遍历单链表
  { printf("%c ",q->data);         //输出单链表结点数据
    p=q->next;                     //p 为 q 的后继结点
    free(q);                       //释放 q 结点所占内存
    q=p;
  }
  printf("\n");
}
```

与插入算法不同的是，删除算法中用条件(p->next !=NULL&&j<i-1)寻找第 i 个结点是否存在并使指针 p 指向其前驱，这是因为删除算法中 i 的取值范围为 $1<i<n$。当 $i>n$ 时，由条件 p->next!= NULL 限制；若此处用插入算法的条件 p!=NULL&j<i-1，则会出现指针悬空的错误。

插入算法和删除算法的时间复杂度均为 $O(n)$。这是因为链式存储结构不是随机存储结构，即不能直接读取单链表中的某个结点，而是从单链表的头结点开始一个一个地计数寻找。因此，虽然在单链表中插入或删除结点时不需要移动别的数据元素，但算法中寻找单链表的第 $i-1$ 个或第 i 个结点的时间复杂度为 $O(n)$。

6. 循环链表

循环链表（Circular Linked List）是另一种形式的链式存储结构，是单链表的一种特殊情况，即单链表中最后一个结点的 next 指针不为空（NULL），而是指向了表的前端，即循环链表是一种首尾相接的链表。

（1）循环链表

① 单循环链表：是另一种形式的表示线性聚集的链表，其结点结构与单链表相同，不同的是，单循环链表中表尾结点的指针域 NULL 改为指向表头结点或开始结点即可，如图 1-10 所示。

② 多重链的循环链表：将表中结点链在多个环上。

图 1-10 单循环链表

（2）带头结点的单循环链表

循环链表与单链表一样，可以有表头结点，这样能够简化链表操作的实现，统一空表与非空表的运算，如图 1-11 所示。

注意：判断空链表的条件是 head==head->next。

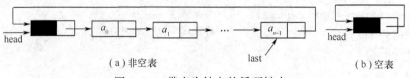

（a）非空表　　　　　　　　　　　（b）空表

图 1-11　带表头结点的循环链表

（3）仅设尾指针的单循环链表

用尾指针 last 表示的单循环链表对开始结点 a_0 和终端结点 a_{n-1} 的查找时间都是 $O(1)$，而表的操作常常是在表的首尾位置上进行。因此，实际情况是多采用尾指针表示单循环链表。带尾指针的单循环链表如图 1-12 所示。

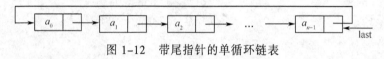

图 1-12　带尾指针的单循环链表

注意：判断空链表的条件为 last==last->next。

（4）循环链表的特点

循环链表的特点是无须增加存储量，循环链表的运算与单链表类似，但在涉及链头与链尾处理时稍有不同。在循环链表中检查指针 current 是否达到链表的链尾时，不是判断 current→next==NULL，而是判断 current→next==first。

例如，在实现循环链表的插入运算时，如果是在表的最前端插入，则必须改变链尾最后一个结点的指针域的值，这就需要沿链表搜索到最后一个结点。如果给出的存储指针不放在链头而放在链尾，实现插入和删除运算就会更方便，如图 1-13 所示。

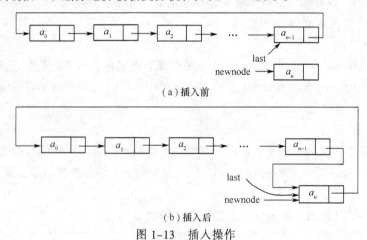

（a）插入前

（b）插入后

图 1-13　插入操作

【例 1-2】在链表上实现将两个线性表$(a_0, a_1, \cdots, a_{n-1})$和$(b_0, b_1, \cdots, b_{m-1})$连接成一个线性表$(a_0, \cdots, a_{n-1}, b_0, \cdots, b_{m-1})$的运算。

分析：若在单链表或头指针表示的单循环表上进行此连接操作，都需要遍历第一个链表，找到结点 a_n，然后将结点 b_1 链到 a_n 的后面，其执行时间是 $O(n)$。若在尾指针表示的单循环链表上实现，则只需修改指针，无须遍历，其执行时间是 $O(1)$。相应的算法如下：

```
Struct ListNode *Connect(Struct ListNode *A,Struct ListNode *B)
{    //假设 A,B 为非空循环链表的尾指针
```

```
Struct ListNode *p=A->next;      //①保存 A 表的 a0 结点位置
A->next=B->next;                 //②B 表的开始结点链接到 A 表尾
B->next=p;
return B;                        //③返回新循环链表的尾指针
}
```

注意：循环链表中没有 NULL 指针。

涉及遍历操作时，其终止条件不再像非循环链表那样需判别 p 或 p->next 是否为空，而是判别它们是否等于某一指定指针，如头指针或尾指针等。在单链表中，从一个已知结点出发，只能访问到该结点及其后续结点，无法找到该结点之前的其他结点。而在单循环链表中，从任意一个结点出发都可以访问到表中所有的结点，这一优点使某些运算在单循环链表上易于实现。

7. 双链表

单链表要搜索一个指定结点的前驱结点十分不易，因为结点中只有一个指示直接后继的指针域，由此从某个结点出发只能顺指针往后查其他结点。若要寻找结点的直接前驱，则需从表头指针出发。如果在一个应用问题中，经常要求指针向前驱和后继方向移动，为保证移动的时间复杂度达到最小，就必须采用双向链表表示。双向链表中每个结点的结构如图 1-14 所示。

图 1-14 双链表的结点结构

其中：

① 在双向链表的每个结点中应有两个链接指针作为它的数据成员，prior 指示它的前驱结点，next 指示它的后继结点。

② 双向链表的每个结点至少有 3 个域。双向链表是指在前驱和后继方向都能游历（遍历）的线性链表。

双向链表通常采用带表头结点的循环链表形式。

（1）双向链表的结点结构

双（向）链表中有两条方向不同的链，即每个结点中除 next 域存放后继结点地址外，还要增加一个指向其直接前驱的指针域 prior，如图 1-15 所示。

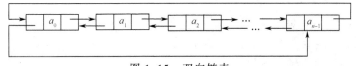

图 1-15 双向链表

注意：双向链表由头指针 head 唯一确定。带头结点的双链表使某些运算变得方便。将头结点和尾结点链接起来，为双（向）循环链表。

带头结点的双向链表如图 1-16 所示。

（2）双向链表的类型描述

双链表的形式描述如下：

```
struct DListNode
{ char data;
  struct DListNode *prior,*next;
};
```

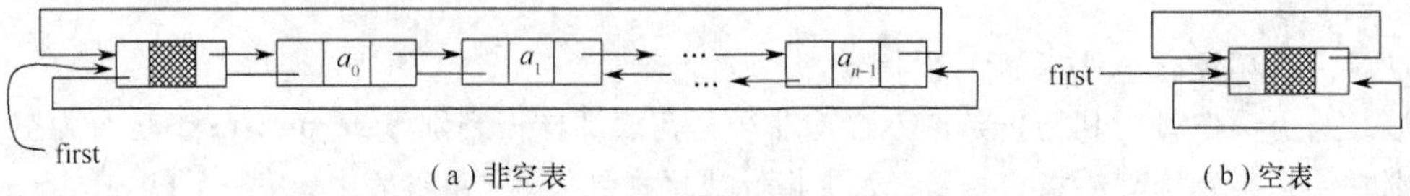

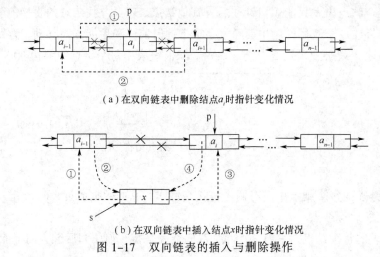

（a）非空表　　　　　　　　　　　　　　　　　（b）空表

图 1-16　带头结点的双向链表

（3）双向链表的插入和删除操作

在双向链表中，有些操作如 LENGTH(L)、GET(L,i)、LOCATE(L,x)等仅需涉及一个方向的指针，它们的算法描述和线性链表的操作相同，但在插入、删除时则有很大的不同，即在双向链表中需要同时修改两个方向的指针，如图 1-17 所示（注意：图中×表示该指针关系不再存在。）。

（a）在双向链表中删除结点a_i时指针变化情况

（b）在双向链表中插入结点x时指针变化情况

图 1-17　双向链表的插入与删除操作

注意：与单链表上的插入和删除操作不同的是，在双链表中插入和删除必须同时修改两个方向上的指针。这两个算法的时间复杂度均为 $O(1)$。

（4）顺序表和链表的比较

顺序表和链表各有优劣，在实际应用中究竟选用哪一种存储结构要根据具体问题的要求和性质来决定。通常有两方面的考虑，如表 1-2 所示。

存储密度（Storage Density）是指结点数据本身所占的存储量和整个结点结构所占的存储量之比，即：存储密度=结点数据本身所占的存储量/结点结构所占的存储总量。

8. 线性表的应用：约瑟夫问题

所谓约瑟夫（Josephus）问题指的是假设有 n 个人围坐一圈，现从某个位置 start 上的人开始报数，数到 m 的人出圈，然后从这个人的下一个人重新开始报数，再数到 m 的人又出圈，依次重复下去，直到所有的人都出圈为止，求出圈的人的次序。例如，当 $n=8$，$m=4$，start=1 时，出圈序列为 4,8,5,2,1,3,7,6；又如，当 $n=8$,$m=4$,start=4 时，出圈序列为 7,3,8,5,4,6,2,1。

表 1-2 顺序表和链表的比较

		顺 序 表	链 表
基于空间考虑	分配方式	静态分配。程序执行之前必须明确规定存储规模。若线性表长度 n 变化较大，则存储规模难于预先确定，估计过大将造成空间浪费，估计太小又将使空间溢出机会增多	动态分配。只要内存空间尚有空闲，就不会产生溢出。因此，当线性表的长度变化较大，难以估计其存储规模时，以采用动态链表作为存储结构为好
	存储密度	为 1。当线性表的长度变化不大，易于事先确定其大小时，为了节约存储空间，宜采用顺序表作为存储结构	小于 1
基于时间考虑	存取方法	随机存取结构，对表中任一结点都可在 $O(1)$ 时间内直接取得，线性表的操作主要是进行查找，很少做插入和删除操作时，采用顺序表作为存储结构为宜	顺序存取结构，链表中的结点需从头指针起顺着链扫描才能取得
	插入、删除操作	在顺序表中进行插入和删除，平均要移动表中近一半的结点，尤其是当每个结点的信息量较大时，移动结点的时间开销就相当可观	在链表中的任何位置上进行插入和删除，都只需要修改指针。对于频繁进行插入和删除的线性表，宜采用链表作为存储结构。若表的插入和删除主要发生在表的首尾两端，则采用尾指针表示的单循环链表为宜

由于这 n 个人围坐的位置号分别为 1，2，3，…，n，因此可以采用顺序存储结构（顺序表）来存储这 n 个位置号，当有人要出圈时，则将这个人的位置号输出并从序列中删除，如此反复上述过程，则可以把所有人的位置号输出并从序列中删除。算法的实现如下：

```
#include <stdio.h>
#define N 8
int a[N],m,start;
void Josephus()
{ int count,k;
  for(k=0;k<N;k++)  a[k]=k+1;              //初始化，把各位置号存入数组
  count=0;start--;
  while(count<N)                           //当前已出圈的人的数目
  {  for(k=1;k<m;k++) start=(start+1)%(N-count);
     printf("%d ",a[start]);               //输出当前出圈的人的位置号
     count++;
     for(k=start;k<N-count;k++)  a[k]=a[k+1];//位置号前移
  }
}
void main()
{ printf("Please input m & start: ");
  scanf("%d%d",&m,&start);
  Josephus();
}
```

此算法的执行时间主要花费在求出相应位置后，把其后未出圈的位置号前移，每次最多移动 n-count+1 个，因此，总的移动次数不超过 (n-1) + (n-2)+…+2+1=n×(n-1)/2，因此，算法的时间复杂度为 $O(n^2)$。

1.2.2　栈和队列

栈和队列是两种特殊的线性表，它们的逻辑结构和线性表相同，只是栈的运算规则较线性表有更多的限制，故又称它们为运算受限的线性表。栈和队列被广泛应用于各种程序设计中。

1. 栈的定义及基本运算

（1）栈的定义

栈（Stack）是仅在表的一端进行插入和删除运算的线性表。通常称插入、删除的这一端为栈顶（Top），另一端称为栈底（Bottom）。当表中没有元素时称为空栈。栈为后进先出（Last In First Out，LIFO）的线性表，简称 LIFO 表。

栈的修改是按后进先出的原则进行。每次删除（退栈）的总是当前栈中"最新"的元素，即最后插入（进栈）的元素，而最先插入的是被放在栈的底部，要到最后才能删除，如图 1–18 所示。

【例 1–3】元素是以 $a_0, a_1, \cdots, a_{n-1}$ 的顺序进栈，退栈的次序却是 $a_{n-1}, a_{n-2}, \cdots, a_1, a_0$。

（2）栈的基本运算

① InitStack(S)：构造一个空栈 S。

② StackEmpty(S)：判栈空。若 S 为空栈，则返回 true，否则返回 false。

③ StackFull(S)：判栈满。若 S 为满栈，则返回 true，否则返回 false。该运算只适用于栈的顺序存储结构。

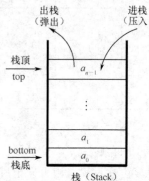

图 1–18　栈的示意图

④ Push(S,x)：进栈。若栈 S 不满，则将元素 x 插入 S 的栈顶。

⑤ Pop(S)：退栈。若栈 S 非空，则将 S 的栈顶元素删去，并返回该元素。

⑥ StackTop(S)：取栈顶元素。若栈 S 非空，则返回栈顶元素，但不改变栈的状态。

2. 顺序栈

采用顺序存储结构的栈简称顺序栈，它是运算受限的顺序表。

（1）顺序栈的类型定义

```
#define StackSize 100        //假定预分配的栈空间最多为 100 个元素
struct SeqStack
{ char data[StackSize];      //假定栈元素的数据类型为字符
  int top;
};
```

注意：顺序栈中元素用向量存放，栈底位置是固定不变的，可设置在向量两端的任意一个端点，栈顶位置是随着进栈和退栈操作而变化的，用一个整型量 top（通常称 top 为栈顶指针）来指示当前栈顶位置。

（2）顺序栈的基本操作

设 S 是 SeqStack 类型的指针变量。若栈底位置在向量的低端，即 S->data[0] 是栈底元素。

① 进栈操作：进栈时，需要将 S->top 加 1。

注意：S->top==StackSize-1 表示栈满，"上溢"现象——当栈满时，再做进栈运算产生空间溢出的现象。上溢是一种出错状态，应设法避免。

② 退栈操作：退栈时，需将 S->top 减 1。

注意：S->top<0 表示空栈，"下溢"现象——当栈空时，做退栈运算产生的溢出现象。下溢是正常现象，常用作程序控制转移的条件。

（3）顺序栈的基本运算

① 置栈空。

```
void InitStack(struct SeqStack *S)
{    //将顺序栈置空
      S->top=-1;
}
```

② 判栈空。

```
int StackEmpty(struct SeqStack *S)
{ return S->top==-1;
}
```

③ 判栈满。

```
int StackFull(struct SeqStack *SS)
{ return S->top==StackSize-1;
}
```

④ 进栈。

```
void Push(struct SeqStack *S,char x)
{ if(StackFull(S))  Error("Stack overflow");  //上溢，退出运行
  S->data[++S->top]=x;  //栈顶指针加 1 后将 x 入栈
}
```

⑤ 退栈。

```
char Pop(struct SeqStack *S)
{ if(StackEmpty(S))  Error("Stack underflow");  //下溢，退出运行
  return S->data[S->top--];        //栈顶元素返回后将栈顶指针减 1
}
```

⑥ 取栈顶元素。

```
char StackTop(struct SeqStack *S)
{ if(StackEmpty(S))  Error("Stack is empty");  //空栈，退出运行
  return S->data[S->top];
}
```

（4）双栈共享一个栈空间

当栈满时会发生溢出，程序报错并终止运行。为了避免这种情况，需要为栈设立一个足够大的空间。但空间设置过大，而栈中实际只有几个元素，也是一种空间浪费。

在有几个栈的情况下，各个栈所需的空间在运行中是动态变化的。如果为几个栈分配同样大小的空间，而在实际运行时，有的栈膨胀得快，很快就产生了溢出，而其他栈可能此时还有许多空闲空间，这时就必须调整栈的空间，防止栈的溢出。当程序中同时使用两个栈时，可以将两个栈的栈底设在向量空间的两端，让两个栈各自向中间延伸。当一个栈里的元素较多，超过向量空间的一半时，只要另一个栈的元素不多，那么前者就可以占用后者的部分存储空间。只有当整个向量空间被两个栈占满（即两个栈顶相遇）时，才会发生上溢。因此，两个栈共享一个长度为 m 的向量空间和两个栈分别占用两个长度为 $\lfloor m/2 \rfloor$ 和 $\lceil m/2 \rceil$ 的向量空间比较，前

者发生上溢的概率比后者要小得多。

例如，程序同时需要两个栈时，可以定义一个足够的栈空间。该空间的两端分别设为两个栈的栈底，用 bot[0] 和 bot[1] 指示。让两个栈的栈顶 top[0] 和 top[1] 都向中间伸展，直到两个栈的栈顶相遇，才认为发生了溢出，如图 1-19 所示。

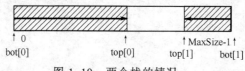

图 1-19　两个栈的情况

3. 链栈

栈的链式存储结构称为链栈。采用链接方式表示一个栈，便于结点的插入与删除。在程序中同时使用多个栈的情况下，用链接表示不仅能够提高效率，还可达到共享存储空间的目的。

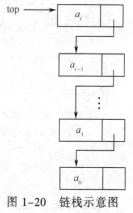

（1）链栈的类型定义

链栈是没有附加头结点的运算受限的单链表。栈顶指针就是链表的头指针，如图 1-20 所示。

链栈的类型说明如下：

```
struct StackNode
{ char data;
  struct StackNode *next;
};
struct LinkStack
{ StackNode *top;   //栈顶指针
};
```

图 1-20　链栈示意图

注意：LinkStack 结构类型的定义是为了方便在函数体中修改 top 指针本身。若要记录栈中的元素个数，可将元素个数属性放在 LinkStack 类型中定义。

（2）链栈的基本运算

① 置栈空。

```
void InitStack(struct LinkStack *S)
{ S->top=NULL;
}
```

② 判栈空。

```
int StackEmpty(struct LinkStack *S)
{ return S->top==NULL;
}
```

③ 进栈。

```
void Push(LinkStack *S,char x)
{ //将元素 x 插入链栈头部
    struct StackNode *p=(struct StackNode *)malloc(sizeof(struct StackNode));
    p->data=x;
    p->next=S->top;    //将新结点*p 插入链栈头部
    S->top=p;
```

```
}
```
④　退栈。
```
char Pop(struct LinkStack *S)
{ char x;
  StackNode *p=S->top;                            //保存栈顶指针
  if(StackEmpty(S))  Error("Stack underflow.");   //下溢
  x=p->data;                                      //保存栈顶结点数据
  S->top=p->next;                                 //将栈顶结点从链上摘下
  free(p);
  return x;
}
```
⑤　取栈顶元素。
```
char StackTop(struct LinkStack *S)
{ if(StackEmpty(S))  Error("Stack is empty.")
  return S->top->data;
}
```
注意：链栈中的结点是动态分配的，所以可以不考虑上溢，无须定义 StackFull 运算。

4. 栈的应用

栈的应用非常广泛。在现实生活中，很多实际问题的求解往往是先求解的结果后输出，或者后求解的结果先输出，这类问题正好可以利用栈的"先进后出"特点来实现。还有一些问题的求解经常使用回溯法求解，该方法也需要栈的支持。在程序设计中，存在大量的递归算法，其内部的实现机制也是通过栈来完成的。

（1）利用栈实现递归函数

栈的一个重要应用是在程序设计中实现递归过程。所谓递归，是指若一个对象部分地包含它自己，或用它自己给自己定义，则称这个对象是递归的。若一个过程直接地或间接地调用自己，则称这个过程是递归的过程。以下 3 种情况常常用到递归方法：

①　定义是递归的。例如，求 $n!$ 可递归定义如下：

$$n!=\begin{cases}1 & n=0 \\ n\times(n-1)! & n>0\end{cases}$$

②　数据结构是递归的。例如，单链表结点结构的定义：
```
struct ListNode
{ char data;              //数据域
  struct ListNode *next;  //指针域
};
```
③　问题的解法是递归的。例如，汉诺塔问题的解法。

有大量的计算问题可归结成一个递归函数。例如，累加求和问题、求最大公约数、求解斐波那契数列、求幂运算等。另外，数学中许多著名的函数和多项式都是以递归形式给出的。例如，Ackerman()函数，厄米特多项式、勒让德多项式等。下面以求解 $n!$ 为例，说明栈在递归函数求解过程中的应用。根据 $n!$ 的定义，可以写出相应的递归函数：
```
long factorial(long n)
{ long f;
  if(n==0) f=1;
```

```
    else f=n*factorial(n-1);
    R2:
    return  f;
}
void main()
{ long f,n=4;
  f=factorial(n);
  R1:
  printf("%ld!=%ld \n",n,f);
}
```

递归函数的调用是函数嵌套调用的特殊情形，即调用者和被调用者是同一个函数。在每次调用时系统将属于各个递归层次的信息组成一个称为"现场信息"的数据记录，这个记录中包含本层调用的一些值参数、局部变量、返回地址等，如图 1-21 所示。在递归调用时，先将这些"现场信息"保存在一个递归工作栈中，该工作栈按后进先出的形式组织。每递归调用一次，就为这次调用在栈顶存入一个现场信息记录，一旦本次调用结束，则将栈顶现场信息出栈，恢复到 CPU 中，以便返回上次调用的断点处继续执行。

图 1-21　递归工作栈

在上面的程序代码中，R1 为主调函数 main()调用 factorial()函数时的返回地址，R2 为 factorial()函数中递归调用 factorial(n-1)时的返回地址。每层调用的现场信息如表 1-3 所示。

表 1-3　递归调用信息

递归调用层次	参 数 变 化	返 回 值	返 回 地 址
factorial(4)	4	24	R1
factorial(3)	3	6	R2
factorial(2)	2	2	R2
factorial(1)	1	1	R2
factorial(0)	0	1	R2

程序的递归调用执行过程如图 1-22 所示（设 n=4）。

（2）利用栈求表达式的值

所谓表达式，是由操作数、运算符、括号所组成的有意义的计算公式。根据运算符的操作对象个数，运算符可分为单目运算符、双目运算符和三目运算符。按照运算符的类型又分为算术运算符、逻辑运算符和关系运算符等。这里以双目运算符和算术表达式为例，说明栈在求解表达式值的过程中的应用。例如，12×(20-5)+30 就是一个包含双目运算符的算术表达式。这类表达式中，所有运算符都出现在它的两个操作数之间，称为中缀表达式。表达式 12×(20-5)+30 还可写成"12 20 5-×30+"的形式，这种形式的表达式中，不用考虑运算符的优先级以及括号，每个运算符都出现在它的两个操作数的后面，所以称为后缀表达式。

① 后缀表达式的求值：利用栈求解后缀表达式的值，可以使用一个存放操作数的栈。求值过程中，按顺序依次扫描后缀表达式，当遇到操作数时就将它压入栈中；当遇到运算符时，就从栈中弹出两个操作数进行运算，然后再把运算结果压入栈中。当后缀表达式扫描结束时，

留在栈顶的数就是所求表达式的值。因此，利用栈可以很方便地求出后缀表达式的值，算法实现较为简单。

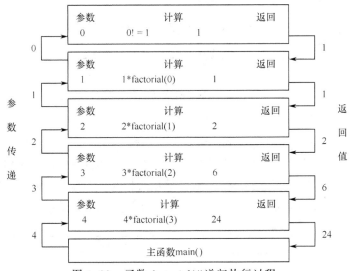

图 1-22　函数 factorial(4)递归执行过程

② 中缀表达式的求值：求解中缀表达式值时，必须考虑运算符的优先级及括号，因此算法实现较为困难。由于后缀表达式求值的算法实现较为容易，不用考虑运算符的优先级以及括号，因此在求解中缀表达式值时，可以先把中缀表达式转换为后缀表达式，这一转换过程也是栈的应用的一个典型例子。

对于中缀表达式 5 × (27+3 × 7)+22，转换为后缀表达式为"5 27 3 7 × + × 22+"，实现这个转换的基本思想是：按顺序依次扫描中缀表达式，当读入一个操作数时就立即输出；而在读入一个运算符（如"+"或"−"）时，首先把它放进运算符栈，一直等到这个运算符的两个操作数都读完后，才能将它输出。例如，在对表达式 4 × 6+5 的处理中，当遇到"+"时已经输出的是 4 和 6，而栈中存储着"×"，由于乘法的优先级高于加法，"×"可以从栈中弹出并输出，而"+"被放入栈中。当扫描遇到一个左括号时，立即将它压入栈中，栈中左括号的优先级被视为比任何运算符都低，继续扫描，直到出现右括号时，才将留在栈中这对括号之间的运算符逐一弹出并输出，最后弹出左括号。由于在后缀表达式中不再需要任何括号，所以不必将左、右括号输出。最后，当处理到表达式的末尾时，将栈中运算符全部弹出并输出。

5. 队列的定义及基本运算

（1）队列的定义

队列是不同于栈的另一种特殊的线性表，只允许在一端进行插入，在另一端进行删除。这和日常生活中的排队现象是一致的。根据队列的特点，队列需要两个队列指针来说明：允许插入的一端称为队尾，通常用一个队尾指针（rear）表示，它总是指向队尾元素所在的存储位置；允许删除的一端称为队头，用一个队头指针（front）表示，它总是指向队头元素的前一个位置。用移动 rear 与 front 指针来进行插入和删除操作。显然，在队列中，最先插入的元素将被最先删除，因此又称队列为先进先出（First In First Out，FIFO）的线性表，如图 1-23 所示。若给定队列 $Q=(a_0,a_1,\cdots,a_{n-1})$，则称 a_0 是队头元素，a_{n-1} 是队尾元素。元素 $a_0,\cdots,a_{n-1}$ 依次入队，出队的顺序与入队相同，a_0 出队后，a_1 才能出队，…，a_{n-2} 出队后，a_{n-1} 才能出队。若队列无元素，则为空队列，如图 1-23 所示。队列的基本操作除了入队和出队外，还有建立和撤销队列等操作。

图 1-23　队列的示意图

（2）队列的存储结构

从存储结构看，队列也有顺序队列与链式队列两种。

① 顺序队列：队列的顺序表示是用一维数组来描述，这里要用两个指针 front 和 rear，front 指向队头，rear 指向队尾元素，MaxSize 是数组的最大长度。队列的顺序表示及其入队和出队，如图 1-24 所示（图中 f 为 front，r 为 rear）。

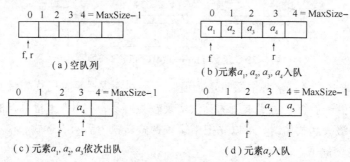

图 1-24　队列的顺序表示及队列的插入和删除操作

在图 1-24 所示的情况下，当再有元素需要入队时将产生"溢出"，然而队列中尚有 3 个空元素单元，称这种现象为"假溢出"。"假溢出"现象的发生说明上述存储表示是有缺陷的。改进方法是采用循环队列结构，即把数组从逻辑上看成是一个头尾相连的环，在有新元素需要入队时，只要队列中有空位值，就可以将新元素存入。

图 1-25 给出了循环队列结构及其入队和出队的操作。为了使入队和出队实现循环，可利用取余运算符%。

队头指针进 1：front=(front+1)%MaxSize

队尾指针进 1：rear=(rear+1)%MaxSize

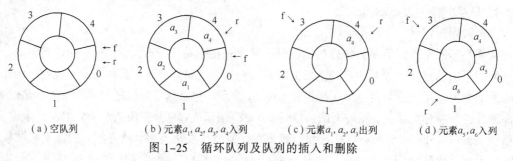

图 1-25　循环队列及队列的插入和删除

在循环队列结构下，当 front==rear 时为空队列，当(rear+1)%MaxSize==front 时为满队列。

满队列时实际仍有一个元素的空间未使用，这里暂不讨论。

② 链式队列：队列的链接表示是用单链表来存储队列中的元素，队头指针 front 和队尾指针 rear 分别指向队头结点和队尾结点，如图 1-26 所示。链接方式表示的队列称为链式队列。

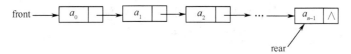

图 1-26　链式队列结构示意图

和栈一样，队列的应用也非常广泛。例如，在计算机操作系统中，对各种软、硬件资源的管理都是利用队列实现的。在处理器调度中，将用户的作业控制块 JCB 和进程控制块 PCB 用多个队列组织和调度；在设备管理中，对设备控制块 DCB 的管理也是利用队列实现设备的分配和回收；操作系统利用打印队列，实现多个用户共享同一台打印机。

最后，需要指出的是，对于栈和队列的应用，只要掌握一点，那就是在什么情况下用栈和队列作为解决问题的数据结构。判断的要点是：如果这个问题满足后进先出的原则，就可以使用栈来处理；如果这个问题满足先进先出的原则，就可以使用队列来处理。比如，有一个数组序列，输入时按顺序输入，但是输出时需要逆序输出，那么就可以利用栈来处理，把这个数组存入一个栈中就可以很容易地按逆序输出结果。例如，要设计一个算法判断一个算术表达式的圆括号是否正确配对就可以用栈来求解，即对表达式进行扫描，凡遇到“(”就进栈，遇到“)”就退掉栈顶的“(”，表达式扫描完毕时，栈应为空。

1.2.3　数组和广义表

1. 数组的定义

数组应是读者十分熟悉的数据类型，几乎所有的高级程序设计语言都支持数组这种数据类型，在前面讨论的各种线性表结构的顺序存储结构时都是借用一维数组来描述的。数组本身也是一种数据结构，一维数组是一种顺序表结构，多维数组是一种特殊的线性结构，是线性表的推广。基于二维数组的应用十分广泛，像数学中的矩阵、生活中常见的报表都是二维数组，因此，二维数组是我们学习的重点。

数组是由同种类型的数据元素构造而成的。数组中的每个数据元素都对应一组下标，每个数据元素在数组中的相对位置是由其下标来确定的。数组中的数据元素可以是整数、实数等简单类型，也可以是数组等构造类型。

（1）一维数组

一维数组中的每个数据元素只需由一个下标确定。若把一维数组中数据元素的下标顺序看成是线性表中的序号，则一维数组就是一个线性表。

（2）二维数组

二维以上的数组称为多维数组。多维数组实际上是用一维数组实现的。映射后，多维数组每个数组元素所占用的存储大小与相应一维数组中数组元素所占的存储大小相同，多维数组第一个元素对应到相应一维数组的第一个元素位置。只要能计算出多维数组中数组元素在相应一维数组中的位置，就可以直接按此位置存取相应一维数组中的数组元素。

当一个数组中的每个数组元素都含有两个下标时，该数组称为二维数组。如一个 $n \times m$ 阶的矩阵是一个二维数组，如图 1-27 所示。可把一个二维数组看成是一个线性表，该线性表中的每个数组元素都是一个一维数组。

$$A = \begin{pmatrix} a[0][0] & a[0][1] & \cdots & a[0][m-1] \\ a[1][0] & a[1][1] & \cdots & a[1][m-1] \\ a[2][0] & a[2][1] & \cdots & a[2][m-1] \\ \vdots & \vdots & \ddots & \vdots \\ a[n-1][0] & a[n-1][1] & \cdots & a[n-1][m-1] \end{pmatrix}$$

图 1-27 $n \times m$ 阶矩阵

（3） n 维数组

类似于二维数组，当一个数组中的每一个数组元素都含有 n 个下标时，该数组称为 n 维数组。同样，可以把一个 n 维数组看成是一个线性表，该线性表中的每个数组元素都是一个 $n-1$ 维数组。这样， n 维数组可以看作是线性表的推广。

2. 数组的顺序存储结构

数组的顺序存储结构方式，就是将数组元素顺序地存放在一片连续的存储单元中。

（1）一维数组

① 一维数组的存储：定义一个一维数组为具有相同数据类型 n（ $n \geq 0$ ）个元素的有限序列，其中的 n 称为数组长度或数组大小，若 $n=0$ 则为空数组。各数组元素处于一个线性聚集或线性表中。对于一维数组，数组元素是依照次序顺序存放的。

② 一维数组元素地址的计算：对于一维数组 $a[n]$，假设该数组的每一个元素占有一个存储单元。数组的起始地址为 L_0，则第 i（ $0 \leq i \leq n-1$ ）个元素的存储地址为 $\text{Loc}(a[i]) = L_0+i$，如图 1-28 所示。

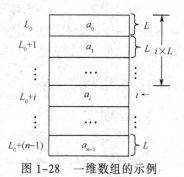

图 1-28 一维数组的示例

若数组 $a[n]$ 中的每一个数据元素占用 L 个存储单元，那么 $a[i]$ 的存储地址为 $\text{Loc}(a[i]) = L_0+i \times L$，其中 $0 \leq i \leq n-1$。

③ 一维数组的特点：除第一个元素外，其他每个元素有且仅有一个直接前驱；除最后一个元素外，其他每一个元素有且仅有一个直接后继。

（2）二维数组

① 二维数组的存储：二维数组的顺序存储方式存在两种可能性，一种称为"行优先顺序"，是将数据元素以行为主顺序存放在存储空间中。以行为主顺序存放的例子有高级语言 Pascal、C、C++和 BASIC 等。

具体来说，二维数组以行为主的顺序存储，就是将数组的元素按照行的升序次序，一行接一行地顺序存储到一块连续存储空间中，即先存储第一行数据元素，再存储第二行数据元素，依此类推。每行中的数组元素，从左到右顺序存储。这样得到的数组元素是存于一维数组的一种线性序列：

$a[0][0],a[0][1],\cdots,a[0][m-1],a[1][0],a[1][1],\cdots,a[1][m-1],\cdots,a[n-1][0],a[n-1][1],\cdots,a[n-1][m-1]$

另一种顺序存储方式称为"列优先顺序"，是以列为主把数据元素顺序存放在存储空间中。如 FORTRAN 高级语言就是以列为主顺序存放的。

二维数组以列为主的顺序存储是将数组中的元素按照列的升序次序，一列一列地顺序存储到一块连续存储空间中，即先存储第一列，再存储第二列，依此类推。每列中的数组元素，从上到下顺序存储。这样得到的数组元素是存于一维数组的另一种线性序列：

$a[0][0],a[1][0],\cdots,a[n-1][0],a[0][1],a[1][1],\cdots,a[n-1][1],\cdots,a[0][m-1],a[1][m-1],\cdots,a[n-1][m-1]$

二维数组两种存储方式的图例如图 1-29 所示。

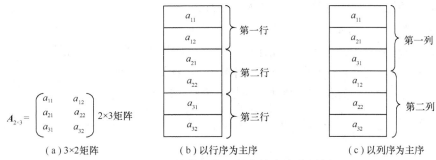

图 1-29   二维数组的两种存储方式的图例

② 二维数组元素地址的计算：假设数组 $a[m][n]$ 是按行为主顺序存储的，每一个数组元素占有 L 个存储单元。定义 $\mathrm{Loc}(a_{11})$ 为第一个元素 a_{11} 在存储器中的地址，那么数组中任一元素 a_{ij}，即在第 i 行、第 j 列的数组元素所在的存储地址的计算公式为：

$$\mathrm{Loc}(a[i][j])=\mathrm{Loc}(a_{11})+((i-1)\times n+j-1)\times L \qquad (1\leqslant i\leqslant m,\ 1\leqslant j\leqslant n)$$

如果定义 $\mathrm{Loc}(a_{00})$ 为第一个元素 a_{00} 在存储器中的地址，那么上式可改写为：

$$\mathrm{Loc}(a[i][j])=\mathrm{Loc}(a_{00})+(i\times n+j)\times L \qquad (0\leqslant i\leqslant m-1,\ 0\leqslant j\leqslant n-1)$$

③ 多维数组元素地址的计算：三维数组的元素地址的计算与二维数组类似，即三维数组的元素 $a[m][n][p]$ 可以看成是一个含有 m 个 $n\times p$ 的二维数组的数组。这样给定了数组第一个元素的起始地址及每个元素所占用的存储单元数，就不难推出任一元素的存储地址。

多于三维的数组的元素地址的计算，可以从上面的三维数组的元素地址的计算中类似地推算出来。各维元素个数为 $m_1,m_2,m_3,\cdots,m_n$，下标为 $i_1,i_2,i_3,\cdots,i_n$ 的数组元素的存储地址为：

$$\mathrm{Loc}(i_1,i_2,\cdots,i_n)=\alpha+(\sum_{j=1}^{n-1}i_j\times\prod_{k=j+1}^{n}m_k+i_n)\times L$$

3. 矩阵

矩阵是科学与工程计算问题中常用的数学对象之一。

（1）矩阵的存储

① 矩阵的二维数组描述：用高级语言编写程序时，通常用二维数组来描述矩阵，可以对其元素进行随机存取，各种矩阵运算也非常简单。有的程序设计语言中还提供了各种矩阵运算，用户使用时都很方便。

② 矩阵的压缩存储：在矩阵中非零元素呈某种规律分布或者矩阵中出现大量的零元素的情况下，为了节省存储空间，可以对这类矩阵进行压缩存储，即为多个相同的非零元素分配存储空间，而对零元素则不分配空间。

（2）特殊矩阵

所谓特殊矩阵，是指非零元素或零元素的分布有一定规律的矩阵。常见的有对称矩阵、三角矩阵和对角矩阵等。

① 对称矩阵：

a．对称矩阵的定义：在一个 n 阶方阵 A 中，若元素满足下述性质

$$a_{ij}=a_{ji} \quad (0 \leqslant i, j \leqslant n-1)$$

则称 A 为对称矩阵。

【例 1-4】图 1-30 所示即是一个 5 阶对称矩阵。

b．对称矩阵的压缩存储：对称矩阵中的元素关于主对角线对称，故只要存储矩阵中上三角或下三角中的元素，让每两个对称的元素共享一个存储空间。这样能节约近一半的存储空间。

$$A_{5 \times 5}=\begin{pmatrix} 21 & 34 & 9 & 11 & 3 \\ 34 & 67 & 72 & 44 & 66 \\ 9 & 72 & 12 & 77 & 8 \\ 11 & 44 & 77 & 55 & 81 \\ 3 & 66 & 8 & 81 & 37 \end{pmatrix}$$

图 1-30　对称矩阵实例

- 按"行优先顺序"存储主对角线（包括对角线）以下的元素：即按 $a_{00}, a_{10}, a_{11}, \cdots, a_{n-1,0}, a_{n-1,1}, \cdots, a_{n-1,n-1}$ 次序存放在一个向量 $\text{sa}\left[0 \cdots \dfrac{n(n+1)}{2}-1\right]$ 中（下三角矩阵中，元素总数为 $n(n+1)/2$）。其中：

$$\text{sa}[0]=a_{00},$$
$$\text{sa}[1]=a_{10},$$
$$\cdots$$
$$\text{sa}\left[\dfrac{n(n+1)}{2}-1\right]=a_{n-1,n-1}$$

- 元素 a_{ij} 的存放位置：a_{ij} 元素前有 i 行（从第 0 行到第 $i-1$ 行），元素一共有：

$$1+2+\cdots+i=i \times (i+1)/2$$

在第 i 行上，a_{ij} 之前恰有 j 个元素（即 $a_{i0}, a_{i1}, \cdots, a_{i,j-1}$），因此有：

$$\text{sa}\left[\dfrac{i(i+1)}{2}+j\right]=a_{ij}$$

- a_{ij} 和 $\text{sa}[k]$ 之间的对应关系为：

若 $i \geqslant j$，则 $k=i \times (i+1)/2+j$，$0 \leqslant k<n(n+1)/2$。

若 $i<j$，则 $k=j \times (j+1)/2+i$，$0 \leqslant k<n(n+1)/2$。

令 $I=\max(i,j)$，$J=\min(i,j)$，则 k 和 i, j 的对应关系可统一为：

$$k=I \times (I+1)/2+J \quad 0 \leqslant k<n(n+1)/2$$

c．对称矩阵的地址计算公式为：

$$\text{Loc}(a_{ij})=\text{Loc}(\text{sa}[k])=\text{Loc}(\text{sa}[0])+k \times d=\text{Loc}(\text{sa}[0])+[i \times (i+1)/2+j] \times d$$

通过下标变换公式，能立即找到矩阵元素 a_{ij} 在其压缩存储表示 sa 中的对应位置 k。因此是随机存取结构。

【例 1-5】a_{21} 和 a_{12} 均存储在 sa[4] 中，这是因为：

$$k=i \times (i+1)/2+j=2 \times (2+1)/2+1=4$$

② 三角矩阵：

a．三角矩阵的划分：以主对角线划分，三角矩阵有上三角矩阵和下三角矩阵两种。

- 上三角矩阵：如图 1-31（a）所示，它的下三角（不包括主对角线）中的元素均为常数 C 或者零。
- 下三角矩阵：与上三角矩阵相反，它的主对角线上方均为常数 C 或者零，如图 1-31（b）所示。

$$\begin{pmatrix} a_{00} & a_{01} & \cdots & & a_{0,\,n-1} \\ C & a_{11} & \cdots & & a_{1,\,n-1} \\ \vdots & C & a_{22} & \cdots & \\ & \vdots & C & \ddots & \vdots \\ C & C & \cdots & C & a_{n-1,\,n-1} \end{pmatrix} \qquad \begin{pmatrix} a_{00} & C & \cdots & & C \\ a_{10} & a_{11} & C & \cdots & C \\ & & a_{22} & C & \vdots \\ \vdots & \vdots & \cdots & \ddots & C \\ a_{n-1,\,0} & a_{n-1,\,1} & \cdots & & a_{n-1,\,n-1} \end{pmatrix}$$

（a）上三角矩阵　　　　　　　　（b）下三角矩阵

图 1-31　三角矩阵

b. 三角矩阵的压缩存储：三角矩阵中的重复元素 C 可共享一个存储空间，其余的元素正好有 $n \times (n+1)/2$ 个，因此，三角矩阵可压缩存储到向量 $sa[0 \cdots \dfrac{n(n+1)}{2}]$ 中，其中 C 存放在向量的最后一个分量中。

- 上三角矩阵中 a_{ij} 和 $sa[k]$ 之间的对应关系：三角矩阵中，主对角线之上的第 p 行（$0 \leqslant p < n$）恰有 $n-p$ 个元素，按行优先顺序存放上三角矩阵中的元素 a_{ij} 时，a_{ij} 元素前有 i 行（0 行到第 $i-1$ 行），一共有 $(n-0)+(n-1)+(n-2)+\cdots+(n-i+1)=i \times (2n-i+1)/2$ 个元素。

在第 i 行上，a_{ij} 之前恰有 $j-i$ 个元素（$a_{ij}, a_{i,j+1}, \cdots, a_{i,j-1}$），因此有：

$$sa[i \times (2n-i+1)/2+j-i] = a_{ij}$$

所以：

$$k = \begin{cases} i \times (2n-i+1)/2+j-i & (i \leqslant j) \\ \\ n \times (n+1)/2 & (i > j) \end{cases}$$

- 下三角矩阵中 a_{ij} 和 $sa[k]$ 之间的对应关系为：

$$k = \begin{cases} i \times (i+1)/2+j & (i \geqslant j) \\ \\ n \times (n+1)/2 & (i < j) \end{cases}$$

注意：三角矩阵的压缩存储结构是随机存取结构。

③ 对角矩阵：所有的非零元素集中在以主对角线为中心的带状区域中，即除了主对角线和主对角线相邻两侧的若干条对角线上的元素之外，其余元素皆为零的矩阵为对角矩阵。

【例 1-6】图 1-32（a）是对角矩阵的一般情形，图 1-32（b）给出了一个三对角矩阵。

其中：非零元素仅出现在主对角线上（a_{ii}，$0 \leqslant i \leqslant n-1$），紧邻主对角线上面的那条对角线上（$a_{i,i+1}$，$0 \leqslant i \leqslant n-2$）和紧邻主对角线下面的那条对角线上（$a_{i+1,i}$，$0 \leqslant i \leqslant n-2$）。当 $|i-j| > 1$ 时，元素 $a_{ij}=0$。

由此可知，一个 k 对角线矩阵（k 为奇数）A 是满足下述条件的矩阵：

- 若 $|i-j| > (k-1)/2$，则元素 $a_{ij}=0$。
- 对角矩阵可按行优先顺序或对角线的顺序，将其压缩存储到一个向量中，并且也能找到每个非零元素和向量下标的对应关系。

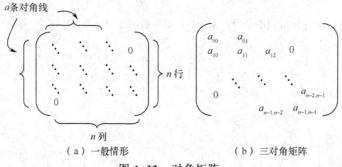

（a）一般情形　　　　　　　（b）三对角矩阵

图 1-32　对角矩阵

（3）稀疏矩阵

设矩阵 $A_{m \times n}$ 中有 S 个非零元素，若 S 远远小于矩阵元素的总数（即 $S \ll m \times n$），则称 A 为稀疏矩阵。

① 稀疏矩阵的压缩存储：为了节省存储单元，可只存储非零元素。由于非零元素的分布一般是没有规律的，因此在存储非零元素的同时，还必须存储非零元素所在的行号、列号，才能迅速确定一个非零元素是矩阵中的哪一个元素。稀疏矩阵的压缩存储会失去随机存取功能。其中每个非零元素所在的行号、列号和值组成一个三元组 (i, j, a_{ij})，并由此三元组唯一确定。稀疏矩阵进行压缩存储通常有两类方法：顺序存储和链式存储方法。

② 三元组表：将表示稀疏矩阵的非零元素的三元组按行优先（或列优先）的顺序排列（跳过零元素），并依次存放在向量中，这种稀疏矩阵的顺序存储结构称为三元组表。

注意：以下的讨论中，均假定三元组是按行优先顺序排列的。

a. 三元组表的类型说明：为了运算方便，将矩阵的总行数、总列数及非零元素的总数均作为三元组表的属性进行描述。其类型描述为：

```
#define MaxSize 10000        //由用户定义
struct TriTupleNode          //三元组
{ int i,j;                   //非零元的行、列号
  int v;                     //非零元的值
};
struct TriTupleTable         //三元组表
{ TriTupleNode data[MaxSize]; //三元组表空间
  int m,n,t;                 //矩阵的行数、列数及非零元个数
};
```

b. 压缩存储结构上矩阵的转置运算：一个 $m \times n$ 的矩阵 A，它的转置矩阵 B 是一个 $n \times m$ 的矩阵，且：

$$A[i][j] = B[j][i] \qquad 0 \leq i < m, \ 0 \leq j < n$$

即 A 的行是 B 的列，A 的列是 B 的行。

● 三元组表表示的矩阵转置的思想方法：

第一步：根据 A 矩阵的行数、列数和非零总数确定 B 矩阵的列数、行数和非零元总数。

第二步：当三元组表非空（A 矩阵的非零元素不为 0）时，根据 A 矩阵三元组表的结点空

间 data（以下简称三元组表），将 **A** 的三元组表 a->data 置换为 **B** 的三元组表 b->data。

● 三元组表的转置：

方法一：简单地交换 a->data 中 *i* 和 *j* 中的内容，得到按列优先顺序存储到 b->data；再将 b->data 重排成按行优先顺序的三元组表。

方法二：由于 **A** 的列是 **B** 的行，因此按 a->data 的列序转置，所得到的转置矩阵 **B** 的三元组表 b->data 必定是按行优先存放的。

按这种方法设计的算法的基本思想是：对 **A** 中的每一列 col（$0 \leqslant col \leqslant a->n-1$），通过从头至尾扫描三元组表 a->data，找出所有列号等于 col 的那些三元组，将它们的行号和列号互换后依次放入 b->data 中，即可得到 **B** 的按行优先的压缩存储表示。

● 具体算法如下：

```
void TransMatrix(struct TriTupleTable *b,struct TriTupleTable *a)
{ //*a,*b是矩阵A、B的三元组表表示，将A转置为B
  int p,q,col;
  b->m=a->n;b->n=a->m;           //A和B的行列总数互换
  b->t=a->t;                     //非零元总数
  if(b->t<=0)     Error("A=0");  //A中无非零元，退出
  q=0;
  for(col=0;col<a->n;col++)      //对A的每一列
    for(p=0;p<a->t;p++)          //扫描A的三元组表
      if(a->data[p].j==col)      //找列号为col的三元组
  { b->data[q].i=a->data[p].j;
    b->data[q].j=a->data[p].i;
    b->data[q].v=a->data[p].v;
    q++;
  }
} //TransMatrix
```

● 算法分析：该算法的时间主要耗费在 col 和 *p* 的二重循环上。

若 **A** 的列数为 *n*，非零元素个数为 *t*，则执行时间为 $O(n \times t)$，即与 **A** 的列数和非零元素个数的乘积成正比。通常用二维数组表示矩阵时，其转置算法的执行时间是 $O(m \times n)$，它正比于行数和列数的乘积。由于非零元素个数一般远远大于行数，因此上述稀疏矩阵转置算法的时间大于通常的转置算法的时间。

③ 带行表的三元组表：为了方便某些矩阵运算，在按行优先存储的三元组表中，加入一个行表来记录稀疏矩阵中每行的非零元素在三元组表中的起始位置。这就是带行表的三元组表。

a. 类型描述如下：

```
#define MaxRow l00                //在三元组表定义前加入此最大行定义
struct RTriTupleTable
{ struct TriTupleNode data[MaxSize];
  int RowTab[MaxRow];             //行表，应保证m≤MaxRow
  int m,n,t;
};
```

b. 带行表的三元组表的操作：

- 对于任意行号 i（$0 \leqslant i \leqslant m-1$），能迅速地确定该行的第一个非零元在三元组表中的存储位置为 RowTab[i]。
- RowTab[i]（$0 \leqslant i \leqslant m-1$）表示第 i 行之前的所有行的非零元数。
- 第 i 行上的非零元数目为 RowTab[$i+1$]-RowTab[i]（$0 \leqslant i \leqslant m-2$）。
- 最后一行（即第 $m-1$ 行）的非零元数目为 t-RowTab[$m-1$]（t 为矩阵的非零元总数）。

注意：若在行表中令 RowTab[m]=t（要求 MaxRow>m）会更方便些，且 t 可省略。带行表的三元组表可改进矩阵的转置算法，具体参阅其他参考书。

④ 稀疏矩阵压缩存储方式分析：

a. 三元组表和带行表的三元组表的特点：相应的算法描述较为简单，但这类顺序存储方式对于非零元的位置或个数经常发生变化的矩阵的运算就显得不太适合。

【例 1-7】执行将矩阵 B 相加到矩阵 A 上的运算时，某位置上的结果可能会由非零元变为零元，但也可能由零元变为非零元，这就会引起在 A 的三元组表中进行删除和插入操作，从而导致大量结点的移动。对此类运算采用链式存储结构为宜。

b. 稀疏矩阵的链式结构：稀疏矩阵的链式结构有十字链表等方法，适用于非零元变化大的场合，比较复杂，可参阅其他参考书。

4. 广义表

广义表是线性表的一种推广和扩充，是应用范围十分广泛的数据结构。

（1）广义表的定义

广义表是 n（$n>0$）个元素的有限序列，记为 $A=(a_1, a_2, \cdots, a_i, \cdots, a_n)$，其中 A 是表名，n 是广义表的长度，即广义表中元素的个数，元素 a_i 是广义表中的数据元素。

（2）广义表中的单元素、子表（表元素）及深度

广义表中的元素 a_i 可以是单元素，也可以是表，称为子表或表元素。为了区别单元素和子表，习惯上用小写字母表示单元素，用大写字母表示子表。广义表中括号嵌套的最大层数称为广义表的深度。

（3）广义表的特点

① 广义表是一种递归的数据结构：广义表的定义是递归的，显然在定义广义表时又引用了广义表的概念。

② 广义表的存储空间很难确定：由于广义表是一种递归数据结构，因此很难确定它所占用的存储空间的大小，故一般采用链接存储结构对其进行存储。

（4）广义表的一些例子

下面给出广义表的一些例子：

① A＝()：A 是空表，长度为 0，深度为 1，可以写成 A()。

② B＝(e)：B 的长度为 1，只含单元素 e，深度为 1，可以写成 B(e)。

③ C＝(a,(b,c))：C 的长度为 2，深度为 2，C 中有两个元素，分别为单元素 a 和子表(b,c)，可以写成 C(a,(b,c))。

④ D＝(A,B,C)＝((),(e),(a,(b,c)))：D 的长度为 3，深度为 3，每个元素都是一个子表，可以写成 D(A,B,C)。

⑤ E＝(a,E)：E 是一个长度为 2 的递归表，相当于 E＝(a,(a,(a,(a,…))))的无限表，可以写成

E(a,E)。

⑥ F＝((a,(b,c),((a,b),c)))：F 是一个长度为 1，深度为 4 的广义表。

（5）广义表的存储结构

① 广义表的存储结构方式：一般采用链接存储结构对广义表进行存储。广义表中的元素分单元素和子表两种，因此需要两种结构的结点，分别表示子表和单元素。为此广义表的存储结构，应包括以下部分：

a．一种带标志域 tag 的结点。在广义表中设立一个标志域 tag。当 tag=0 时，表示该结点为广义表的单元素；当 tag=1 时，表示该结点为广义表的子表，在结点中的 data 域存放该子表头结点地址；当 tag=-1 时，约定是表头结点的标志域。

b．为了方便进行广义表的插入、删除操作，有时在表头增加一个空结点。该表头结点的结构与其他结点相同。为了把表头结点同一般结点区分开，约定表头结点的标志域 tag=-1。

设指针 first_p 指向子表中的第一个结点，指针 next_p 指向下一个结点，则广义表的结点结构如图 1-33 所示。

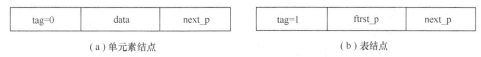

tag=0	data	next_p		tag=1	ftrst_p	next_p
（a）单元素结点				（b）表结点		

图 1-33　广义表的结点结构

② 广义表的图形表示：为把广义表中各元素间的次序和层次表示得更为清晰，可在广义表的图形表示方式中，用横向箭头表示元素之间的次序，用竖向箭头表示元素之间的层次关系，如图 1-34 所示。图中的例子与上面介绍的"广义表的一些例子"中的①、②、③、⑤一一对应。

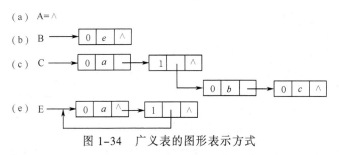

图 1-34　广义表的图形表示方式

1.2.4　串

串是字符串的简称，是由零到多个字符组成的连续有限序列，一般记为：

$$s="a_1a_2a_3\cdots a_n"$$

其中，s 为串名，引号中为串值（双引号本身不是串值）。a_i（$1 \leqslant i \leqslant n$）为串元素，由字母或其他符号组成。$n$（$n \geqslant 0$）是串的长度，当串长度为 0（即 $n=0$）时称为空串，记为 s=" "。空格也可作为串字符。由于各个串的串值是不等长的，大多数高级语言在实现串操作时都要进行专门处理以确定串的长度，为此应特别注意不要将串值为空格字符的空格串等同空串。为了明确起见，一般用"□"表示一个空格的串。

一个串中任意多个连续的字符组成的子序列称为该串的子串，包含该子串的串称为主串。

一个字符在串中的序号称为该字符在串中的位置。当一个字符在串中多次出现时，该字符在串中的位置指的是该字符在串中第一次出现的位置。子串在主串中的位置指的是该子串的第一个字符在主串中的位置。称两个串是相等的是指两个串中的字符序列一一对应相等。如有如下串：

```
S1="I am a student";
S2="teacher";
S3="a";
S4="student□";
S5="□";
```

在这 5 个串中，可以说 S1 是 S3 的主串，子串 S3 在主串 S1 中的位置是 3，S4 是 S5 的主串，S4 的长度为 8，S5 的长度为 1。

由串的定义可知，串是一种其数据元素固定为字符的线性表。因此，仅就数据结构而言，串归属于线性表这种数据结构。但是，串的基本操作和线性表上的基本操作相比却大有不同。线性表上的操作主要针对线性表中的某个数据元素进行，而串上的操作主要是针对串的整体或串的某部分子串进行。

与线性表存储结构类似，字符串的两种基本存储结构是顺序结构和链式存储结构。

顺序存储结构是用地址连续的一块存储单元存储串的字符序列。由于大多数计算机的存储器地址采用的是以字编址，一个字占多个字节，而一个字符只占一个字节，所以为了节省存储空间，顺序存储结构存储串值时允许采用紧缩格式，即一个字节存放一个字符，而把一个存储单元中放一个字符称为非紧缩格式。显然，非紧缩格式浪费存储空间，但操作方便；紧缩格式节省存储空间，但若要分离某部分字符时，操作比较麻烦。图 1-35（a）是串的非紧缩格式存储示例；图 1-35（b）是串的紧缩格式存储示例。通常系统在存储串时，自动在串的末尾处添加一个特殊符号作为当前串的结束标志。在 C 语言中串结束标志采用转义符'\0'。

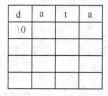

（a）串的非紧缩格式存储　　　　　（b）串的紧缩格式存储

图 1-35　串的两种存储格式

串的顺序存储结构有两个缺点：一是需要预先定义一个串允许的最大字符个数，当该值估计过大时存储效率就降低，浪费存储空间；二是当需要在字符串中插入或删除字符时，要花许多时间移动字符。解决这个问题可以使用链表存储结构来存储串。串的链式存储结构定义如下：

```
struct node
{ char data;
  struct node *next;
};
```

例如，对于字符串 s="data"，其链式存储结构如图 1-36 所示。

图 1-36　串的链式存储结构

串的链式存储结构具有链式存储结构的共同特点，即存储一个串的字符数据结点，存储空间可以动态申请，不需要预先定义，对串进行字符数据结点的插入和删除时都不需要进行大量的字符移动。

1.3 树和二叉树

树形结构是一类重要的非线性结构。树形结构是结点之间有分支，并具有层次关系的结构。它非常类似于自然界中的树。树结构在客观世界中是大量存在的，如家谱、行政组织机构都可用树形表示。

树在计算机领域中也有着广泛的应用，如在编译程序中，用树来表示源程序的语法结构；在数据库系统中，可用树来组织信息；在分析算法的行为时，可用树来描述其执行过程。

本节重点讨论二叉树的存储表示及其各种运算，并研究一般树和森林与二叉树的转换关系，最后介绍树的应用实例。

1.3.1 树形结构基本概念

树形结构是以分支关系来定义的层次结构。在客观世界中树形结构广泛存在，如人类社会的族谱、家谱；行政区域划分管理；各种社会组织机构；在计算机领域中，用树表示源程序的语法结构；在操作系统中的文件系统、目录等组织结构也是用树来表示的。在现实生活中，有如下血统关系的家族可用树形图表示：张源有 3 个孩子——张明、张亮和张丽；张明有两个孩子——张林和张维；张亮有 3 个孩子——张平、张华和张群；张平有两个孩子——张晶和张磊，如图 1-37 所示。

图 1-37　一个家族的结构

图 1-37 中的表示很像一棵倒长的树。其中"树根"是张源，树的"分支点"是张明、张亮和张丽，该家族的其余成员均是"树叶"，而树枝（即图中的线段）则描述了家族成员之间的关系。显然，以张源为"根"的树是一个大家庭，它可分成张明、张亮和张丽为"根"的 3 个小家庭；每个小家庭又都是一个树形结构。

1. 树的定义

（1）树的逻辑结构定义

树是一种数据结构：Tree=(D,R)。其中：D 是具有相同特性的数据元素的集合；R 是 D 上逻辑关系的集合，且满足：

① 在 D 中存在唯一的称为根的数据元素，没有前驱。

② D 中其余数据元素都有且只有一个前驱。

③ D 中所有元素，或有若干个互不相同的后继（子树），或无后继（叶结点）。

满足以上条件的数据结构 Tree 则称为树。

（2）树的递归结构定义

树（Tree）是 $n(n \geq 0)$ 个结点的有限集 T，T 为空时称为空树，否则它满足如下两个条件：

① 有且仅有一个特定的称为根（Root）的结点。

② 其余的结点可分为 m（$m \geq 0$）个互不相交的子集 $T_1, T_2, \cdots, T_m$，其中每个子集本身又是一棵树，并称其为根的子树（Subtree）。

由此可见，树是一种递归结构，可以包含一个结点，该结点包含不相交的树的指针（即子树）。树的递归定义刻画了树的固有特性：一棵非空树是由若干棵子树构成的，而子树又可由若干棵更小的子树构成。用该定义来分析图 1-38 所示的树。

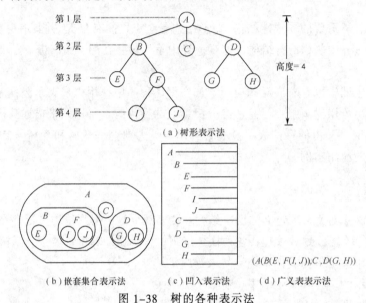

图 1-38 树的各种表示法

图 1-38 中的树由结点的有限集 $T=\{A,B,C,D,E,F,C,H,I,J\}$ 所构成，其中 A 是根结点，T 中其余结点可分成 3 个互不相交的子集：

$T_1=\{B,E,F,I,J\}$

$T_2=\{C\}$

$T_3=\{D,G,H\}$

T_1、T_2 和 T_3 是根 A 的 3 棵子树，且本身又都是一棵树。如 T_1，其根为 B，其余结点可分为两个互不相交的子集 $T_{11}=\{E\}$ 和 $T_{12}=\{F,I,J\}$，它们都是 B 的子树。显然 T_{11} 是只含一个根结点 E 的树，而 T_{12} 的根 F 又有两棵互不相交的子树 $\{I\}$ 和 $\{J\}$，其本身又都是只含一个根结点的树。

2. 树的表示形式

（1）树形表示法

在这种表示法中，结点用圆圈表示，结点的名字写在圆圈旁边（有时也可写在圆圈内）。这种表示法是树的主要表示法，又称树形图表示法，见图 1-38。

（2）嵌套集合表示法

嵌套形式是用集合的包含关系来描述树结构。图 1-38（a）树的嵌套集合表示法如图 1-38（b）所示。

（3）凹入表示法

这种表示法类似于书的目录，图 1-38（a）所示树的凹入表示法如图 1-38（c）所示。

（4）广义表表示法

树也可以用广义表的形式表示。图1-38（a）所示树的广义表表示法如图1-38（d）。

3. 树的基本术语

① 结点：包括一个数据元素及若干个指向其他子树的分支。例如，A、B、C、D等。

② 结点的度：树中的一个结点拥有的子树数量称为该结点的度（Degree）。例如，A的度为3。

③ 根结点：无前驱结点的结点。例如，A结点。

④ 分支结点（非终端结点）：度不为零的结点。例如，B、D等。

⑤ 叶结点：度为零的结点称为叶子（Leaf）结点或终端结点。例如，E、C、I、J、G、H。

⑥ 内部结点：除根结点之外的分支结点统称为内部结点。

⑦ 树的度：一棵树的度是指该树中结点的最大度数。如图1-38中的树的度为3。

⑧ 孩子结点：某结点子树的根为该结点的孩子结点。例如，结点A的孩子结点为B、C、D。

⑨ 双亲结点：相对于某结点子树的根，称该结点为子树根的双亲结点。双亲结点又称父结点。例如，孩子结点B、C、D的双亲结点为A。

⑩ 祖先结点：从根结点到该结点所经分支上的所有结点。如结点I的祖先结点是A、B、F。

⑪ 子孙结点：某一结点的孩子，以及这些孩子的孩子都是该结点的子孙。例如，结点B的子孙结点有E、F、I、J。

⑫ 兄弟结点：同一父亲的孩子之间互为兄弟结点（Sibling）。如结点G、H互为兄弟结点。

⑬ 路径：若树中存在一个结点序列$k_1,k_2,\cdots,k_j$，使得k_i是k_{i+1}的双亲（$1\leq i<j$），则称该结点序列是从k_1到k_j的一条路径（Path）或道路。若一个结点序列是路径，则在树的树形图表示中，该结点序列"自上而下"地通过路径上的每条边。从树的根结点到树中其余结点均存在一条唯一的路径。

⑭ 长度：路径的长度指路径所经过的边（即连接两个结点的线段）的数目，路径的长度等于路径中结点数减1。

⑮ 树的高度：树中结点所处的最大层次。空树的高度为0，只有一个根结点的树的高度为1，图1-38（a）所示的树的高度为4。

⑯ 深度：该结点到根的路径中的结点数。例如，结点I的深度为4。

⑰ 森林：0棵或多棵互不相交的树的集合。对树中每个结点而言，其子树的集合即为森林。

⑱ 有序树和无序树：如果将树中结点的各子树看作从左至右是有顺序的（即不能互换），则称该树为有序树，否则，称为无序树。

4. 树形结构的逻辑特征

树形结构的逻辑特征可用树中结点之间的父子关系来描述：

① 树中任一结点都可以有零个或多个直接后继（即孩子）结点，但至多只能有一个直接前驱（即双亲）结点。

② 树中只有根结点无前趋的结点是开始结点；叶结点无后继，是终端结点。

③ 祖先与子孙的关系是对父子关系的延拓，它定义了树中结点之间的纵向次序。

④ 在有序树中，同一组兄弟结点从左到右有长幼之分。对这一关系加以延拓，规定若 k_1 和 k_2 是兄弟，且 k_1 在 k_2 的左边，则 k_1 的任一子孙都在 k_2 的任一子孙的左边，那么就定义了树中结点之间的横向次序。

5. 树的操作

① Parent(n,T)：得到树中结点 n 的父亲结点。

② Root(T)：求树的根，返回树根的位置。

③ Child(T,x,i)：求树 T 中结点 x 的第 i 个孩子结点。

④ Create(x,T_1,T_2,…,T_k)：生成一个结点 x，下带子树 T_1,T_2,…,T_k。

⑤ Delete(x,i)：删除结点 x 的第 i 个子树。

⑥ Traverse(T)：遍历树 T，按次序依次访问树中各个结点，且使每个结点只能被访问一次。

1.3.2 二叉树

二叉树（Binary Tree）是树形结构的一个重要类型。许多实际问题抽象出来的数据结构往往是二叉树的形式，即使是一般的树也能简单地转换为二叉树，且二叉树的存储结构及其算法都较为简单，因此二叉树显得特别重要。

1. 二叉树的定义

（1）二叉树的逻辑结构定义

二叉树是另一种树形结构：Binary_Tree=(D,R)。其中：D 是具有相同性质的数据元素的集合；R 是在 D 上某个两元关系的集合，且满足：

① D 中存在唯一称为根的数据元素，没有前驱；D 中其余元素都有且仅有一个前驱，每个结点至多只有两个子树。

② D 中元素，或有两个互不相交后继，或无后继。

③ 左、右子树分别又是一棵二叉树。

（2）二叉树的递归定义

二叉树是 n（$n \geq 0$）个结点的有限集，它或者是空集（$n=0$），或者由一个根结点及两棵互不相交的、分别称为根的左子树和右子树的二叉树组成。

二叉树的所有子树都有左、右之分（次序不能任意颠倒），因此二叉树是有序树。

2. 二叉树的 5 种基本形态

二叉树可以是空集；根可以有空的左子树或右子树；或者左、右子树皆为空。二叉树的 5 种基本形态如图 1-39 所示。图 1-39（a）所示是一棵空的二叉树，一个结点也没有；图 1-39（b）所示是一棵只有根结点的二叉树，没有左子树和右子树；图 1-39（c）所示是只有左子树而没有右子树的二叉树；图 1-39（d）所示是只有右子树而没有左子树的二叉树；图 1-39（e）所示是既有左子树又有右子树的二叉树。

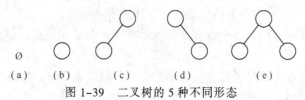

$\emptyset$

（a）　　（b）　　（c）　　（d）　　（e）

图 1-39　二叉树的 5 种不同形态

3. 特殊形态的二叉树

（1）满二叉树

一棵深度为 k 且有 2^k-1 个结点的二叉树称为满二叉树（Full Binary Tree）。

满二叉树具有以下特点：

① 每一层上的结点数都达到最大值。即对给定的高度，它是具有最多结点数的二叉树。

② 满二叉树中不存在度数为 1 的结点，每个分支结点均有两棵高度相同的子树，且树叶都在最下一层上。例如，对于图 1-40 所示的二叉树，图 1-40（a）所示即为一个高度为 4 的满二叉树。

（2）完全二叉树

若一棵二叉树至多只有最下面的两层上结点的度数可以小于 2，并且最下一层上的结点都集中在该层最左边的若干位置上，则此二叉树称为完全二叉树（Complete Binary Tree）。

完全二叉树具有以下特点：

① 满二叉树是完全二叉树，完全二叉树不一定是满二叉树。

② 满二叉树的最下一层上，从最右边开始连续删去若干结点后得到的二叉树仍然是一棵完全二叉树。

③ 在完全二叉树中，若某个结点没有左孩子，则它一定没有右孩子，即该结点必是叶结点。

如图 1-40（c）所示中，结点 F 没有左孩子而有右孩子 L，故它不是一棵完全二叉树。而图 1-40（b）是一棵完全二叉树。

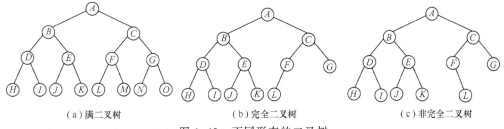

（a）满二叉树　　　　　（b）完全二叉树　　　　　（c）非完全二叉树

图 1-40　不同形态的二叉树

4. 二叉树与树的区别

二叉树并非是树的特殊情形，它们是两种不同的数据结构。二叉树中每个结点最多只能有两棵子树，也就是说，二叉树结点最大度数为 2，并且有左右之分。二叉树可以为空，而树中结点的最大度数则没有限制，且不能为空；二叉树的结点的子树分左子树和右子树，而树的结点子树无左右之分。

二叉树也与度数为 2 的有序树不同。在有序树中，虽然一个结点的孩子之间是有左右次序的，但是若该结点只有一个孩子，就无须区分其左右次序。而在二叉树中，即使是一个孩子也有左右之分。

【例 1-8】图 1-41 所示是两棵不同的二叉树，与图 1-42 所示中的普通树（作为有序树或无序树）很相似，但却不等同于这棵普通树。若将这三棵树均看作普通树，则它们便相同。

5. 二叉树的性质

二叉树具有以下重要性质：

性质 1：二叉树第 i 层上的结点数目最多为 2^{i-1}（$i \geq 1$）。

证明：用数学归纳法证明。

归纳基础：$i=1$ 时，有 $2^{i-1}=2^0=1$。因为第 1 层上只有一个根结点，所以命题成立。

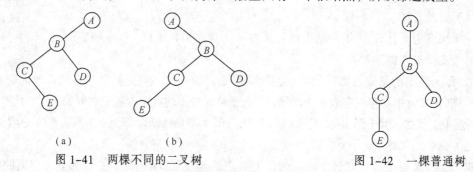

（a）　　　　　　　　（b）

图 1-41　两棵不同的二叉树　　　　　　　　图 1-42　一棵普通树

归纳假设：假设对所有的 j（$1\leqslant j<i$）命题成立，即第 j 层上至多有 2^{j-1} 个结点，证明 $j=i$ 时命题也成立。

归纳步骤：根据归纳假设，第 $i-1$ 层上至多有 2^{i-2} 个结点。由于二叉树的每个结点至多有两个孩子，故第 i 层上的结点数至多是第 $i-1$ 层上的最大结点数的 2 倍。即 $j=i$ 时，该层上至多有 $2\times 2^{i-2}=2^{i-1}$ 个结点，故命题成立。

性质 2：高度为 k 的二叉树至多有 2^k-1 个结点（$k\geqslant 0$）。

证明：$k=0$ 是空二叉树的情形，此时结点数为 0。$k\geqslant 1$ 是非空二叉树的情形，具有层次 $i=1,2,\cdots,k$。利用性质 1，第 i 层最多有 2^{i-1} 个结点，因此高度为 k 的二叉树的结点数至多为：

$$2^0+2^1+\cdots+2^{k-1}=2^k-1$$

故命题正确。

性质 3：在任意一棵二叉树中，若终端结点的个数为 n_0，度为 2 的结点数为 n_2，则 $n_0=n_2+1$。

证明：因为二叉树中所有结点的度数均不大于 2，所以结点总数（记为 n）应等于 0 度结点数、1 度结点（记为 n_1）和 2 度结点数之和为：

$$n=n_0+n_1+n_2 \tag{1}$$

另一方面，1 度结点有一个孩子，2 度结点有两个孩子，故二叉树中孩子结点总数是：

$$n_1+2n_2$$

树中只有根结点不是任何结点的孩子，故二叉树中的结点总数又可表示为：

$$n=n_1+2n_2+1 \tag{2}$$

由式（1）和式（2）得到：

$$n_0=n_2+1$$

6. 二叉树的存储结构

二叉树的存储形式有多种，最常用的是顺序存储结构和链式存储结构。

（1）顺序存储结构

该方法是把二叉树的所有结点按照一定的线性次序存储到一片连续的存储单元中。结点在这个序列中的相互位置还能反映出结点之间的逻辑关系。

① 完全二叉树结点编号：在一棵 n 个结点的完全二叉树中，从树根起，自上层到下层，每层从左至右，给所有结点编号，能得到一个反映整个二叉树结构的线性序列，如图 1-43 所示。

完全二叉树中除最下面一层外，各层都充满了结点。每层的结点个数恰好是上一层结点个数的 2 倍。从一个结点的编号可推出其双亲、左右孩子、兄弟等结点的编号。假设编号为 i 的

结点是 k_i（$1 \leqslant i \leqslant n$），则有：

若 $i > 1$，则 k_i 的双亲编号为 $[i/2]$；若 $i=1$，则 k_i 是根结点，无双亲。

若 $2i \leqslant n$，则 k_i 的左孩子的编号是 $2i$；否则，k_i 无左孩子，即 k_i 必定是叶子。因此完全二叉树中编号 $i > [n/2]$ 的结点必定是叶结点。

若 $2i+1 \leqslant n$，则 k_i 的右孩子的编号是 $2i+1$；否则，k_i 无右孩子。

若 i 为奇数且不为 1，则 k_i 的左兄弟的编号是 $i-1$；否则，k_i 无左兄弟。

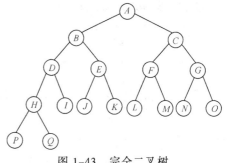

图 1-43　完全二叉树

若 i 为偶数且小于 n，则 k_i 的右兄弟的编号是 $i+1$；否则，k_i 无右兄弟。

② 完全二叉树的顺序存储：将完全二叉树中所有结点按编号顺序依次存储在向量 bt[0..n] 中。其中：bt[1..n]用来存储结点，bt[0]不用或用来存储结点数目。

【例 1-9】图 1-44 是图 1-43 所示的完全二叉树的顺序存储结构，bt[0]为结点数目，bt[7] 的双亲、左右孩子分别是 bt[3]、bt[14]和 bt[15]。

下标	0	1	2	3	4	5	6	7	8	9	10	11	12	13	14	15	16	17
bt	17	A	B	C	D	E	F	G	H	I	J	K	L	M	N	O	P	Q

图 1-44　完全二叉树的顺序存储结构

③ 一般二叉树的顺序存储：将一般二叉树添上一些"虚结点"，虚结点用"Ø"表示，使该二叉树成为一棵"完全二叉树"。

为了用结点在向量中的相对位置来表示结点之间的逻辑关系，按完全二叉树形式给结点编号。将结点按编号存入向量对应分量，其中"虚结点"用"Ø"表示，如图 1-45 所示。

例如，图 1-45 中的单支树的顺序存储结构如图 1-46 所示。

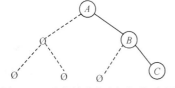

图 1-45　"虚结点"用"Ø"表示

下标	0	1	2	3	4	5	6	7
bt	3	A	Ø	B	Ø	Ø	Ø	C

图 1-46　单支树的顺序存储结构

对完全二叉树而言，顺序存储结构既简单又节省存储空间。一般的二叉树采用顺序存储结构时，虽然简单，但易造成存储空间的浪费。例如，在最坏的情况下，一个深度为 k 且只有 k 个结点的右单支树需要 2^k-1 个结点的存储空间。

在对顺序存储的二叉树进行插入和删除结点操作时，要大量移动结点。

（2）链式存储结构

① 结点的结构：二叉树的每个结点最多有两个孩子。用链接方式存储二叉树时，每个结点除了存储结点本身的数据外，还应设置两个指针域 leftchild 和 rightchild，分别指向该结点的左孩子和右孩子。结点的结构如图 1-47 所示。

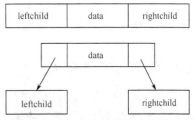

图 1-47　二叉树的链式存储结构（二叉链表）

② 结点的类型说明如下：

```
struct BinTNode
{    char data;
     struct BinTNode *leftchild,*rightchild; //左右孩子指针
}; //结点类型
```

③ 二叉链表：在一棵二叉树中，所有类型为 BinTNode 的结点，再加上一个指向开始结点（即根结点）的 BinTree 型头指针（即根指针）root，就构成了二叉树的链式存储结构，并将其称为二叉链表。图 1-48（a）所示二叉树的二叉链表如图 1-48（b）所示。

一个二叉链表由根指针 root 唯一确定。若二叉树为空，则 root=NULL；若结点的某个孩子不存在，则相应的指针为空。

具有 n 个结点的二叉链表中，共有 $2n$ 个指针域。其中只有 $n-1$ 个用来指示结点的左、右孩子，其余的 $n+1$ 个指针域为空。

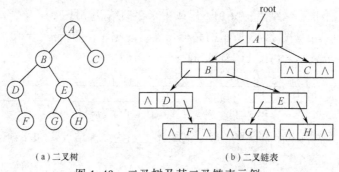

（a）二叉树　　　　　　　　　　（b）二叉链表

图 1-48　二叉树及其二叉链表示例

④ 带双亲指针的二叉链表（三叉链表）：经常要在二叉树中寻找某结点的双亲时，可在每个结点上再加一个指向其双亲的指针 parent，形成一个带双亲指针的二叉链表，常常称为三叉链表。其结点结构如图 1-49 所示。

二叉树及其三叉链表的示例如图 1-50 所示。

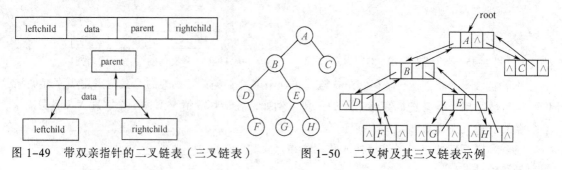

图 1-49　带双亲指针的二叉链表（三叉链表）　　图 1-50　二叉树及其三叉链表示例

1.3.3　二叉树的遍历

所谓遍历（Traversal），是指沿着某条搜索路线，依次对树中每个结点做一次且仅做一次访问。访问结点所做的操作依赖于具体的应用问题。遍历是二叉树上最重要的运算之一，是二叉树上进行其他运算的基础。

从二叉树的递归定义可知，一棵非空的二叉树由根结点及左、右子树 3 个基本部分组成。因此，对于任一给定结点可以按某种次序执行 3 个操作：

① 访问结点本身（N）。

② 遍历该结点的左子树（L）。

③ 遍历该结点的右子树（R）。

以上 3 种操作有 6 种执行次序：NLR、LNR、LRN、NRL、RNL、RLN。由于前 3 种次序与后 3 种次序对称，故只讨论先左后右的前 3 种次序，即 NLR、LNR 和 LRN。可以根据访问结点的顺序分别对它们命名：

① NLR：前序遍历（Preorder Traversal，又称先序遍历）。访问结点的操作发生在遍历其左右子树之前。

② LNR：中序遍历（Inorder Traversal）。访问结点的操作发生在遍历其左右子树之中（间）。

③ LRN：后序遍历（Postorder Traversal）。访问结点的操作发生在遍历其左右子树之后。

注意：由于被访问的结点必是某子树的根，所以 N（Node）、L（Left Subtree）和 R（Right Subtree）又可解释为根、根的左子树和根的右子树。NLR、LNR 和 LRN 分别又称为先根遍历、中根遍历和后根遍历。

1．遍历算法

（1）中序遍历的递归算法

若二叉树非空，则依次执行如下操作：

① 遍历左子树。

② 访问根结点。

③ 遍历右子树。

若二叉树采用二叉链表作为存储结构，则中序遍历算法可描述为：

```
void InOrder(struct BinTNode *T)
{ if(T)
    {   //如果二叉树非空
            InOrder(T->lchild);
        printf("%c",T->data); //访问结点
            InOrder(T->rchild);
    }
} //InOrder
```

（2）先序遍历的递归算法

若二叉树非空，则依次执行如下操作：

① 访问根结点。

② 遍历左子树。

③ 遍历右子树。

（3）后序遍历的递归算法

若二叉树非空，则依次执行如下操作：

① 遍历左子树。

② 遍历右子树。

③ 访问根结点。

2. 遍历序列

（1）遍历二叉树的执行踪迹

3 种递归遍历算法的搜索路线相同，如图 1-51 虚线所示。具体线路为：从根结点出发，逆时针沿着二叉树外缘移动，对每个结点均途径 3 次，最后回到根结点。

（2）遍历序列

① 中序序列：中序遍历二叉树时，对结点的访问次序为中序序列。例如，中序遍历图 1-51 所示的二叉树时，得到的中序序列为 $DBAECF$。

② 先序序列：先序遍历二叉树时，对结点的访问次序为先序序列。例如，先序遍历图 1-51 所示的二叉树时，得到的先序序列为 $ABDCEF$。

③ 后序序列：后序遍历二叉树时，对结点的访问次序为后序序列。例如，后序遍历图 1-51 所示的二叉树时，得到的后序序列为 $DBEFCA$。

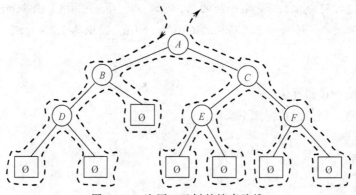

图 1-51　遍历二叉树的搜索路线

在搜索路线中，若访问结点均是第 1 次经过结点时进行的，则是前序遍历；若访问结点均是在第 2 次（或第 3 次）经过结点时进行的，则是中序遍历（或后序遍历）。只要将搜索路线上所有在第 1 次、第 2 次和第 3 次经过的结点分别列表，即可分别得到该二叉树的前序序列、中序序列和后序序列。

上述 3 种序列都是线性序列，有且仅有一个开始结点和一个终端结点，其余结点都有且仅有一个前驱结点和一个后继结点。为了区别于树形结构中前驱（即双亲）结点和后继（即孩子）结点的概念，对上述 3 种线性序列，要在某结点的前驱和后继之前冠以其遍历次序名称。例如，图 1-51 所示的二叉树中的结点 C，其前序前驱结点是 D，前序后继结点是 E；中序前驱结点是 E，中序后继结点是 F；后序前驱结点是 F，后序后继结点是 A。但是就该树的逻辑结构而言，C 的前驱结点是 A，后继结点是 E 和 F。

3. 二叉链表的构造

（1）基本思想

基于先序遍历的构造，即以二叉树的先序序列为输入来构造。要注意的是，在先序序列中必须加入虚结点以指示空指针的位置。

例如，建立图 1-51 所示的二叉树，其输入的先序序列是 $ABDØØØCEØØFØØ$。

（2）构造算法

假设虚结点输入时以空格字符表示，相应的构造算法为：

```
void CreateBinTree (struct BinTNode *T)
{ //构造二叉链表。T是指向根的指针，故修改*T就修改了实参(根指针)本身
  char ch;
  if((ch=getchar())=='') *T=NULL; //读入空格，将相应指针置空
  else
  { //读入非空格
    *T=(BinTNode *)malloc(sizeof(BinTNode)); //生成结点
    (*T)->data=ch;
    CreateBinTree(&(*T)->lchild); //构造左子树
    CreateBinTree(&(*T)->rchild); //构造右子树
  }
}
```

调用该算法时，应将待建立的二叉链表的根指针的地址作为实参。例如，设 root 是根指针（即它的类型是 struct BinTNode *），则调用 CreateBinTree(&root)后 root 就指向了已构造好的二叉链表的根结点。

1.3.4 树、森林与二叉树的转换

树或森林与二叉树之间有一个自然的一一对应关系。任何一个森林或一棵树可唯一地对应到一棵二叉树；反之，任何一棵二叉树也能唯一地对应到一个森林或一棵树。由于二叉树的存储结构比较简单，处理起来也比较方便，所以有时需要把复杂的树转换为简单的二叉树后再进行处理。

1. 树、森林到二叉树的转换

（1）将树转换为二叉树

树中每个结点最多只有一个最左边的孩子（长子）和一个右邻的兄弟。按照这种关系很自然地就能将树转换成相应的二叉树：

① 在图 1-52（a）所示树的所有兄弟结点之间加一连线，见图 1-52（b）所示。

② 对每个结点，除了保留与其长子的连线外，去掉该结点与其他孩子的连线。

最终，图 1-52（a）所示的树可转换为图 1-52（c）所示的二叉树。

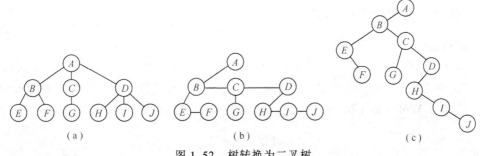

图 1-52 树转换为二叉树

由于树根没有兄弟，故树转化为二叉树后，二叉树的根结点的右子树必为空。

（2）将一个森林转换为二叉树

具体方法是：

① 将图 1-53（a）所示森林中的每棵树变为二叉树。

② 因为转换所得的二叉树的根结点的右子树均为空，故可将各二叉树的根结点视为兄弟从左至右连在一起，过程见图 1-53（b）所示，就形成了一棵二叉树。

最终，图 1-53（a）中包含三棵树的森林可转换为图 1-53（c）所示的二叉树。

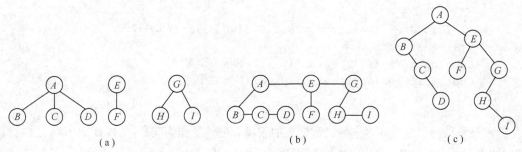

图 1-53　森林转换为二叉树

2. 二叉树到树、森林的转换

把二叉树转换到树和森林自然的方式是：若结点 x 是双亲 y 的左孩子，则把 x 的右孩子，右孩子的右孩子，…，都与 y 用连线连起来，最后去掉所有双亲到右孩子的连线即可。

例如，图 1-53（c）所示的二叉树可转换成图 1-54（a）所示的树，并最终转换成图 1-54（b）所示的森林。

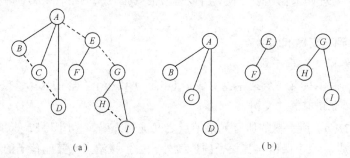

图 1-54　将图 1-53（c）中的二叉树转换为森林

1.3.5　哈夫曼树和哈夫曼编码

1. 哈夫曼树

在实际应用中，树的结点常被赋予有某种意义的数，该数称为结点的权。结点的带权路径长度是该结点的权值与该结点到根之间路径长度的乘积。树的带权路径长度（Weighted Path Length of Tree，WPL）则指树中所有叶结点的带权路径长度之和，即：

$$WPL = \sum_{i=1}^{n} W_i L_i$$

其中，n 代表叶结点的数目，W_i 为树中第 i 个叶结点的权值，L_i 为第 i 个叶结点的路径长度。

在叶结点数目为 n，其权分别为 W_1，W_2，…，W_n 的所有二叉树中，树的带权路径长度

WPL 最小的二叉树称为最优二叉树，通常称为哈夫曼树（Huffman Tree）。例如，给定 4 个子结点，其权分别为 7、5、2 和 4。图 1-55 显示了由这 4 个叶子结点构成的三棵不同的二叉树，它们的带权路径长度分别为：

① WPL＝$7 \times 2+5 \times 2+2 \times 2+4 \times 2=36$。

② WPL＝$4 \times 2+7 \times 3+5 \times 3+2 \times 1=46$。

③ WPL＝$7 \times 1+5 \times 2+2 \times 3+4 \times 3=35$。

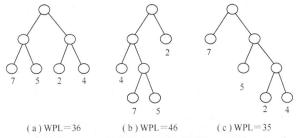

（a）WPL＝36　　　（b）WPL＝46　　　（c）WPL＝35

图 1-55　带权路径长度不同的二叉树

这个例子表明，完全二叉树不一定是最优二叉树。最优二叉树一般要求权越大的叶结点离根越近。如何构造最优二叉树？哈夫曼给出了自然而简便的方法，称之为哈夫曼算法：

① 由给定的 n 个权值 $W_1, W_2, \cdots, W_n$ 构成二叉树的森林 $F=\{T_1, T_2, \cdots, T_n\}$，其中每棵二叉树 T_i 只有一个权为 W_i 的根，其左右子树为空，如图 1-56（a）所示。

② 在 F 中选出两棵其根的权最小的树作为左右子树（谁左谁右无关紧要），增加一个新结点作为根，构成一棵新树，树的权是其左右孩子的权之和，如图 1-56（b）所示。然后把新树插到森林 F 中，同时将其左右子树从 F 中删除。重复以上步骤，如图 1-56（c）所示，直到森林 F 中只有一棵树为止。

③ 森林 F 中仅剩的一棵树便是哈夫曼树，如图 1-56（d）所示。哈夫曼树没有度数为 1 的分支结点，一个结点若没有左孩子，那么肯定是叶子，称之为严格二叉树。

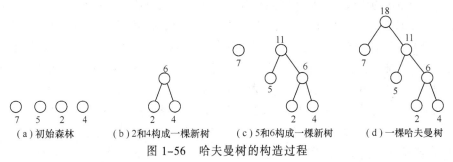

（a）初始森林　　（b）2和4构成一棵新树　　（c）5和6构成一棵新树　　（d）一棵哈夫曼树

图 1-56　哈夫曼树的构造过程

2. 哈夫曼编码

在数据通信中，经常需要把文字（英文或中文）转换成由二进制位 0、1 组成的代码串，然后发送出去，此过程称为编码。在接收方收到一系列 0、1 组成的代码串后，再把它们还原成文字，此过程称为译码。

（1）问题的提出

为简化问题起见，仅考虑英文通信。

① 编码的长短：在英文通信中，电文由 26 个英文字母组成。当采用等长编码时，每个英

文字母可用 5 个二进制位表示（5 个二进制位可表示 $2^5=32$ 种状态）。而译码时只需要把代码串按 5 位一组进行分割，再译成原文即可。上述编码方法就是等长编码。

假设电文中只用到 A、B、C、D 四个字母，采用 3 位字长方式编码。A、B、C、D 的编码分别为 000、001、010 和 011。这样，电文"ACDACAB"的二进制编码串为 000010011000010000001，即总的码长为 21 位。

但是，在英文中有的字母是经常出现的，而有的字母很少出现。如果把经常使用的字母用较少的位数编码，不常使用的字母用较多的位数编码，显然可以缩短电文的总码长。这就是不等长编码。

在上面的例子中，由于电文中 A 和 C 出现的次数较多，可以再设计一套编码方案，令 A、B、C、D 的编码分别为 0、01、1、11。此时电文"ACDACAB"的二进制代码串为 011101001。

② 译码的唯一性：在上面的例子中，总码长为 9 位，显然总码长缩短了。但是，问题也来了，在代码串 011101001 中，头两个字符 01 是 0（A）和 1（C）？还是 01（B）？两种理解译码出来的内容完全不同，前者是 AC，后者是 B。因此除了编码的长短之外，译码的唯一性也是非常重要的。译码的唯一性，要求任何一个字符的编码，不能是另一个编码的前缀。这种编码称为前缀码。例如，有些特别服务的电话号码就是前缀码，如 110 是报警电话的号码，其他电话号码就不能以 110 开头。

（2）哈夫曼编码

① 哈夫曼编码的特点：在编码时，考虑字符出现的概率，让出现概率高的字符采用尽量短的编码，出现概率高的字符采用稍微长的编码，构造一种不等长编码，这样可以缩短电文的总码长。

a. 电文的总长度最短：采用哈夫曼树就可以构造使电文的总长度最短的编码方案。

b. 前缀码：利用哈夫曼树，不仅能使电文的总长度最短，而且能构造出前缀码。

② 哈夫曼编码的步骤：假设电文中使用 n 种字符，每种字符在电文中出现的次数为 W_i（$i=1\sim n$）。以 W_i 作为哈夫曼树叶子结点的权值，用哈夫曼算法构造出哈夫曼树。规定树中每个结点的左分支代表"0"，右分支代表"1"。则从根结点到代表该字符的叶结点之间，沿途路径上的分支组成的"0"或"1"代码串就是该字符的编码，称之为哈夫曼编码。具体步骤是：

a. 在 n 个字符中，选出两个权值最小的字符作为左右子树，构造一棵新的二叉树，该新的二叉树的根结点的权值为其左右子树权值之和。

b. 在 n 中删去已用过的左右子树（两个字符），加入新的二叉树。

c. 重复步骤 a 和 b，直到 n 个字符中只有一棵树为止，该树就是哈夫曼编码树。

③ 哈夫曼编码的例子：要利用哈夫曼树对"it is a tree"这个简单英文句子进行编码，句子中有这些字符：{i,t,□,s,a,r,e}，共 7 个字符（□代表空格）。7 个字符的权值分别为(2,2,3,1,1,1,2)。构造的哈夫曼树如图 1-57 所示。图 1-57 中圆圈结点内的数字代表该字母的权值。

可得到{i,t,□,s,a,r,e}的前缀码分别为 011、10、11、001、0000、0001、010。此时，电文"it is a tree"的二进制代码串为 011101101100111000011100001010010。即：

```
011 10    11   011 001  11 0000  11 10   0001  010  010
 i   t    □    i   s    □  a     □  t     r    e    e
```

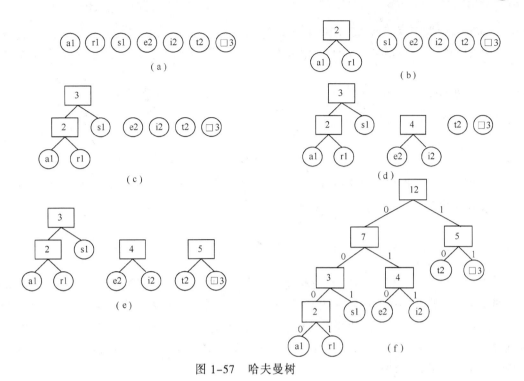

图 1-57 哈夫曼树

上述电文编码的译码也是通过图 1-57 所示的哈夫曼树来实现的，即从根结点出发，按照代码串中"0"为左子树，"1"为右子树的规则，一步步直到叶结点，所通过的路径扫描到的二进位串就是叶子结点所对应字符的编码。

1.3.6 二叉排序树

二叉排序树是一种特殊结构的二叉树，它作为一种表的组织手段，通常称为树表，可作为排序和查找的方法之一。

1. 二叉排序树的定义

二叉排序树或者是空树，或者是具有下述性质的二叉树：其左子树中所有结点的数值均小于根结点的数值，右子树中所有结点的数值均大于或等于根结点的数值。左子树和右子树又各是一棵二叉排序树。图 1-58 所示就是一棵二叉排序树。

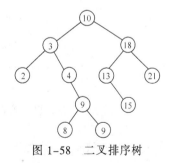

图 1-58 二叉排序树

在二叉排序树中，若按中序遍历就可以得到由小到大的有序序列，如图 1-58 中的二叉排序树，中序遍历可得到有序序列 (2,3,4,8,9,9,10,13,15,18,21)。

2. 二叉排序树的生成

二叉排序树是一种动态表结构，即二叉排序树的生成过程是不断地向二叉排序树中插入新的结点。

对任意的一组数据元素序列 $\{R_1, R_2, \cdots, R_n\}$，生成一棵二叉排序树的过程为：

① 令 R_1 为二叉排序树的根结点。

② 若 $R_2 < R_1$，令 R_2 为 R_1 的左子树的根结点；否则 R_2 为 R_1 的右子树的根结点。

③ $R_3,\cdots,R_n$ 结点的插入方法同上。

例如，对于一组关键字 {51,34,79,18,45,86}，生成对应的二叉排序树的过程如图 1-59 所示。

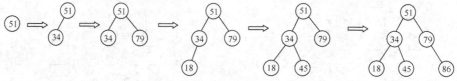

图 1-59　二叉树排序树的生成过程

从生成二叉排序树的整个过程可以看出：对于同一组元素，若其输入顺序不同，则生成的二叉排序树也不同。

1.4　图

图（Graph）是比树更为复杂的非线性结构。树中结点之间有明显的层次关系，每层的结点可以与下一层的多个孩子结点相连接，但是只能和它上一层的一个结点（即双亲结点）相连接。在图结构中，结点之间的联系是任意的，每个结点都可以和其他的结点相连接。由于很多问题可以用图表示，特别是在人工智能、工程、数学、物理、化学、生物和计算机科学等领域中，图结构有着广泛的应用。

本节首先介绍图的概念，再介绍图的存储方法以及有关图的常用算法。

1.4.1　图的基本概念

图 G 由两个集合 V 和 E 组成，记为 $G=(V,E)$，其中：V 是顶点的有穷非空集合，E 是 V 中顶点偶对（称为边）的有穷集合。

通常，也将图 G 的顶点集和边集分别记为 $V(G)$ 和 $E(G)$。$E(G)$ 可以是空集。若 $E(G)$ 为空，则图 G 只有顶点而没有边。图 1-60 和图 1-61 所示分别是有向图和无向图的示例。

图 1-60　有向图 G_1　　　　　　　　图 1-61　无向图 G_2

1.4.2　有向图和无向图

1. 有向图

若图 G 中的每条边都是有方向的，则称 G 为有向图（Directed Graph），如图 1-60 中的有向图 G_1。

① 有向边的表示：在有向图中，一条有向边是由两个顶点组成的有序对，有序对通常用尖括号表示。有向边也称为弧（Arc），边的始点称为弧尾（Tail），终点称为弧头（Head）。例如，$<V_i,V_j>$ 表示一条有向边，V_i 是边的始点（起点），V_j 是边的终点。因此，$<V_i,V_j>$ 和 $<V_j,V_i>$

是两条不同的有向边。

② 有向图的表示：图 1-60 中的 G_1 是一个有向图。图中边的方向是用从始点指向终点的箭头表示的，该有向图 G_1 的顶点集和边集分别为：

$$V(G_1)=\{A,B,C,D,E\}$$
$$E(G_1)=\{<A,B>,<A,E>,<C,A>,<C,D>,<C,E>,<E,D>\}$$

2. 无向图

若图 G 中的每条边都是没有方向的，则称 G 为无向图（Undigraph），如图 1-61 中的无向图 G_2。

① 无向边的表示：无向图中的边均是顶点的无序对，无序对通常用圆括号表示。例如，无序对 (V_i,V_j) 和 (V_j,V_i) 表示同一条边。

② 无向图的表示：例如，对于图 1-61 的无向图 G_2，其顶点集和边集分别为：

$$V(G_2)=\{A,B,C,D,E\}$$
$$E(G_2)=\{(A,B),(A,E),(C,A),(C,D),(C,E),(E,D)\}$$

注意：在以后的讨论中，不考虑顶点到其自身的边。即若 (V_1,V_2) 或 $<V_1,V_2>$ 是 $E(G)$ 中的一条边，则要求 $V_1 \neq V_2$。此外，不允许一条边在图中重复出现，即只讨论简单的图。

3. 图 G 的顶点数 n 和边数 e 的关系

① 若 G 是无向图，则 $0 \leqslant e \leqslant n(n-1)/2$。恰有 $n(n-1)/2$ 条边的无向图称为无向完全图（Undirected Complete Graph）。如图 1-62 所示的完全无向图 G_3。

② 若 G 是有向图，则 $0 \leqslant e \leqslant n(n-1)$。恰有 $n(n-1)$ 条边的有向图称为有向完全图（Directed Complete Graph）。如图 1-63 所示的完全有向图 G_4。

注意：完全图具有最多的边数。任意一对顶点间均有边相连。

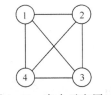

图 1-62　完全无向图 G_3

图 1-63　完全有向图 G_4

4. 图的边和顶点的关系

① 无向边和顶点的关系：若 (V_i,V_j) 是一条无向边，则称顶点 V_i 和 V_j 互为邻接点（Adjacent），或称 V_i 和 V_j 相邻接；并称 (V_i,V_j) 依附或关联（Incident）于顶点 V_i 和 V_j，或称 (V_i,V_j) 与顶点 V_i 和 V_j 相关联。

② 有向边和顶点的关系：若 $<V_i,V_j>$ 是一条有向边，则称顶点 V_i 邻接到 V_j，顶点 V_j 邻接于顶点 V_i；并称边 $<V_i,V_j>$ 关联于 V_i 和 V_j 或称 $<V_i,V_j>$ 与顶点 V_i 和 V_j 相关联。

5. 顶点的度

① 无向图中顶点 V 的度（Degree）：无向图中顶点 V 的度是关联于该顶点的边的数目，记为 $D(V)$。

② 有向图顶点 V 的入度（InDegree）：有向图中，以顶点 V 为终点的边的数目称为 V 的入度，记为 $\mathrm{ID}(V)$。

③ 有向图顶点 V 的出度（OutDegree）：有向图中，以顶点 V 为始点的边的数目，称为 V 的出度，记为 OD(V)。

在有向图中，顶点 V 的度定义为该顶点的入度和出度之和，即 $D(V)=\text{ID}(V)+\text{OD}(V)$。无论有向图还是无向图，顶点数 n、边数 e 和度数之间有如下关系：$e = \dfrac{1}{2}\sum_{i=1}^{n} D(V_i)$。

1.4.3　子图与路径

1. 子图

设 $G=(V,E)$ 是一个图，若 V' 是 V 的子集，E' 是 E 的子集，且 E' 中的边所关联的顶点均在 V' 中，则 $G'=(V',E')$ 也是一个图，并称其为 G 的子图（Subgraph）。

例如，设 $V'=\{V_1,V_2,V_3\}$，$E'=\{(V_1,V_2),\ (V_2,V_4)\}$，显然，$V'$ 属于 $V(G_2)$，E' 属于 $E(G_2)$，但因为 E' 中有序偶对 (V_2,V_4) 所关联的顶点 V_4 不在 V' 中，所以 (V',E') 不是图，也就不可能是 G_2 的子图。

2. 路径（Path）

① 无向图的路径：在无向图 G 中，若存在一个顶点序列 $V_p,V_{i1},V_{i2},\cdots,V_{im},V_q$，使得 (V_p,V_{i1})，$(V_{i1},V_{i2}),\cdots,(V_{im},V_q)$ 均属于 $E(G)$，则称顶点 V_p 到 V_q 存在一条路径（Path）。

② 有向图的路径：在有向图 G 中，路径也是有向的，它由 $E(G)$ 中的有向边 $<V_p,V_{i1}>$，$<V_{i1},V_{i2}>,\cdots,<V_{im},V_q>$ 组成。

③ 路径长度：路径长度定义为该路径上边的数目。

1.4.4　连通图和连通分量

（1）顶点间的连通性

在无向图 G 中，若从顶点 V_i 到顶点 V_j 有路径（当然从 V_j 到 V_i 也一定有路径），则称 V_i 和 V_j 是连通的。

（2）连通图

若 $V(G)$ 中任意两个不同的顶点 V_i 和 V_j 都连通（即有路径），则称 G 为连通图（Connected Graph）。例如，图 G_2 是连通图。

（3）连通分量

无向图 G 的极大连通子图称为 G 的连通分量（Connected Component）。任何连通图的连通分量只有一个，即是其自身，非连通的无向图有多个连通分量。

（4）强连通图

有向图 G 中，若对于 $V(G)$ 中任意两个不同的顶点 V_i 和 V_j，都存在从 V_i 到 V_j 以及从 V_j 到 V_i 的路径，则称 G 是强连通图。

（5）强连通分量

有向图的极大强连通子图称为 G 的强连通分量。强连通图只有一个强连通分量，即是其自身。非强连通的有向图有多个强连通分量。

例如，图 1-64 中的 G 不是强连通图，因为 V_2 到 V_3 没有路径，但它有两个强连通分量，如图 1-64（b）所示。

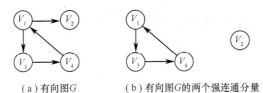

（a）有向图 G　　　　（b）有向图 G 的两个强连通分量

图 1-64　有向图及其强连通分量

1.4.5　图的存储结构

图的结构比较复杂，顶点和边（尤其是边）都可能带有信息，对这些信息要选择适当的存储结构，以便随时查看或修改。图有多种存储方法，视不同的情况和对图的不同运算采用不同的方法。下面介绍常用的 3 种存储结构：邻接矩阵、邻接表和邻接多重表。

1. 邻接矩阵

邻接矩阵是表示顶点间相邻关系的矩阵。若 G 是一个具有 n 个顶点的图，则 G 的邻接矩阵 A 是具有如下性质的 n 阶方阵：

$$A[i,j] = \begin{cases} 1 & \text{若}(V_i,V_j)\text{或}<V_i,V_j>\text{是} E(G)\text{中的边或弧} \\ 0 & \text{其他} \end{cases}$$

例如，图 1-60 的有向图 G_1 和图 1-61 的无向图 G_2 的邻接矩阵分别如下：

$$A_1 = \begin{bmatrix} A & B & C & D & E \\ 0 & 1 & 0 & 0 & 1 \\ 0 & 0 & 0 & 0 & 0 \\ 1 & 0 & 0 & 1 & 1 \\ 0 & 0 & 0 & 0 & 0 \\ 0 & 0 & 0 & 1 & 0 \end{bmatrix} \begin{matrix} A \\ B \\ C \\ D \\ E \end{matrix} \qquad A_2 = \begin{bmatrix} A & B & C & D & E \\ 0 & 1 & 1 & 0 & 1 \\ 1 & 0 & 0 & 0 & 0 \\ 1 & 0 & 0 & 1 & 1 \\ 0 & 0 & 1 & 0 & 1 \\ 1 & 0 & 1 & 1 & 0 \end{bmatrix} \begin{matrix} A \\ B \\ C \\ D \\ E \end{matrix}$$

借助于邻接矩阵很容易判断两个顶点是否相邻，并计算各顶点的度。在无向图中，顶点 V_i 的度是邻接矩阵 A 中第 i 行元素之和，即 $\mathrm{TD}(V_i)=\sum_{j=1}^{n} A[i,j]$。在有向图中，顶点 V_i 的出度是邻接矩阵 A 中第 i 行元素之和，顶点 V_i 的入度是邻接矩阵 A 中第 i 列元素之和。即：

$$\mathrm{OD}(V_i) = \sum_{i=1}^{n} A[i,j]，\ \mathrm{ID}(V_i) = \sum_{j=1}^{n} A[j,i]\ V$$

2. 邻接表

在邻接表的存储结构中，为图中每个顶点建立一个链表，对应于邻接矩阵中的一行。第 i 个链表中的结点是与顶点 V_i 相关联的边（对于有向图是以顶点 V_i 为尾的弧）。链表中的每个结点有两个域：顶点域（Vertex）保存和 V_i 有边相连的邻接点的序号。链域（Link）指向与顶点 V_i 相邻的下一个邻接点的结点。链表中的结点类型可定义如下：

```
struct node
{ int  vertex;              /*vertex 为顶点域*/
  struct node  *link;       /*指向下一个邻接点的链域*/
};
```

为了能够随机访问任一顶点的链表，可以在每个链表的表头设立一个结点，并以数组的形式存储这些结点，表头结点类型可定义如下：

```
struct tnode
{ int  data;                    /*data 为数据域*/
  struct node  *link;          /*链域指向与本顶点有边相连的第一个邻接点的结点*/
};
```

若无向图中有 n 个顶点、e 条边，则它的邻接表需 n 个表头结点和 $2e$ 个表中结点。显然，在图的边比较稀疏的情况下，用邻接表比用邻接矩阵节省空间。

在无向图的邻接表中，顶点 V_i 的度恰为第 i 个链表中的结点数。而在有向图中，第 i 个链表中的结点个数只是顶点 V_i 的出度，为求入度，必须遍历整个邻接表。在所有链表中其顶点域为 i 的结点个数是顶点 V_i 的入度。有时为了确定顶点的入度或以 V_i 为头的弧，可以建立逆邻接表，即对每个顶点 V_i 建立一个链接以 V_i 为头的弧。图 G_2 的邻接表、图 G_1 的邻接表和逆邻接表分别如图 1-65 所示。

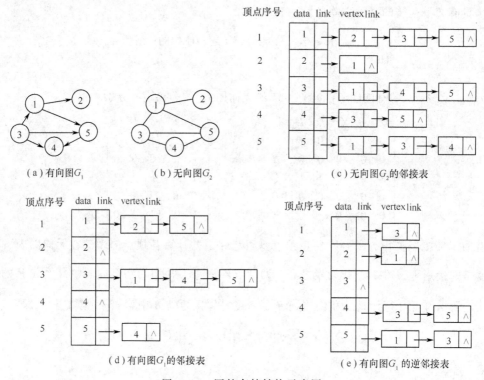

图 1-65　图的存储结构示意图

3. 邻接多重表

邻接多重表（Adjacency Multilist）是无向图的另一种链式存储结构。虽然邻接表是无向图的一种很有效的存储结构，在邻接表中容易得到顶点和边的各种信息。但是，在邻接表中每条边 (V_i,V_j) 有两个结点，分别在第 i 个和第 j 个链表中，这给某些图的操作带来不便。例如，在某些图的应用中总是需要对边进行某种操作，如对已被搜索过的边作记号或删除一条边等，此时需要找到表示同一条边的两个结点。因此，在进行此类操作的无向图的问题中，采用邻接多重表做存储结构更为适宜。

在邻接多重表中，每条边用一个结点表示，它由图 1-66 所示的 6 个域组成。其中，mark 为标志域，用来标记该条边是否被搜索过；ivex 和 jvex 为该边依附的两个顶点；ilink 指向下一条依附于顶点 ivex 的边；jlink 指向下一条依附于顶点 jvex 的边；info 用来存储和边有关的各种信息。

在邻接多重表中，每个顶点也用结点来表示，它由图 1-67 所示的 2 个域组成。其中，data 存储和该顶点相关的信息，firstedge 域指示第一条依附于该顶点的边。

图 1-66　邻接多重表的 6 个域　　　　　图 1-67　邻接多重表的 2 个域

图 1-68 所示为无向图的邻接多重表示例。

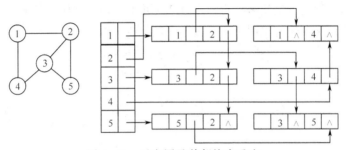

图 1-68　无向图及其邻接多重表

在邻接多重表中，所有依附于同一顶点的边串联在同一链表中，由于每条边依附于两个顶点，则每个边结点同时链接在两个链表中。可见，对无向图而言，其邻接多重表和邻接表的差别，仅仅在于同一条边在邻接表中用两个结点表示，而在邻接多重表中只有一个结点。因此，除了在边结点中增加一个标志域外，邻接多重表所需的存储量和邻接表相同。在邻接多重表上，各种基本操作的实现和邻接表相似。

1.4.6　图的遍历

许多关于图的算法都需要把图的每一个顶点访问一次，这种对图每个顶点的访问称为图的遍历。常用的图遍历方法有两种，即深度优先搜索（Depth_First Search，DFS）和广度优先搜索（Width_First Search，WFS）或（Breadth_First Search，BFS）。对任意给定的图，无论其是有向图还是无向图，都可以用上述两种方法对图的所有顶点进行遍历。

1. 深度优先搜索

深度优先搜索类似于树的前序遍历，它的实质是树的前序遍历的推广。

深度优先搜索的基本思想是：从图 G 的某一个顶点 V 出发，首先访问顶点 V，然后再依次递归地深度优先搜索访问 V 的第 1 个、第 2 个……邻接点，已访问的不再访问，直到访问完包含 V 的图 G 的连通分支。如果图 G 中仍有未访问过的顶点，则再选择一个未被访问过的顶点 V'，从 V' 开始再用上述方法访问完包括 V' 的图 G 的连通分支，如此继续，直到访问完图 G 的所有顶点为止。

以图 1-69（a）中无向连通图为例，假定 V_1 是出发点，首先访问 V_1；因 V_1 的未被访问的邻接点有 V_2 和 V_3，现选择 V_2 出发继续进行深度优先搜索，访问 V_2；因 V_2 未被访问的邻接点有 V_4 和 V_5，现选择 V_4 出发继续进行深度优先搜索，访问 V_4；V_4 的未被访问的邻接点只有 V_8，从 V_8 出发，访问 V_8；V_8 的未被访问的邻接点只有 V_5，从 V_5 出发，访问 V_5；这时 V_5 的所有邻接点都已被访问，从 V_5 返回 V_8，V_8 的所有邻接点都也已被访问，从 V_8 返回 V_4，再从 V_4 返回 V_2，从 V_2 返回 V_1，因 V_1 还有邻接点 V_3 未被访问，现从 V_3 出发，访问 V_3；因 V_3 的未被访问的邻接点有 V_6 和 V_7，现选择 V_6 出发，访问 V_6。因 V_6 的未被访问的邻接点只有 V_7，现从 V_7 出发继续，访问 V_7；这时 V_7 的所有邻接点都已被访问，从 V_7 返回 V_6，V_6 的所有邻接点都也已被访问，从 V_6 返回 V_3，从 V_3 返回 V_1，V_1 的所有邻接点都也已被访问，从 V_1 出发对图深度优先搜索遍历的过程结束。遍历得到的序列为 $V_1 \rightarrow V_2 \rightarrow V_4 \rightarrow V_8 \rightarrow V_5 \rightarrow V_3 \rightarrow V_6 \rightarrow V_7$。过程示意图如图 1-69（b）所示。

值得注意的是，深度优先搜索得到的遍历序列并不唯一。例如，对于图 1-69（a）的无向图，还可以得到深度优先遍历序列 $V_1 \rightarrow V_3 \rightarrow V_7 \rightarrow V_6 \rightarrow V_2 \rightarrow V_5 \rightarrow V_8 \rightarrow V_4$。

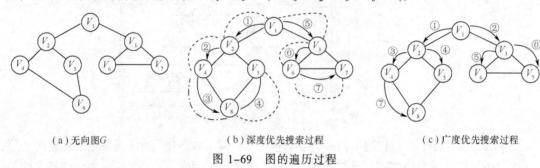

（a）无向图G　　　　　　（b）深度优先搜索过程　　　　　　（c）广度优先搜索过程

图 1-69　图的遍历过程

2. 广度优先搜索

图的广度优先搜索方法是树的层次遍历的推广，其基本思想是：首先从图中某个顶点 V 出发，访问 V 后，依次访问 V 的邻接点，然后按"先访问的顶点再访问其邻接点"的原则继续搜索（邻接点的邻接点），直到与 V 连通的所有顶点都被访问。如果图中还有未被访问的点，则任选一个未被访问的顶点，从这个顶点出发，按上述方法进行访问……如此继续，直到所有顶点都被访问。这种访问方法是按顶点的邻接点一层一层地访问下去，是层次优先，因此称为广度优先搜索方法。

以图 1-69（a）中的无向连通图为例，假定 V_1 是出发点，首先访问 V_1；因 V_1 的未被访问的邻接点有 V_2 和 V_3，访问 V_2、V_3；再从 V_2 出发继续进行广度优先搜索，因 V_2 的未被访问的邻接点有 V_4 和 V_5，访问 V_4、V_5；按次序选 V_3 出发继续，V_3 的未被访问的邻接点有 V_6 和 V_7，访问 V_6 和 V_7；按次序选 V_4 出发继续，V_4 的未被访问的邻接点只有 V_8，访问 V_8；再从 V_5 出发继续，这时 V_5 的所有邻接点都已被访问，继续从 V_6 出发继续，V_6 的所有邻接点都也已被访问，再从 V_7 出发继续，V_7 的所有邻接点都已被访问，再从 V_8 出发继续，V_8 的所有邻接点都也已被访问，因此，从 V_1 出发对图广度优先搜索遍历的过程结束。遍历得到的序列为 $V_1 \rightarrow V_2 \rightarrow V_3 \rightarrow V_4 \rightarrow V_5 \rightarrow V_6 \rightarrow V_7 \rightarrow V_8$。过程示意图如图 1-69（c）所示。

值得注意的是，按广度优先搜索遍历得到的遍历序列并不唯一。例如，还可以得到遍历序列 $V_1 \rightarrow V_3 \rightarrow V_2 \rightarrow V_6 \rightarrow V_7 \rightarrow V_4 \rightarrow V_5 \rightarrow V_8$ 等多种序列。

1.5　查找和排序

查找（Searching）不是一种数据结构，查找是从大量的数据中找出所需要的数据的一种运算。由于数据有一定的逻辑结构和存储结构，因此，查找运算也会因数据结构的不同而异。排序（Sorting）是计算机数据处理中一项最基本的操作。所谓排序，就是将一组"无序"的数据集合调整为"有序"的数据集合。查找和排序是计算机软件设计中经常遇到的问题，是计算机科学中重要的研究课题之一。

1.5.1　查找

1. 查找的概念

查找又称检索，是数据处理中使用频繁的一种重要操作。当数据量相当大时，分析各种查找算法的效率就显得十分重要。本节将系统地讨论各种查找算法，并通过分析来比较各种查找算法的优缺点。

在计算机中，被查找的数据对象是由同一类型的数据元素（或记录）构成的集合，可称之为查找表（Search Table）。由于集合中的数据元素之间存在完全松散的关系，因此查找表是一种非常灵活的数据结构。但也正是由于表中数据元素之间仅存在"同属于一个集合"的松散关系，才会给查找带来不便，影响查找的效率。为了提高查找速度，有时需在数据元素之间加上一些关系，改造查找表的数据结构，以便按某种规则进行查找。例如，查阅一个英文单词，如果所有的单词无规律地排放在一起，就只能从头至尾一个个地查找，很长的查找时间会使这种方法变得毫无意义。实际上字典是按单词的字母在字母表中的次序编排的，因此查找时不需要从字典的第一个单词找起，而只要根据待查单词中的每个字母在字母表中的位置去查找即可。

在查找表中，每个数据元素由若干个数据项组成。可以规定能够标识数据元素（或记录）的一个数据项或几个数据项为关键字（Key）。若此关键字可以唯一地标识一个记录，则称此关键字为主关键字（Primary Key）；反之称为次关键字（Secondary Key），可以标识若干个记录。当记录只有一个数据项时，它就是该记录的关键字。例如，在校学生的档案管理，每一个学生的档案（包括学号、姓名、性别、出生年月、入校日期等数据项）构成一条记录，其中学号是唯一识别学生记录的主关键字，而其他的数据项都只能视为次关键字。

基于上述规定，给查找（Searching）下一个定义：根据结定的值，在查找表中查找是否存在关键字等于给定值的记录，若存在一个或几个这样的记录，则称查找成功，查找的结果可以是对应记录在查找表中的位置或整个记录的值。若表中不存在关键字等于给定值的记录，则称查找不成功，查找的结果可以给出一个特定的值或"空"指针。

关于查找，一般要明确下述两个问题：

（1）查找的方法

查找某个数据元素依赖于该数据元素在一组数据中所处的位置，即该组数据中数据元素的组织方式。按照数据元素的组织方式决定采用的查找方法；反过来，为了提高查找方法的效率，又要求数据元素采用某些特殊的组织方式。因此，在研究各种查找方法时，必须弄清各种方法所使用的组织方式。

（2）查找算法的评价

一般衡量一个算法的标准主要有两个：时间复杂度和空间复杂度。就查找算法而言，通常只需要一个或几个辅助空间，因此我们更关心的是它的时间复杂度。而在查找算法中，基本运算是给定值与关键字值的比较，即算法的主要时间是花费在"比较"上的，所以引出一个称为平均查找长度的概念，作为评价查找算法好坏的依据。

对于含有 n 个数据元素的查找表，查找成功时的平均查找长度为：

$$ASL = \sum_{i=1}^{n} P_i C_i$$

其中：P_i 为查找第 i 个数据元素的概率；C_i 为查找到第 i 个数据元素时需进行的比较次数。

2. 顺序表的查找

（1）顺序查找

顺序查找是最普通也是最简单的查找技术。其基本思想是：从最后一个元素开始，逐个比较元素的关键字值和给定值，若某个元素的关键字值和给定值相等，则查找成功；否则，若直至第一个记录都不相等，说明不存在满足条件的数据元素，则查找失败。顺序查找方法既适用于以顺序存储结构组织的查找表的查找，也适用于以链式存储结构组织的查找表的查找（使用单链表作为存储结构时，扫描必须从第一个结点开始）。顺序查找算法如下：

```
int seqsearch(int data[],int x)
{    //在表中查找关键字值等于 x 的元素，若找到，则函数值为该元素在表中的位置，若没有找到，
     //则函数值为 0
     int i=N-1; //N 为表的长度，从表尾开始查找
     while(data[i]!=x&&i>=0)  i--;
     return i+1;
}
```

下面来看一下顺序查找算法的平均查找长度。在算法中，C_i 取决于所查元素所处的位置。如查找记录是 $A[N]$ 时，仅需比较一次；而查找记录为 $A[1]$ 时，要比较 n 次；查找记录是 $A[i]$ 时，要比较 $n-i+1$ 次。

设每个记录的查找概率相等，则 $P_i = 1/n$，故在等概率情况下算法查找成功的平均查找长度为：

$$ASL = \sum_{i=1}^{n} P_i C_i = \sum_{i=1}^{n} (\frac{1}{n}i) = \frac{1}{2}(n+1)$$

（2）折半查找

如果按顺序存储结构组织的查找表中的所有数据元素按关键字有序，则可以采用一种高效率的查找方法——折半查找（或称二分查找）。

折半查找的基本思想为：由于查找表中的数据元素按关键字有序（假设递增有序），则在查找时可不必逐个顺序比较，而采用跳跃的方式——先与"中间位置"的记录关键字值比较，若相等，则查找成功；若给定值大于"中间位置"的关键字值，则在查找表的后半部继续进行折半查找；否则在前半部进行折半查找。

折半查找的过程是：先确定待查元素所在区域，然后逐步缩小区域，直到查找成功或失败为止。假设待查元素所在区域的下界为 low，上界为 hig，则中间位置 mid=(low+hig)/2。

① 若此元素关键字值等于给定值，则查找成功。

② 若此元素关键字值大于给定值，则在区域 mid+1~hig 内进行折半查找。

③ 若此元素关键字值小于给定值，则在区域 low~mid-1 内进行折半查找。

由于折半查找要求数据元素的组织方式应具有随机存取的特性，所以折半查找只适用于以顺序存储结构组织的有序查找表。折半查找算法如下：

```
int binsearch(int data[],int x)
{ //在表中查找关键字值等于 x 的元素，若找到，则函数值为该元素在表中的位置，若没有找到，
  //则函数值为 0
  int low,mid,hig;
  low=0;
  hig=last;
  while(low<=hig)
  {  mid=(low+hig)/2; //确定中间位置
     if(data[mid]==x)  return mid+1;
     else if(x>data[mid])  low=mid+1;
         else  hig=mid-1;
  }
  return 0;
};
```

折半查找成功率的平均查找长度是 $ASL=\log(n+1)-1$（求解过程从略）。

折半查找的优点是比较次数少，查找速度快。但为了快速查找而付出的代价是需要对数据元素关键字值的大小进行排序，而排序一般是很费时间的。所以折半查找适用于已经建立且很少变动而又经常需进行查找的有序排列。

（3）分块查找

折半查找虽然具有很好的性能，但其前提条件是线性表顺序存储且按关键字排序，这一前提条件在结点数很大且表元素动态变化时是难以满足的。顺序查找可以解决表元素动态变化的问题，但查找效率很低。如果既要保持对线性表的查找具有较快的速度，又要能够满足表元素动态变化的要求，则可以采用分块查找的方法。分块查找要求把一个大的线性表分解成苦干块，可以任意存放每块中的结点，但块与块之间必须排序。假设排序是按关键字非递减的，那么这种块与块之间必须是排序的要求，实际上就是对于任意的 i，第 i 块中所有结点的关键字值必须都小于第 $i+1$ 块中所有结点的关键字值。此外，还要建立一个索引表，把每块中的最大关键字值作为索引表的关键字值，按照块的顺序存放到一个辅助数组中，显然，这个辅助数组是按关键字非递减排序的。查找时，首先在索引表中进行查找，确定要找的结点所在的块，由于索引表是排序的，因此，对索引表的查找可以采用顺序查找或折半查找；然后，在相应的块中采用顺序查找，即可查找到对应的结点。

分块查找又称索引顺序查找。当一组数据元素关键字具有下述的特点时则可以采用分块查找：若把所有 n 个数据元素分成 m 块，第 1 块中任意元素的关键字都小于第 2 块中任意元素的关键字，第 2 块中任意元素的关键字都小于第 3 块中的任意元素的关键字，……，第 $m-1$ 块中的任一元素的关键字都小于第 m 块中任意元素的关键字，而每块中元素的关键字不一定是有序的。

因此，分块查找分两步进行，即先使用折半查找算法确定待查记录所在的块，然后在块中使用顺序查找算法查找所需的记录。例如，在图 1-70 所示的存储结构中，查找关键字等于给定值 $k=24$ 的结点，因为索引表小，不妨用顺序查找方法查找索引表。即首先将 k 依次和索引表中的各关键字比较，直到找到第 1 个关键字大于等于 k 的结点，由于 $k<48$，所以关键字为24 的结点若存在的话，则必定在第 2 个子块中；然后由同一索引项中的指针指示第 2 个子表，其中第 1 个记录是表中第 6 个记录，则自第 6 个记录起进行顺序查找，直到 R[10].key=4 为止。若此子表中没有关键字值等于 k 的记录，即自第 6 个记录起至第 11 个记录的关键字和 k 比较都不相等，则查找不成功。

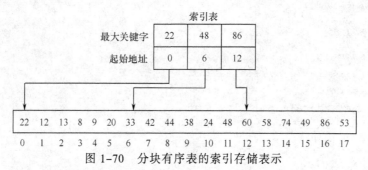

图 1-70　分块有序表的索引存储表示

由于由索引项组成的索引表按关键字有序排列，则确定块的查找可以用顺序查找，也可用折半查找；若块中记录是任意排列的，则在块中只能是顺序查找。

分块查找的速度虽然不如折半查找算法，但比顺序查找算法要快得多，同时又不需要对全部结点进行排序。当结点很多、块数很大时，对索引表采用折半查找，可以进一步提高查找的速度。

分块查找由于只要求索引表是有序的，对块内结点没有排序要求，因此，特别适合于结点动态变化的情况。当增加或减少结点以及结点的关键字改变时，只需调整该结点到所在的块即可。在空间复杂性上，分块查找的主要代价是增加了一个辅助数组。

需要注意的是，当结点变化很频繁时，可能会导致块与块之间的结点数相差很大，某些块具有很多的结点，而另外一些块则可能只有很少的结点，这将会导致查找效率下降。

比较上面介绍的 3 种查找方法，可以看出：

① 顺序查找方法最简单，无论采用何种存储结构组织数据，无论数据是有序存储，还是无序存储状态，均可使用这种方法进行数据查找。这种方法最大的缺点是查找效率低，其平均查找长度在 3 种查找方法中最大。

② 折半查找最大的优点是查找效率高，其平均查找长度在 3 种查找方法中最小。但是只有当数据采用顺序存储结构组织，并且是有序序列时才能使用这种方法进行查找。

③ 如果数据元素是逐段有序的，则采用分块查找方法，查找效率最高。分块查找方法既适用于顺序存储结构，也适用于线性链表。

因此，对于不同结构应采用不同的查找方法。特别是顺序查找法，由于它及其简单，故在 n 较小时还是很适用的。

3. 哈希查找

前面所述的查找方法都是通过关键字的比较来确定被查元素的位置，而哈希查找（Hashing

Search）是一种完全不同的方法。这种方法是希望不经过任何比较，一次存取就能得到所查元素，因此必须在记录的存储位置和它的关键字之间建立一个确定的对应关系，使每个关键字和结构中唯一的存储位置相对应。

哈希查找因使用哈希函数而得名。哈希函数又称散列函数，因此哈希查找又可称为散列查找。它是由关键字进行某种运算后直接确定元素的地址。确定元素的关键字与元素地址的关系可以用哈希函数来表示。设 a_i 是长度为 n 的表中的一个元素（$1 \leqslant i \leqslant n$），其关键字是 k，则可建立 k_i 的地址间的关系：

$$adr(a_i)=H(k_i)$$

其中：$adr(a_i)$ 为 a_i 的地址，$H(k_i)$ 称为哈希函数。通过该函数，可把表中的记录按照关键字的值映像到内存的某个存储区，也可对表中的记录进行检索。因此哈希函数是一种映像关系函数。

例如，用学生的学号作为学生记录的关键字，取学号的后三位作为映像地址，则可得到这些关键字和地址的对照表，如表 1-4 所示。

表 1-4　关键字和地址对照表

地址	104	165	178	286	…
学号	120104	120165	120178	120286	…

显然，采用的哈希函数为 $H(k_i)=k-990000$。

通常关键字集合比地址集合大得多，哈希函数是压缩函数，这样就会产生不同的关键字映像到同一地址的情况。例如，还是将学号作为关键字的哈希表，仍采用和表 1-4 相同的哈希函数，但只取两位映像地址，则可得到表 1-5 所示的结果。

表 1-5　只取两位映像地址的结果

地址	04	78	78	78	…
学号	120104	120178	120278	120378	…

由表 1-5 可见，3 个不同的学号关键字，都映像到同一地址 78 上去，这种现象称为冲突。为了不产生冲突现象，就要求使用均匀的哈希函数，即映像后的地址是均匀分布的。但由于关键字集合比地址集合大得多，不可能完全避免冲突，因此在冲突出现时就要有解决的办法。

下面先介绍几种哈希函数。

（1）自身函数

关键字自身作为哈希函数，即 $H(k)=k$，或自身加上一个常数作为哈希函数，即 $H(k)=k+c$。例如，要统计每周学生的到课情况，取 1～7 作为关键字，哈希函数取关键字自身，则可得到表 1-6 所示的哈希表。

表 1-6　每周学生到课情况的哈希表

序号	1	2	3	4	5	6	7
数量	104	106	105	105	105	106	107

这样，如果要查周二的到课人数，查表中第 2 项即可，这种函数只适用于给定的关键字集合的全体元素的情况，故不常用。

（2）模函数

模函数是一种简单而较常用的函数，它利用了简单的除模取余运算，即：

$$H(k)=k \bmod m+c$$

其中：m 和 c 都是整数，m 决定存储单元数，c 决定存储单元地址的范围。为了得到较均匀的地址分布，m 应取为质数。

例如，m=101，c=1000 时，则存储单元数为 101，存储地址范围为 1000 至 1100。当关键字 k=5000 时，用这个哈希函数可将 k 转换为地址 1051。当 k=5049 时，可转换为地址 1100。

（3）平方取中函数

平方取中函数是一种较常用的哈希函数。首先将关键字取平方，然后取中间几位作为地址，位数可根据要求的地址范围来确定。有时不能满足所要求的范围，可再加以处理，如乘以一个比例因子等。

例如，有一个关键字 M=9 633，平方后得到 92 775 424，如需要的地址长度为 3 位，则可由中间取 754 作为地址。取中间几位的目的是因为中间位与关键字的各位都有关系，哈希地址的分布可更均匀些。

（4）折叠函数

折叠函数是压缩关键字位数的有效方法。这种方法将关键字分成位数相等的部分，最后部分的位数可能少些，每部分的位数取决于对存储地址位数的要求。把各段加起来，去掉最高位的进位就得到了所要求的地址。例如，有关键字 34 586 612，要求存储地址为 3 位十进制数，则可得到哈希地址是 223，如图 1-71（a）所示。

在使用方法上，也可将两边的两段反向然后相加，则可得到地址 430，如图 1-71（b）所示。

构造哈希函数的方法是多种多样的，上边只列举了几种。另外，构造哈希函数应尽量避免产生冲突，但实际上不可能完全避免冲突。在冲突发生时，就要采取一定的方法，使多出的记录存储在另外的存储单元中。下面介绍几种解决冲突的方法。

```
        345               543
        866               866
    +    12           +    21
    ─────────         ─────────
      1 2 2 3           1 4 3 0
        (a)               (b)
```

图 1-71　哈希地址构造过程

① 开放地址法：开放地址法解决冲突的做法是，当发生冲突时，使用某种方法在散列表中形成一个探查序列，沿着此序列逐个单元进行查找，直至找到一个空的单元时将新结点放入，因此在造表开始时先将表置空。那么如何形成探查序列？

a. 线性探查法。设表长为 m，关键字个数为 n。

线性探查法的基本思想是：将散列表看成是一个环形表，若发生冲突的单元地址为 d，则依次探查 $d+1$、$d+2$、$\cdots$、$m-1$、0、1、$\cdots$、$d-1$，直至找到一个空单元为止。开放地址公式为：

$$d_i=(d+i)\%m \qquad (1\leqslant i\leqslant m-1) \tag{1}$$

其中：$d=H(\text{key})$。

【例 1-10】已知一组关键字集合(26,36,41,38,44,15,68,12,06,51,25)，用线性探查法解决冲突，试构造这组关键字的散列表。

为了减少冲突，通常令装填因子 $\alpha<1$。在此，取 $\alpha=0.75$，因为 $n=11$，所以散列表长 $m=[n/\alpha]=15$，即散列表为 HT[15]。利用除模取余法构造散列函数，选 $p=15$，即散列函数为：

$$H(key)\%15$$

插入时，首先用散列函数计算出散列地址 d，若该地址是开放的，则插入结点；否则用式（1）求下一个开放地址。第一个插入的是 26，它的散列地址 d 为 $H(26)=26\%15=11$，因为这是一个开放地址，故将 26 插入到 HT[11]。与此类似，36 的散列地址 d 为 6，也是一个开放地址，故将 36 插入到 HT[6]。41 的散列地址 d 为 $H(41)=41\%15=11$，由于 $H[11]$ 已经被关键字 26 占用（即发生冲突），故利用式（1）进行探查。显然，$d_1=(11+1)\%15=12$ 为开放地址，因此，将 41 插入到 HT[12]中。然后依次插入 38、44、15 时，它们的散列地址 8、14、0 都是开放的，故将它们分别插入 HT[8]、HT[14]、HT[0]中。当插入 68 时，其散列地址为 $d=H(68)=8$，由于 HT[8] 已被关键字 38 占用（即发生冲突），故利用式（1）进行探查。显然，$d_1=(8+1)\%15=9$ 为开放地址，因此，将 68 插入到 HT[9]中。与此类似，12 和 06 均经过一次探查后，才分别插入到 HT[13] 和 HT[7]中。51 的散列地址为 6，与 HT[6]中的 36 发生冲突，故由式（1）求得 $d_1=7$，仍然冲突，再次探查下一个地址 $d_2=8$，仍然冲突，再次探查下一个地址 $d_3=9$，仍然冲突，而地址 $d_4=10$ 是开放的，故将 51 插入 HT[10]。最后一个插入的是 25，它的散列地址是 10，经过 6 次探查 $d_1=11$，$d_2=12$，$d_3=13$，$d_4=14$，$d_5=0$，$d_6=1$ 之后才找到开放地址 1，将 25 插入到 HT[1]。由此构造的散列表如图 1-72 所示，其中最末一行的数字表示查找该结点时所进行的关键字比较次数。

散列地址	0	1	2	3	4	5	6	7	8	9	10	11	12	13	14
关键字	15	25					36	6	38	68	51	26	41	12	44
比较次数	1	7					1	2	1	2	5	1	2	2	1

图 1-72　用线性探查法构造散列表示例

在例 1-10 中，$H(51)=6$，$H(25)=10$，即 51 和 25 不是同义词，但由于处理 51 和同义词 36 与 6 的冲突时，51 抢先占用了 HT[10]，这就使得插入 25 时，这两个本来不应该发生冲突的非同义词之间也会发生冲突。一般用线性探查法解决冲突时，当表中 i、$i+1$、$\cdots$、$i+k$ 位置上已有结点时，一个散列地址为 i、$i+1$、$\cdots$、$i+k+1$ 的结点都将插入在位置 $i+k+1$ 上，我们把这种散列地址不同的结点，争夺同一个后继散列地址的现象称为"堆积"。这将造成不是同义词的结点处在同一个探查序列之中，从而增加了探查序列的长度。若散列函数选择不当或装填因子过大，都可能使堆积的机会增加，从而增加了探查序列的长度。后面的两种方法将解决这一问题。

b. 二次探查法。二次探查法的探查序列依次是 1^2、-1^2、2^2、-2^2，也就是说，发生冲突时，将同义词散列在第一个地址 $d=H(key)$ 的两端。由此可知，当发生冲突时，求下一个开放地址的公式为：

$$d_{2i-1}=(d+i^2)\%m$$
$$d_{2i}=(d-i^2)\%m \quad (1\leqslant i\leqslant (m-1)/2)$$

（2）

这种方法虽然减少了堆积，但不容易探查到整个散列表空间，只有当表长 m 为 $4j+3$ 的素数时，才能探查到整个表空间。这里 j 为某一正整数。

c．随机探查法。采用一个随机数作为地址位移计算下一个单元地址，即求下一个开放地址的公式为：

$$d_i=(d+R_i)\%m \qquad (1\leqslant i\leqslant(m-1)) \tag{3}$$

其中，$d=H(\text{key})$，R_1、R_2、$\cdots$、R_{m-1} 是 1、2、$\cdots$、$m-1$ 的一个随机排列。如何得到随机排列，涉及随机数的产生问题。在实用中，常常用移位寄存器序列代替随机数序列。

② 拉链法。拉链法解决冲突的方法是：将所有关键字为同义词的结点链接到同一个单链表中。若选定的散列函数的值域为 $0\sim m-1$，则可将散列表定义为一个由 m 个头指针组成的指针数组 HTP[m]，凡是散列地址为 i 的结点，均插入到以 HTP[i] 为头指针的单链表中。

【例 1-11】已知一组关键字和选定的散列函数和例 1-10 相同，用拉链法解决冲突构造这组关键字的散列表。

因为散列函数 $H(\text{key})=\text{key}\%15$ 的值域为 $0\sim14$，故散列表为 HTP[15]。当把 $H(\text{key})=i$ 的关键字插入第 i 个单链表时，既可插在链表的头上，也可插在链表的尾上。若采用将新关键字插入链尾的方式，依次把给定的这组关键字插入表中，则所得到的散列表如图 1-70 所示。过程如图 1-73 所示。

与开放地址法相比，拉链法有如下几个优点：拉链法不会产生堆积现象，因而平均查找长度较短；由于拉链法中各单链表的结点是动态申请的，故它更适合于建表前无法确定表长的情况；在用拉链法构造的散列表中，删除结点的操作易于实现，只要简单地删去链表上相应的结点即可。而对开放地址法构造的散列表，删除结点不能简单地将被删结点的空间置为空，否则将截断在它之后填入散列表的同义词结点的查找路径，这是因为各种开放地址法中，空地址单元（即开放地址）都是查找失败的条件。因此，在用开放地址法处理冲突的散列表上执行删除操作，只能在被删结点上做删除标记，而不能真正删除结点。

当装填因子 α 较大时，拉链法所用的空间比开放地址法多，但是 α 越大，开放地址法所需的探查次数越多，所以，拉链法所增加的空间开销是合算的。

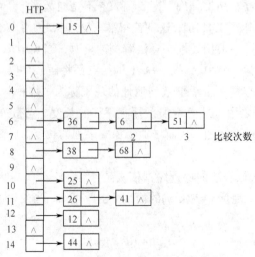

图 1-73 拉链法解决哈希地址冲突

1.5.2 排序

排序是数据处理中经常使用的一种重要运算。它的功能是将一个数据元素的无序序列调整为一个有序序列。排序所依据的是数据元素中的某一个数据项（或几个数据项的组合）的值，在数据元素是一个基本项时，排序就依据该数据元素的值。下面将排序所依据的数据项（或数据项的组合）统称为排序关键字（Key Word）。根据关键字从小到大的次序排列称为增序排列，反之称为降序排列。在计算机应用中（特别在数据处理类应用中），排序操作占据了计算机的大部分运行时间。

计算机排序算法的研究一直是计算机科学领域中的一个重要方面，经过数十年的研究，现在已提出很多种排序算法，这些算法各有自己的特点和适用范围。下面按排序算法的思想介绍几种常用的排序算法。这些排序算法的整个排序过程都在计算机内存中进行，所以这些排序统称为内排序。

1. 插入排序

插入排序的基本思想是：每次选择待排序的记录序列的第一个记录，按照排序数值的大小将其插入到已排序的记录序列中的适当位置，直到所有记录全部排序完毕。

可以选择不同的方法在已经排好序的有序数据表中寻找插入位置。依据查找方法的不同，有多种插入排序方法。下面介绍的几种方法都是在顺序表上的排序方法。

（1）直接插入排序

直接插入排序是一种最简单的排序方法，整个排序过程为：先将第一个记录看作是一个有序的记录序列，然后从第二个记录开始，依次将未排序的记录插入到这个有序的记录序列中去，直到整个文件中的全部记录排序完毕。在排序过程中，前面的记录序列是已经排好序的，而后面的记录序列有待排序处理。

【例 1-12】假设有 5 个元素构成的数组，其排序数值依次为 50，20，40，75，35。整个数组排序的过程如图 1-74 所示。

显然，插入排序不需要交换。按比较次数衡量，算法的时间复杂性为 $O(n^2)$。最好的情况是待排序文件的记录已经是排好序的，在第 i 趟，插入发生在 $A[i]$ 处，每趟只需一次比较，总的比较次数为 $n-1$ 次，算法的时间复杂度为 $O(n)$。最坏的情况是待排序文件的记录已按非递增序排序，每次插入发生在 $A[0]$ 处，第 i 趟需要进行 i 次比较，总的比较次数为 $n(n-1)/2$，算法的时间复杂度为 $O(n^2)$。

直接插入排序是稳定的。

（2）折半插入排序

将直接插入排序中寻找 $A[i]$ 的插入位置的方法改为采用折半比较，便得到折半插入排序算法。

在处理 $A[i]$ 时，$A[0]$、$\cdots$、$A[i-1]$ 已经按关键字排好序。所谓折半比较，就是在插入 $A[i]$ 时，取 $A[(i-1)/2]$ 的排序数值与 $A[i]$ 的排序数值进行比较，如果 $A[i]$ 的排序数值小于 $A[(i-1)/2]$ 的排序数值，说明 $A[i]$ 只能插入到 $A[0]$ 到 $A[(i-1)/2]$ 之间，故可以在 $A[0]$ 到 $A[((i-1)/2)-1]$ 之间继续使用折半比较；否则 $A[i]$ 只能插入到 $A[(i-1)/2]$ 到 $A[i-1]$ 之间，故可以在 $A[((i-1)/2)+1]$ 到 $A[i-1]$ 之间继续使用折半比较。如此反复，直到最后能够确定插入的位置为止。一般在 $A[k]$ 和 $A[r]$ 之间采用折半比较，其中间结点为 $A[(k+r)/2]$，经过一次比较，可以排除一半的记录，把可能插入的区间减少了一半，故称折半插入。执行折半插入排序的前提是文件记录必须按顺序存储。

【例 1-13】将例 1-12 中的 5 个记录采用折半插入排序，在前 4 个记录已经排序的基础上，插入最后一个记录的比较过程如图 1-75 所示。

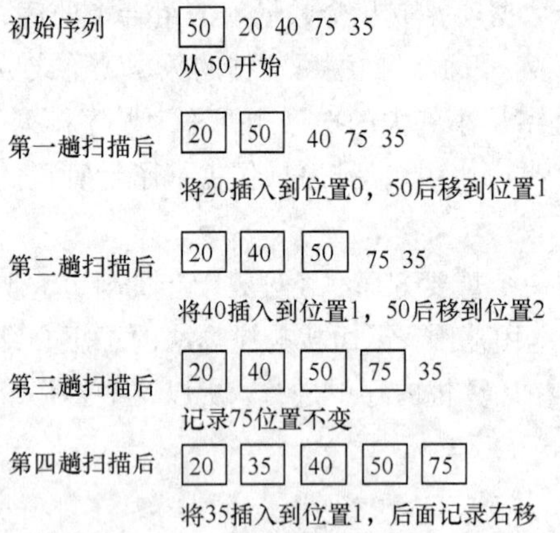

初始序列 50 20 40 75 35
从50开始
第一趟扫描后 20 50 40 75 35
将20插入到位置0，50后移到位置1
第二趟扫描后 20 40 50 75 35
将40插入到位置1，50后移到位置2
第三趟扫描后 20 40 50 75 35
记录75位置不变
第四趟扫描后 20 35 40 50 75
将35插入到位置1，后面记录右移

图 1-74　直接插入排序示例

(a) 20 40 50 75 35
k=0 m=1 r=3
35<40，故r=m−1=0
(b) 20 40 50 75 35
k=m=r=0
35>=20，故k=m+1=1
此时k>r，折半结束，找到插入位置1，将35插入到位置1，
原来从位置1开始到位置3的各个记录右移一个位置
(c) 20 35 40 50 75

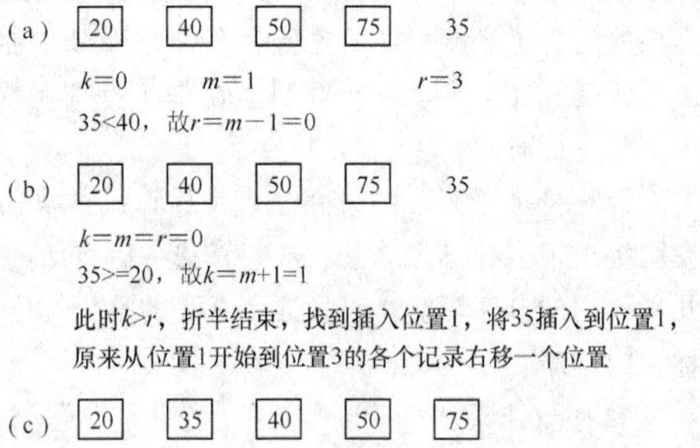

图 1-75　折半插入过程

（3）希尔排序

直接插入排序算法较简单。当 n 值较小时，效率比较高，在 n 值很大时，若序列按关键字排序基本有序，效率依然较高，其时间效率可以提高到 $O(n)$。希尔排序从这两点出发，给出插入排序的改进方法。希尔排序又称缩小增量排序，是 1959 年由 D.L.Shell 提出来的。希尔排序的基本思想是：先选取一个小于 n 的整数 d_i（称之为步长），然后把排序表中的 n 个记录分为 d_i 个组。从第一个记录开始，间隔为 d_i 的记录为同一组，各组内进行直接插入排序。一趟之后，间隔 d_i 的记录有序，随着有序性的改善，减小步长 d_i，重复进行，直到 $d_i=1$，使得间隔为 1 的记录有序，也就是整体达到有序。步长为 1 时就是直接插入排序。

【例 1-14】设排序表关键字序列为 39、80、76、41、13、29、50、78、30、11、100、7、41、86，步长因子分别取 5、3、1，则排序过程如图 1-76 所示。

初始序列 39 80 76 41 13 29 50 78 30 11 100 7 41 86
第一趟 d_i=5
第一趟排序结果 29 7 41 30 11 39 50 76 41 13 100 80 78 86
第二趟 d_i=3
第二趟排序结果 13 7 39 29 11 41 30 76 41 50 86 80 78 100
第三趟 d_i=1 7 11 13 29 30 39 41 41 50 76 78 80 86 100

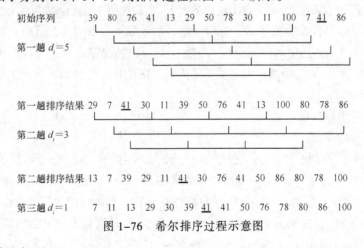

图 1-76　希尔排序过程示意图

希尔排序算法如下：

```
#include <stdio.h>
#define MAX 14
```

```
int g[4]={5,3,1,0}; //步长数组
void shellsort(int number[])
{ int i,j,k,gap,t=0,temp;
  gap=g[t];        //初始步长为5
  while(gap>0)
  {  for(k=0;k<gap;k++)
     {  for(i=k+gap;i<MAX;i+=gap)
        {  for(j=i-gap;j>=k;j-=gap)
           {  if(number[j]>number[j+gap])
              {  temp=number[j];
                 number[j]=number[j+gap];
                 number[j+gap]=temp;
              }
              else    break;
           }
        }
     }
     printf("步长为%d时序列为：\n",gap);
     for(i=0;i<MAX;i++)      printf("%4d",number[i]);
     printf("\n");
     t++;
     gap=g[t]; //取下一个步长
  }
}
void main()
{ int number[MAX]={39,80,76,41,13,29,50,78,30,11,100,7,41,86},i;
  printf("初始序列:\n");
  for(i=0;i<MAX;i++)  printf("%4d",number[i]);
     printf("\n");
  shellsort(number); //希尔排序
}
```

性能分析：希尔排序时效分析很难，关键字的比较次数与记录移动次数依赖于步长因子序列的选取，特定情况下可以准确估算出关键字的比较次数和记录的移动次数。目前还没有选取最好的步长因子序列的方法。步长因子序列有各种取法，有取奇数的，也有取质数的。但是要注意：步长因子中除 1 外应该没有公因子，且最后一个步长因子必须为 1。

希尔排序方法是不稳定的排序方法。

2. 交换排序

交换排序的基本思想是：两两比较待排序记录的关键字，发现两个记录的次序相反时即进行交换，直到没有反序的记录为止。

应用交换排序基本思想的主要排序方法有：冒泡排序和快速排序。

（1）冒泡排序

冒泡排序模仿水加热过程中热气泡上升、冷气泡下降的交换过程。排序中每次对相邻两个元素比较大小，发现逆序便进行交换，第一次外循环结束时最大者下沉到表的最后，由于该元

素已在其应在的位置上，下一轮排序无须再考虑这个元素，只对未排好序的长度缩短了的表再进行上述过程的排序，直至整个表排好序为止。只要在任一轮排序中没有发生交换，就说明整个表已经排好次序，排序就可结束，flag 变量记录了一轮排序是否发生交换的信息。

最坏的情况下，对 size 大小的表冒泡排序要进行 size-1 次大循环，循环的平均次数是 size/2，算法的复杂性是 size(size-1)/2，由于引入 flag 变量，一般情况下要少于 flag 工作量。下面是冒泡排序的算法：

```
void bubblesort(int a[],int size)
{ int i,j,tmp,k,flag=1;
  for(i=0;i<size-1&&flag;i++)  /*依次取第一个元素到次末一个元素*/
  {  flag=0;
     for(j=0;j<size-i-1;j++)
     {  if(a[j]>a[j+1])   /*相邻两个元素比较,大者沉底*/
        {  tmp=a[j];a[j]=a[j+1];a[j+1]=tmp;
           flag=1;
        } /*交换*/
     }
     if(flag)
     {  printf("第%2d 趟:",i+1); /*打印每趟排序结果*/
        for(k=0;k<size;k++) printf("%3d",a[k]);
        printf("\n");/*换行*/
     }
  }
}
void main()
{ int a[12]={19,13,5,27,1,26,31,16,2,9,11,21},size=12;
  int i;
  printf("初始序列:");
  for(i=0;i<size;i++)    printf("%3d",a[i]);
  printf("\n");
  bubblesort(a,12);  /*排序*/
}
```

图 1-77 给出了对 12 个数排序的过程。

```
排序前  19  13  05  27  01  26  31  16  02  09  11  21
第一趟 [13  05  19  01  26  27  16  02  09  11  21] 31
第二趟 [05  13  01  19  26  16  02  09  11  21] 27  31
第三趟 [05  01  13  19  16  02  09  11  21] 26  27  31
第四趟 [01  05  13  16  02  09  11  19] 21  26  27  31
第五趟 [01  05  13  02  09  11  16] 19  21  26  27  31
第六趟 [01  05  02  09  11  13] 16  19  21  26  27  31
第七趟  01  02  05  09  11  13  16  19  21  26  27  31
```

图 1-77 冒泡排序过程示意图

冒泡排序是稳定的排序方法，其时间复杂度为 $O(n^2)$。

（2）快速排序

快速排序（Quick Sort）也称分区排序，这是一种平均性能非常好的排序方法。其基本思想是任取待排序对象序列中的某个对象（一般取第一个）作为基准，按照该对象的排序数值大小，将整个对象序列划分为左右两个子序列：左侧子序列中所有对象的排序数值都小于或等于基准对象的排序数值，右侧子序列中所有对象的排序数值都大于基准对象的排序数值，基准对象则排在这两个子序列中间（这也是该对象最终应安放的位置）。然后分别对这两个子序列重复施行上述方法的排序，直到所有的对象都排在相应位置上为止。下面介绍一种划分思想。

设置两个搜索指针 low 和 high 分别指示待划分的区域的两个端点，从 high 指针开始向前搜索比基准对象小的记录，并将其交换到 low 指针处，low 向后移动一个位置，然后从 low 指针开始向前搜索比基准对象大（等于）的记录，并将其交换到 high 指针处，high 向前移动一个位置。如此继续，直到 low 和 high 相等，这表明 low 前面的都比基准对象小，high 后面的都比基准对象大，low 和 high 指的这个位置就是基准对象的最后位置。为了减少数据的移动，先把基准对象记录缓存起来，最后再置入最终的位置。

【例 1-15】划分过程示意如下：

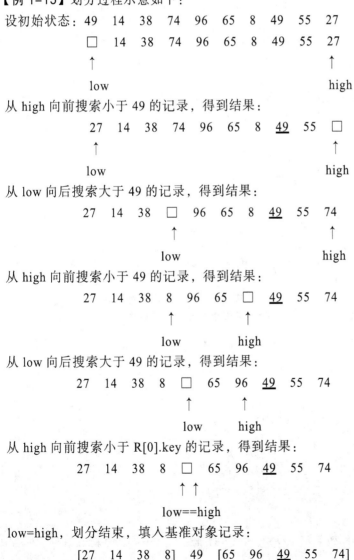

low=high，划分结束，填入基准对象记录：

$$[27 \quad 14 \quad 38 \quad 8] \quad 49 \quad [65 \quad 96 \quad \underline{49} \quad 55 \quad 74]$$

综上所述，划分算法如下：

```
struct Record
{ int key;
}R[11]={{0},{49},{14},{38},{74},{96},{65},{8},{49},{55},{27}};
int k=1; //记录划分次数
int Partition(struct Record R[],int low,int high)
{ /*对R[low…high]，以R[low]为基准对象进行划分，算法返回基准对象记录的最终位置*/
  R[0].key=R[low].key;      /*缓存基准对象记录*/
  while(low<high)                /*从表的两端交替地向中间扫描*/
   { while(low<high && R[high].key>=R[0].key) high--;
     if(low<high) {R[low].key=R[high].key;low++;}  /*将比基准对象小的记录
                                               交换到前面*/
     while(low<high&&R[low].key<R[0].key) low++;
     if(low<high) {R[high].key=R[low].key;high--;} /*将比基准对象大的记录
                                               交换到后面*/
   }
  R[low].key=R[0].key;      /*基准对象记录到位*/
  return low;              /*返回基准对象记录所在的位置*/
}
```

经过划分之后，基准对象则到了最终排好序的位置上，再分别对基准对象记录前后的两组继续划分下去，直到每一组只有一个记录为止，即是最后的有序序列，这就是快速排序。快速排序的算法如下：

```
void Quick_Sort(struct Record R[],int s,int t)
{ /*对顺序表R[low…high]进行快速排序*/
  int i,j;
  if(s<t)
  { i=Partition(R,s,t);          /*将表一分为二*/
    printf("第%d次划分 :",k++);
    for(j=1;j<11;j++)printf("%5d",R[j].key);
    printf("\n");
    Quick_Sort(R,s,i-1);           /*对基准对象前端子表进行快速排序*/
    Quick_Sort(R,i+1,t);           /*对高端子表进行快速排序*/
  }
}
void main()
{ int n=11,i;
  printf("初始序列为:");
  for(i=1;i<n;i++) printf("%5d",R[i].key);
  printf("\n");
  Quick_Sort(R,1,10);            /*排序*/
  printf("最终序列为:");
  for(i=1;i<n;i++) printf("%5d",R[i].key);
  printf("\n");
}
```

快速排序通常被认为是在同数量级（$O(n\log_2 n)$）的排序方法中平均性能最好的。但若初始序列按照关键字有序或基本有序时，快速排序反而蜕化为冒泡排序。为改进这种排序，通常以"三者取中法"来选取基准对象记录，即将排序区间的两个端点与中点 3 个记录关键字居中的调整为基准对象记录。快速排序是不稳定的排序方法。

3. 选择排序

选择排序的基本思想是：对等待排序的记录 $\{R_1, R_2, \cdots, R_n\}$ 进行 n 次选择操作，其中第 i 次操作是选择第 i 小（或大）的记录放在第 i 个（或 $n-i+1$ 个）位置上。这里介绍简单选择排序和堆排序。

（1）简单选择排序

简单选择排序也称直接选择排序，是一种较为容易理解的方法。

对于一组关键字 $(k_1, k_2, \cdots, k_n)$，将其由小到大进行简单排序的基本思想是：

首先从 $k_1, k_2, \cdots, k_n$ 中选择最小值，假如它是 $k_{\min}$，则将 $k_{\min}$ 与 k_1 对换；然后从 k_2、$\cdots$、k_n 中选择最小值 $k_{\min}$，再将 $k_{\min}$ 与 k_2 对换，如此进行选择和调换 $n-2$ 趟。第 $n-1$ 趟，从 k_{n-1}、k_n 中选择最小值 $k_{\min}$，将 $k_{\min}$ 与 k_{n-1} 对换。最后剩下的就是该序列中的最大值，一个由小到大的有序序列就是这样形成的。该算法的时间复杂度为 $O(n^2)$。

由此可见，对于 n 个记录的关键字，需要处理 $n-1$ 趟；而在每趟之中，又有一个内循环。图 1-78 是一个有 5 个关键字 $\{3,4,1,5,2\}$ 的简单选择排序过程的示意图。

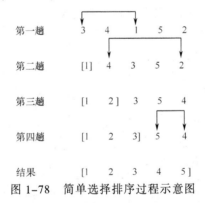

图 1-78 简单选择排序过程示意图

假设用变量 min 记下最小值的下标，则简单选择排序的算法如下所示：

```c
struct Record
{ int key;
}r[5]={{3},{4},{1},{5},{2}};
selectsort(struct Record r[],int n)
{ int min,i,j,temp,k;
  for(i=0;i<n-1;i++)
  {  min=i;                               /*min 为最小数的下标*/
     for(j=i+1;j<n;j++)                   /*依次取出下标 i 后面的每个数*/
     {  if(r[min].key>r[j].key)  min=j;   /*记下最小数的下标*/
     }
     if(min!=i)
     {  temp=r[i].key;                    /*暂存大数*/
        r[i].key=r[min].key;              /*将最小数放到原来大数的位置*/
        r[min].key=temp;                  /*将大数放到最小数的位置*/
```

```
    }
    printf("第%2d 趟:",i+1);              /*打印每趟排序结果*/
    for(k=0;k<n;k++) printf("%3d",r[k].key);
    printf("\n");
    }
}
void main()
{ int n=5,i;
  printf("初始序列:");
  for(i=0;i<n;i++) printf("%3d",r[i].key);
  printf("\n");
  selectsort(r,n);                        /*排序*/
}
```

（2）堆排序

堆是一种数据结构，存储为数组对象，它可以被视为一棵完全二叉树结构。它的特点是父结点的值大于（小于）两个子结点的值（分别称为大顶堆和小顶堆）。如有一个关键码的集合 $K=\{k_0,k_1,k_2,\cdots,k_{n-1}\}$，把它的所有元素按完全二叉树的顺序存储方式存放在一个一维数组中。并且满足：$k_i \leq k_{2i+1}$ 且 $k_i \leq k_{2i+2}$（或者 $k_i \geq k_{2i+1}$ 且 $k_i \geq k_{2i+2}$），其中，$i=0,1,\cdots,[(n-2)/2]$。

堆分为大顶堆（max-heap）和小顶堆（min-heap），如图 1-79（a）所示，满足 $k_i \geq k_{2i+1}$ 且 $k_i \geq k_{2i+2}$ 称为大顶堆；如图 1-79（b）所示，满足 $k_i \leq k_{2i+1}$ 且 $k_i \leq k_{2i+2}$ 称为小顶堆。由上述性质可知大顶堆的堆顶的关键字肯定是所有关键字中最大的，小顶堆的堆顶的关键字是所有关键字中最小的（一些书又翻译为最大堆和最小堆）。

利用大顶堆（小顶堆）堆顶记录的是最大关键字（最小关键字）这一特性，使得每次从无序中选择最大记录（最小记录）变得简单。

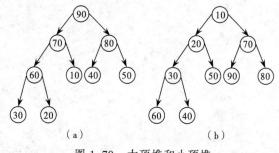

(a)   (b)

图 1-79 大顶堆和小顶堆

其基本思想为（小顶堆）：

① 将初始待排序关键字序列（k1,k2,…,kn）构建成小顶堆，此堆为初始的无序区。

② 将堆顶元素 k[1]与最后一个元素 k[n]交换，此时得到新的无序区（k1,k2,…,kn-1）和新的有序区（Rn），且满足 k[1,2,…,n-1]≥k[n]。

③ 由于交换后新的堆顶 R[1]可能违反堆的性质，因此需要将当前无序区（k1,k2,…,kn-1）调整为新堆，然后再次将 k[1]与无序区最后一个元素交换，得到新的无序区（k1,k2,…,kn-2）和新的有序区（kn-1,kn）。不断重复此过程直到有序区的元素个数为n-1，则整个排序过程完成。

操作过程如下：

① 初始化堆：将 k[1…n]构造为堆。

② 将当前无序区的堆顶元素 k[1]同该区间的最后一个记录交换，然后将新的无序区调整为新的堆。

因此对于堆排序，最重要的两个操作是构造初始堆和调整堆，其实构造初始堆事实上也是调整堆的过程，只不过构造初始堆是对所有的非叶结点都进行调整。

下面举例说明：

给定一个整形数组 a[]={16,7,3,20,17,8}，对其进行堆排序。

首先根据该数组元素构建一个完全二叉树，按以下步骤进行调整，如图 1-80 所示。

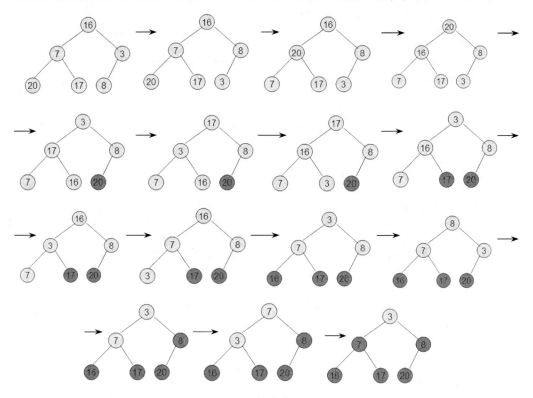

图 1-80　堆排序过程

这样整个区间便已经有序了。堆排序的算法如下所示：

```
#include <stdio.h>
void HeapAdjust(int *a,int i,int size)
{   //调整堆
    int lchild=2*i;        //i 的左孩子结点序号
    int rchild=2*i+1;      //i 的右孩子结点序号
    int max=i;             //临时变量
    if(i<=size/2)          //如果 i 不是叶结点就不用进行调整
    {
        if(lchild<=size&&a[lchild]>a[max])
        {
            max=lchild;
        }
        if(rchild<=size&&a[rchild]>a[max])
        {
            max=rchild;
        }
        if(max!=i)
        {
            swap(a[i],a[max]);
```

```
                  HeapAdjust(a,max,size);  /*避免调整之后以 max 为父结点的子树不是堆*/
            }
      }
}
void BuildHeap(int *a,int size)     /*建立堆*/
{
    int i;
    for(i=size/2;i>=1;i--)          /*非叶结点最大序号值为 size/2*/
        HeapAdjust(a,i,size);
}

void HeapSort(int *a,int size)      /*堆排序*/
{
    int i;
    BuildHeap(a,size);
    for(i=size;i>=1;i--)
    {
        swap(a[1],a[i]);            /*交换堆顶和最后一个元素，即每次将剩余元素中的
                                      最大者放到最后面*/
        HeapAdjust(a,1,i-1);        /*重新调整堆顶结点成为大顶堆*/
    }
}
int main()
{
    int a[]={0,16,7,3,20,17,8};
    int i;
    int size=7;
    HeapSort(a,size);
    for(i=1;i<=size;i++)
        printf("%d\n",a[i]);
}
```

从上述过程可知，堆排序其实也是一种选择排序，是一种树形选择排序。只不过直接选择排序中，为了从 $R[1...n]$ 中选择最大记录，需比较 $n-1$ 次，然后从 $R[1...n-2]$ 中选择最大记录需比较 $n-2$ 次。事实上这 $n-2$ 次比较中有很多已经在前面的 $n-1$ 次比较中已经做过，而树形选择排序恰好利用树形的特点保存了部分前面的比较结果，因此可以减少比较次数。对于 n 个关键字序列，最坏情况下每个结点需比较 $\log_2 n$ 次，因此其最坏情况下时间复杂度为 $n\log_2 n$。堆排序为不稳定排序，不适合记录较少的排序。

4. 排序方法小结

对已经介绍过的各种排序算法进行比较，如表 1-7 所示。

表 1-7　各种排序方法的比较

算法名称	最坏时间复杂度	平均时间复杂度	最好时间复杂度	是否稳定	初始序列次序与比较次数是否相关
直接插入排序	$O(n^2)$	$O(n^2)$	$O(n)$	是	是
折半插入排序	$O(n^2)$	$O(n^2)$	$O(n)$	是	是
希尔排序	$O(n^2)$	尚不精确	$O(n)$	否	是

续表

算法名称	最坏时间复杂度	平均时间复杂度	最好时间复杂度	是否稳定	初始序列次序与比较次数是否相关
起泡排序	$O(n^2)$	$O(n^2)$	$O(n)$	是	是
快速排序	$O(n^2)$	$O(\log_2 n)$	$O(\log_2 n)$	否	是
简单选择排序	$O(n^2)$	$O(n^2)$	$O(n^2)$	否	否
堆排序	$O(n\log_2 n)$	$O(n\log_2 n)$	$O(\log_2 n)$	否	是

本 章 小 结

本章主要介绍了数据结构的基本概念和基本思想。数据结构包括数据的逻辑结构和存储结构及对数据的操作。数据的逻辑结构是指数据元素之间的逻辑关系，数据的存储结构是指数据元素在计算机存储器中的表示和安排。算法是对特定问题求解步骤的一种描述，由有限的指令序列组成，评价一个算法的好坏主要采用算法的时间复杂度和空间复杂度。

线性表是一种比较简单的数据结构，是 n 个结点的有限序列。线性表常用的存储方式有两种：顺序存储结构和链式存储结构。栈是"先进后出"的线性表，队列是"先进先出"的线性表。串是数据类型受到限制的特殊线性表。树形结构是一对多的非线性结构，二叉树是一种特殊的树形结构，二叉树的子树有左右之分，次序不能任意颠倒。哈夫曼树在现代通信中有较高的使用价值，应掌握它的构造方法及哈夫曼编码的应用。图是一种网状的数据结构，属于多对多的非线性结构。查找主要有顺序查找、二分查找、分块查找以及哈希查找等。排序的主要方法有插入排序、冒泡排序、选择排序、快速排序等。

通过学习本章的知识，首先要对数据结构在程序设计中的重要作用有一个充分全面的认识，并需掌握数据结构的基本概念，了解数据结构的分类及算法的设计、描述方法。其次，对一些常用的数据结构要熟练掌握并应用。

习 题

一、选择题

1. 计算机算法指的是，它必须具备输入、输出和（　　）。

   A. 计算方法
   B. 排序方法
   C. 解决问题的有限运算步骤
   D. 程序设计方法

2. 下面叙述正确的是（　　）。

   A. 算法的执行效率与数据的存储结构无关
   B. 算法的空间复杂度是指算法程序中指令（或语句）的条数
   C. 算法的有穷性是指算法必须能在执行有限个步骤之后终止
   D. 以上三种描述都不对

3. 以下数据结构中不属于线性数据结构的是（　　）。

   A. 队列　　　　　B. 线性表　　　　　C. 二叉树　　　　　D. 栈

4. 算法的时间复杂度是指（　　　）。

　A. 执行算法程序所需要的时间

　B. 算法程序的长度

　C. 算法执行过程中所需要的基本运算次数

　D. 算法程序中的指令条数

5. 算法的空间复杂度是指（　　　）。

　A. 算法程序的长度　　　　　　　　　B. 算法程序中的指令条数

　C. 算法程序所占的存储空间　　　　　D. 算法执行过程中所需要的存储空间

6. 数据的存储结构是指（　　　）。

　A. 数据所占的存储空间量　　　　　　B. 数据的逻辑结构在计算机中的表示

　C. 数据在计算机中的顺序存储方式　　D. 存储在外存中的数据

7. 数据结构中，与所使用的计算机无关的数据是（　　　）。

　A. 存储结构　　　　B. 物理结构　　　　C. 逻辑结构　　　　D. 物理和存储结构

8. 下列叙述中正确的是（　　　）。

　A. 一个算法的空间复杂度大，则其时间复杂度也必定大

　B. 一个算法的空间复杂度大，则其时间复杂度必定小

　C. 一个算法的时间复杂度大，则其空间复杂度必定小

　D. 算法的时间复杂度与空间复杂度没有直接关系

9. 在下列选项中，（　　　）不是一个算法一般应该具有的基本特征。

　A. 确定性　　　　　　　　　　　　　B. 可行性

　C. 无穷性　　　　　　　　　　　　　D. 拥有足够的情报

10. 下列关于算法复杂度的叙述正确的是（　　　）。

　　A. 最坏情况下的时间复杂度一定高于平均情况的时间复杂度

　　B. 时间复杂度与所用的计算工具无关

　　C. 对同一个问题，采用不同的算法，则它们的时间复杂度是相同的

　　D. 时间复杂度与采用的算法描述语言有关

11. 下列叙述中正确的是（　　　）。

　　A. 程序执行的效率与数据的存储结构密切相关

　　B. 程序执行的效率只取决于程序的控制结构

　　C. 程序执行的效率只取决于所处理的数据量

　　D. 以上说法均错误

12. 关于算法，以下叙述中错误的是（　　　）。

　　A. 某个算法可能会没有输入

　　B. 某个算法可能会没有输出

　　C. 一个算法对于某个输入的循环次数是可以事先估计出来的

　　D. 任何算法都能装换成计算机高级语言的程序，并在有限时间内运行完毕

13. 数据处理的最小单位是（　　　）。

　　A. 数据　　　　　B. 数据元素　　　　C. 数据项　　　　D. 数据结构

14. 算法分析的目的是（　　　）。

    A. 找出数据结构的合理性　　　　　　　　B. 找出算法中输入和输出之间的关系

    C. 分析算法的易懂性和可靠性　　　　　　D. 分析算法的效率以求改进

15. 算法的有穷性是指（　　　）。

    A. 算法程序的运行时间是有限的　　　　　B. 算法程序所处理的数据量是有限的

    C. 算法程序的长度是有限的　　　　　　　D. 算法只能被有限的用户使用

16. 一个存储结点存放（　　　）。

    A. 数据项　　　　　B. 数据元素　　　　　C. 数据结构　　　　　D. 数据类型

17. 下列叙述中正确的是（　　　）。

    A. 一个逻辑数据结构只能有一种存储结构

    B. 数据的逻辑结构属于线性结构，存储结构属于非线性结构

    C. 一个逻辑数据结构可以有多种存储结构，且各种存储结构不影响数据挖掘处理的
       效率

    D. 一个逻辑数据结构可以有多种存储结构，且各种存储结构影响数据处理的效率

18. 用链表表示线性表的优点是（　　　）。

    A. 便于插入和删除操作　　　　　　　　　B. 数据元素的物理顺序与逻辑顺序相同

    C. 花费的存储空间较顺序存储少　　　　　D. 便于随机存取

19. 线性链表的地址（　　　）。

    A. 必须连续　　　　　　　　　　　　　　B. 部分地址必须连续

    C. 一定不连续　　　　　　　　　　　　　D. 连续与否均可以

20. 在单链表的一个结点中有（　　　）。

    A. 1 个指针　　　　　B. 2 个指针　　　　　C. 0 个指针　　　　　D. 3 个指针

21. 下列叙述中正确的是（　　　）。

    A. 线性表的链式存储结构与顺序存储结构所需要的存储空间是相同的

    B. 线性表的链式存储结构所需要的存储空间一般要多于顺序存储结构

    C. 线性表的链式存储结构所需要的存储空间一般要少于顺序存储结构

    D. 上述三种说法都不对

22. 在单链表中，增加头结点的目的是（　　　）。

    A. 方便运算的实现　　　　　　　　　　　B. 使单链表至少有一个结点

    C. 标识表结点中首结点的位置　　　　　　D. 说明单链表是线性表的链式存储实现

23. 在具有 n 个结点的单链表中做插入、删除运算，平均时间复杂度为（　　　）。

    A. $O(1)$　　　　　　　B. $O(n)$　　　　　　C. $O(\log_2 n)$　　　　　D. $O(n^2)$

24. 向一个栈顶指针为 top 的链栈中插入一个 s 所指的结点时，执行的操作是（　　　）。

    A. top->next=s;　　　　　　　　　　　　B. s->next=top->next; top->next=s;

    C. s->next=top; top=s;　　　　　　　　　D. s->next=top; top=top->next;

25. 栈结构通常采用的两种存储结构是（　　　）。

    A. 散列方式和索引方式　　　　　　　　　B. 顺序存储结构和链表存储结构

    C. 链表存储结构和数组　　　　　　　　　D. 线性存储结构和非线性存储结构

26. 下列关于栈的叙述中正确的是（　　　）。
    A. 在栈中只能插入数据　　　　　　　B. 在栈中只能删除数据
    C. 栈是先进先出的线性表　　　　　　D. 栈是先进后出的线性表

27. 下列数据结果中，能够按照"先进后出"原则存取数据的是（　　　）。
    A. 循环队列　　　　B. 栈　　　　　C. 队列　　　　　　　D. 二叉树

28. 链表不具有的特点是（　　　）。
    A. 不必事先估计存储空间　　　　　　B. 可随机访问任一元素
    C. 插入删除不需要的移动元素　　　　D. 所需空间与线性表长度成正比

29. 下列对于线性链表的描述中正确的是（　　　）。
    A. 存储空间不一定连续，且各元素的存储顺序是任意的
    B. 存储空间不一定连续，且前件元素一定存储在后件元素的前面
    C. 存储空间必须连续，且前件元素一定存储在后件元素的前面
    D. 存储空间必须连续，且各元素的存储顺序是任意的

30. 在线性表的顺序存储结构中，其存储空间连续，每个元素所占的字节数（　　　）。
    A. 相同，元素的存储顺序与逻辑顺序一致
    B. 相同，元素的存储顺序可以与逻辑顺序不一致
    C. 不同，但元素的存储顺序与逻辑顺序一致
    D. 不同，且元素的存储顺序可以与逻辑顺序不一致

31. 下列叙述中正确的是（　　　）。
    A. 在栈中，栈中元素随栈底指针与栈顶指针的变化而动态变化
    B. 在栈中，栈顶指针不变，栈中元素随栈底指针的变化而动态变化
    C. 在栈中，栈底指针不变，栈中元素随栈顶指针的变化而动态变化
    D. 上述三种说法都不对

32. 对于循环队列，下列叙述中正确的是（　　　）。
    A. 队头指针是固定不变的
    B. 队头指针一定大于队尾指针
    C. 队头指针一定小于队尾指针
    D. 队头指针可以大于队尾指针，也可以小于队尾指针

33. 下列叙述中正确的是（　　　）。
    A. 栈是先进先出（FIFO）的线性表
    B. 队列是先进后出（FILO）的线性表
    C. 循环队列是非线性结构
    D. 有序线性表既可以采用顺序存储结构，也可以采用链式存储结构

34. 支持子程序调用的数据结构是（　　　）。
    A. 栈　　　　　　　B. 树　　　　　C. 队列　　　　　　　D. 二叉树

35. 线性表的顺序存储结构和线性表的链式存储结构分别是（　　　）。
    A. 顺序存取的存储结构、顺序存取的存储结构
    B. 随机存取的存储结构、顺序存取的存储结构

C. 随机存取的存储结构、随机存取的存储结构

D. 任意存取的存储结构、任意存取的存储结构

36. 设有栈 S 和队列 Q，初始状态均为空，首先一次将 A、B、C、D、E、F 入栈，然后从栈中退出三个元素依次入队，再将 X、Y、Z 入栈后，将栈中所有元素退出并依次入队，最后将队列中所有元素退出，则退队元素的顺序为（　　　　）。

A. DEFXYZABC
B. FEDZYXCBA

C. FEDXYZCBA
D. DEFZYXABC

37. 下列关于队列的叙述中正确的是（　　　　）。

A. 在队列中只能插入数据
B. 在队列中只能删除数据

C. 队列是先进先出的线性表
D. 队列是先进后出的线性表

38. 栈和队列的共同点是（　　　　）。

A. 都是先进后出
B. 都是先进先出

C. 只允许在端点处插入和删除元素
D. 没有共同点

39. 下列关于栈的描述中错误的是（　　　　）。

A. 栈是先进后出的线性表
B. 栈只能顺序存储

C. 栈具有记忆作用
D. 对栈的插入与删除操作不需改变栈底指针

40. 数组与一般线性表的区别主要是（　　　　）。

A. 存储方面
B. 元素类型一致

C. 逻辑结构方面
D. 不能进行插入、删除运算

41. 在一个图中，所有顶点的度数之和等于图的边数的（　　　　）倍。

A. 1/2
B. 1
C. 2
D. 4

42. 在所有排序方法中，关键字比较的次数与记录的初始排列次序无关的是（　　　　）。

A. 希尔排序
B. 冒泡排序
C. 插入排序
D. 选择排序

43. 折半查找要求结点（　　　　）。

A. 有序、顺序存储
B. 有序、链接存储

C. 无序、顺序存储
D. 无序、链接存储

44. 有 8 个结点的无向连通图最多有（　　　　）条边。

A. 24
B. 28
C. 56
D. 112

45. 非空的线性表中，有且只有一个直接前驱和一个直接后继的结点是（　　　　）。

A. 开始结点
B. 内部结点
C. 终端结点
D. 所有结点

46. 下列时间复杂度中最好的是（　　　　）。

A. $O(1)$
B. $O(n)$
C. $O(\log_2 n)$
D. $O(n^2)$

47. 在一个单链表中，已知 Q 所指结点是 P 所指结点的前驱结点，若在 Q 和 P 之间插入 S 结点，则执行（　　　　）。

A. S->next＝P->next;P->next＝S;
B. P->next＝S->next;S->next＝P;

C. Q->next＝S; S->next＝P;
D. P->next＝S;S->next＝Q;

48. 有 X、Y、Z 三个元素依次入栈，不可能的出栈顺序是（　　　　）。

A. Z,Y,X
B. Z,X,Y
C. Y,X,Z
D. X,Y,Z

49. 一个队列的入队序列是1,2,3,4，则队列的出队序列是（　　　）。

　　A. 1,2,3,4　　　　B. 4,3,2,1　　　　C. 1,4,3,2　　　　D. 3,2,4,1

50. 若进栈序列为1,2,3,4，且进栈过程中可以出栈，则出栈的序列不可能是（　　　）。

　　A. 1,4,3,2　　　　B. 2,3,4,1　　　　C. 3,1,4,2　　　　D. 3,4,2,1

51. 栈底至栈顶依次存放元素 A、B、C、D，在第5个元素 E 入栈前，栈中元素可以出栈，则出栈序列可能是（　　　）。

　　A. $ABCED$　　　　B. $DBCEA$　　　　C. $CDABE$　　　　D. $DCBEA$

52. 一个顺序栈一旦被说明，其占用的空间大小（　　　）。

　　A. 已固定　　　　B. 可以改变　　　　C. 不能固定　　　　D. 动态变化

53. 设循环队列的存储空间为 Q(1:35)，初始状态为 front=rear=35。现经过一系列入队与退队运算后，front=15，rear=15，则循环队列中的元素个数为（　　　）。

　　A. 15　　　　B. 16　　　　C. 20　　　　D. 0 或 35

54. 在一个容量为15的循环队列中，若头指针 front=6，尾指针 rear=9，则循环队列中的元素个数为（　　　）。

　　A. 2　　　　B. 3　　　　C. 4　　　　D. 5

55. 下列叙述中正确的是（　　　）。

　　A. 循环队列中的元素个数随队头指针与队尾指针的变化而动态变化

　　B. 循环队列中的元素个数随队头指针的变化而动态变化

　　C. 循环队列中的元素个数随队尾指针的变化而动态变化

　　D. 循环队列中的元素个数不会变化

56. 下列叙述中正确的是（　　　）。

　　A. 带链队列的存储空间可以不连续，但队头指针必须大于队尾指针

　　B. 带链队列的存储空间可以不连续，但队头指针必须小于队尾指针

　　C. 带链队列的存储空间可以不连续，但队头指针可以大于也可以小于队尾指针

　　D. 带链队列的存储空间一定是不连续的

57. 设栈的顺序存储空间为 S（1：m），初始状态为 top=m+1。现经过一系列入栈与退栈运算后，top=20，则当前栈中的元素个数为（　　　）。

　　A. 30　　　　B. 20　　　　C. $m-19$　　　　D. $m-20$

58. 下列关于线性链表的叙述中，正确的是（　　　）。

　　A. 各数据结点的存储空间可以不连续，但它们的存储顺序与逻辑顺序必须一致

　　B. 各数据结点的存储顺序与逻辑顺序可以不一致，但它们的存储空间必须连续

　　C. 进行插入与删除时，不需要移动表中的元素

　　D. 以上都不正确

59. 下列广义表是线性表的有（　　　）。

　　A. $E=(a,(b,c))$　　　B. $E=(a,E)$　　　　C. $E=(a,b)$　　　　D. $E=(a,L);L=()$

60. 广义表 $A=(a)$，则表尾为（　　　）。

　　A. a　　　　B. $(())$　　　　C. 空表　　　　D. (a)

61. 广义表 c=(A,B,()), c 的长度为 (　　　)。

    A. 1　　　　　　　　B. 2　　　　　　　　C. 3　　　　　　　　D. 4

62. 数组 A 中，每个元素的长度为 3 字节，行下标 i 从 1 到 8，列下标 j 从 1 到 10，从首地址 SA 开始连续存放在存储器内，该数组按行存放时，元素 A[8][5] 的起始地址为 (　　　)。

    A. SA+140　　　　　B. SA+144　　　　　C. SA+222　　　　　D. SA+225

63. 若串 s="Program"，则其子串的数目是 (　　　)。

    A. 29　　　　　　　B. 28　　　　　　　C. 7　　　　　　　　D. 30

64. 下列叙述中正确的是 (　　　)。

    A. 有一个以上根结点的数据结构不一定是非线性结构

    B. 只有一个根结点的数据结构不一定是线性结构

    C. 循环链表是非线性结构

    D. 双向链表是非线性结构

65. 完全二叉树 (　　　) 二叉树。

    A. 一定是满　　　　B. 可能是满　　　　C. 不是　　　　　　D. 一定不是满

66. 设一棵完全二叉树共有 699 个结点，则在该二叉树中的叶子结点数为 (　　　)。

    A. 349　　　　　　　B. 350　　　　　　　C. 255　　　　　　　D. 351

67. 下列叙述正确的是 (　　　)。

    A. 每一个结点有两个指针域的链表一定是非线性结构

    B. 所有结点的指针域都为非空的链表一定是非线性结构

    C. 线性结构的存储结点也可以有多个指针

    D. 二叉树是线性结构

68. 下列叙述正确的是 (　　　)。

    A. 有两个指针域的链表称为二叉链表

    B. 循环链表是循环队列的链式存储结构

    C. 带链的栈有栈顶指针和栈底指针，因此又称双重链表

    D. 结点中具有多个指针域的链表称为多重链表

69. 设数据集合为 D={1,3,5,7,9}，D 上的关系为 R，下列数据结构 B=(D,R) 中为非线性结构的是 (　　　)。

    A. R={(5,1),(7,9),(1,7),(9,3)}　　　　　B. R={(9,7),(1,3),(7,1),(3,5)}

    C. R={(1,9),(9,7),(7,5),(5,3)}　　　　　D. R={(1,3),(3,5),(5,9),(7,3)}

70. 设树 T 的度为 4，其中度为 1、2、3、4 的结点个数分别为 4、2、1、1，则 T 的叶子结点数为 (　　　)。

    A. 8　　　　　　　　B. 7　　　　　　　　C. 6　　　　　　　　D. 5

71. 某二叉树有 5 个度为 2 的结点，则该二叉树中的叶子结点数是 (　　　)。

    A. 10　　　　　　　B. 8　　　　　　　　C. 6　　　　　　　　D. 4

72. 在一棵二叉树上第 5 层的结点数最多是 (　　　)。

    A. 8　　　　　　　　B. 16　　　　　　　C. 32　　　　　　　D. 15

73. 二叉树共有 845 个结点，其中叶子结点有 45 个，则度为 1 的结点数为（　　　）。

    A. 400   B. 754   C. 756   D. 不确定

74. 深度为 7 的二叉树共有 127 个结点，则下列说法中错误的是（　　　）。

    A. 该二叉树有一个度为 1 的结点   B. 该二叉树是满二叉树

    C. 该二叉树是完全二叉树   D. 该二叉树有 64 个叶子结点

75. 某二叉树有 15 个度为 1 的结点，16 个度为 2 的结点，则该二叉树中总的结点数为（　　　）。

    A. 32   B. 46   C. 48   D. 49

76. 已知二叉树后序遍历序列是 dAbec，中序遍历序列是 debAc，它的前序遍历序列是（　　　）。

    A. cedbA   B. Acbed

    C. decAb   D. deAbc

77. 设有图 1-81 所示的二叉树，对此二叉树中序遍历的结果为（　　　）。

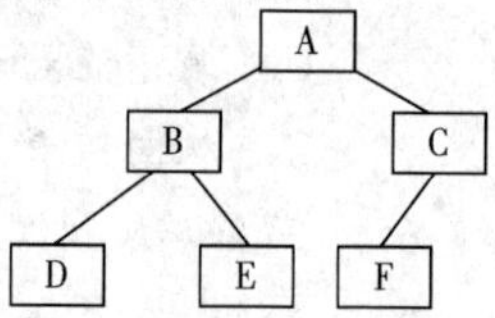

图 1-81 题 77 图

    A. ABCDEF   B. DBEAFC

    C. ABDECF   D. DEBFCA

78. 某二叉树中有 n 个度为 2 的结点，则该二叉树中的叶子结点数为（　　　）。

    A. $n+1$ B. $n-1$ C. $2n$ D. $n/2$

79. 一棵二叉树共有 25 个结点，其中 5 个是叶子结点，则度为 1 的结点数为（　　　）。

    A. 16   B. 10   C. 6   D. 4

80. 某二叉树共有 7 个结点，其中叶子结点只有 1 个，则该二叉树的深度为（假设根结点在第 1 层）（　　　）。

    A. 3   B. 4   C. 6   D. 7

81. 设栈的顺序存储空间为 s（0：49），栈底指针 bottom=49，栈顶指针 top=30（指向栈顶元素）。则栈中的元素个数为（　　　）。

    A. 30   B. 29   C. 20   D. 19

82. 某二叉树的前序序列为 ABCDEFG，中序序列为 DCBAEFG，则该二叉树的深度（根结点在第 1 层）为（　　　）。

    A. 2   B. 3   C. 4   D. 5

83. 强连通分量是（　　　）的极大连通子图。

    A. 无向图   B. 有向图   C. 树   D. 图

84. 在一个图中，所有结点的度数之和与图的边数的比是（　　　）。

    A. 1：2   B. 1：1   C. 2：1   D. 3：1

85. n 个顶点的强连通图的边数至少有（　　　）。

    A. $n-1$ B. $n(n-1)$ C. n D. $n+1$

86. 在排序方法中，从未排序序列中依次取出元素与已排序序列（初始时为空）中的元素进行比较，将其放入已排序序列的正确位置上的方法称为（　　　）。

    A. 希尔排序   B. 冒泡排序   C. 插入排序   D. 选择排序

87. 顺序查找法适合于存储结构为（　　　）的线性表。

　　A. 散列存储　　　　　　　　　　　　B. 顺序存储或链接存储

　　C. 压缩存储　　　　　　　　　　　　D. 索引存储

88. 要进行二分查找，则线性表（　　　）。

　　A. 必须以顺序方式存储　　　　　　　B. 必须以链接方式存储

　　C. 必须以队列方式存储　　　　　　　D. 必须以顺序方式存储，且数据元素有序

89. 希尔排序法属于（　　　）。

　　A. 交换类排序法　　　　　　　　　　B. 插入类排序法

　　C. 选择类排序法　　　　　　　　　　D. 以上均不是

90. 对长度为 N 的线性表进行顺序查找，在最坏情况下所需要的比较次数为（　　　）。

　　A. $N+1$　　　　B. N　　　　　　C. $(N+1)/2$　　　　D. $N/2$

91. 下列叙述中正确的是（　　　）。

　　A. 对长度为 n 的有序链表进行查找，最坏情况下需要的比较次数为 n

　　B. 对长度为 n 的有序链表进行对分查找，最坏情况下需要的比较次数为 $(n/2)$

　　C. 对长度为 n 的有序链表进行对分查找，最坏情况下需要的比较次数为 $(\log_2 n)$

　　D. 对长度为 n 的有序链表进行对分查找，最坏情况下需要的比较次数为 $(n\log_2 n)$

92. 设序列长度为 n，在最坏情况下，时间复杂度为 $O(\log_2 n)$ 的算法是（　　　）。

　　A. 二分法查找　　　B. 顺序查找　　　C. 分块查找　　　　D. 哈希查找

93. 下列排序方法中，最坏情况下比较次数最少的是（　　　）。

　　A. 冒泡排序　　　B. 简单选择排序　　　C. 直接插入排序　　　D. 堆排序

94. 已知数据表 A 中每个元素距其最终位置不远，为节省时间，应采用的算法是（　　　）。

　　A. 堆排序　　　　B. 直接插入排序　　　C. 快速排序　　　　D. 直接选择排序

95. 对于长度为 n 的线性表，在最坏情况下，下列各排序法所对应的比较次数中正确的是（　　　）。

　　A. 冒泡排序为 $n/2$　　　　　　　　　B. 冒泡排序为 n

　　C. 快速排序为 n　　　　　　　　　　D. 快速排序为 $n(n-1)/2$

96. 堆排序最坏情况下的时间复杂度为（　　　）。

　　A. $O(n15)$　　　　B. $O(n\log_2 n)$　　　C. $O(n(n-1)/2)$　　　D. $O(\log_2 n)$

97. 在长度为 64 的有序线性表中进行顺序查找，最坏情况下需要比较的次数为（　　　）。

　　A. 63　　　　　　B. 64　　　　　　　C. 6　　　　　　　　D. 7

98. 下列叙述中正确的是（　　　）。

　　A. 对长度为 n 的有序链表进行查找，最坏情况下需要的比较次数为 n

　　B. 对长度为 n 的有序链表进行对分查找，最坏情况下需要的比较次数为 $(n/2)$

　　C. 对长度为 n 的有序链表进行对分查找，最坏情况下需要的比较次数为 $(\log_2 n)$

　　D. 对长度为 n 的有序链表进行对分查找，最坏情况下需要的比较次数为 $(n\log_2 n)$

99. 在长度为 n 的有序线性表中进行二分查找，最坏情况下需要比较的次数是（　　　）。

　　A. $O(n)$　　　　B. $O(n^2)$　　　　C. $O(\log_2 n)$　　　D. $O(n\log_2 n)$

100. 下列数据结构中，能用二分法进行查找的是（　　）。

  A. 顺序存储的有序线性表   B. 线性链表

  C. 二叉链表   D. 有序线性链表

101. 冒泡排序在最坏情况下的比较次数是（　　）。

  A. $n(n+1)/2$ B. $n\log_2 n$ C. $n(n-1)/2$ D. $n/2$

102. 对于长度为 n 的线性表，在最坏情况下，下列各排序法所对应的比较次数中正确的是（　　）。

  A. 冒泡排序为 $n/2$ B. 冒泡排序为 n

  C. 快速排序为 n D. 快速排序为 $n(n-1)/2$

103. 对长度为 n 的线性表排序，在最坏情况下，比较次数不是 $n(n-1)/2$ 的排序方法是（　　）。

  A. 快速排序 B. 冒泡排序 C. 直接插入排序 D. 堆排序

104. 下列叙述正确的是（　　）。

  A. 所有数据结构必须有根结点

  B. 所有数据结构必须有终端结点（即叶子结点）

  C. 只有一个根结点，且只有一个叶子结点的数据结构一定是线性结构

  D. 没有根结点或没有叶子结点的数据结构一定是非线性结构

105. 在最坏情况下（　　）。

  A. 快速排序的时间复杂度比冒泡排序的时间复杂度要小

  B. 快速排序的时间复杂度比希尔排序的时间复杂度要小

  C. 希尔排序的时间复杂度比直接插入排序排序的时间复杂度要小

  D. 快速排序的时间复杂度比希尔排序的时间复杂度是一样的

106. 下列描述中正确的是（　　）。

  A. 线性链表是线性表的链式存储结构 B. 栈与队列是非线性结构

  C. 双向链表是非线性结构   D. 只有根结点的二叉树是线性结构

二、判断题（正确选填 T，错误选填 F）

1. 数据元素是数据的基本单位，数据项是数据的最小单位。　　　　　　（　　）

2. 栈是特殊的线性表，须用一组地址连续的存储单元来存储其元素。　（　　）

3. 队列会产生"假溢出"，而循环队列则不会。　　　　　　　　　　　（　　）

4. 在线性表中，数据的存储方式有顺序和链接两种。　　　　　　　　（　　）

5. 在树形结构中，每一层的数据元素只和上一层中的一个元素相关。　（　　）

6. 树形结构是用于描述数据元素之间的层次关系的一种线性数据结构。（　　）

7. 数据在计算机内存中的表示是指数据的存储结构。　　　　　　　　（　　）

8. 从逻辑上可以把数据结构分为线性结构和非线性结构。　　　　　　（　　）

9. 链表可以随机访问任意一个结点，而顺序表则不能。　　　　　　　（　　）

10. 栈顶的位置是随着进栈和退栈操作而变化的。　　　　　　　　　　（　　）

11. 线性结构中元素的关系是一对一，树形结构中元素的关系也是一对一。（　　）

12. 顺序查找只适用于存储结构为顺序存储的线性表。　　　　　　　　（　　）

13. 在程序设计中，常用一维数组来表示线性表的顺序存储空间。　　　　　　（　　　）

14. 数据的逻辑结构从逻辑关系上描述数据，与数据的存储结构无关，是独立于计算机的。　　　　　　　　　　　　　　　　　　　　　　　　　　　　　　　　（　　　）

15. 数据的存储结构与数据的处理效率无关。　　　　　　　　　　　　　　　（　　　）

16. 数据类型是具有共同属性的一类变量的抽象。　　　　　　　　　　　　　（　　　）

17. 在进行插入排序时，其数据比较次数与数据的初始排列无关。　　　　　　（　　　）

18. 线性表若采用链式存储表示时，所有结点之间的存储单元地址必须连续。　（　　　）

19. 顺序表和线性链表的物理存储形式都是顺序存储。　　　　　　　　　　　（　　　）

20. 数据类型是某种程序设计语言中已实现的数据结构。　　　　　　　　　　（　　　）

21. C++语言中定义的类实际上也是一种数据类型。　　　　　　　　　　　（　　　）

22. 数据结构的表示包括数据逻辑结构和存储结构两方面的表示。　　　　　　（　　　）

23. 线性表采用链式存储时，结点的存储地址必须是连续的。　　　　　　　　（　　　）

24. 冒泡排序算法是一种只能实现升序排序，而不能实现降序排序的排序算法。（　　　）

25. 数据元素是数据的基本单位，数据项是数据的最小单位。　　　　　　　　（　　　）

26. 数组是一种固定长度的线性表，可以对数组进行插入和删除运算。　　　　（　　　）

三、简述题

1. 什么是数据结构？

2. 何谓算法？它与程序有何区别？

3. 何谓时间复杂度、空间复杂度？说明其含义。

4. 试比较顺序表和链表的优缺点。

5. 试比较单向链表与双向链表的优缺点。

6. 试说明栈和队列的异同。

7. 按图 1-82 所示的铁道进行车厢调度。

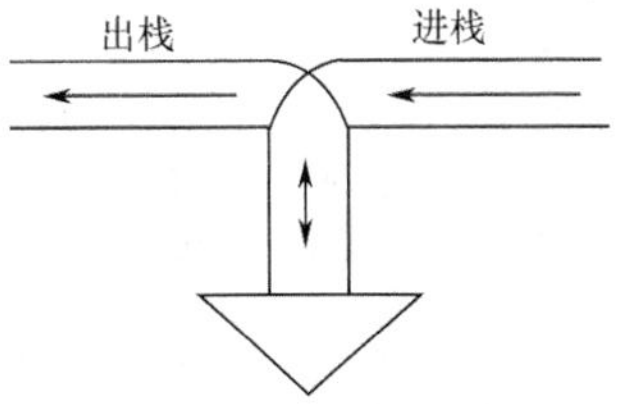

图 1-82　题 7 图

（1）如果进站车厢序列为 123，则可能得到的出站车厢序列是怎样的？

（2）如果进站车厢序列为 123456，则能否得到 435612 和 135426 的出站序列？

8. 对于下面的每一步，画出栈元素与栈顶指针的示意图。

（1）栈空。　　　　　　　　　　（2）在栈中插入一个元素 A。

（3）在栈中插入一个元素 X。　　（4）删除栈顶元素。

（5）在栈中插入一个元素 T。　　（6）在栈中插入一个元素 C。

（7）栈初始化。

9. 设循环队列的容量为 70（序号从 1 到 70），现经过一系列的入队与出队运算后，有：

（1）front=14，rear=21；

（2）front=23，rear=12。

问在这两种情况下，循环队列中各有多少个元素？

10. 已知二维数组 A[5][5]，每个元素占用 2 个存储单元，并且第一个元素的存储地址是 1 000，请写出采用行优先顺序和列优先顺序存储时，数组元素 A[2][3] 的实际存储地址。

11. 设一棵完全二叉树具有 1 000 个结点。问该完全二叉树有多少个叶子结点？有多少个度为 2 的结点？有多少个度为 1 的结点？若完全二叉树有 1 001 个结点，再回答上述问题，并说明理由。

12. 一棵度为 2 的树与一棵二叉树有什么区别？

13. 试说明树与二叉树有何不同？为何要将一般树转换为二叉树？

14. 试分别画出 3 个结点的树和 3 个结点的二叉树的所有不同的形式。

15. 什么样的二叉树的前序和中序遍历所得结点序列完全一致？什么样的二叉树的中序和后序遍历所得结点序列完全一致？什么样的二叉树的前序和后序遍历的结点序列相同？

16. 在有 n 个结点的二叉链表中共有多少个指针域？这些指针中有多少个非空？多少个为空？

17. 设有一棵二叉树的顺序存储表示如图 1-83 所示。

| A | C | B | | D | | G | | | E | F | | | H | |

图 1-83 题 17 图

试问：（1）哪个是 D 的双亲结点？ （2）C 的左右孩子是什么？
（3）A 的双亲是什么？ （4）画出这棵二叉树。

18. 二叉树的顺序存储结构最适用于什么二叉树，为什么？

19. 已知按前序遍历二叉树的结果为 ABC，试问：有几种不同的二叉树可以得到这一遍历结果？

20. 将图 1-84（a）所示的一般树转换为二叉树，将图 1-814（b）的二叉树转换为一般树。

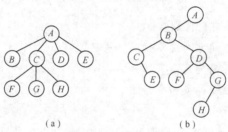

（a） （b）

图 1-84 题 20 图

21. 给定一组元素 {17,28,36,54,30,27,94,15,21,83,40}，画出由此生成的二叉排序树。

22. 具有 m 个叶结点的哈夫曼树共有多少个结点？

23. 给定一组权值 $W=\{14,15,7,3,20,4\}$，请构造出相应的哈夫曼树，并计算其带权路径长度 WPL 是多少？

24. 对图 1-85 所示的有向图，试给出：
（1）各顶点的出度和入度；（2）邻接矩阵；（3）邻接表；（4）逆邻接表。

25. 对于图 1-86 所示的无向图，列出深度优先和广度优先遍历所得的顶点序列。

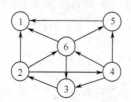

图 1-85 题 24 图

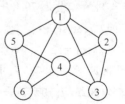

图 1-86 题 25 图

第**2**章

————————— 计算机操作系统

操作系统是计算机软件系统中最核心的系统软件，作为计算机系统接口，它支持其他软件，为用户提供简单、方便、高效的使用环境。操作系统在计算机系统中的地位决定了它的重要性，操作系统所承担的任务又决定了它是一个庞大的、结构复杂的系统。

本章介绍了操作系统的产生、发展和基本原理以及操作系统控制计算机工作的整个过程，通过学习操作系统管理计算机硬件、软件资源的方法，不仅有助于使用计算机，更有助于开发应用软件。本章在内容上全面涵盖了操作系统的基本原理、基本知识，也适当地反映了计算机操作系统的最新技术。

2.1　计算机操作系统简介

操作系统是最基本的系统软件，直接运行在裸机之上，是计算机硬件之外的第一次扩充。在操作系统的支持下，计算机才能运行其他软件，所以操作系统是计算机系统的一个重要组成部分。可以将操作系统在计算机系统中所起的作用描述为管理计算机系统中的硬件和软件资源，合理地组织计算机的工作流程，方便用户使用计算机。

2.1.1　操作系统概述

众所周知，当今任何一个计算机系统，不论是功能强大的超级计算机，还是较简单的嵌入式计算机，都配置了一种或多种操作系统。那么什么是操作系统？它有什么重要作用？

任何一个计算机系统都由两部分组成，即计算机硬件和计算机软件。计算机硬件通常是由中央处理器（运算器和控制器）、存储器、输入设备和输出设备等部件组成，它构成了系统本身和用户作业赖以活动的物质基础和工作系统。计算机软件包括系统软件和应用软件。系统软件如操作系统、语言处理程序、连接装配程序、系统实用程序、DBMS 软件等。应用软件是为某种应用目的而开发的软件的集合。对于终端用户，仅仅拥有"硬件系统"是无法开始工作的，只有在安装了操作系统后，用户才可以利用操作系统提供的设备管理、CPU 管理和内存管理、文件系统管理等功能完成许多操作，"硬件系统"才能根据用户和系统的命令开始工作。而如果用户需要完成播放 DVD 视频、收发邮件等目的，就需要安装支持相应功能的应用软件如 WinDVD、OutLook 等。

我们把没有安装任何软件支持的计算机称为裸机（Bare Machine），它仅仅构成了计算机系统的物质基础，并不能完成真正有意义的工作，而实际呈现在用户面前的计算机系统是经过系统软件和应用软件改造过、能完成有意义工作的计算机。

图 2-1 展示了计算机系统层次结构的关系。裸机在最里层，它的外面是操作系统，经过操作系统提供的资源管理功能和方便用户的各种服务功能把裸机改造成为功能更强、使用更为方便的机器，通常称之为虚拟机（Virtual Machine）；而各种应用程序包括其他系统软件在操作系统的支持下，向用户提供各种服务。这里所说的"方便"包含两层意思：其一，方便终端用户的使用；其二，方便应用程序的开发和使用。

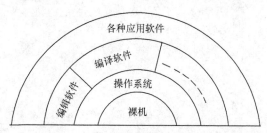

图 2-1　计算机系统层次结构的关系

从系统管理人员的观点来看，引入操作系统是为了合理地组织计算机的工作流程，管理和分配计算机系统硬件及软件资源，使之能为多个进程所共享，操作系统是计算机资源的管理者。

从用户的观点来看，引入操作系统是为了给用户使用计算机提供一个良好的界面，使用户无须了解有关硬件和系统软件的细节，就能方便灵活地使用计算机。

综上所述，我们可以把操作系统定义为：

定义一：操作系统是计算机系统中的一个系统软件，是这样一些程序模块的集合：管理和控制计算机系统中的硬件及软件资源，合理地组织计算机的工作流程，以便有效利用这些资源为用户提供一个功能强大、使用方便的工作环境，从而在计算机与用户间起到接口的作用。

定义二：操作系统是计算机系统中最重要的系统软件，是这样一些程序模块的集成：这些系统程序在用户程序运行和用户操作过程中，负责完成所有与硬件因素相关（硬件相关）和所有用户共同需要（应用无关）的基本工作，并解决这些基本工作中的效率、安全、公平问题，为用户（操作和上层进程）能方便、安全、高效、公平使用计算机系统从计算机底层提供统一的支持。

2.1.2　操作系统的发展及分类

操作系统是由于人们的需要而产生的，它伴随着计算机技术本身及其应用的日益扩展和其他科学技术和应用的发展而逐渐发展和不断完善。它的功能由弱到强并日趋复杂多样，现已成为计算机系统中的核心。概括地说，从 1946 年 ENIAC 计算机诞生以来，先后出现了手工操作阶段（无操作系统）、批处理系统、多道程序系统、分时系统、实时系统、通用操作系统、网络操作系统、分布式操作系统等多种不同的操作系统。

1. 手工操作阶段

在第一代计算机（电子管）时期，计算机运算速度慢，用户直接用机器语言编制程序，并独占全部计算机资源。用户先把程序纸带（或卡片）装上输入机，然后启动输入机把程序和数据送入计算机，接着通过控制台开关启动程序运行，计算完毕，打印机输出计算结果，用户取走并卸下纸带（或卡片）。之后第二个用户程序才有可能使用计算机。这种由一道程序独占机器且由人工操作为特征的手工操作阶段比较适应计算机速度较慢、计算机软硬件资源都比较缺乏的情况，这时没有也不需要真正意义上的操作系统。

2. 批处理系统

20 世纪 50 年代后期，计算机的运行速度有了较大的提高，比较典型的晶体管计算机的运算速度达到了每秒钟运行一百万条指令（1MIPS）。这时，由于手工操作的慢速度和计算机的高速度之间形成矛盾，这种矛盾已经到了不能容忍的地步。从技术上来说，人的操作速度的提高是有限和微小的，因此，唯一的解决办法是摆脱人的手工操作，实现作业的自动衔接和过渡，批处理系统由此产生，而且科技的发展也支持批处理系统的产生和发展。

先来看看简单的联机批处理系统。之所以称为联机批处理系统，是由于慢速的输入/输出设备（I/O）是和计算机直接相连的。联机批处理系统的一般处理过程为：用户向操作员提交作业，作业被做成穿孔纸带或卡片。操作员有选择地把若干作业合成一批，通过输入设备（纸带输入机或读卡机）把它们存入磁带，由监督程序读入一个作业（若系统资源能满足该作业要求），从磁带调入汇编程序或编译程序，将用户作业源程序翻译成目标代码，启动执行；执行完毕，由善后处理程序输出结果，再读入下一个作业，重复执行直到一批作业完成，返回等待操作员输入下一批作业。

与手工操作阶段相比，慢速的人工操作的影响从作业级大大减小到作业批次级，大大提高了 CPU 的工作效率和能连续工作的时间。不过在作业的输入和执行结果的输出过程中，计算机仍处在停止等待状态，这样慢速的 I/O 设备和快速主机之间仍处于串行工作，宝贵的 CPU 时间仍有很大的浪费。

脱机批处理正是致力于提高慢速的 I/O 设备和快速主机之间并行工作的能力，这种方式的显著特征是增加一台专门用于为主机完成输入/输出处理的 I/O 处理器。具体来说，它的功能为：纸带输入设备通过它把作业输入到磁带，作业执行结果再通过磁带输出到纸带输出设备（在当时磁带是高速设备）。在早期，I/O 处理器并不能直接和主机结合在一起，它借助于操作员通过磁带和主机沟通。尽管这样，主机不再需要直接处理慢速的 I/O 操作，主机与 I/O 处理器可以并行工作，两者分工明确，可以充分发挥主机的高速计算能力。因此脱机批处理和早期联机批处理相比，大大提高了系统的处理能力。

批处理在相当程度上克服了手工操作的缺点，实现了作业的自动过渡，改善了主机 CPU 和 I/O 设备的使用情况，提高了计算机系统的处理能力，但仍有缺点：磁带需人工拆换，既麻烦又易出错，再加上早期的监督程序功能简单，用户作业可能造成系统的崩溃。

批处理的出现促进了软件的发展。其中最重要的是监督程序，它管理作业的运行，负责装入和运行各种系统处理程序，如汇编程序、编译程序、连接装配程序、程序库（如 I/O 标准程序等）、完成作业的自动过渡等。

如果对早期批处理加以改进，使得主机不需要"磁带的人工拆换"，不需要直接控制 I/O 设备，又能通过 I/O 设备完成数据交换，将使系统的性能有更大的提高。20 世纪 60 年代初期，计算机硬件获得了两个重大进展，即通道技术和中断技术，导致了现代意义的操作系统的产生。通道是一种专用处理部件，它能控制一台或多台 I/O 设备工作，负责 I/O 设备与主存之间的信息交换。通道启动后能独立于 CPU 运行，这样可使 CPU 和通道并行操作，而且 CPU 和多种 I/O 设备也能并行操作，使得 CPU 不需要直接控制 I/O 设备，又能通过 I/O 设备完成数据交换。中断是指当主机接收到外部信号（如 I/O 设备完成信号）时，能暂时中断当前的工作，转去执行中断服务程序（如 I/O 设备处理程序），中断服务程序完成后，再继续执行被中断的工作。

借助于通道、中断技术，输入/输出可在主机控制下完成。这时，原来的监督程序的功能扩大了，它不仅要负责作业运行的自动调度，而且还要提供输入/输出控制功能。这个发展了的监督程序常驻内存，称为执行系统（Executive System）。执行系统实现的也是 I/O 联机操作，和早期批处理系统不同的是：I/O 工作是由在主机控制下的通道完成的，没有人工干预。主机和通道、主机和 I/O 设备都可以并行操作。系统可以检查其命令的合法性，以避免不合法的 I/O 命令对系统造成的影响，从而提高系统的安全性。

3. 多道程序阶段

许多成功的批处理系统在 20 世纪 50 年代末和 60 年代初出现，但是，这时计算机系统运行的特征是单道顺序地处理作业，即用户作业仍然是一道一道地被顺序处理。采用批处理系统的主机系统资源使用效率仍然不高，而且服务不太公平。首先，对于以计算为主的作业，输入/输出量少，外围设备空闲；然而对于以输入/输出为主的作业，主机又会造成空闲。这样总的来说，计算机资源使用效率仍然不高。其次，在主机为某个用户服务时，其他用户只能等待。随着技术的进步和应用的拓展，对效率和公平的追求促使操作系统进入了多道程序阶段。

下面以单处理器系统为例，介绍多道程序运行的特点，这些特点非常类似于我们熟悉的 Windows XP/2003 下的多任务运行情况。我们一般使用磁盘作为标准的外部存储器，要处理的许多作业（应用程序）存放在外部存储器中。多道程序运行的特点如下：

① 多道：计算机内存中同时存放着多个相互独立的程序。

② 宏观上并行：同时进入系统的几个（道）程序都处于运行状态中，即它们先后开始各自的运行，但都未运行完毕。

③ 微观上串行：实际上各程序基于一定的规则，轮流使用 CPU，交替执行。

如果在传统批处理系统中采用多道程序设计技术，就形成了多道批处理系统。要处理的许多作业存放在外部存储器中，形成作业队列，等待运行。当需要调入作业时，将由操作系统中的作业调度程序对外存中的一批作业，根据一定的调度算法，调一个或几个作业进入内存，让它们交替执行。当某批作业完成后，再调入另一个或几个作业。这种处理方式，在内存中总是同时存在几个（道）程序。

在实际的多道程序系统中，必须解决如下的一些技术问题：

① 并行运行的程序共享计算机系统的硬件和软件资源的问题。

② 内存保护和内存管理的问题。

4. 分时系统

多道程序系统的出现标志着操作系统渐趋成熟的阶段，先后出现了作业调度管理、处理器管理、存储器管理、外部设备管理、文件系统管理等功能划分。多道程序系统是所有现代操作系统的鼻祖，它比简单的批处理系统大大前进了一步。但即使是多道程序系统也存在这样一个问题：用户在提交作业以后就完全脱离了对作业的控制，在作业运行过程中，不管出现什么情况都无法加以干预，只有等该作业处理结束，用户才能得到计算结果，根据结果再进行下一步处理。用户十分渴望能独占计算机，并直接控制程序运行（这对于程序的调试十分重要）。但独占计算机方式会造成资源使用效率的降低。如何将多道程序系统资源使用率高的优点同用户渴望独占计算机的愿望结合起来？20 世纪 60 年代中期，计算机技术和软件技术的发展使这种追求成为可能。由于 CPU 速度不断提高和采用分时技术，一台计算机可以同时连接多个用户终端，而每个用户可在自己的终端上联机使用计算机，好像自己独占计算机一样。多用户分时操作系统是当今计算机操作系统中最普遍使用的一类操作系统。

所谓分时技术，就是把处理器的运行时间分成很短的时间片（Slice），按时间片轮流把 CPU 分配给各联机作业使用。若某个作业使用完分配给它的时间片后，尽管没能完成其运算，仍然要暂时中断该作业，把处理器让给另一个作业使用，等待下一轮时再继续运行。由于一个时间片很短，给每个用户的印象是好像独占了一台计算机。而每个用户可以同时通过自己的终端向系统发出各种操作控制命令，完成作业的运行。多用户分时操作系统是目前在效率、安全、公平等问题上做得比较好的操作系统。

5．实时系统

为满足把计算机用于工业过程控制、军事实时控制等领域的需要，实时处理系统应运而生。所谓实时处理，是以在允许时间范围之内作出响应为特征的，它要求计算机对于外来的信息，能以足够快的速度进行处理，并在被控对象的允许时间范围内作出快速响应，其响应时间要求在秒级、毫秒级甚至微秒级或更小。本书不准备讨论实时处理系统，有兴趣的读者可参考其他论述实时操作系统的书籍。

6．通用操作系统

多道批处理系统、分时系统、实时系统并不是完全对立的。举一个简单的例子，UNIX 是一个典型的分时多任务操作系统，但它仍保留了多道批处理能力，可以处理以 BAT 为扩展名的批处理作业文件，对于硬件故障、缺页，它也能以足够快的速度进行处理。有些书籍将可以同时兼有多道批处理、分时、实时处理功能，或其中两种以上的功能的系统称为通用操作系统。

从 20 世纪 60 年代开始，操作系统的发展进入了一个以小型化为特征的重要阶段。由于软件工程的思想逐渐被程序员所接受，使得操作系统的结构由复杂到简单，规模由大到小，实际的操作系统的数量由于通用、开放、标准化、家族化而大大减少。由此诞生的一些操作系统，具有空前强大的生命力，它们中的一些直到现在仍然主宰着操作系统的主流，其中最杰出的代表就是 UNIX。

7．网络操作系统

20 世纪 80 年代是个人计算机、工作站和网络飞速发展的十年。个人计算机和网络深刻影响了计算机的发展，网络操作系统并不是一种新的操作系统，它仅仅表明该操作系统有比较强大和相对完整的网络功能。Windows 2000 Server 是一个在微型计算机上使用很广泛的网络操作系统。随着技术的进步，集成电路的制造工艺水平不断进步，并已接近极限，单个 CPU 的运算速度也在接近极限，在现实的条件下，要提高系统的运算能力，一个可能的选择就是使用并行处理技术，即由多个 CPU 并行处理，并发地解决一个计算问题。现在，由一些相对廉价的 CPU 组成的超级微型机的计算能力已经远远大于早期的大中型计算机。

8．分布式操作系统

随着高速网络的普及和应用的发展，分布式计算开始大行其道。所谓分布式计算，就是将一个计算分解为若干个计算，把它放在地域上分布的不同计算机上运行。分布式操作系统用以解决分布式计算的管理问题，在它的基础上，可以由一些廉价的自治计算机和高速网络组成功能十分强大的超级集群计算机。

2.1.3 操作系统的主要特征和功能

1. 操作系统的主要特征

（1）并发性

并发性（Concurrence）是指两个或两个以上的活动在同一时间间隔内发生。操作系统是一个并发系统，第一个特征是具有并发性，它应该具有处理多个同时性活动的能力。多个 I/O 设备同时在进行输入和输出；I/O 设备的输入/输出和 CPU 计算同时进行；内存中同时有多个作业被启动执行，这些都是并发性活动的例子。由此引发了一个系统性的问题：如何从一个活动切换到另一个活动？如何将各个活动隔离开来，使之互不干扰，免遭对方破坏？如何让多个活动协作完成任务？如何协调多个活动对资源的竞争？为了更好地解决上述问题，操作系统中很早就引入了一个重要的概念——进程，由于进程能清晰刻画操作系统中的并发性，实现并发活动的执行，因而进程已成为现代操作系统的一个重要基础。

（2）共享性

操作系统的第二个特征是共享性。共享是指操作系统中的资源可以被多个并发执行的进程所使用。出于经济上的考虑，向每个用户分别提供足够的资源不但是浪费的，也是不可能的。在实际应用中，总是让多个用户共用一套计算机系统资源，因而必然会产生共享资源的需要。资源共享可分成两种方式：

① 互斥共享：系统中的某些资源，如打印机、磁带机、卡片机，虽然它们可提供给多个进程使用，但在同一时间内却只允许一个进程访问这些资源。当一个进程还在使用该资源时，其他欲访问该资源的进程必须等待，仅当该进程访问完毕并释放资源后，才允许另一个进程对该资源进行访问。这种同一时间内只允许一个进程访问的资源称为临界资源。许多物理设备以及数据都是临界资源，它们只能互斥地被共享。

② 同时访问：系统中还有许多资源，允许多个进程对它进行同时访问，这里"同时"是宏观上的说法，指的是在一个较短的时间内，多个进程对资源的访问，但是在微观上，即某个特定时刻，仍然只允许一个进程对资源进行访问。典型的可供多个进程同时访问的资源是磁盘。

共享性和并发性是操作系统两个最基本的特征，它们互为依存：一方面，资源的共享是因为进程的并发执行而引起的，若系统不允许进程并发执行，系统中就没有并发活动，也就不存在资源共享问题；另一方面，若系统不能对资源实施有效的管理，必然会影响到进程的并发执行，甚至进程无法并发执行，操作系统也就失去了并发性。

（3）异步性

操作系统的第三个特点是异步性（Asynchronism），或称随机性。在多道程序环境中，允许多个进程并发执行，由于资源数量有限，而需要资源的进程数量众多，在多数情况下，进程的执行不是一贯到底，而是"走走停停"。例如，一个进程在 CPU 上运行一段时间后，由于等待资源或其他事件发生，它被暂停执行，CPU 转让给另一个进程执行。系统中的进程何时执行？何时暂停？以什么样的速度向前推进？进程总共要多少时间才能执行完成？这些都是不可预知的，或者说该进程是以异步方式运行的。但只要运行环境相同，操作系统必须保证多次运行作业，都会获得完全相同的结果。

操作系统中的随机性处处可见，例如，作业到达系统的类型和时间是随机的；操作员发出命令或单击按钮的时刻是随机的；程序运行发生错误或异常的时刻是随机的；各种各样硬件和软件中断事件发生的时刻是随机的等，操作系统内部产生的事件序列有许许多多可能，操作系统的重要任务是必须确保捕捉到任何一种随机事件，正确处理可能发生的随机事件，正确处理产生的任何一种事件序列，否则将会导致严重后果。

2. 操作系统的主要功能

操作系统的主要职责是管理计算机系统的软、硬件资源，控制程序执行，改善人机界面，合理地组织计算机的工作流程以及为用户使用计算机提供良好的运行环境和接口。计算机系统的主要硬件资源有处理器、存储器、I/O 设备；软件资源有程序和数据，它们又往往以文件的形式存放在外存储器上，所以，从资源管理和用户接口的观点来看，操作系统具有以下主要功能：

（1）处理器管理

① 处理器管理的第一项工作是处理中断事件，处理器硬件只能发现中断事件，捕捉它并产生中断信号，但不能进行处理。配置了操作系统就能对中断事件进行处理，这是最基本的功能之一。

② 处理器管理的第二项工作是处理器调度。在单用户、单任务的情况下，处理器仅为一个用户或任务所独占，对处理器的管理就十分简单。但在多道程序或多用户的情况下，组织多个作业或任务执行时，就要解决对处理器的分配调度、分配和回收资源等问题，这些是处理器管理要做的重要工作。为了较好地实现处理器管理功能，一个非常重要的概念即进程（Process）被引入到操作系统中，处理器的分配和执行都是以进程为基本单位；随着分布式系统的发展，为了进一步提高系统并行性，使并发执行单位的粒度变细，又把线程（Thread）概念引入操作系统。因而，对处理器的管理可以归结为对进程和线程的管理，包括：

- 进程控制和管理。
- 进程同步和互斥。
- 进程通信。
- 处理器调度，又分作业调度、中程调度、进程调度等。
- 线程控制和管理。

正是由于操作系统对处理器的管理策略不同，其提供的作业处理方式也就不同。例如，批处理方式、分时处理方式、实时处理方式等。从而，呈现在用户面前成为具有不同性质和不同功能的操作系统。

（2）存储管理

存储管理的主要任务是管理存储器资源，为多道程序运行提供有力支撑。存储管理将根据用户的需要分配存储器资源；尽可能地让共存中的多个用户实现存储资源的共享，以提高存储器的利用率；能保护用户存放在存储器中的信息不被破坏，并能把不同的用户相互隔离起来互不干扰；还能从逻辑上扩充内存储器，为用户提供一个比内存实际容量大得多的存储空间，方便用户使用。因此，存储管理具有四大功能：存储分配、存储共享、存储保护、存储扩充。

操作系统的这部分功能与硬件存储器的组织结构和支撑设施密切相关，操作系统设计者应根据硬件情况和使用需要，采用各种相应的、有效的存储资源分配策略和保护措施。

（3）设备管理

设备管理的主要任务是完成用户提出的 I/O 请求，为用户分配 I/O 设备；加快 I/O 信息的传送速度，发挥 I/O 设备的并行性，提高 I/O 设备的利用率；以及提供每种设备的设备驱动程序，使用户不必了解硬件细节就能方便地使用 I/O 设备。为了实现这些任务，设备管理应该具有缓冲管理、设备分配、设备驱动、设备独立性、实现虚拟设备等功能。

（4）文件管理

上述 3 种管理是针对计算机硬件资源的管理。文件管理则是对系统的软件资源的管理。在现代计算机中，通常把程序和数据以文件形式存储在外存储器上，供用户使用，这样外存储器上保存了大量文件，若对这些文件不能很好地管理，就会导致混乱或破坏，造成严重后果。为此，在操作系统中配置了文件管理，主要任务是对用户文件和系统文件进行有效管理，实现按名存取；实现文件的共享、保护和保密，保证文件的安全性；并提供给用户一套能方便使用文件的操作和命令。具体来说，文件管理要完成以下任务：

- 提供文件的逻辑组织方法。
- 提供文件的物理组织方法。
- 提供文件的存取方法。
- 提供文件的使用方法。
- 实现文件的目录管理。
- 实现文件的存取控制。
- 实现文件的存储空间管理。

2.2　处理器管理

处理器是计算机系统的核心资源，操作系统的功能之一就是处理器管理。随着计算机技术的迅速发展，处理器管理显得更为重要。主要原因在于：计算机的速度越来越快，处理器的充分利用有利于系统效率的大大提高；处理器管理是整个操作系统的重心所在，其管理的好坏直接影响整个系统的运行效率；而且，操作系统中并发活动的管理和控制是在处理器管理中实现的，它集中了操作系统中最复杂的部分，它的设计直接关系到整个系统的成败。

从静态的观点上看，操作系统是一组程序的集合；从动态观点上看，操作系统是进程的动态和并发执行，进程的概念实际上是程序这一概念的拓展。由此，我们从分析程序的基本特征入手，引入操作系统中最重要、最基本的概念——进程。

2.2.1　程序执行的基本特征

1. 顺序程序

程序是指令或语句序列，它体现了某种算法。顺序程序是指程序中若干操作必须按照某种先后次序来执行，并且每次操作前和操作后的状态之间都有一定的关系。在早期的程序设计中，程序一般都是顺序执行的。

当然，程序顺序执行时对环境有一定的要求：在计算机系统中只要有一个程序在执行，这个程序就独占系统的所有资源，其执行不受外界的影响。

2. 并发程序

程序除了可以顺序执行，还可以并发执行，如果有多个程序段同时在系统中运行且执行时间是重叠的，我们称这几个程序或程序段是并发执行的。

程序并发执行时对环境也有一定的要求：在一定时间内物理机器上有两个或两个以上的程序同时处于开始运行但尚未结束的状态，并且次序不是事先确定的。

引入并发程序的目的主要是为了提高资源利用率，从而提高系统效率。

2.2.2　进程的定义及特征

在多道程序系统出现后，为了刻画系统内部出现的动态情况，描述系统内部各道程序的活动规律，操作系统专门引入进程（Process）的概念。同时，在多任务环境下，操作系统必须能够交替执行多个程序，以便最大限度地使用 CPU，并提供合理的响应时间。此外，操作系统还必须恰当地进行资源分配，保证这些执行能正确执行。

从理论角度看，进程是对正在运行的程序的抽象；从实现角度看，进程则是一种数据结构，目的在于清晰地刻画系统的内在规律，有效管理和调度进入计算机系统主存储器运行的程序。

进程一词最早是在 MIT 的 MULTICS 系统中于 1960 年提出的，直到目前对进程的定义和名称均不统一，不同的系统中采用不同的术语名称，例如，IBM 公司将进程称为任务（Task），而 Univac 公司称为活动（Active）。进程的定义也是多种多样的，国内学术界较为一致的看法是：进程是一个具有一定独立功能的程序关于某个数据集合的一次运行活动（1978 年全国操作系统学术会议）。从操作系统管理的角度出发，进程由数据结构以及在其上执行的程序（语句序列）组成，是程序在这个数据集合上的运行过程，也是操作系统进行资源分配和保护的基本单位，它具有如下属性：

① 结构性：进程包含了数据集合和运行于其上的程序。

② 共享性：同一程序同时运行于不同数据集合上时，构成不同的进程。或者说，多个不同的进程可以共享相同的程序。

③ 动态性：进程是程序在数据集合上的一次执行过程，是动态概念，同时，它还有生命周期，"由创建而产生，由撤销而消亡"。在这一点上，它和程序有明显的区别：程序是一组有序指令序列，是静态概念，所以，程序作为一种系统资源是永久存在的。

④ 独立性：进程既是系统中资源分配和保护的基本单位，又是系统调度的独立单位。凡是未建立进程的程序，都不能作为独立单位参与运行，即进程是系统内独立运行、独立分配资源的实体。

⑤ 制约性：并发进程之间存在着制约性，进程在运行的关键点上需要相互等待或互通消息，以保证程序执行的可再现性。

⑥ 并发性：进程可以并发执行。对于一个单处理器的系统来说，m 个进程 P_1、P_2、$\cdots$、P_m 轮流占用处理器并发执行。例如，可能是这样进行的：进程 P_1 执行了 n_1 条指令后让出处理器给 P_2，P_2 执行了 n_2 条指令后让出处理器给 P_3，$\cdots$，P_m 执行了 n_m 条指令后让出处理器给 P_1，$\cdots\cdots$因此，进程的执行是可以被打断的，或者说，进程执行完一条指令后在执行下一条指令前，可能被迫让出处理器，由其他若干个进程执行若干条指令后才能再获得处理器而执行，而此时有多个进程均处于没有结束的状态。

同静态的程序相比较，进程依赖于处理器和主存储器资源，具有动态性和暂时性，进程是随着一个程序模块进入主存储器，并获得一个数据块和一个进程控制块而创建的，随着运行的结束退出主存储器而消亡。从进程的定义和属性看出它是并发程序设计的一种有力工具，在操作系统中引入进程概念能较好地解决"并发性"。

2.2.3　进程的状态和转换

进程的引入源于多道程序的执行，目的是为了充分利用系统资源，提高计算机的使用效率。然而，系统资源有限，过多的进程必然会引起竞争。得到资源的进程可以运行，而得不到资源的进程只能暂时等待。通常，一个进程不可能总是占据 CPU，而是具有"执行—暂停—执行"的活动规律，这称为进程状态的转换。进程的 3 种基本状态是：运行状态、就绪状态和等待状态，由此得到了进程的三态模型。

1. 三态模型

三态模型是所有操作系统中最基本的模型，通过三态模型可以衍生或拓展出其他模型。

① 运行态（Running）：占有处理器正在运行的状态。

② 就绪态（Ready）：具备运行条件，等待系统分配处理器以便运行的状态。

③ 等待态（Blocked）：不具备运行条件，正在等待某个事件的完成，也称为阻塞态，如等待 I/O 操作。

一个进程在创建后将处于就绪状态。每个进程在执行过程中，任一时刻均处于上述 3 种状态之一。同时，在一个进程执行过程中，它的状态将会发生改变。图 2-2 表示进程的状态转换。

通常，引起进程状态转换的原因大致如下：

① CPU 调度：按照某种策略从就绪队列中调度一个进程到 CPU 上运行，该进程从就绪状态变为运行状态；原运行的进程从运行状态变为就绪状态。这两种状态的变化是同时发生的。

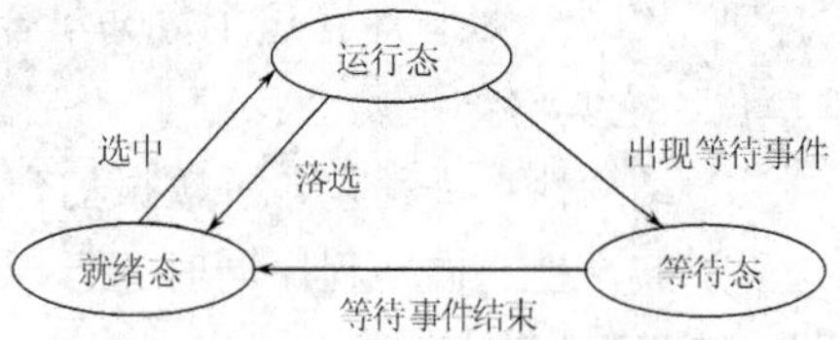

② 进程在运行过程中需要等待某一事件，例如等待分配某一资源，或等待 I/O 操作完成时，这个进程则主动退出 CPU，使自己处于等待状态，引起状态变化。

图 2-2　进程的状态转换

③ 如果进程所等待的事件发生。例如，一次 I/O 操作完成，于是进程被解除等待状态，变为就绪状态。

如图 2-2 所示，对应每种状态，引起进程状态转换的具体原因如下：

- 运行态→等待态：等待使用资源、等待外设传输、等待人工干预。
- 等待态→就绪态：资源得到满足、外设传输结束、人工干预完成。
- 运行态→就绪态：运行时间到、出现有更高优先权进程。
- 就绪态→运行态：CPU 空闲时选择一个就绪进程。

2. 五态模型

在一个实际的系统中，进程的状态及其转换比 2.2.2 节叙述的会复杂一些，例如引入专门的新建态（New）和终止态（Exit）。

（1）新建态

创建一个进程一般要经过两个步骤：首先，为一个新进程创建 PCB（Process Control Block，进程控制块），并填写必要的管理信息；其次，把该进程转入就绪队列并插入就绪队列之中，当一个新进程被创建时，系统已为其分配了 PCB 并填写了进程标识符等信息，但由于该进程所必需的资源或其他信息，如主存资源尚未分配等，一般而言，此时的进程已拥有了自己的 PCB，但进程自身还未进入主存，即创建工作尚未完成，进程还不能被调度执行，其所处的状态就是新建态。

（2）终止态

进程的终止也要经过两个步骤：首先需要等待操作系统进行善后处理，然后将其 PCB 复位清空，并将 PCB 空间返回系统。当一个进程到达了自然结束点，或是出现了无法克服的错误，或是被操作系统所终结，或是被其他有终止权的进程所终结，它将进入终止状态。进入终止状态的进程以后不再被执行，但在操作系统中保留了一个记录，其中保存一些临时数据，供其他进程收集。一旦其他进程完成了对终止状态进程的信息提取之后，操作系统将删除该进程。

引入新建态和终止态对于进程管理来说是非常有用的。新建态对应于进程刚刚被创建的状态。创建一个进程要通过两个步骤，首先是为一个新进程创建必要的管理信息，然后是让该进程进入就绪态。此时进程将处于新建态，它并没有被提交执行，而是在等待操作系统完成创建进程的必要操作。必须指出的是，操作系统有时将根据系统性能或主存容量的限制推迟新建态进程的提交。进程的五态及其状态转换如图 2-3 所示。

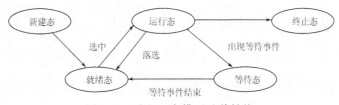

图 2-3　进程五态模型及其转换

引起进程状态转换的具体原因如下：

① NULL→新建态：执行一个程序，创建一个子进程。

② 新建态→就绪态：操作系统完成了进程创建的必要操作，并且当前系统的性能和虚拟内存的容量均允许。

③ 运行态→终止态：当一个进程到达了自然结束点，或是出现了无法克服的错误，或是被操作系统所终结，或是被其他有终止权的进程所终结。

④ 终止态→NULL：完成善后操作。

⑤ 就绪态→终止态：未在图 2-3 中显示，但某些操作系统允许父进程终结子进程。

⑥ 等待态→终止态：未在图 2-3 中显示，但某些操作系统允许父进程终结子进程。

3. 进程的挂起

到目前为止，我们或多或少总是假设所有的进程都在内存中。事实上，可能出现这样一些情况，例如由于进程的不断创建，系统的资源已经不能满足进程运行的要求，此时就必须把某些进程挂起（Suspend），对换到磁盘镜像区中，暂时不参与进程调度，起到平滑系统操作负荷的目的。引起进程挂起的原因是多样的，主要有：

① 操作系统中的所有进程均处于等待状态，处理器空闲，此时需要把一些进程对换出去，以腾出足够的内存装入就绪进程运行，同时，让处于等待态的进程的需求尽快得到满足，便于

转入就绪态被调度。

② 进程竞争资源，导致系统资源不足，负荷过重，此时需要挂起部分进程以调整系统负荷。

③ 把一些定期执行的进程（如审计程序、监控程序、记账程序）对换出去，以减轻系统负荷。

④ 用户要求挂起自己的进程，以根据中间执行情况和中间结果进行某些调试、检查和改正。

⑤ 父进程要求挂起自己的后代进程，以进行某些检查和改正。

⑥ 当系统出现故障或某些功能受到破坏时，需要挂起某些进程以排除故障。

图 2-4 给出了具有挂起进程功能的系统中的进程状态。在此类系统中，进程增加了两个新状态：挂起就绪态（Ready, Suspend）和挂起等待态（Blocked, Suspend）。挂起就绪态表明了进程具备运行条件但目前在二级存储器中，只有当它被对换到主存时才能被调度执行。挂起等待态则表明了进程正在等待某一个事件且存放在二级存储器中。

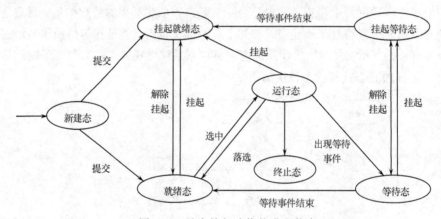

图 2-4　具有挂起功能的进程状态

对应到每种状态，引起进程状态转换的具体原因如下：

① 等待态→挂起等待态：操作系统根据当前资源状况和性能要求，可以决定把等待态进程对换出去成为挂起等待态，以便让更少的进程参与资源的竞争，同时也让等待资源的进程尽快得到满足。

② 挂起等待态→挂起就绪态：引起进程等待的事件发生之后，相应的挂起等待态进程将转换为挂起就绪态。

③ 挂起就绪态→就绪态：当内存中没有就绪态进程，或者挂起就绪态进程具有比就绪态进程更高的优先级，系统将把挂起就绪态进程转换成就绪态。

④ 就绪态→挂起就绪态：操作系统根据当前资源状况和性能要求，可以决定把就绪态进程对换出去成为挂起就绪态。

⑤ 挂起等待态→等待态：当一个进程等待一个事件时，原则上不需要把它调入内存。但是在下面一种情况下，这一状态变化时可能会出现：当一个进程退出后，主存已经有了一大块自由空间，而某个挂起等待态进程具有较高的优先级，并且操作系统已经得知导致它阻塞的事件即将结束，此时便发生了这一状态变化。

⑥ 运行态→挂起就绪态：当一个具有较高优先级的挂起等待态进程的等待事件结束后，

它进入就绪队列，会因为高优先权抢占 CPU，而此时主存空间又不够，从而可能导致正在运行的进程转化为挂起就绪态。另外处于运行态的进程也可以自己挂起自己。

⑦ 新建态→挂起就绪态：考虑到系统当前资源状况和性能要求，可以决定新建的进程对换出去成为挂起就绪态。

不难看出，我们可以把一个挂起进程等同于不在主存的进程，因此挂起的进程将不参与进程调度直到它们被对换进主存。一个挂起进程具有如下特征：

① 该进程不能立即被执行。

② 挂起进程可能会等待一个事件，但所等待的事件是独立于挂起条件的，事件结束并不能导致进程具备执行条件。

③ 进程进入挂起状态是由于操作系统、父进程或进程本身阻止它的运行。

④ 结束进程挂起状态的命令只能通过操作系统或父进程发出。

2.2.4 进程的描述

1. 操作系统的控制结构

在研究进程的控制结构之前，首先介绍操作系统的控制结构。为了有效地管理进程和资源，操作系统必须掌握每一个进程和资源的当前状态。从效率出发，操作系统的控制结构及其管理方式必须是简明有效的，通常是通过构造了一组表来管理和维护进程和每一类资源的信息。操作系统的控制表分为四类：存储控制表、I/O 控制表、文件控制表和进程控制表。

存储控制表用来管理一级（主）存储器和二级（虚拟）存储器，主要内容包括：主存储器的分配信息、二级存储器的分配信息、存储保护和分区共享信息、虚拟存储器管理等信息。

I/O 控制表用来管理计算机系统的 I/O 设备和通道，主要内容包括：I/O 设备和通道是否可用、I/O 设备和通道的分配信息、I/O 操作的状态和进展、I/O 操作传输数据所在的主存区。

文件控制表用来管理文件，主要内容包括：被打开文件的信息、文件在主存储器和二级存储器中的位置信息、被打开文件的状态和其他属性信息。

进程控制表用来管理进程及其相关信息。

2. 进程映像

当一个程序进入计算机的主存储器进行计算就构成了进程，主存储器中的进程到底是如何组成的？简单来说，一个进程映像（Process Image）包括：

① 进程程序块：即被执行的程序，规定了进程一次运行应完成的功能。通常它是纯代码，作为一种资源可被多个进程共享。

② 进程数据块：即程序运行时加工处理的对象，包括全局变量、局部变量和常量等的存放区以及开辟的工作区，常常为一个进程专用。

③ 进程控制块（Process Control Block，PCB）：每一个进程都拥有进程控制块，用来存储进程的标志信息、状态信息和控制信息。进程创建时，建立一个 PCB；进程撤销时，回收 PCB，它与进程一一对应。

可见每个进程有三个要素组成：控制块、程序块、数据块。例如，用户进程在虚拟内存中的组织如图 2-5 所示。

3. 进程控制块

每一个进程都有一个也只有一个进程控制块，是操作系统用于记录和刻画进程状态及有关信息的数据结构，也是操作系统掌握进程的唯一数据结构。它包括了进程执行时的情况，以及进程让出处理器后所处的状态、断点等信息。一般来说，进程控制块包含3类信息：

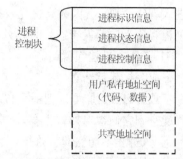

图 2-5　用户进程在虚拟内存中的组织

① 标识信息。用于唯一地标识一个进程，常常分为由用户使用的外部标识符和被系统使用的内部标识号。几乎所有操作系统中的进程都被赋予一个唯一的、内部使用的数值型的进程号，操作系统的其他控制表可以通过进程号来交叉引用进程控制表。常用的标识信息包括进程标识符、父进程的标识符、用户进程名等。

② 现场信息。用于保留一个进程在运行时存放在处理器现场中的各种信息，任何一个进程在让出处理器时必须把此时的处理器现场信息保存到进程控制块中，而当该进程重新恢复运行时也应恢复处理器现场。常用的现场信息包括通用寄存器的内容、控制寄存器（如 PSW 寄存器）的内容、用户堆栈指针、系统堆栈指针等。

③ 控制信息。用于管理和调度一个进程。常用的控制信息包括：

- 进程的调度相关信息，如状态、等待事件或等待原因、优先级、采用的进程调度算法等。
- 进程间通信相关信息，如消息队列指针、信号量。
- 进程在二级存储器内的地址。
- 资源的占用和使用信息，如进程占用 CPU 的时间、进程已执行的时间总和。
- 进程特权信息，如在内存访问和处理器状态方面的特权。
- 资源清单，包括进程所需全部资源、已经分得的资源。

进程控制块是操作系统中最为重要的数据结构，每个进程控制块包含了操作系统管理所需的所有进程信息。进程控制块使用或修改权仅属于操作系统程序，包括调度程序、资源分配程序、中断处理程序、性能监视和分析程序等。有了进程控制块进程才能被调度执行，因而，进程控制块可看作是一个虚拟的 CPU。

4. 进程队列

一般说来，处于同一状态（如就绪态）的所有进程控制块是连接在一起的。这样的数据结构称为进程队列，简称队列。对于等待态的进程队列可以进一步细分，每一个进程按等待的原因进入相应的队列。例如，如果一个进程要求使用某个设备，而该设备已经被占用时，此进程就链接到与该设备相关的等待态队列中去。

在一个队列中，链接进程控制块的方法可以是多样的，常用的是单向链接和双向链接。单向链接方法是在每个进程控制块内设置一个队列指针，它指出在队列中跟随着它的下一个进程的进程控制块内队列指针的位置。双向链接方法是在每个进程控制块内设置两个指针，其中一个指出队列中该进程的上一个进程的进程控制块内队列指针的位置，另一个指出队列中该进程的下一个进程的进程控制块的队列指针的位置。这两种链接方式如图 2-6 所示。

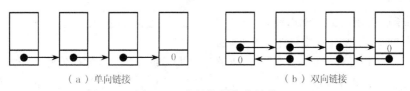

（a）单向链接　　　　　　　　　　　　（b）双向链接

图 2-6　进程控制块的链接

当发生的某个事件使一个进程的状态发生变化时，这个进程就要退出所在的某个队列而插入到另一个队列中去。一个进程从一个所在的队列中退出的工作称为出队，相反，一个进程插入到一个指定的队列中的工作称为入队。处理器调度中负责入队和出队工作的功能模块称为队列管理模块，简称队列管理。图 2-7 给出了操作系统的队列管理和状态转换示意图。

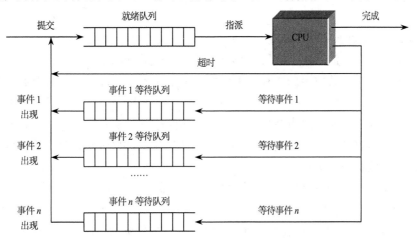

图 2-7　操作系统的队列管理和状态转换示意图

5. 进程的控制

进程的控制是在系统运行过程中使用一些特定功能的程序段来创建、撤销进程，实现进程各状态之间的转换，从而达到多进程高效率并发执行和实现资源共享。为此，操作系统提供了一组与进程控制有关的若干基本操作，这些操作通常被称为原语。

原语（Primitive）是由若干条指令组成的，用于完成一定功能的过程。它与一般过程的区别在于：它们是"原子操作"。所谓原子操作，是指一个操作中的所有动作要么全做，要么全不做。换言之，它是一个不可分割的基本单位，因此，在执行过程中不允许被中断。原语是操作系统的核心，它不是由进程而是由一组程序模块所组成，是操作系统的一个组成部分。

通常操作系统提供了若干基本操作以管理和控制进程，称之为进程控制原语。常用的进程控制原语有建立进程原语、撤销进程原语、阻塞进程原语、唤醒进程原语、挂起进程原语、解除挂起进程原语、改变优先数原语、调度进程原语。

通过这一组原语，操作系统就可以有效地控制和管理进程。

（1）进程的创建

每个进程都有生命期，即从创建到消亡。当操作系统为一个程序构造一个进程控制块并分配地址空间之后，就创建了一个进程。进程的创建来源于以下 4 个事件：

① 提交一个批处理作业。

② 在终端上交互式地登录。

③ 操作系统创建一个服务进程。

④ 进程孵化（Spawn）或创建新的进程。

下面来讨论孵化操作，当一个用户作业被接收进入系统后，可能要创建一个或多个进程来完成这个作业；一个进程在请求某种服务时，也可能要创建一个或多个进程来为之服务。例如，当一个进程要求读卡片上的一段数据时，可能创建一个卡片输入机管理进程。有的系统把"孵化"用父子进程关系来表示，当一个进程创建另一个进程时，生成进程称为父进程（Parent Process），被生成的进程称为子进程（Child Process），即一个父进程可以创建子进程，从而形成树形的结构，如 UNIX 就是如此，当父进程创建了子进程后，子进程就继承了父进程的全部资源，父子进程常常要相互通信和协作，当子进程结束时，又必须要求父进程对其进行某些善后处理。

进程的创建过程如下描述：

① 在主进程表中增加一项，并从 PCB 池中取一个空白 PCB。

② 为新进程的进程映像中的所有成员分配地址空间。对于进程孵化操作还需要传递环境变量，构造共享地址空间。

③ 为新进程分配资源，除内存空间外，还有其他各种资源。

④ 初始化进程控制块，为新进程分配一个唯一的进程标识符，初始化 PSW（程序状态字）。

⑤ 加入某一就绪进程队列。

⑥ 通知操作系统的某些模块，如记账程序、性能监控程序，进行相应处理。

（2）进程的切换

进程的切换就是让处于运行态的进程中断运行，让出处理器，以便另外一个进程运行。进程切换的步骤如下：

① 保存被中断进程的处理器现场信息。

② 修改被中断进程的进程控制块的有关信息，如进程状态等。

③ 把被中断进程的进程控制块加入有关队列。

④ 修改被选中进程的进程控制块的有关信息。

⑤ 根据被选中进程设置操作系统用到的地址转换和存储保护信息。

⑥ 根据被选中进程恢复处理器现场。

（3）进程的阻塞和唤醒

当一个等待事件结束之后会产生一个中断，从而激活操作系统。在操作系统的控制之下将被阻塞的进程唤醒，如 I/O 操作结束、某个资源可用或期待事件出现。进程唤醒的步骤如下：

① 从相应的等待进程队列中取出进程控制块。

② 修改进程控制块的有关信息，如进程状态等。

③ 把修改后的进程控制块加入有关就绪进程队列。

（4）进程的撤销

一个进程完成了特定的工作或出现了严重的异常后，操作系统则收回它占有的地址空间和进程控制块，此时就说撤销了一个进程。进程撤销的主要原因包括：

① 进程正常运行结束。

② 进程执行了非法指令。

③ 进程运行时间超过了分配给它的最大时间段。

④ 进程等待时间超过了所设定的最大等待时间。

⑤ 进程申请的内存超过了系统所能提供的最大量。

⑥ 越界错误。

⑦ 对共享内存区的非法使用。

⑧ 算术错误，如除零和操作数溢出。

⑨ 严重的输入/输出错误。

⑩ 操作员或操作系统干预。

⑪ 父进程撤销其子进程。

⑫ 父进程撤销。

⑬ 操作系统终止。

一旦发生了上述事件后，系统调用撤销原语终止进程：

① 根据撤销进程标识号，从相应队列中找到它的 PCB。

② 将该进程拥有的资源归还给父进程或操作系统。

③ 若该进程拥有子进程，应先撤销该进程的所有子孙进程，以防它们脱离控制。

④ 撤销进程，将它的 PCB 归还到 PCB 池。

2.2.5 处理器调度

1. 处理器调度的层次

用户作业从进入系统成为后备作业开始，直到运行结束退出系统为止，可能会经历三级调度，如图 2-8 所示。

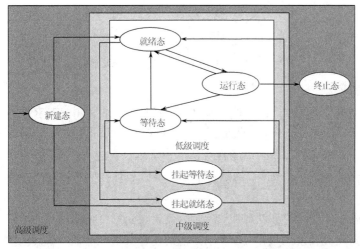

图 2-8 调度的层次

处理器调度可分为以下 3 个级别：

① 高级调度（High Level Scheduling）：又称作业调度、长程调度（Long-term Scheduling）。它将按照系统预定的调度策略决定把后备队列作业中的哪些作业调入主存，为它们创建进程并启动运行。在批处理操作系统中，作业首先进入系统在辅存上的后备作业队列等候调度，因此，

作业调度是必须的。在纯粹的分时或实时操作系统中，通常不需要配备作业调度。

② 中级调度（Medium Level Scheduling）：又称平衡负载调度、中程调度（Medium-term Scheduling）。它决定主存储器中所能容纳的进程数，这些进程将允许参与竞争处理器资源。而有些暂时不能运行的进程被调出主存，这时该进程处于挂起状态，当进程具备了运行条件，且主存又有空闲区域时，再由中级调度决定把一部分这样的进程重新调回主存工作。中级调度根据存储资源量和进程的当前状态决定辅存和主存中的进程的对换。

③ 低级调度（Low Level Scheduling）：又称进程调度、短程调度（Short-term Scheduling）。它的主要功能是按照某种原则决定就绪队列中的哪个进程能获得处理器，并将处理器让给它进行工作。

在 3 个层次的处理器调度中，所有操作系统必须配备进程调度。图 2-9 给出了三级调度与进程状态转换的关系。高级调度发生在新进程的创建中，它决定一个进程能否被创建，或者是创建后能否被置成就绪状态，以参与竞争处理器资源获得运行；中级调度反映到进程状态上就是挂起和解除挂起，它根据系统的当前负荷情况决定停留在主存中的进程数；低级调度则是决定哪个就绪进程区占有 CPU 运行。

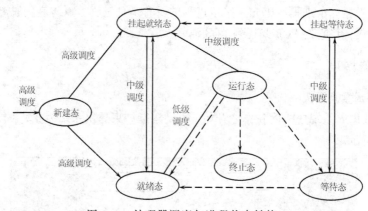

图 2-9　处理器调度与进程状态转换

2. 高级调度

在多道批处理操作系统中，高级调度又称作业调度。作业是用户要求计算机系统完成的一项相对独立的工作，它包括若干个作业步，每个作业步又可以转化为一个或几个可执行的进程。高级调度的功能是按照某种原则从后备作业队列中选取作业进入主存，并为作业做好运行前的准备工作和作业完成后的善后工作。当然一个程序能否被计算机系统接纳并构成可运行进程也是高级调度的一项任务。

对于分时操作系统来说，高级调度决定：①是否接受一个终端用户的连接；②一个程序能否被计算机系统接纳并构成进程；③一个新建态的进程是否能够加入就绪进程队列。有的分时操作系统虽没有配置高级调度程序，但上述的调度功能是必须提供的。

图 2-10 给出了批处理操作系统中的高级调度模型。

3. 中级调度

很多操作系统为了提高内存利用率和作业吞吐量，专门引进了中级调度。中级调度决定哪些进程被允许参与竞争处理器资源，起到短期调整系统负荷的作用。它所使用的方法是通过把一些进程换出主存，从而使之进入"挂起"状态，不参与进程调度，以平衡系统的操作。有关中级调度的详细内容参见 2.2.3 节。

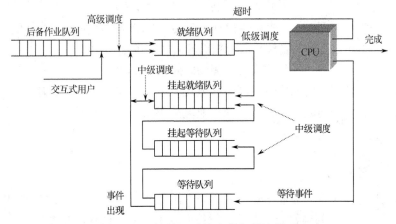

图 2-10　批处理系统中高级调度模型

4．低级调度

低级调度又称进程调度、短程调度。它的主要功能是按照某种原则把处理器分配给就绪进程。进程调度程序是操作系统最核心的部分，进程调度策略的优劣直接影响整个系统的性能。

5．选择调度算法的原则

无论是哪个层次的处理器调度，都由操作系统的调度程序（Scheduler）实施，而调度程序所使用的算法称为调度算法（Scheduling Algorithm）。不同类型的操作系统的调度算法通常不同。

在讨论具体的调度算法之前，首先讨论调度所要达到的目标。设计调度程序首先要考虑的是确定策略，然后才是提供机制。一个好的调度算法应该考虑很多方面，其中可能有：

① 资源利用率：使得 CPU 或其他资源的使用率尽可能高且能够并行工作。

② 响应时间：是从用户通过键盘提交一个请求开始，直到系统首次产生响应为止的时间。它包括 3 个部分的时间，即从键盘输入的请求信息传送到处理器的时间、处理器对请求信息进行处理的时间以及将所形成的信息回送到终端显示器的时间。在设计调度算法时，应使交互式用户的响应时间尽可能小，或尽快处理实时任务。

③ 周转时间：批处理用户从作业提交给系统开始到作业完成获得结果为止的这段时间间隔。应该使作业周转时间或作业平均周转时间尽可能短。

④ 吞吐量：使得单位时间处理的作业数尽可能多。

⑤ 公平性：确保每个用户每个进程获得合理的 CPU 份额或其他资源份额。

当然，这些目标本身就存在矛盾之处，操作系统在设计时必须根据其类型的不同进行权衡，以达到较好的效果。下面以批处理系统为例，分析系统的调度性能。

批处理系统的调度性能主要用作业周转时间和作业带权周转时间来衡量。如果作业 i 提交给系统的时刻是 t_s，完成时刻是 t_f，那么该作业的周转时间 t_i 为：

$$t_i = t_f - t_s$$

实际上，它是作业在系统中的等待时间与运行时间之和。

从操作系统来说，为了提高系统的性能，要让若干个用户的平均作业周转时间和平均带权周转时间最小。

$$平均作业周转时间\ T = (\Sigma t_i) / n$$

如果作业 i 的周转时间为 t_i，所需运行时间为 t_k，则称 $w_i=t_i/t_k$ 为该作业的带权周转时间。因为，t_i 是等待时间与运行时间之和，故带权周转时间总大于 1。

$$平均作业带权周转时间\ W =(\Sigma w_i)/ n$$

通常，用平均作业周转时间衡量对同一作业流实施不同作业调度算法时，它们呈现的调度性能；用平均作业带权周转时间衡量对不同作业流采用同一作业调度算法时，它们呈现的调度性能。这两个数值均越小越好。

2.2.6　进程调度

在操作系统中，由于进程总数多于处理器，它们必然竞争处理器。进程调度的功能就是按照一定的策略，动态地把处理器分配给处于就绪队列中的某一进程，并使它执行。

进程调度（也称 CPU 调度）是指按照某种调度算法从就绪队列中选取进程分配 CPU，主要是协调进程对 CPU 的争夺使用，完成进程调度功能的程序称为进程调度程序。

1. 进程调度的功能

进程调度负责动态地把处理器分配给进程。因此，它又称处理器调度或低级调度。操作系统中实现进程调度的程序称为进程调度程序，或分派程序。进程调度的主要功能是：

① 记住进程的状态。这个信息一般记录在进程的进程控制块内。

② 决定某个进程什么时候获得处理器，以及占用多长时间。

③ 把处理器分配给进程。即把选中进程的进程控制块内有关现场的信息，如程序状态字、通用寄存器等内容送入处理器相应的寄存器中，从而让它占用处理器运行。

2. 进程调度算法

进程调度的策略有很多，现介绍如下几种：

（1）先来先服务算法（FCFS）

先来先服务算法是按照进程进入就绪队列的先后次序分配处理器。先进入就绪队列的进程优先被挑选，运行进程一旦占有处理器将一直运行下去直到运行结束或阻塞。这种算法容易实现，但效率不高，显然不利于 I/O 频繁的进程。

（2）时间片轮转调度算法

调度程序每次把 CPU 分配给就绪队列首进程使用一个时间片，例如 100 ms，就绪队列中的每个进程轮流地运行一个这样的时间片。当这个时间片结束时，就强迫此进程让出处理器，让它排列到就绪队列的尾部，等候下一轮调度。实现这种调度要使用一个间隔时钟，例如，当一个进程开始运行时，就将时间片的值置入间隔时钟内，当发生间隔时钟中断时，就表明该进程连续运行的时间已超过一个规定的时间片。此时，中断处理程序就通知处理器调度进行处理器的转换工作。这种调度策略可以防止那些很少使用外围设备的进程过长地占用处理器而使得要使用外围设备的进程没有机会启动外围设备。

最常用的轮转法是基本轮转法。它要求每个进程轮流地运行相同的一个时间片。在分时系统中，这是一种较简单又有效的调度策略。一个分时系统有许多终端设备，终端用户在各自的终端设备上同时使用计算机，如果某个终端用户的程序长时间占用处理器，势必使其他终端用户的要求得不到及时响应。一般的分时系统的终端用户提出要求后到计算机响应给出回答的时间只能是几秒钟，这样才能使终端用户感到满意。采用基本轮转的调度策略可以使系统及时响应。例如，一个分时系统有 10 个终端，如果每个终端用户进程的时间片为 100 ms，那么，粗略地说，每个终端用户在每秒内可得到大约 100 ms 的处理器时间，如果对于终端用户的每个要求，处理器花费 300 ms 的时间就可以给出回答时，那么终端响应的时间大致在 3 s 左右。

基本轮转法的策略可以略加修改。例如，对于不同的进程给以不同的时间片、时间片的长短可以动态地修改等，这些做法主要是为了进一步提高效率。

轮转法调度是一种剥夺式调度，系统耗费在进程切换上的开销比较大，这个开销与时间片的大小有关系。如果时间片取值太小，以至于大多数进程都不可能在一个时间片内运行完毕，切换就会频繁，系统开销显著增大，所以，从系统效率来看，时间片取大一点好。另一方面，时间片长度固定，那么随着就绪队列里进程数目的增加，轮转一次的总时间增大，即对每个进程的响应速度放慢了。为了满足用户对响应时间的要求，要么限制就绪队列中的进程数量，要么采用动态时间片法，根据当前负载状况，及时调整时间片的大小。所以，时间片大小的确定要从系统效率和响应时间两方面考虑。

（3）优先权调度算法

每个进程给出一个优先数，处理器调度每次选择就绪进程中优先数最大者，让它占用处理器运行。如何确定优先数？可以有以下几种考虑：①使用外围设备频繁者优先数大，这样有利于提高效率；②具有及时性、紧迫性的进程优先数大，这样有利于用户；③进入计算机时间长的进程优先数大，这样有利于缩短作业完成的时间；④交互式用户的进程优先数大，这样有利于终端用户的响应时间等。

（4）多级反馈队列调度算法

多级反馈队列调度算法是时间片轮转算法和优先权调度算法的综合和发展。通过动态调整进程优先级和时间片大小，多级反馈队列算法可兼顾多方面的系统目标。例如，为提高系统吞吐量和缩短平均周转时间而照顾短进程；为获得较好的 I/O 设备利用率和缩短响应时间而照顾 I/O 型进程；同时，也不必事先估计进程的执行时间。

在多级反馈队列算法中，通常设置多个就绪队列，分别赋予不同的优先级，如队列 1 的优先级最高，然后逐级降低。每个队列的执行时间片长度也不同，如规定优先级越低则时间片越长。新进程进入内存后，先投入最高优先级的队列 1 的末尾，按 FCFS 算法（先来先服务）调度；如果队列 1 在一个时间片内未执行完，则降低到队列 2 的末尾，同样按 FCFS 算法调度；如此下去，一直降低到最后的队列，则按时间片时钟算法调度直到完成。仅当较高优先级的队列为空时，才调度较低优先级的队列中的进程执行。如果进程执行时有新进程进入较高优先级的队列，则抢先执行新进程，并把被抢先的进程投入原队列的末尾。

在实际系统中使用的多级反馈队列算法还可以使用更复杂的动态优先级调整策略。例如，为了保证 I/O 操作的及时完成，通常会在进程发出 I/O 请求后进入最高优先级队列，并执行一个小时间片，以及时响应 I/O 交互。对于计算型进程，可在每次执行完一个完整的时间片后，进入更低级队列，并最终采用最大时间片执行，这样可减少计算型进程的调度次数。对于 I/O 次数不多而处理器占用时间较多的进程，可使用高优先级进行 I/O 处理，在 I/O 完成后，放回原来队列，以免每次都从最高优先级队列逐次下降。一种更通用的策略是：进行 I/O 时提高优先级，时间片用完时降低优先级。这样可适应一个进程在不同时间段的运行特点。

进程的分级也可以事先规定，例如使用外围设备频繁者属于高级。在分时系统中可以将终端用户进程定为高级，而非终端用户进程为低级。进程分级也可以事先不规定，例如，凡是运行超越时间片后，就进入低级就绪队列，以后给较长的时间片；凡是运行中启动磁盘或磁带而成为等待的进程，在结束等待后就进入中级就绪队列等，这种调度策略如图 2-11 所示。多级反馈队列调度算法具有较好的性能，能满足各类用户的需要。对分时交互型短作业，系统通常可在第一队列规定的时间片内让其完成工作，使终端型用户都感到满意；对短的批处理作业，通常，只需在第一级或第二级队列中各执行一个时间片就能完成工作，周转时间仍然很短；对长的批处理作业，它将依次在第一级、第二级、……、队列中获得时间片并运行，不会出现得不到处理的情况。

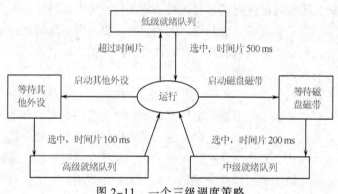

图 2-11　一个三级调度策略

（5）保证调度算法

该调度算法是向用户做出明确的性能保证，然后去实现它。一种很实际并很容易实现的保证是：如工作时有 n 个用户的登录，将获得 CPU 处理能力的 $1/n$。类似的，如果在一个有 n 个进程运行的用户系统中，每个进程将获得 CPU 处理能力的 $1/n$。

为了实现所做的保证，系统必须跟踪各个进程自创建以来已经使用了多少 CPU 时间。然后计算各个进程应获得的 CPU 时间，即自创建以来的时间除以 n。由于各个进程实际获得的 CPU 时间已知，所以很容易计算出实际获得的 CPU 时间和应获得的 CPU 时间之比，于是调度将转向比率最低的进程。

（6）彩票调度算法

尽管向用户做出承诺并履行是一个好主意，但实现却很困难。不过有另一种可以给出类似的可预见结果，而且实现起来简单许多，这种算法称为彩票调度算法。

其基本思想是：为进程发放针对系统各种资源（如 CPU 时间）的彩票。当调度程序需要做出决策时，随机选择一张彩票，持有该彩票的进程将获得系统资源。对于 CPU 调度，系统可能每秒钟抽 50 次彩票，每次中奖者可以获得 20 ms 的运行时间。在此种情况下，所有的进程都是平等的，它们有相同的运行机会。如果某些进程需要更多的机会，就可以被给予更多的额外彩票，以增加其中奖机会。如果发出 100 张彩票，某一个进程拥有 20 张，它就有 20% 的中奖概率，它也将获得大约 20% 的 CPU 时间。

彩票调度与优先级调度完全不同，后者很难说明优先级为 40 到底意味着什么，而前者则很清楚，进程拥有多少彩票份额，它将获得多少资源。

彩票调度法有以下几点特性：

① 彩票调度的反映非常迅速。例如，如果一个新进程创建并得到了一些彩票，则在下次抽奖时，它中奖的机会就立即与其持有的彩票成正比。

② 如果愿意的话，合作的进程可以交换彩票。例如，一个客户进程向服务器进程发送一条消息并阻塞，它可以把所持有的彩票全部交给服务器进程，以增加后者下一次被选中运行的机会；当服务器进程完成响应服务后，它又将彩票交还给客户进程使其能够再次运行；实际上，在没有客户时，服务器进程根本不需要彩票。

③ 彩票调度还可以用来解决其他算法难以解决的问题。例如，一个视频服务器，其中有若干个在不同的视频下将视频信息传送给各自的客户，假设它分别需要 10、20 和 25 帧/秒的传输速度，则分别给这些进程分配 10、20 和 25 张彩票，它们将自动按照正确的比率分配 CPU 资源。

2.2.7　并发进程

1. 顺序性和并发性

前面已经引入了进程这个概念，并且讨论了程序执行的顺序性和并发性。本节将对进程的属性和管理做进一步的讨论。

一个进程的顺序性是指每个进程在顺序处理器上的执行是严格有序的，即只有当一个操作结束后，才能开始后继操作。一组进程的并发性是指这些进程的执行在时间上是重叠的，把这些可交叉执行的进程称为并发进程。所谓进程的执行在时间上是重叠的，是指一个进程的第一个操作是在另一个进程的最后一个操作完成之前开始。例如，有两个进程 A 和 B，它们分别执行操作 a_1、a_2、a_3 和 b_1、b_2、b_3。在一个单处理器上，进程 A 和 B 的执行顺序分别为 a_1、a_2、a_3 和 b_1、b_2、b_3，这是进程的顺序性。然而，如果这两个进程在单处理器上交叉执行，如执行序列为 a_1、b_1、a_2、b_2、a_3、b_3 或 a_1、b_1、a_2、b_2、b_3、a_3 等，则进程 A 和进程 B 是并发的。

并发的进程可能是无关的，也可能是关联的。无关的并发进程是指它们分别在不同的变量集合上操作，所以一个进程的执行与其他并发进程的进展无关，即一个并发进程不会改变另一个并发进程的变量值。然而，关联的并发进程共享某些变量，所以一个进程的执行可能影响其他进程的结果，因此，这种关联必须是有控制的，否则会出现不正确的结果。

并发进程的无关性是进程的执行与时间无关(即运行结果具有可再现性)的一个充分条件。该条件在 1966 年首先由 Bernstein 提出，又称之为 Bernstein 条件。设 $R(p_i)=\{a_1,a_2,...,a_n\}$，表示程序 p_i 在执行期间引用的变量集，称为读集；$W(p_i)=\{b_1,b_2,...,b_m\}$，表示程序 p_i 在执行期间改变的变量集，称为写集，若两个程序能满足 Bernstein 条件、即变量集交集之和为空集：

$$R(p_1)\&W(p_2)\cup R(p_2)\&W(p_1)\cup W(p_1)\&W(p_2)=\varnothing$$

则并发进程的执行与时间无关。

例如，有如下 4 条语句：

```
S1: a=x+y
S2: b=z+1
S3: c=a-b
```

$$S4: w=c+1$$

于是有：$R(S1)=\{x,y\}$，$R(S2)=\{z\}$，$R(S3)=\{a,b\}$，$R(S4)=\{c\}$；$W(S1)=\{a\}$，$W(S2)=\{b\}$，$W(S3)=\{c\}$，$W(S4)=\{w\}$。可见 S1 和 S2 可并发执行，因为，满足 Bernstein 条件。其他语句间因变量交集之和非空，并发执行可能会产生与时间有关的错误，与时间有关的错误有两种表现形式，一种是结果不唯一，另一种是永远等待。

2. 与时间有关的错误

两个关联的并发进程，其中一个进程对另一个进程的影响常常是不可预期的，甚至进程的运行结果无法再现。这是因为两个并发进程执行的相对速度无法相互控制，关联进程的运行速度不仅受到处理器调度的影响，而且还受到与这两个关联的并发进程无关的其他进程的影响，所以一个进程的运行速度通常无法为另一个进程所知。为了说明与时间有关的错误，现观察下面的例子。

【例 2-1】（结果不唯一）机票问题。

假设一个飞机订票系统有两个终端，分别运行进程 T1 和 T2。该系统的公共数据区中的一些单元 Aj(j=1,2,…)分别存放某月某日某次航班的余票数，而 x1 和 x2 表示进程 T1 和 T2 执行时所用的工作单元，相当于临时变量。程序如下：

```
int Aj;/*此处 Aj 作为全局变量，在函数（模拟进程 T1）T1 和函数（模拟进程 T2）T2 中共享*/
void Ti()//(i=1,2)
{   int Xi//定义局部变量
//{按旅客订票要求找到 Aj};
    Xi=Aj;
    if(Xi>=1)  { Xi=Xi-1;Aj=Xi; }//{输出一张票}
    else// {输出票已售完};
}
```

由于 T1 和 T2 是两个可同时运行的并发进程，它们在同一个计算机系统中运行，共享票源数据，因此可能出现如下所示的运行情况：

```
T1:X1=Aj;                              X1=nn  (nn>0)
T2:X2=Aj;                              X2=nn
T2:{X2=X2-1;Aj=X2;}    //输出一张票；   Aj=nn-1
T1:{X1=X1-1;Aj=X1;}    //输出一张票；   Aj=nn-1
```

显然此时出现了把同一张票卖给了两个旅客的情况，两个旅客可能各自都买到一张同天同次航班的机票，可是，Aj 的值实际上只减去了 1，造成余票数的不正确。特别是当某次航班只有一张余票时，就可能把这一张票同时售给了两位旅客，显然这是不允许的。

【例 2-2】（永远等待）内存管理问题。

假定有两个并发进程 borrow 和 revert 分别负责申请和归还主存资源，在算法描述中，x 表示现有空闲主存量，B 表示申请或归还的主存量。并发进程算法及执行描述如下：

```
void borrow(int B)
{    if(B>x)  //{申请进程进入等待队列等主存资源}
     else
     {  x=x-B;
     //{修改主存分配表，申请进程获得主存资源}
```

```
        }
    }
void revert(int B)
{    x=x+B;
        //{修改主存分配表}
        //{释放等主存资源的进程}
    }
int x;  //表示空余的主存容量，此处为全局变量
void main()
{    //定义 B，并对 B 进行初始化赋值
    borrow(B);
    revert(B);
}
```

由于 borrow 和 revert 共享了表示主存物理资源的 x，对并发执行不加限制会导致错误。例如，一个进程调用 borrow 申请主存，在执行了比较 B 和 x 的指令后，发现 B>x，执行申请进程因为缺乏资源，而进入等待队列，另一个进程调用 revert 抢先执行，归还了所借全部主存资源。这时，由于前一个进程还未成为等待状态，revert 中的释放等待主存资源的进程相当于空操作。以后当调用 borrow 的进程被置成等待主存资源时，可能已经没有其他进程来归还主存资源了，从而，申请资源的进程处于永远等待状态。

3. 进程的交互——协作和竞争

在多道程序设计系统中，同一时刻可能有许多进程，这些进程之间存在两种基本关系：竞争关系和协作关系。

（1）竞争关系

系统中的多个进程之间彼此无关，它们并不知道其他进程的存在。例如，批处理系统中建立的多个用户进程，分时系统中建立的多个终端进程等。由于这些进程共用了一套系统资源，因而，必然要出现多个进程竞争资源的问题。当多个进程竞争共享的硬设备、变量、表格、链表、文件等资源时，导致处理出错。

由于进程间相互竞争资源时并不交换信息，但是一个进程的执行可能影响到同其竞争的进程，如果两个进程要访问同一资源，那么，一个进程通过操作系统分配得到该资源，另一个将不得不等待。在极端的情况下，被等待进程永远得不到访问权，从而不能成功地终止。所以，资源竞争出现了两个控制问题：一个是死锁（Deadlock）问题，一组进程如果都获得了部分资源，还想要得到其他进程所占有的资源，最终所有的进程将陷入死锁；另一个是饥饿（Starvation）问题，例如 3 个进程 $p1$、$p2$、$p3$ 均要周期性访问资源 R。若 $p1$ 占有资源，$p2$ 和 $p3$ 等待资源。当 $p1$ 离开临界区时，$p3$ 获得了资源 R。如果 $p3$ 退出临界区之前，$p1$ 又申请并得到资源 R，如此重复造成 $p2$ 总是得不到资源 R。尽管没有产生死锁，但出现了饥饿。对于这类资源，操作系统需要保证诸进程能互斥地访问这些资源，既要解决饥饿问题，又要解决死锁问题。

进程的互斥（Mutual Exclusion）是解决进程间竞争关系的手段。若干个进程要使用同一共享资源时，任何时刻最多只允许一个进程使用，其他要使用该资源的进程必须等待，直到占有资源的进程释放该资源。进程互斥问题可以用 2.2.8 节介绍的临界区管理解决。

（2）协作关系

某些进程为完成同一任务需要分工协作。这时操作系统要确保诸进程在执行次序上协调一致，没有输入完一块数据之前不能加工处理，没有加工处理完一块数据之前不能打印输出等，每个进程都要接收到其他进程完成一次处理的消息后，才能进行下一步工作。进程间的协作可以是双方不知道对方名字的间接协作，例如通过共享访问一个缓冲区进行松散式协作；也可以是双方知道对方名字，直接通过通信进行紧密式协作。

进程的同步（Synchronization）是解决进程间协作关系的手段。指一个进程的执行依赖于另一个进程的消息，当一个进程没有得到来自于另一个进程的消息时则等待，直到消息到达才被唤醒。不难看出，进程互斥关系是一种特殊的进程同步关系，即逐次使用互斥共享资源。

2.2.8 临界区管理

1. 互斥和临界区

在计算机中，许多的硬件如打印机、磁带机等，以及软件的共享变量，诸进程应采取互斥的方式访问，实现对这种资源的共享。我们将这种互斥访问的资源，称为临界资源。

不论是硬件临界资源，还是软件临界资源，多个进程必须互斥地进行访问。每个进程中访问临界资源的代码称为临界区（Critical Section），临界资源是一次仅允许一个进程使用的共享资源。每次只准许一个进程进入临界区，进入后不允许其他进程进入。

多个进程中涉及同一个临界资源的临界区称为相关临界区。

例 2-1 中的售票管理系统之所以会产生错误，原因在于两个进程交叉访问了共享变量 Aj。在售票管理系统中，进程 T1 的临界区为：

```
X1=Aj;
if(X1>=1)  { X1=X1-1;Aj=X1;}
```
进程 T2 的临界区为：
```
X2=Aj;
if(X2>=1)  {X2=X2-1;Aj=X2;}
```
与同一变量有关的临界区是分散在各有关进程的程序中的，而各进程的执行速度不可预知。如果能保证一个进程在临界区执行时，不让另一个进程进入相关的临界区，即各进程对共享变量的访问是互斥的，那么就不会造成与时间有关的错误。

关于临界区的概念是由 Dijkstra 在 1965 年首先提出的。可以用与一个共享变量相关的临界区的语句结构来书写关联并发进程。根据临界区重写的售票管理进程如下：

```
int  Aj//这里申明 Aj 为全局变量，在此用做共享变量
void  ti()//(i=1,2)
{  int Xi;
     //按旅客订票要求找到 Aj;
     //以下进入临界区
   Xi=Aj;
     if Xi>=1 { Xi=Xi-1;Aj=Xi;}//输出一张票
     else//输出票已售完;
}
```
对若干个进程共享一个变量的相关的临界区有 3 个调度原则：

① 一次至多一个进程能够在它的临界区内。

② 不能让一个进程无限地留在它的临界区内。

③ 不能出现一个进程无限地等待进入它的临界区。特别注意，进入临界区的任一进程不能妨碍正等待进入的其他进程的推进速度。

我们可把临界区的调度原则总结成四句话：

① 忙则等待：当已有进程进入临界区时，表明临界资源正在被访问，因而其他试图进入临界区的进程必须等待，以保证对临界资源的互斥访问。

② 空闲让进：当无进程处于临界区时，表明临界资源处于空闲状态，应允许一个请求进入临界区的进程立即进入自己的临界区，以有效地利用临界资源。

③ 有限等待：对要求访问临界资源的进程，应保证在有限时间内能进入自己的临界区，以免陷入"死等"状态。

④ 让权等待：当进程不能进入自己的临界区时，应立即释放处理器，以免陷入"忙等"状态。

2. 信号量与 PV 操作

（1）同步和同步机制

下面通过例子来进一步阐明进程同步的概念。著名的生产者—消费者（Producer-Consumer Problem）问题是计算机操作系统中并发进程内在关系的一种抽象，是典型的进程同步问题。在操作系统中，生产者进程可以是计算进程、发送进程；而消费者进程可以是打印进程、接收进程等。解决好生产者—消费者问题也就解决了一类并发进程的同步问题。

生产者—消费者问题表述如下：有 n 个生产者和 m 个消费者，连接在一个有 k 个单位缓冲区的有界缓冲上，故又称有界缓冲问题。其中，pi（系列的生产者）和 cj（系列的消费者）都是并发进程，只要缓冲区未满，生产者 pi 生产的产品就可投入缓冲区；类似地，只要缓冲区不空，消费者进程 cj 就可从缓冲区取走并消耗产品。

可以把生产者—消费者问题的算法描述如下，以下定义的变量为全局变量：

```
int k;
struct item buffer[k];              /*类型为 item 结构体数组*/
int in=0,out=0,counter=0;
void producer()
{ while(1)                          /*无限循环*/
     produce an item in nextp;      /*生产一个产品*/
  if(counter==k)  sleep();          /*缓冲满时，生产者睡眠*/
  buffer[in]=nextp;                 /*将一个产品放入缓冲区*/
  in=(in+1)%k;                      /*指针推进*/
  counter=counter+1;                /*缓冲内产品数加 1*/
  if(counter==1)  wakeup(consumer); /*缓冲区由空变成有一件产品唤醒消费者*/
}
void consumer()
{ while(1)                          /*无限循环*/
  if(counter==0)  sleep();          /*缓冲区空，消费者睡眠*/
  nextc=buffer[out];                /*取一个产品到 nextc*/
  out=(out+1)%k;                    /*指针推进*/
```

```
counter=counter-1;                          /*取走一个产品，计数减 1*/
if(counter==k-1) wakeup(producer);          /*缓冲区由满变成有一个空余唤醒生产者*/
consume  item in nextc;
}                                           /*消耗产品*/
```

从上面的程序可以看出，算法是正确的，两进程顺序执行的结果也正确。但若并发执行，就会出现错误结果，错误的原因在于进程之间共享了变量 counter，对 counter 的访问未加限制。

生产者和消费者进程对 counter 的交替执行会使其结果不唯一。例如，counter 当前值为 8，如果生产者生产了一件产品，投入缓冲区，拟做 counter 加 1 操作。同时消费者获取一个产品消费，拟做 counter 减 1 操作。假如两者交替执行加或减 1 操作，取决于它们的进行速度，counter 的值可能是 9，也可能是 7，正确值应为 8。

更为严重的是生产者和消费者进程的交替执行会导致进程永远等待，造成系统死锁。假定消费者读取 counter 发现它为 0。此时调度程序暂停消费者让生产者运行，生产者加入一个产品，将 counter 加 1，counter 等于 1。它推想由于 counter 刚刚为 0，所以，此时消费者一定在睡眠，于是生产者调用 wakeup 来唤醒消费者。不幸的是，消费者还未去等待，即还没有处于睡眠状态，唤醒信号被丢失掉。当消费者下次运行时，因已测到 counter 为 0，于是去等待，处于睡眠状态。这样生产者迟早会填满缓冲区，然后去等待，形成了进程永远等待。

出现不正确结果不是因为并发进程共享了缓冲区，而是因为它们访问缓冲区的速率不匹配，或者说 pi、cj 的相对速度不协调，需要调整并发进程的进行速度。并发进程间的这种制约关系称为进程同步，关联的并发进程之间通过交换信号或消息来达到调整相互速率，保证进程协调运行的目的。

操作系统实现进程同步的机制称为同步机制，它通常由同步原语组成。不同的同步机制采用不同的同步方法，迄今已设计出许多种同步机制，本书中将介绍几种最常用的同步机制：信号量及 P、V，管程和消息传递。

（2）记录型信号量与 PV 操作

之前介绍的种种方法虽能保证互斥，可正确解决临界区调度问题，但有明显缺点。对不能进入临界区的进程，采用忙式等待测试法，浪费 CPU 时间。将测试能否进入临界区的责任推给各个竞争的进程会削弱系统的可靠性，加重了用户编程负担。

1965 年荷兰计算机科学家迪杰斯特拉（E.W.Dijkstra）提出了新的同步工具——信号量和 P、V 操作。他将交通管制中多种颜色的信号灯管理交通的方法引入操作系统，让两个或多个进程通过信号量（Semaphore）展开交互。进程在某一特殊点上停止执行直到得到一个对应的信号量，通过信号量，任何复杂的进程交互要求都可得到满足，这种特殊的变量就是信号量。在操作系统中，信号量用以表示物理资源的实体，是一个与队列有关的整型变量。实现时，信号量常常用一个结构体类型数据结构表示，它有两个分项：一个是信号量的值，另一个是信号量队列的队列指针。

信号量有两种实现方式：①semaphore 的取值必须大于或等于 0，0 表示当前已没有空闲资源，而正数表示当前空闲资源的数量；②semaphore 的取值可正可负，负数的绝对值表示正在等待进入临界区的进程个数。

信号量是由操作系统来维护的，用户进程只能通过初始化和两个标准原语（P、V 原语）

来访问。信号量初始化可指定一个非负整数，即空闲资源总数。

① P 原语：P 是荷兰语 Proberen（测试）的首字母。为阻塞原语，负责把当前进程由运行状态转换为阻塞状态，直到另外一个进程唤醒它。操作为：申请一个空闲资源（把信号量减 1），若成功，则退出；若失败，则该进程被阻塞。

② V 原语：V 是荷兰语 Verhogen（增加）的首字母。为唤醒原语，负责把一个被阻塞的进程唤醒。操作为：释放一个被占用的资源（把信号量加 1），如果发现有被阻塞的进程，则选择一个唤醒。

信号量按其用途可分为两种：

① 公用信号量：联系一组并发进程，相关的进程均可在此信号量上执行 P 和 V 操作。初值常常为 1，用于实现进程互斥。

② 私有信号量：联系一组并发进程，仅允许此信号量拥有进程执行 P 操作，而其他相关进程可在其上执行 V 操作。初值常常为 0 或正整数，多用于进程同步。

信号量按其取值可分为两种：

① 二元信号量：仅允许取值为 0 和 1，主要用于解决进程互斥问题。

② 一般信号量：允许取值为非负整数，主要用于解决进程间的同步问题。

下面讨论整型信号量，这时 P 操作原语和 V 操作原语定义如下：

设 s 为一个全局整型量，除初始化外，仅能通过 PV 操作来访问它。

① P(s)：当信号量 s>0 时，信号量 s 减去 1，否则调用 P(s) 的进程等待直到信号量 s>0 时。

② V(s)：信号量 s 加 1。

P(s) 和 V(s) 可以写成：

```
void  p(s)
{   while(s<=0); //什么也不做
    s=s-1;
}
void  v(s)
{ s=s+1;}
```

整型信号量机制中的 P 操作，只要信号量 s≤0，就会不断测试，进程处于"忙式等待"。后来对整型信号量进行了扩充，增加了 s 信号量所代表资源的一个等待进程的队列，以实现让权等待。这就是下面要介绍的记录型信号量机制。记录型信号量、P 操作原语和 V 操作原语的定义修改如下：

① P(s)：将信号量 s 减去 1，若结果小于 0，则调用 P(s) 的进程被置成等待信号量 s 的状态。

② V(s)：将信号量 s 加 1，若结果不大于 0，则释放一个等待信号量 s 的进程。

记录型信号量的数据结构和 P 操作、V 操作的不可中断过程描述如下：

```
struct semaphore
{   int value;
    struct semaphore *sp;
}
void p(struct semaphore s)
{   s.value=s.value-1;        /*把信号量减去 1*/
    if(s.value<0)  W(s);
```

```
/*若信号量小于 0，则执行 P(s)的进程调用 W(s) 进行自我封锁，被置成等待信号量 s 的状态，
进入信号量队列 Q*/
}
void v(struct semaphore s)
{   s.value=s.value+1;          /*把信号量加 1*/
    if(s.value<=0)  R(s);
/*若信号量小于等于 0，则从信号量 s 队列 Q 中释放一个等待信号量 s 的进程*/
}
```

其中，W(s)表示把正在执行的进程置成等待信号量 s 的状态，并链入 s 信号量队列，同时 CPU 获得释放；R(s)表示释放一个等待信号量 s 的进程，从信号量 s 队列中移出一个进程。信号量 s 的初值可定义为 0、1 或其他整数，在系统初始化时确定。

从信号量和 P、V 操作的定义可以获得如下推论：

① 推论 1：若信号量 s 为正值，则该值等于在封锁进程之前对信号量 s 可施行的 P 操作数，亦即等于 s 所代表的实际可以使用的物理资源数。

② 推论 2：若信号量 s 为负值，则其绝对值等于登记排列在该信号量 s 队列之中等待的进程个数，亦即恰好等于对信号量 s 实施 P 操作而被封锁起来并进入信号量 s 队列的进程数。

③ 推论 3：通常 P 操作意味着请求一个资源，V 操作意味着释放一个资源。在一定条件下，P 操作代表挂起进程操作，而 V 操作代表唤醒被挂起进程的操作。

仅能取值 0 和 1 的信号量称为二元信号量，可以证明它与一般的记录型信号量有同等的表达能力。

（3）用记录型信号量实现互斥

记录型信号量和 PV 操作可以用来解决进程互斥问题。与简单的循环测试指令（也称 TS 指令）相比较，PV 操作也是用测试信号量的办法来决定是否能进入临界区，但不同的是 PV 操作只对信号量测试一次，而用 TS 指令则必须反复测试。用 PV 操作管理几个进程互斥进入临界区的一般形式如下：

```
int mutex=1;
…
void pi()
{ …
  p(mutex);
      临界区；
      v(mutex);
      …
}
```

下面，对生产者—消费者问题在算法上加以改进，假设在生产者和消费者之间的公用缓冲池有 n 个缓冲区，这时可用互斥信号量 mutex 实现各进程对缓冲池的互斥使用。利用信号量 empty 和 full 分别表示缓冲池中空缓冲区和满缓冲区的数量。同样，假设这些生产者和消费者等效，只要缓冲池未满，生产者便可将消息送入缓冲池；只要缓冲池未空，消费者便可从缓冲池取走一个消息。算法描述如下：

```
int mutex=1,empty=n,full=0
struct item buffer[k];/*类型为 item 结构体数组*/
```

```
int in=0,out=0;
void producer()
{ while(1)                          /*无限循环*/
  produce an item in nextp;         /*生产一个产品*/
  p(empty);                         /*是否有空的缓冲区*/
  p(mutex);                         /*该缓冲区是否正在被使用*/
  buffer[in]=nextp;                 /*将一个产品放入缓冲区*/
  in=(in+1)%n;                      /*指针推进*/
  v(mutex);
  v(full);
}
void consumer()
{ while(1)                          /*无限循环*/
  p(full);                          /*是否有满的缓冲区*/
  p(mutex);                         /*该缓冲区是否正在被使用*/
  nextc=buffer[out];                /*取一个产品到 nextc*/
  out=(out+1)%n;                    /*指针推进*/
  v(mutex);
  v(empty);
}
```

接下来，以读者—写者问题为例，进一步理解记录类型的信号量。

一个数据文件或记录可被多个进程共享，我们把只要求读该文件的进程称为"Reader 进程"，其他进程则称为"Writer 进程"。允许多个进程同时读一个共享对象，因为读操作不会使数据文件混乱，但不允许一个 Writer 进程和其他 Reader 进程或 Writer 进程同时访问其共享对象，因为这种访问将会引起混乱，所谓"读者—写者问题（Reader-Writer Problem）"是指保证一个 Writer 进程必须与其他进程互斥地访问共享对象的同步问题。

为了实现 Reader 与 Writer 进程间在读或写时的互斥而设置了一个互斥信号量 wmutex。另外，再设置一个整型变量 readcount 表示正在读的进程数目。由于只要有一个 Reader 进程在读，便不允许 Writer 进程去写。因此，仅当 readcount=0 表示尚无 Reader 进程在读时，Reader 进程才需要执行 p(wmutex)操作。若 p(wmutex)操作成功，Reader 进程便可读，相应地，进行 readcount+1 操作。同理，仅当 Reader 进程在执行了 readcount 减 1 操作后其值为 0 时，才须执行 V(wmutex)操作，以便让 Writer 进程写。又因为 readcount 是一个可被多个 Reader 进程访问的临界资源，因此，也应该为它设置一个互斥信号量 rmutex。

读者—写者问题可描述如下：

```
struct semaphore rmutex,wmutex;
rmutex.value=1;wmutex.value=1;
int readcount=0;
void Reader()
{ while(1)
  {  P(rmutex.value);
     if(readcount==0)  p(wmutex.value);
     readcount=readcount+1;
     V(rmutex.value);
```

```
        …
        /*进行读的操作*/
        …
        P(rmutex.value);
        readcount=readcount-1;
        if(readcount==0)  V(wmutex.value);
        V(rmutex.value);
    }
}
void writer()
{ while(1)
    { P(rmutex.value);
        /*执行写的操作*/
        V(rmutex.value);
    }
}
```

（4）AND 型信号量机制

记录型信号量适用于进程之间共享一个临界资源的场合，在更多应用中，一个进程需要先获得两个或多个共享资源后，才能执行其任务。AND 型信号量的基本思想是：把进程在整个运行期间所需的临界资源，一次性全部分配给该进程，待该进程使用完临界资源后再全部释放。只要有一个资源未能分配给该进程，其他可以分配的资源也不分配。亦即要么全部分配，要么一个也不分配，这样做可以消除由于部分分配而导致的进程死锁。为此在 P 操作中增加了与条件 AND，故称"同时" P 操作，记为 SP(Simultaneous P)，于是 SP(s1,s2,...,sn)和 VS(s1,s2,...,sn)其定义为如下的原语操作：

```
void SP(int s1,…,int sn)  //
{   if(s1>=1&&…&&sn>=1)
    {  for(i=1;i<=n;i++)    si=si-1;
    }
    else
    {       /*进程进入第一个满足 si<1 条件的 si 信号量队列等待，同时将该进程的程序计数器
            地址回退。*/
    }
}
void SV(int s1,…,int sn)
{   for(i=1;i<=n;i++)
    {  si=si+1;
        /*从所有 si 信号量等待队列中移出进程并置入就绪队列。*/
    }
}
```

用 AND 型信号量和 SP、SV 操作解决生产者—消费者问题的算法描述如下：

```
struct item  B[k];
int sput=k;                 /*可以使用的空缓冲区数*/
int sget=0;                 /*缓冲区内可以使用的产品数*/
int mutex=1;                /*互斥信号量*/
```

```
int in=0;
int out=0;
producer_i()
{  L1:produce a product; /*生产的产品放入临时的结构体item类型的临时变量中*/
   SP(sput,mutex);
   B[in]=product;
   in=(in+1)% k;
   SV(mutex,sget);
   goto L1;
}
consumer_j()
{  L2:SP(sget,mutex);
   product=B[out]; /*取出的产品放入临时的结构体item类型的临时变量中*/
   out=(out+1) % k;
   SV(mutex,sput);
   consume a product;
   goto L2;
}
```

（5）一般型信号量机制

在记录型和 AND 型信号量机制中，P、V 或 SP、SV 仅能对信号量施行增 1 或减 1 操作，每次只能获得或释放一个临界资源。当请求 n 个资源时，便需要 n 次信号量操作，这样做效率很低。此外，在有些情况下，当资源数量小于一个下限时，便不予分配。为此，可以在分配之前，测试某资源的数量是否大于阈值 t。对 AND 型信号量机制作扩充，便形成了一般型信号量机制，Sp(s1,t1,d1,…,sn,tn,dn)和 SV(s1,d1,…sn,dn)的定义如下：

```
void  SP(int s1,int t1,int d1,…,int sn,int tn,int dn)
{   if(s1>=t1&&…&&sn>=tn)
    {  for(i=1;i<=n;i++)    si=si-di;
    }
    else
    {/*进程进入第一个满足si<ti条件的si信号量队列等待，同时将该进程的程序计数器地址
        回退。*/
    }
}
void SV(int s1,int d1,…,int sn,int dn)
{  for(i=1;i<=n;i++)
   {   si=si+di;
        /*从所有si信号量等待队列中移出进程并置入就绪队列。*/
   }
}
```

其中，ti 为这类临界资源的阈值，di 为这类临界资源的本次请求数。

下面是一般信号量的一些特殊情况：

① SP(s,d,d)：此时在信号量集合中只有一个信号量，即仅处理一种临界资源，但允许每次可以申请 d 个，当资源数少于 d 个时，不予分配。

② SP(s,1,1)：此时信号量集合已蜕化为记录型信号量（当 s>1 时）或互斥信号量（s=1 时）。

③ SP(s,1,0)：这是一个特殊且很有用的信号量，当 s≥1 时，允许多个进程进入指定区域；当 s 变成 0 后，将阻止任何进程进入该区域。也就是说，它成了一个可控开关。

利用一般信号量机制可以解决读者—写者问题。现在对读者—写者问题做一条限制，最多只允许 rn 个读者同时读。为此，又引入了一个信号量 L，赋予其初值为 rn，通过执行 SP(L,1,1) 操作来控制读者的数目，每当一个读者进入时，都要做一次 SP(L,1,1) 操作，使 L 的值减 1。当有 rn 个读者进入读后，L 便减为 0，而第 rn+1 个读者必然会因执行 SP(L,1,1) 操作失败而被封锁。

利用一般信号量机制解决读者—写者问题的算法描述如下：

```
int L=rn,W=1;/*L 为还允许进来的读者数量，W 为互斥信号量,rn 为常量。*/
void reader()
{   while(1)
    {  SP(L,1,1);
       SP(W,1,0);
       /*读者进行读的操作*/
       SV(w,1);
    }
}
void writer()
{   while(1)
    {  SP(w,1,1,L,rn,0);
       /*进行写的操作*/
       SV(w,1);
    }
}
```

2.2.9　进程消息传递

1. 消息传递的概念

在前面讨论中已经看到，系统中的关联进程通过信号量及有关操作可以实现进程互斥和同步。例如，生产者和消费者问题是一组相互协作的进程，它们通过交换信号量达到产品传递和使用缓冲器的目的。这可以看作是一种低级的通信方式。有时进程间可能需要交换更多的信息，例如，一个输入/输出操作请求，要求把数据从一个进程传送给另一个进程，这种大量的信息传递可使用一种高级通信方式——消息传递（Message Passing）来实现。

消息传递机制需要提供两条原语 send 和 receive，前者向一个给定的目标发送一个消息，后者则从一个给定的消息源接收一条消息。若无消息可用，则接收者可能阻塞直到一条消息到达。

采用了消息传递机制后，进程间用消息来交换信息。一个正在执行的进程可以在任何时刻向另一个正在执行的进程发送一个消息；一个正在执行的进程也可以在任何时刻向正在执行的另一个进程请求一个消息。如果一个进程在某一时刻的执行依赖于另一进程的消息或等待其他进程对其发出消息的回答，那么，消息传递机制将紧密地与进程的阻塞和释放相联系。这样，消息传递就进一步扩充了并发进程间对数据的共享。

2. 消息传递的方式

消息传递系统的实现方式很多，常用的有直接通信（消息缓冲区）方式和间接通信（信箱）方式，如 UNIX 操作系统的 pipeline 和 socket 机制就属于一种信箱方式的变体。

（1）直接通信方式

在直接通信方式下，企图发送或接收消息的每个进程必须指出信件发给谁或从谁那里接收消息，可用 send 原语和 receive 原语为实现进程之间的通信，这两个原语定义如下：

① send(P,消息)：把一个消息发送给进程 P。

② receive(Q,消息)：从进程 Q 接收一个消息。

这样，进程 P 和 Q 通过执行这两个操作而自动建立了一种联结，并且这一种联结仅仅发生在这一对进程之间。

消息可以有固定长度或可变长度两种。固定长度便于物理实现，但使程序设计增加困难；而可变长度变得简单，但使物理实现复杂化。

（2）间接通信方式

采用间接通信方式时，进程间发送或接收消息通过一个信箱来进行，消息可被理解成信件，每个信箱有一个唯一的标识符。当两个以上的进程有一个共享的信箱时，它们就能进行通信。一个进程也可以分别与多个进程共享多个不同的信箱，这样一个进程可以同时和多个进程进行通信。

信箱是存放信件的存储区域，每个信箱可以分成信箱头和信箱体两部分。信箱头包括信箱容量、信件格式、指针等；信箱体用来存放信件，信箱体分成若干个区，每个区可容纳一封信。

"发送"和"接收"两条原语的功能为：

① 发送信件。如果指定的信箱未满，则将信件送入信箱中指针所指示的位置，并释放等待该信箱中信件的等待者；否则发送信件者被置成等待信箱状态。

② 接收信件。如果指定信箱中有信，则取出一封信件，并释放等待信箱的等待者，否则接收信件者被置成等待信箱中信件的状态。

信箱数据结构如下：

```
Struct box
{    int size;                    /*信箱大小*/
     int count;                   /*现有信件数*/
     char letter[n];              /*信箱*/
     int S1,S2;                   /*等信箱和等信件信号量*/
};
```

具体的 send 发送消息原语及 receive 接收原语参见其他专业书箱，这里不再详细介绍。

3. 有关消息传递实现的若干问题

下面讨论消息传递系统中的几个问题：

① 首先，是信箱容量问题。一个极端的情况是信箱容量为 0，那么当 send 在 receive 之前执行的话，则发送进程被阻塞，直到 receive 进程执行完毕。执行 receive 时信件可从发送者直接复制到接收者，不用任何中间缓冲。

② 其次，关于多进程与信箱相连的信件接收问题。采用间接通信时，有时会出现如下问题：假设进程 P1、P2 和 P3 都共享信箱 A，P1 把一封信件送到了信箱 A，而 P2 和 P3 都企图从信箱 A 取这封信件，那么，究竟应由谁来取 P1 发送的信件？解决的办法有以下 3 种：

● 预先规定能取 P1 所发送的信件的接收者。

● 预先规定在一个时间至多一个进程执行一个接收操作。

● 由系统选择谁是接收者。

③ 第三，关于信箱的所有权问题。一个信箱可以由一个进程所有，也可由操作系统所有。如果一个信箱为一个进程所有，那么必须区分信箱的所有者和用户。区分信箱的所有者和用户的一个方法是允许进程指定信箱类型 mailbox，该进程就是信箱的所有者，其他任何知道mailbox 名字的进程都可成为它的用户。当拥有信箱的进程执行结束时，它的信箱也同时消失，这时必须把这一情况及时通知这个信箱的用户。信箱为操作系统所有是指由操作系统统一设置信箱，消息缓冲就是一个著名的例子。

消息缓冲通信是 1973 年由 P.B.Hansan 提出的一种进程间高级通信原语，并在 RC4000 系统中实现。消息缓冲通信的基本思想是：由操作系统统一管理一组用于通信的消息缓冲存储区，每个消息缓冲存储区可存放一个消息（信件）。当一个进程要发送消息时，先在自己的消息发送区中生成发送的消息，包括接收进程名、消息长度、消息正文等。然后向系统申请一个消息缓冲区，把消息从发送区复制到消息缓冲区中，注意在复制过程中系统会将接收进程名换成发送进程名，以便接收者识别。随后该消息缓冲区被挂到接收消息的进程的消息队列上，供接收者在需要时从消息队列中摘下并复制到消息接收区去使用，同时释放消息缓冲区，如图 2-12所示。

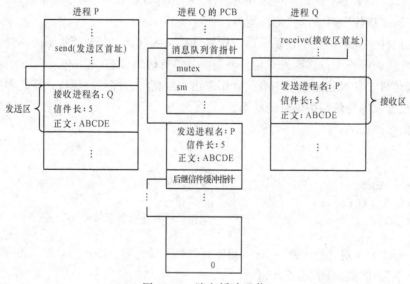

图 2-12 消息缓冲通信

消息缓冲通信涉及的数据结构有：

① sender：发送消息的进程名或标识符。

② size：发送消息的长度。

③ text：发送消息的正文。

④ next-ptr：指向下一个消息缓冲区的指针。

在进程的 PCB 中涉及通信的数据结构有：

① mptr：消息队列队首指针。

② mutex：消息队列互斥信号量，初值为 1。

③ sm：表示接收进程消息队列中消息的个数，初值为 0，是控制收发进程同步的信号量。

发送原语和接收原语的实现如下：

① 发送原语 send：申请一个消息缓冲区，把发送区内容复制到这个缓冲区中；找到接收进程的 PCB，执行互斥操作 P(mutex)；把缓冲区挂到接收进程消息队列的尾部，执行 V（sm），即消息数加 1；执行 V(mutex)。

② 接收原语 receive：执行 V(sm)查看是否有信件；执行互斥操作 P(mutex)，从消息队列中摘下第一个消息，执行 V(mutex)；把消息缓冲区内容复制到接收区，释放消息缓冲区。

4. 管道

Windows 应用程序间数据通信的基本方式有 4 种：①最简单的是利用剪切板；②另一种是 DDE（Dynamic Data Exchange，动态数据交换），它利用一种公共的协议实现两个或多个应用程序之间的通信；③再者是通过内存映射文件，内存映射可以将一个进程的一段虚拟地址映射为一个文件，然后其他的进程可以共享该段虚拟地址；④最后是通过管道实现进程间数据通信。

管道是进程用来通信的共享内存区域。一个进程向管道中写入信息，而其他进程可以从管道中读出信息。管道是进程间数据交流的通道。管道的类型有两种：匿名管道和命名管道。匿名管道是不命名的，它最初用于在本地系统中父进程与它启动的子进程之间的通信。命名管道更高级，由一个名字来标识，以使客户端和服务端应用程序可以彼此通信。而且，Win32 命名管道甚至可以在不同系统的进程间使用，这使其成为许多客户/服务器应用程序的通信的理想选择。

就像水管连接两个地方并输送水一样，软件的管道连接两个进程并输送数据。一个个管道一旦被建立，就可以像文件一样被访问，并且可以使用许多与文件操作类似的函数。

匿名管道只能单向传送数据，而命名管道可以双向传送。管道可以比特流的形式传送数据。命名管道还可以将数据集合到称为消息的数据块中。命名管道甚至具有通过网络连接多进程的能力。

2.2.10 死锁

计算机系统中的各种硬件和软件资源都是由操作系统进行管理和分配的，尤其在多道程序设计系统中，由于多进程的并发执行，虽然提高了资源的利用率，但在实际使用时，如果处理不当就可能使整个系统陷于瘫痪，出现"死锁"现象。

所谓死锁，是指两个或两个以上的进程，因竞争系统的共享资源，而产生无止境地互相等待的现象。我们称这些进程处于互锁状态，也即死锁。或者说，在某个时刻有一组进程，其中每个进程都占有其他进程所需要的资源，但各进程又不能放弃自己占有的资源，则该组进程被死锁。图 2-13 描述了四辆汽车争夺十字路口资源的情况，这虽然是生活中的一个例子，但形象地说明了死锁现象。产生死锁的根本原因在于系统提供的资源个数少于并发进程所要求的该类资源数。

从死锁的概念出发，可以得到产生死锁的必要条件：

① 互斥条件：进程对所分配到的资源进行排它性使用，即在一段时间内某资源只由一个进程占用。如果此时还有其他进程请求该资源，则请求者只能等待，直到占有该资源的进程用完释放。

② 不剥夺条件：进程所获得的资源在未使用完毕之前，不能被其他进程强行剥夺，而只

能由占有该资源的进程自己释放。

③ 部分分配条件：进程每次申请它所需要的一部分资源，在等待新资源的同时，继续占用已分配到的资源。

④ 环路等待条件：存在一种进程循环链，链中每个进程已获得的资源同时被下一个进程所请求。条件 4 是前 3 个条件产生的结果。例如，两个进程 P1、P2 分别占用一个资源，同时又申请对方占用的资源，形成环路等待条件则可能产生死锁，如图 2-14 所示。

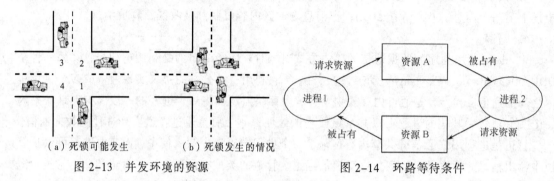

（a）死锁可能发生 　　（b）死锁发生的情况

图 2-13　并发环境的资源　　　　　图 2-14　环路等待条件

解决死锁的方法主要有：预防死锁、避免死锁、检测与恢复死锁。

预防死锁有间接预防和直接预防两种。所谓间接预防，就是禁止死锁 4 个条件中后 3 个条件的任何一个的发生：互斥条件是某些系统资源固有的属性，不能禁止，还应当保护。可以破坏"部分分配"条件，要求进程一次性申请其所需的全部资源。若系统中没有足够的资源可分配给它，则阻塞该进程。可以破坏"不剥夺条件"，若一个进程占用了某些系统资源，又申请新的资源，则不能立即分配给它，必须让它首先释放出已占用资源，然后再重新申请；若一个进程申请的资源被另一个进程占有，操作系统可以剥夺低优先权进程的资源分配给高优先权的进程，以此破坏"环路等待条件"。所谓直接预防，就是禁止死锁条件 4（环路等待）的发生。

避免死锁就是在为进程分配资源之前，首先通过计算判断此次分配是否会导致死锁，只有不会导致死锁的分配才可实行。可以采用的两种方法是：若新进程申请资源执行会导致死锁，则不允许新进程进入执行状态；若执行进程在执行期间申请资源会导致死锁，则不能满足其申请。

检测死锁不同于预防死锁，不限制资源访问方式和资源申请。操作系统周期性地进行死锁检测，检测系统中是否出现"环路等待"。一旦出现死锁，可以用多种方法来解决。例如撤销死锁进程。回滚每个死锁进程到前一个检查点，重新执行每个进程。按照某种原则逐个选择死锁进程进行撤销，直到解除系统死锁。按照某种原则逐个剥夺进程资源，直到解除死锁。

2.2.11　作业调度

作业是用户在一次算题过程中或一个事务处理中要求计算机系统所做工作的集合。一个作业是由一系列有序的作业步所组成的。一个作业步运行的结果产生下一个作业步所得的文件。例如要用高级语言编制程序并获得运行结果，就要经历编辑、编译、连接装配、运行 4 个作业步。

一个作业从进入系统到输出结果运行结束，在整个运行期间，随着作业运行的进展和多道程序设计系统下多作业并行执行的系统环境变化，使得每个作业的运行状态也发生不同的变化和状态转换。为了便于对作业的管理与控制，把作业从进入系统到完成分为 4 个阶段，作业在每个阶段所处的状态称为当时的作业状态。

① 进入状态：当某作业处于从输入设备进入辅存的过程，称该作业处于进入状态。由于作业还处在信息的输入过程中，所有信息还未能进入系统，该作业不能被调度程序选入调度范围。

② 准备状态：当作业将全部信息由输入设备存入辅存后，则该作业处于后备状态。此时，系统要为作业建立类似进程控制的 JCB "作业控制块"，置作业状态为 "后备"，并将作业控制块排入作业后备队列中，以供作业调度程序调度使用。

③ 运行状态：一旦处于后备队列中的作业被调度程序选中进入主存投入运行，称该作业处于运行状态。运行状态的作业得到了必要的资源。

④ 完成状态：作业运行结束，输出结果，回收作业运行所占有的资源，撤销作业控制块，完全退出系统，此时作业处于完成状态。完成状态的结束意味着该作业在系统内消失。

作业从进入状态到后备状态，通过作业调度才能使作业投入运行。作业调度常称为 "高级" 调度，进程调度称为 "低级" 调度。作业调度就是按某种调度策略，从后备状态的作业队列中选取某个作业进入内存，同时为被选中的作业分配运行所需要的资源，为该作业建立进程控制块 PCB，其状态为就绪状态，只有当该进程被进程调度程序选中之后，才能真正投入运行。所以被作业调度选中的作业仅具有获得处理器的可能性，但不一定立即获得处理器。

作业调度的主要功能有：

① 系统为每个作业建立一个作业控制块，记录作业的有关信息，系统通过作业控制块实现对作业的调度和管理。

② 系统按某种调度算法，从后备作业队列中选取一个作业投入运行。

③ 为调度算法选中的作业分配运行所需的资源。

④ 做好作业完成时的各种相关工作。例如，作业正常结束和出现非正常结束。正常结束后作业调度程序回收作业的资源，输出必要的信息，如运行时间或作业的执行情况等。非正常结束除了回收作业的资源外，还要输出作业出错信息，便于用户纠正。

作业调度常用的算法主要有：

① 先来先服务算法。该算法按作业进入作业后备队列的先后顺序挑选，先进入后备队列的作业优先被挑选。该算法易读、易懂、简单。但是由于没有考虑各作业的运行特征和资源要求的差异，如运行时间长的长作业和短作业、紧迫作业的运行等，该算法作业在单位时间内的吞吐量不高，以至系统效率不高。

② 最短作业优先算法。采用这种算法，要求用户对作业所需运行的时间预先做一个估计，在作业控制说明书上说明。该调度算法选取运行时间最短的作业投入运行。使用这种调度算法，系统的周转率高，增加了单位时间内作业完成的吞吐量，但对运行时间长的作业不利，可能造成长时间的等待。

③ 事务响应比最高者优先算法。响应比是指作业等待时间同作业运行时间的比值，即：

$$响应比 = \frac{作业等待的时间}{作业运行的时间}$$

由于把作业运行时间作为分母，显然有利于短作业，使得运行时间短的作业容易得到较高的响应比，能被优先选中。把作业等待时间作为分子，使得作业运行时间长的作业在等待了相当长的时间后，也可获得较高的响应比，而被作业调度选中，不会因为不断的短小作业进入后备队列而使大作业处于长时间等待。它兼顾了运行时间短和等待时间长的作业，是一个较为合理的折中方案。

④ 优先数调度算法。系统为每个作业确定一个优先数，存放在作业控制块中，优先数高的作业优先被调度选取。当几个作业有相同优先数时，对这些具有相同优先数的作业按先来先服务原则进行调度。那么如何确定作业的优先数？可根据作业的缓急程度、估计作业运行的时间、作业等待时间、资源申请的情况等各种因素综合权衡之后确定作业的优先数。

2.2.12 线程

1. 线程简介

如果在操作系统中引入进程的目的，是为了使多个程序能够并发执行，以提高资源利用率和系统吞吐量，那么，在操作系统中引入线程，则是为了减少程序在并发执行时所付出的时空开销，使操作系统具有更好的并发性。

线程和进程的关系是：线程是进程的一个实体，是 CPU 调度和分派的基本单位，是比进程更小的能独立运行的基本单位。线程自己基本上不拥有系统资源，只拥有极少的在运行中必不可少的资源（如程序计数器、一组寄存器和栈），但是它可与同属一个进程的其他线程共享进程所拥有的全部资源。

简而言之，一个程序至少有一个进程，一个进程至少有一个线程。线程的划分尺度小于进程，使得多线程程序的并发性更高。另外，进程在执行过程中拥有独立的内存单元，而多个线程共享内存，从而极大地提高了程序的运行效率。在操作系统中引入线程带来的主要好处是：

① 在进程内创建、终止线程比创建、终止进程要快。

② 同一进程内的线程间切换比进程间的切换要快，尤其是用户级线程间的切换。另外，线程的出现还因为以下几个原因：

- 并发程序的并发执行，在多处理环境下更为有效。一个并发程序可以建立一个进程，而这个并发程序中的若干并发程序段就可以分别建立若干线程，使这些线程在不同的处理器上执行。
- 每个进程具有独立的地址空间，而该进程内的所有线程共享该地址空间。这样可以解决父子进程模型中，子进程必须复制父进程地址空间的问题。
- 线程对解决客户/服务器模型非常有效。

根据进程与线程的设置，操作系统大致分为如下类型：

① 单进程、单线程：MS–DOS 属于此类操作系统。

② 多进程、单线程：多数 UNIX（及类 UNIX 的 Linux）属于此类操作系统。

③ 多进程、多线程：Win32（Windows XP/7/8 等）、Solaris 2.x 和 OS/2 都是这种操作系统。

④ 单进程、多线程：典型的操作系统是 VxWorks。

2. 多线程技术

在传统的操作系统中，进程是系统进行资源分配的单位，如按进程分给存放其映像的虚地址空间、执行需要的主存空间、完成任务需要的其他各类资源，I/O CH、I/O DV 和文件等。同时，进程也是处理器调度的独立单位，进程在任一时刻只有一个执行控制流，将这种结构的进程称单线程进程（Single Threaded Process）。这种单线程结构的进程已不能适应当今计算机技术的迅猛发展。

下面从并行技术的发展、网络技术的发展、软件技术的发展和并发程序设计效率多个侧面来论述在操作系统中改造单线程结构进程和引入多线程机制的必要性。

（1）并行技术的发展

早期的计算机系统是基于单个处理器（CPU）的顺序处理的机器，程序员编写串行执行的代码，让其在 CPU 上串行执行，甚至每条指令的执行也是串行的（取指令、取操作数、执行操作、存储结果）。

为提高计算机处理的速度，首先发展起来的是存储器系统和流水线系统，前者提出了数据驱动的思想，后者解决了指令串行执行的问题，这两者都是最初计算机并行化发展的例子。随着硬件技术的进步，并行处理技术得到了迅猛的发展，计算机系统不再局限于单处理器和单数据流，各种各样的并行结构得到了应用。目前计算机系统可分为以下 4 类：

① 单指令流单数据流（SISD）：一个处理器在一个存储器中的数据上执行单条指令流。

② 单指令流多数据流（SIMD）：单条指令流控制多个处理单元同时执行，每个处理单元包括处理器和相关的数据，一条指令事实上控制了不同的处理器对不同的数据进行的操作。向量机和阵列机是这类计算机系统的代表。

③ 多指令流单数据流（MISD）：一个数据流被传送给一组处理器，通过这一组处理器上的不同指令操作最终得到处理结果。

④ 多指令流多数据流（MIMD）：多个处理器对各自不同的数据集同时执行不同的指令流。

值得注意的是，单线程结构进程从管理、通信和并发粒度多个方面都很难满足并行处理的要求。

（2）网络技术的发展

计算机网络技术迅猛发展，这里不考虑网络基础通信设施的进展，单从网络操作系统和分布式操作系统的角度来考虑，单线程结构进程就难以满足要求。

分布式操作系统是一个无主从的、透明的资源管理系统，也是一个松散耦合的 MIMD 系统。从资源管理来看，每类资源的管理都有可能分布在各个独立的结点上，需要广泛协同和频繁通信；从分布并行来看，要求操作系统合理使用网络上的可计算资源，更好地发挥多处理器的能力，把许多任务或同一任务的不同子任务分配到网络不同结点的处理器上去同时运行，所有这些都需要改良单线程结构进程，提高各协作子任务间的协作、切换和通信效率。

客户/服务器计算是 20 世纪 90 年代网络计算的最大热点，对于基于服务器的客户/服务器计算（如 SQL 服务器），要求采用更加高效的并行或并发解决方案来提高服务器处理效率。

（3）软件技术的发展

从软件技术的发展来看，系统软件和应用软件均有了很大进展，要求人们设计出多事件并行处理的软件系统，如操作系统中的并行文件操作、数据库中的多用户事务处理、窗口子系统中的多个相关子窗口操作、实时系统中多个外部事件的同时响应、网络中多个客户共享网络服务器任务等。这些多事件并行处理的软件系统要求提高并行或并发处理的效率，而单线程结构进程对此是无能为力的。

（4）并发程序设计的要求

在传统的操作系统中，往往采用多进程并发程序设计来解决并行技术、网络技术和软件技术发展带来的要求，即创建并执行多个进程，按一定策略来调度和执行各个进程，以最大限度地利用计算机系统中的各种各样的资源。这一方式当然是可行的，但关键在于并行和并发的效率问题，采用这一方式来实现复杂的并发系统时，会出现以下缺点：

① 进程切换的开销大，频繁的进程调度将耗费大量时间。

② 进程之间通信的代价大，每次通信均要涉及通信进程之间以及通信进程与操作系统之间的切换。

③ 进程之间的并发性粒度较粗，并发度不高，过多的进程切换和通信使得细粒度的并发得不偿失。

④ 不适合并行计算和分布并行计算的要求。对于多处理器和分布式的计算环境来说，进程之间大量频繁的通信和切换过程，会大大降低并行度。

⑤ 不适合客户/服务器计算的要求。对于 C/S 结构来说，那些需要频繁输入/输出并同时大量计算的服务器进程很难体现效率。

综上所述，要求操作系统改进进程结构，提供新的机制，使得很多应用能够按照需求，在同一进程中设计出多条的控制流，多控制流之间可以并行执行，切换不需通过进程调度；多控制流之间还可以通过内存区直接通信，降低通信开销。这就是近年来流行的多线程进程（Multiple Threaded Process）。

3. 多线程环境中的进程与线程

（1）多线程环境中的进程概念

在传统操作系统的单线程进程（模型）中，进程和线程概念可以不加区别。它由进程控制块和用户地址空间，以及管理进程执行的调用/返回行为的系统堆栈或用户堆栈构成。进程运行时，处理器的寄存器由进程控制，而进程不运行时，这些寄存器的内容将被保护。所以，进程和进程之间的关系比较疏远，相对独立，进程管理的开销大，进程间通信效率低效。单线程进程的内存布局如图 2-15 所示。

使用单线程进程进行并发程序设计称为并发多进程程序设计。采用这种方式时，并发进程之间的切换和通信均要借助于操作系统的进程管理和进程通信机制，因而实现代价较大；而较大的进程切换和进程通信代价，又进一步影响了并发的粒度。为解决这一问题，我们来研究进程的运行，一个进程的运行可划分成两个部分：对资源的管理和实际的指令执行序列，如图 2-16 所示。

图 2-15　单线程进程的内存布局

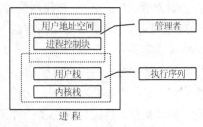

图 2-16　单线程进程的运行

设想是否可以把进程的管理和执行相分离，如图 2-17 所示。进程是操作系统中进行保护和资源分配的单位，允许一个进程中包含多个可并发执行的控制流，这些控制流切换时不必通过进程调度，通信时可直接借助于共享内存区，这就是并发多线程程序设计。

多线程进程的内存布局如图 2-18 所示。在多线程环境中，仍然有与进程相关的是 PCB 和用户地址空间，而每个线程则存在独立堆栈，以及包含寄存器信息、优先级、其他有关状态信息的线程控制块。线程之间的关系较为密切，一个进程中的所有线程共享其拥有的状态和资源。它们驻留在相同的地址空间，可以存取相同的数据。例如，当一个线程改变了主存中一个数据项时，如果这时其他线程也存取这个数据项，它便能看到相同的结果。

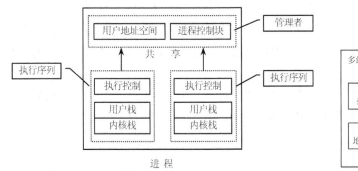

图 2-17　管理和执行相分离的进程模型

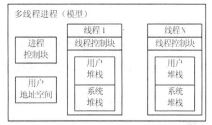

图 2-18　多线程进程的内存布局

最后给出多线程环境中进程的定义：进程是操作系统中进行保护和资源分配的独立单位。它具有：一个虚拟地址空间，用来容纳进程的映像；对 CPU、进程、文件和资源（CH、DV）等的存取保护机制。

（2）多线程环境中的线程概念

线程是指进程中的一条执行路径（控制流），每个进程内允许包含多个并行执行的路径（控制流），这就是多线程。线程是系统进行处理器调度的基本单位，同一个进程中的所有线程共享进程获得的主存空间和资源。线程具有如下特点：

① 线程本身不拥有系统资源，但它可以访问其隶属进程的资源，即一个进程的代码段、数据段以及系统资源，例如，已打开的文件、I/O 设备等，即一个进程的所有线程共享该进程所拥有的资源。

② 线程是处理器调度的基本单位。在传统的操作系统中，进程是拥有资源和独立调度的基本单位，但在具有多线程的操作系统中，线程不再是拥有资源的基本单位，而是作为处理器调度的基本单位，同一个进程的线程之间的切换不会引起进程的切换，只有在一个进程的线程切换到另一个进程的线程时，才会引起进程的切换。

③ 多线程提高了系统的并发性。不仅操作系统的进程之间可以并发执行，一个进程的多个线程之间也可并发执行，因而操作系统具有更好的并发性，这使系统资源得到了更有效的使用，系统的吞吐量也得到了更大的提高。

④ 多线程减少了系统开销。在传统的操作系统中，创建和撤销进程时，系统要为进程分配和回收资源，如内存空间、I/O 设备等，因此创建和撤销进程时的开销高于创建和撤销线程时的开销。进程切换时，涉及进程 CPU 执行环境的保护以及新进程 CPU 执行环境的设置，而线程切换时不涉及存储管理方面的操作，因此线程之间的切换所需的系统开销远远小于进程切换。同时，由于同一进程的所有线程拥有相同的地址空间，线程的同步和通信的实现也非常容易。

2.3　存　储　管　理

在现代计算机系统中，存储器通常分为内存和外存（或称主存和辅存）两级，当用户作业处于后备状态时即存放在外存之中，当其被调度执行时即处于内存之中，内存是计算机的工作存储器。内存同外存相比，其速度快，但价格高、存储容量小，所以主存容量一直是计算机硬件资源中最关键而又最紧张的"瓶颈"资源。随着计算机科学技术的发展，主存容量虽逐步扩充，但仍满足不了实际应用的需要。特别是多道程序、多用户共享资源，使有限的主存资源更为紧张。因此，能否合理而有数地使用主存，在很大程度上反映了操作系统的性能，并直接影响整个计算机系统的性能。

本节首先从存储管理的目的出发，明确存储管理的基本功能和相关的基本概念，然后从实存和虚存两个视角分别介绍几种常用的存储管理方案进行。

2.3.1　存储管理概述

在多道程序环境下，存储管理的主要目的有两个：一是提高主存的利用率，尽量满足多个用户对主存的要求；二是能方便用户使用主存，完全不必考虑程序在主存中的实际地址（程序在主存空间中的实际地址由操作系统来确定）。操作系统还可以用合理的存储分配算法和虚拟存储技术提高主存的利用率。为此，在现代操作系统中，存储管理一般应能实现如下所述的基本功能：

① 对主存空间的分配和管理。记录存储单元的使用情况，分配主存空间；在用户或系统释放所占用的存储区域时，能及时回收存储空间。

② 实现地址变换。目标程序所限定的地址范围称为该程序的地址空间，地址空间中的地址是逻辑地址，这是用来访问信息时所用到的一系列地址单元的集合。而内存空间是内存中物理地址的集合，在多道程序环境下，这两者是不一致的，因此，存储管理必须提供地址映射功能，用于把程序地址空间中的逻辑地址转换为内存空间中对应的物理地址。地址映射的功能要在硬件支持下完成。

③ 存储保护。在多道程序设计中，主存中同时存放多道程序。为确保各道程序在系统指定的存储范围内操作，互不干扰，尤其要防止由于误操作而破坏其他作业的信息，因此存储管理应该具备存储保护的功能。

④ 主存容量的"扩充"。主存扩充的主要任务是从逻辑上扩充主存容量，借助虚拟技术为用户提供比主存物理空间大得多的地址空间，使用户认为系统所拥有的主存空间远比实际的主存空间大得多，用户在编制程序时不必考虑主存储器的实际容量。

1. 主存的分配与回收

在多道程序设计环境中，当有作业进入计算机系统时，存储管理模块应能根据当时的主存分配情况，按作业要求分配适当的主存。作业完成时，应回收其占用的主存空间，以便供其他作业使用。主存分配按分配机制和时机不同可分为如下两种截然相反的方式：

① 静态存储分配：指主存分配是各目标模块连接后，在作业运行之前，将整个作业一次性全部装入主存，并在其后的作业运行过程中，不允许其再申请额外的主存空间，或在主存中

"搬家"——移动位置。也就是说，主存分配是在作业运行前一次性完成的。

② 动态存储分配：作业申请的基本主存空间是在作业调入主存时分配的，但在作业运行过程中，允许作业申请额外的主存空间，或是在主存中移动位置，即分配主存空间可以在作业运行前及运行时逐步完成。

显而易见，动态存储分配具有很大的灵活性：不要求一个作业把代码和数据装入主存才开始运行，而是在作业运行过程中需要某些代码段或数据段时，系统才将其"动态"调入主存，作业中暂不使用的代码段或数据段不必进入主存，仍放在辅存中，从而大大提高了主存的利用率。

主存分配与回收时，应考虑以下问题：

① 作业刚调入主存时，如果有多个空闲区，应将其放置在哪个区？即如何选择主存中空闲区的问题。

② 作业不是一次性调入主存，运行过程中如需额外主存空间但系统有无足够的空闲区，应考虑把某些暂时不用的代码段或数据段从主存中移走，即所谓的"置换"问题。

③ 当作业完成后，如何回收作业运行过程中占用的主存？

为达到上述目的，一般可使用位视图表示法、空闲页面表及空闲块表等组织形式对主存中所有空闲区和已占用区进行合理地管理。这样，当作业被调入主存时，可适时地按具体需求来分配主存，而作业退出时，可及时回收被释放的主存。

2. 地址重定位

为了实现静态或动态存储分配方式，必须考虑地址重定位的问题。因此，这里应首先搞清楚主存空间和逻辑空间的概念。

（1）主存空间（或物理空间）

若干个存储单元按一维线性排列就构成了主存，从 0 开始对它们依次编号以唯一标识一个存储单元，这里将这些编号称为主存地址（或物理地址）。

全部主存地址的集合称为主存地址空间（或物理地址空间），简称主存空间（或物理空间），其编址顺序为 $0, 1, 2, 3, \cdots, n-1, n$ 的大小由实际组成存储器的存储单元个数决定。如某个系统有 64 KB 主存，则其主存空间编号为 $0, 1, 2, 3, \cdots, 65\ 535$。

（2）逻辑空间

在用汇编语言或高级语言编写的程序中，是通过符号名来访问程序和数据的。我们把程序中符号名的集合称为"名字空间"，如图 2-19（a）所示。汇编语言源程序经过汇编，或者高级语言源程序经过编译，得到的目标程序是以"0"作为参考地址的模块。然后多个目标模块由连接程序链接成一个具有统一地址的装配模块，以便最后装入主存中执行。我们把目标模块中的地址称为逻辑地址/相对地址，而把相对地址的集合称为"逻辑地址空间"或"逻辑空间"。

一个编译好的程序存在自己的逻辑地址空间中，运行时要把它装入主存空间。如图 2-19（b）所示为一个作业在编译前、编译后及装入主存后不同的地址空间。

如图 2-19（b）所示，该作业经过编译后，大小为 300 字节，逻辑地址空间为 0～299。在作业的第 100 号单元处有指令 Mov R1,[200]，即把 200 号单元内的数据 1989 送入寄存器 R1。

假如把作业装入到主存第 1 000～1 299 号单元处。如图 2-19 所示，若只是简单地装入第 1 000～1 299 号单元，执行指令 Mov R1,[200] 时，会把主存中 200 号单元的内容送入 R1，显然这样会出错。只有把 1 200 号单元的内容送入 R1 才是正确的。所以作业装入主存时，需对指令和指令中相应的逻辑地址修改为 Mov R1,[1200]，才能使指令按照原有的逻辑顺序正确运行。

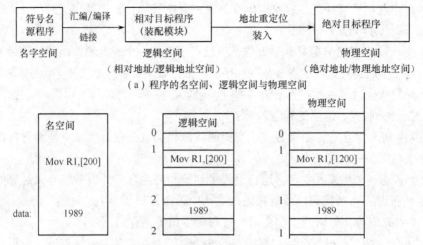

（a）程序的名字空间、逻辑空间与物理空间

（b）作业的名空间、逻辑空间和装入后的物理空间

图 2-19　名空间、逻辑空间和物理空间

（3）地址重定位

作业逻辑地址空间中的指令和数据最终都必须被装入主存中的某一个或几个区域才能运行。在一般情况下，由于操作系统要常驻主存低端，这就使一个作业分配到的存储空间和它的地址空间是不一致的。因此，作业在 CPU 上执行时，所要访问的指令和数据的实际物理地址和逻辑地址空间中的地址是不一致的，如图 2-19（b）所示。

按实现地址重定位时机不同，地址重定位又分为两种：静态地址重定位和动态地址重定位。

① 静态地址重定位：是在程序执行之前由操作系统的重定位装入程序完成的，如图 2-20所示。它根据要装入的主存起始地址为 1 000 号单元，直接修改所有涉及的逻辑地址，将主存起始地址加上逻辑地址得到正确的主存地址，如 100 号单元的指令 Mov R1,[200]装入主存后，被装入到 1 100 号单元，那么重定位后指令中逻辑地址应为 Mov R1,[1200]，指令即可以正确读取数据。静态重定位后的主存空间如图 2-20（a）所示。

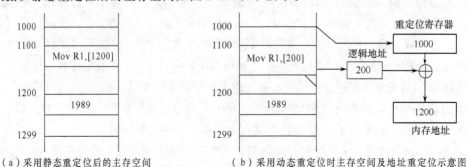

（a）采用静态重定位后的主存空间　　　（b）采用动态重定位时主存空间及地址重定位示意图

图 2-20　静态地址重定位和动态地址重定位示意图

静态地址重定位的优点是通过重定位装入作业，实现逻辑地址到物理地址的转化，不需要硬件的支持，可在任何机器上实现。早期的操作系统中大多数采用这种方法。缺点是要求给每

个作业分配一个连续的存储空间，并且在作业的整个执行期间不能再移动，因而也就不能实现重新分配主存，从而不利于主存空间的充分利用。所以静态地址重定位只适用于主存的静态分配方式。

② 动态地址重定位：是在程序执行过程中，将 CPU 要访问的代码或数据的逻辑地址转换成主存地址。动态地址重定位依靠硬件地址变换机构完成，通常采用一个重定位寄存器，在每次进行存储访问时，对取出的逻辑地址加上重定位寄存器的内容，形成正确的物理地址，重定位寄存器的内容是作业装入主存的起始地址，如图 2-20（b）所示。

动态地址重定位的优点是不要求作业一次性全部装入固定的主存空间，并在主存中允许程序再次移动位置，而且可以部分地装入程序运行，也便于多个作业共享同一程序的副本，因此，现代计算机系统广泛采用了动态地址重定位技术。动态地址重定位技术的缺点是需要硬件支持，而且实现存储管理的软件算法也较为复杂。

2.3.2　连续存储管理

1.　单一连续存储管理

单一连续存储管理是最简单的一种存储管理方式，但只能用于单用户、单任务的操作系统中。在这种管理方式中，主存被分为两个区域：系统区和用户区。系统区仅提供给操作系统使用，通常是放在主存的低址部分；用户区是指除系统区以外的全部主存空间，提供给用户使用。

单一连续存储管理的特点是：最简单，适用于单用户、单任务的操作系统。这种方式的最大优点是管理简单、开销少。但也存在一些问题和不足之处，如主存中只能放一道作业，其资源利用率很低；对要求主存空间少的作业造成主存浪费；作业全部装入，使得很少被用到的作业部分也占用一定数量的主存。

2.　固定分区存储管理

固定式分区是在作业装入系统之前，将主存划分成若干分区。这一划分可由操作人员手工完成，也可由操作系统自动实现。如果分区划分好后，在系统运行期间就不再重新划分。因此又把固定分区称为静态分区。

假设某系统有 256 KB 内存，刚开始运行时，内存分区划分如图 2-21（a）所示。除操作系统占用一个低地址分区 40 KB 以外，其余的内存空间（216 KB）划分成 4 个不等的分区。为简单起见，分区从小到大排列：第 1 分区为 8 KB，第 2 分区为 32 KB，第 3 分区为 64 KB，第 4 分区为 112 KB。

为了实现主存固定分区分配，必须建立一张固定分区说明表，如图 2-21（b）所示。每个表目说明了每个分区的起始地址、大小及状态（是否已分配的使用标志："0"表示未分配，"1"表示已分配）。当一个作业被调度到待装入时，由存储管理程序根据作业实际所需主存大小，在分区说明表中找出一个足够大的空闲分区分配给它，然后用重定位装入程序将此作业装入，并将其表项的状态改为"已分配"。若找不到，则通知作业调度模块，另外选择一个作业。当一个作业结束欲释放主存时，系统又调用存储管理程序检索分区说明表，将相应表项的状态改为"未分配"，如图 2-21（b）所示。在某一时刻，作业 A（8 KB）、B（20 KB）、C（50 KB）分别被分配到 1、2、3 三个分区，第 4 分区还未分配（这里主存低地址区 40 KB 被分配给操作系统）。

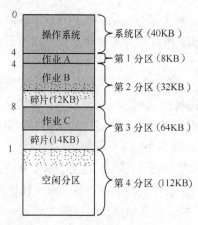

（a）固定式分区内存分配示意图

分区号	起始地址	分区大小	状态
1	40KB	8KB	0
2	48KB	32 KB	1
3	80KB	64 KB	0
4	144KB	112 KB	1

（b）固定式分区说明表图

图 2-21 固定式分区主存分配示意图

固定分区分配方式可以多个作业共驻主存，但缺点是：主存中作业的道数仍受限于受到所划分分区的数量；一个作业的大小不可能刚好等于某个分区的大小，这必然会导致所在分区主存有未用的存储空间，这些浪费的存储空间称为分区内部碎片，因而主存的利用率不高；用户程序的大小也将受到分区大小的严格限制，如图 2-21（a）所示。第 2 分区共 32 KB 分配给作业 2，因作业 2 只有 20 KB，故产生 12 KB 大小的分区内部碎片，同理第 3 分区分配给作业 3 后页留下了 14 KB 的分区内部碎片。在早期的 IBM 公司的 OS/360MFT（具有固定任务数的多道程序系统）采用了固定式分区存储管理方法。

固定式分区实现技术简单，但由于容易产生内部碎片，故主存利用率不高。这种分区方式仅适用于作业的个数及大小都已非常明确的系统中。

2.3.3 可变分区存储管理

固定分区存储管理在作业未装入时，分区的大小、数目已定，容易引起分区的内部碎片问题，为此，人们提出了可变式分区的概念。可变式分区是指在作业装入时，根据它对主存空间实际的需求量来划分主存的分区，因此，每个分区的大小与放入它的作业大小相同。它能有效解决固定式分区的内部碎片问题，是一种较为实用的存储管理方法。因为在系统运行过程中，主存中分区的数目和大小都是可变的，所以这种可变式分区也称为动态分区。

1. 分区分配中的数据结构

为了实现可变分区，系统中必须为其配置相应的数据结构，用来保存主存的使用情况为作业分配分区提供依据。常用的数据结构形式有以下两种：

（1）空闲分区表

空闲分区表用于为主存中每个尚未分配出去的分区设置一个表项，每个分区的表项包含分区序号、分区起始地址及分区大小等表目。

（2）空闲分区链

如图 2-22 所示，为了实现对空闲分区的分配和链接，在每个分区的起始部分，设置一些用于控制分区分配的信息；为了链接各分区，在分区首部设置一前向指针，在分区尾部则设置一个后向指针，然后通过前、后向指针将所有的分区链接成一个双向链。

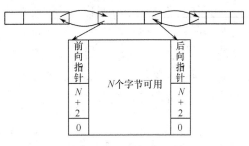

图 2-22　空闲分区链

2. 分区分配算法

为将一个新作业装入主存，必须要采用一定的分配算法，从空闲分区表或空闲分区链中选出一个分区分配给该作业。目前常用以下 4 种分配算法：

（1）首次适应算法

首次适应算法要求空闲分区链按地址递增的顺序链接。在进行主存分配时，从链首开始顺序查找，直到找到第一个能满足要求的空闲分区为止。该算法倾向于优先利用主存中低地址部分的空闲分区，在高地址部分的空闲分区很少被利用，从而保留了高地址部分的大空闲区为大作业分配分区。缺点：低地址部分会留下难以利用的很小的空闲分区，这些小空闲分区由于不易分出去而造成浪费，称为外部碎片；每次查找都要从低地址开始，增加了查找的时间开销。

（2）循环首次适应算法

由首次适应算法演变而形成。从上次找到的空闲分区的下一个空闲分区开始查找，直至找到第一个能满足要求的空闲分区。这种算法应设置一个起始查找指针，并采用循环查找方式。该算法能使主存中的空闲分区分布得更均匀，减少了查找开销，但会缺乏大的空闲分区。

（3）最佳适应算法

"最佳"的意思就是指每次为作业分配主存时，扫描整个空闲分区链，总是把既能满足要求、又是最小的空闲分区分配给作业，避免了"大材小用"。缺点是会导致许多很小的空闲分区（外部碎片）。

（4）最差适应算法

该算法按大小递减的顺序形成空闲区链，分配时直接从空闲区链的第一个空闲分区中分配（不能满足需要则不分配）。很明显，如果第一个空闲分区不能满足，那么再没有空闲分区能满足需要。这种分配方法粗看有些不合理，但它也有很明显的优势：在大空闲区中放入一个大作业后，剩下的空闲区通常也很大，这样下次还能装下一个较大的新作业。

3. 可变分区存储管理的地址重定位

如图 2-23 所示，假设某系统采用可变式分区存储管理，在系统运行的开始，存储器被分成：操作系统分区（40 KB）和可分给用户的空闲区（216 KB）。当作业 1（46 KB）进入主存后，分给作业 1（46 KB），随着作业 2、3、4 的进入，分别分配 32 KB、38 KB、40 KB，经过一段时间的运行后，作业 1、3 运行完毕，释放所占主存。此时，作业 5 进入系统，要求分配 36 KB 主存，如何为作业 5 分配主存？

如图 2-23（c）所示，此时有 3 种方法可给作业 5 分配主存：①从作业 1 释放的 46 KB 中，分 36 KB 给作业 5，即分配空闲区 1；②从作业 3 释放的 38 KB 中，分 36 KB 给作业 5，即分配空闲区 2；③从空闲的 60 KB 中，分 36 KB 给作业 5，即分配空闲区 3。到底采用哪种分配方法？这时，应考虑空闲分区的组织形式和所采用的分区分配算法。

在连续分配方式中，必须把作业装入一段连续的主存空间中。如果在系统中有若干个小分区，即使它们容量总和大于要装入的程序，但由于这些分区不相邻接，使该程序不能被装入主存。这种不能被利用的小分区称为"零头"或"外部碎片"。要想装入作业，实现的方法是移动各分区中的作业，使它们集中于主存的一端，而使碎片集中于另一端，从而将空闲的碎片连成一个较大的分区，供待装入的作业使用。这种方法称为"拼接"或"紧凑"，如图 2-24（b）所示，即把若干小碎片集中起来使之成为一个大分区。为此，必须采用动态重定位技术，才能使用户程序在主存中进行移动。

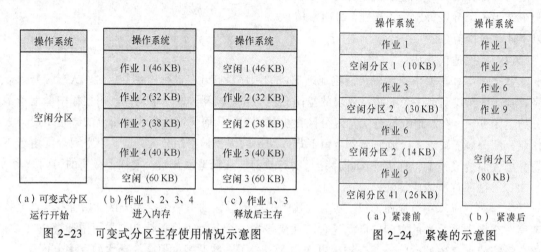

（a）可变式分区　　　（b）作业1、2、3、4　　　（c）作业1、3
　　运行开始　　　　　　进入内存　　　　　释放后主存

图 2-23　可变式分区主存使用情况示意图

（a）紧凑前　　（b）紧凑后

图 2-24　紧凑的示意图

可变式分区存储管理的优点是可以有效解决固定式分区的内部碎片问题，能较为高效地利用主存空间，提高了多道作业对主存的共享。缺点是容易产生外部碎片，为解决外部碎片问题，需要采用动态重定位，这无形又增加了计算机硬件成本，而紧凑工作也要花费大量处理器时间。

2.3.4　主存扩充技术

在前面介绍的存储管理系统中，当一个作业的程序地址空间大于主存可以使用的空间时，该作业就不能装入运行；当并发运行作业的程序地址空间总和大于主存可用空间时，多道程序设计的实现就会碰到非常大的困难。所以当有限的主存容量远远不能满足大作业以及共存于主存的多个作业的存储要求时，就必须借助于一些存储技术来实现主存的扩充。所谓主存扩充，就是借助大容量的辅存在逻辑上实现主存的扩充，以解决主存容量不足的问题。

1. 覆盖

覆盖是指一个作业的若干程序段或几个作业的某些部分共享某一个存储空间。覆盖技术的实现是把程序划分为若干个功能上相对独立的程序段，按照其自身的逻辑结构使那些不会同时执行的程序段共享同一块主存区域。程序段先保存在磁盘上，当有关程序段的前一部分执行结束后，把后续程序段调入主存，覆盖前面的程序段。

图 2-25 所示给出了一个程序的覆盖结构，程序模块 A 调用模块 B 和模块 C，B 要调用 F，C 则调用 D、E。图中标出了所有模块的尺寸，如果要将它们同时驻留主存，需要 190 KB。但是分析程序结构发现，B 与 C、D、E 与 F 可以不同时驻留。C 可覆盖 B，D、E 可覆盖 F，而 E 又可以覆盖 D。只要开辟两个 50 KB、40 KB 的覆盖区，分别陆续驻留 B、C 和 F、D、E 即可。采用这种覆盖方法，该程序总的空间开销只要 110 KB。也可以说，在 110 KB 的空间中运行了一个 190 KB 的程序。

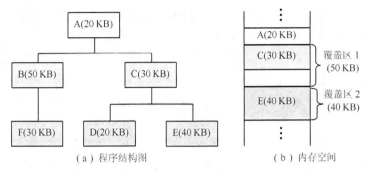

图 2-25 程序的覆盖结构

2. 交换技术

交换（Swap）是当有新的程序需要调入运行而无空闲空间可供分配时，由操作系统把在主存中处于等待状态的进程调到辅存，适当时候再把已处于就绪状态的进程调回主存。对换通常以一个完整的进程为单位，在主存与辅存之间换入换出。

多道程序系统中，同时执行好几个作业或进程，但是同时存在于主存中的作业或进程，有的处于执行状态或就绪状态，而有的则处于等待状态，如果让处于等待状态的进程继续驻留主存，将会造成存储空间浪费，因此，应把处于等待状态的进程换出主存。

3. 虚拟存储技术

随着计算机应用范围的日益广泛，需要计算机解决的问题越来越复杂。有许多作业的规模都超出了主存的实际容量。尽管在现代技术的支持下，人们对主存的实际容量进行了不断扩充，但大作业、小主存的矛盾依旧非常突出，若再加上多道程序环境中多道程序对主存的共享，就使主存更加紧张。因此，要求操作系统能对主存进行逻辑意义上的扩充，这也是存储管理的一个重要功能。

虚拟存储技术的基本思想，就是把主存与外存统一起来形成一个存储器，对主存进行逻辑上的扩充。作业运行时，只把必需的一部分信息调入主存，其余部分仍放在外存，需要时，由系统自动将其从外存调入主存。

虚拟存储不是新的概念，早在 1961 年就由英国曼彻斯特大学提出并在 Atlas 计算机系统上予以实现，但直到 20 世纪 70 年代以后，这一技术才被广泛采用。

2.3.5 分页式存储管理

在可变分区存储管理系统中，要求一个作业必须装入主存某一连续空闲区内。这样，经过一段时间的运行，随着若干作业不断地进入与退出，势必导致主存中要产生众多分布分散的、容量很小的外部碎片。解决这一问题的办法之一就是采用紧凑技术，但紧凑技术比较花费处理器时间。为此，可以逆向思维思考，如果不把作业装入主存连续空闲区内，而将其分配到几个不连续的区域内，从而不需移动主存原有的数据，就可以有效地解决外部碎片问题。这就是分页式存储管理的核心思想。分页式存储管理是在现代计算机操作系统中被广泛采用的一种存储管理解决方案。

分页式存储管理首先要把主存空间划分成若干大小相等、位置固定的存储块（简称块）并依次编号为 0、1、2、3、…、x，每个小分区称为一个存储块。每个存储块的大小在不同的操作系统中规定不同,一般为 2^n KB,如 1 KB、2 KB、4 KB 等,但一般不超过 4 KB。同时把用户的逻辑地址空间也分成与存储块大小相等的若干页,依次为 0、1、2、3、…、m 页。当作业提出使用主存的要求时,系统首先根据存储块大小把作业分成和存储块容量相同的若干页。每页可存储在主存的任意一个空白块内。此时,只需建立起作业的逻辑页和主存的存储块之间的一一映射关系,借助动态地址重定位技术,原本连续的用户作业在分散的存储块中,即可正常地开始运行。

如果把一个作业的所有页面一次性全部装入到主存块中,就将这种分页方式称为分页式存储管理。如果作业的所有页面并不是一次性全部装入,而是根据作业运行时的实际需求而动态装入,则把这种分页管理方式称为请求式分页存储管理。本节先讨论分页式存储管理。

1. 分页式存储管理中的地址重定位

分页式存储管理中要使不连续的、分散的用户作业能正常运行,必须采用动态地址重定位技术。当作业被分成若干页面后都需在每个页面被访问时进行重定位,那么如何来实现重定位?可以直接采用重定位寄存器方式,但若分页太多则会过多使用重定位寄存器。所以为了降低分页后重定位的硬件成本,通常可在主存中为每个作业开辟一块专属区来放置一张表,从而建立起作业的逻辑页与主存中的存储块之间的一一映射关系,该表常称为页面映像表,简称页表,如图 2-26 所示。最简单的页表只包含页号、块号这两项内容。

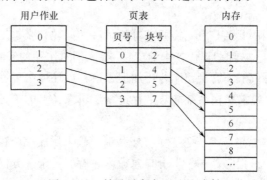

图 2-26 利用页表实现地址映射

在作业执行过程中,由地址变换机构自动将每条程序指令中的逻辑地址解释成两部分:页号 P 和页内地址 w。通过页号查页表得到对应的存储块号 B,与页内地址 w 合成后获得物理地址,进而访问主存读取操作数据。

页内地址的长度由页大小决定,逻辑地址中除去页内地址所占的低址部分外,剩下的高址部分为页号。假定某系统的逻辑地址为 16 位,页大小为 1 KB,则逻辑地址的低 10 位(2^{10}=1 KB)被解释成页内地址 w,而高 6 位则为页号 P,地址结构如下:

页号(p)	页内地址(w)

2. 地址变换机构

地址变换机构的基本任务是利用页表把作业中的逻辑地址变换成主存中的物理地址,实际上就是将用户作业中的页号变换成主存中的物理块号。为了实现地址变换功能,在系统中设置一个专用的控制寄存器——页表始址寄存器,用来存放页表的始址和页表的长度。在作业未执行时,每个作业对应的页表的始址和长度存放在作业的 PCB 中,当该作业被调度时,就将其装入页表始址寄存器。在进行地址变换时，系统将页号与页表长度进行比较，如果页号大于页表寄存器中的页表长度，则访问越界产生越界中断。如未出现越界，则根据页表寄存器中的页表始址和页号计算该页在页表项中的位置，得到该页的物理块号，将此物理块号装入物理地址寄存器中。与此同时，将逻辑地址寄存器中的页内地址直接装入物理地址寄存器的块内地址字段中，这样便完成了从逻辑地址到物理地址的变换。图 2-27 说明了分页系统的地址变换过程。

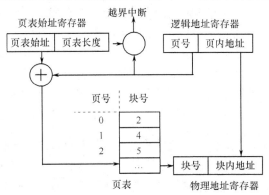

图 2-27　分页存储管理的地址变换过程

3. 联想存储器

如果页表存放在主存中，则每次访问主存时都要先访问主存中的页表，然后根据所形成的物理地址再访问主存。这样进程访问主存必须访问两次主存，从而降低了计算机的处理速度。

为了提高地址变换速度，在地址变换机构中增设了一个具有并行查询功能的特殊的高速缓冲存储器，称为"联想存储器"或"快表"，用以存放当前访问的页表项。此时地址变换过程为：在 CPU 给出有效地址后，地址变换机构自动地将页号送入高速缓存，确定所需要的页是否在快表中。若是，则直接读出该页所对应的物理块号，送入物理地址寄存器；若在快表中未找到对应的页表项，则需再访问主存中的页表，找到后再把从页表中读出的页表项存入快表中的一个寄存器单元中，以取代一个旧的页表项。图 2-28 所示的是具有快表的地址变换过程。

应用联想存储器和页表相结合的方式，可有效地提高系统动态地址转换的速度，这是一种行之有效的方法。

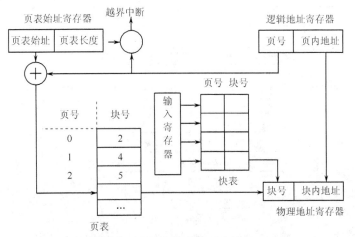

图 2-28　具有快表的地址变换过程

2.3.6 分段式存储管理

一个作业是由多个程序段和数据段构成的。通常情况下，用户希望按作业的逻辑关系对其分段，并能根据名字来访问程序段和数据段。利用分段式存储管理能较好地解决程序和数据的共享以及程序动态链接的问题。

在分段式存储管理中，作业的地址空间由若干个逻辑分段组成，每一分段是一组逻辑意义完整的信息集合，并有自己的名字（段名），称为逻辑段，简称段。例如，主程序、子程序、数据等都可各成一段，每段对应一个过程、一个程序模块或一个数据集合。将一个用户程序的所有逻辑段从 0 开始编号，称为段号。将一个逻辑段中的所有单元从 0 开始编址，称为段内地址。整个作业则构成了二维地址空间，用户程序的逻辑地址由段号和段内地址两部分组成：

段号（S）	段内位移（w）

所谓分段式管理，就是管理由若干段组成的作业，并且按段为单位进行主存分配，由于分段式管理的作业地址空间是二维的，所以分段式存储管理的关键在于如何把二维的分段地址结构变成一维的地址结构。与分页式存储管理相似，分段式存储管理也是采用动态地址重定位技术来进行地址转换的。

1. 分段式存储管理的地址重定位

为了实现段的逻辑地址到物理地址的转换，系统为每个作业设置了一张段表，每个表项至少有 4 个数据项：段号、段长、存取控制和主存始址。其中，段长指明段的大小；存取控制说明对该段访问的限制；主存始址指出该段在主存中的起始位置。此外，系统还设置了段表起始地址寄存器，用来存放段表的起始地址和段表的长度。进行地址变换时，先将逻辑地址中的段号与段表起始地址寄存器中的段表长度进行比较，若段号超过段表长度则产生越界中断。否则，系统将根据段号和段表控制寄存器中的段表起始地址计算出该段在段表中的位置。从段表起始地址寄存器中将获得该段存放在主存中的起始地址，然后检查段内位移是否超过该段的段长，如果超过则产生越界中断。否则将该段在主存的起始地址与逻辑地址的段内位移相加就可得到要访问的物理地址。分段式存储管理系统的地址变换过程如图 2-29 所示。

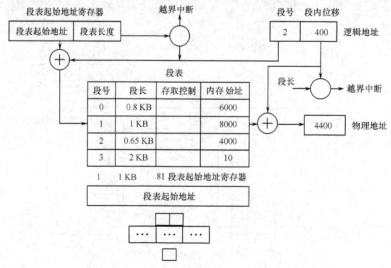

图 2-29 分段式存储管理的地址变换过程

2. 分段与分页的区别

分页与分段存储管理系统虽然在很多地方相似，例如，它们在主存中都是离散分配的，都要通过地址映射机构将逻辑地址变换为物理主存中的物理地址。但从概念上讲，两者是完全不同的，它们之间的区别如下：

① 页是信息的物理单位。分页的目的是实现离散分配，减少外部碎片，提高主存利用率。段是信息的逻辑单位。每一段在逻辑上是一组相对完整的信息集合。

② 分页式存储管理的作业地址空间是一维的，而分段式存储管理的作业地址空间是二维的。

③ 页的大小固定并由系统确定，所有页都是等长的，而各段的长度不定。

④ 分页的优点体现在主存空间的管理上，而分段的优点体现在地址空间的管理上。

2.3.7 段页式存储管理

分页存储管理能有效地提高主存的利用率，而分段存储管理能够反映作业的逻辑结构以满足用户的需要，还可以实现段的共享。段页式存储管理则是分页和分段两种存储管理方式的结合，它同时兼有两者的长处。

段页式存储管理是目前使用较多的一种存储管理方式，它主要涉及如下概念：

① 作业地址空间进行段式管理，也就是说，将作业地址空间分成若干个逻辑分段，每段都有自己的段名。

② 每段内再分成若干大小固定的页，每段都从 0 开始为自己的各页依次分配连续的页号。

③ 对主存空间的管理仍然和前面介绍的分页式存储管理一样，将其分成若干个与页面大小相同的物理块，对主存空间的分配是以物理块为单位的。

④ 段页式存储管理中的作业逻辑地址由 3 部分组成：即段号 S、段内页号 P 和页内位移 d。其结构如下：

对上述 3 个部分的逻辑地址来说，对用户而言仍是段号和段内相对地址 w，P、d 是由地址转换机构自动地从 w 中分解得到，即把 w 中的高几位解释成页号 P，把余下的低位解释为页内相对地址 d。

⑤ 为实现地址变换，段页式存储管理设立了段表和页表。系统为每个作业建立一张段表，并为每个段建立一张页表。段表表项中至少包含段号、页表起始地址和页表长度等信息。其中，页表起始地址指出了该段的页表在主存中的起始存放地址。页表表项中至少要包括页号和块号等信息。此外，为了指出运行作业的段表起始地址和段表的长度，系统有一个段表控制寄存器。段表、页表和主存的关系如图 2-30 所示。

段页式存储管理采用动态重定位方式。当作业被作业调度程序选中而成为执行状态时，将该作业的段表始址和段表长度放入段表起始地址寄存器中。

图 2-31 所示中段页式存储管理地址变换的过程为：当作业要取一条指令或访问一个操作数时，由地址变换机构将有效地址分成 S、P、d。首先由段表起始地址寄存器得到该作业的段表在主存中存放的起始地址，然后以段号 S 为索引查找段表（同时检查访问该段的有效性，校验

该段的存取控制方式的正确性，判断该段是否在主存），找到该段所对应的页表在主存中的起始地址 P，再找到与 P 匹配的页所对应的块号 B，再加上其页内位移量 d，就得到主存的实际物理地址 $B+d$。

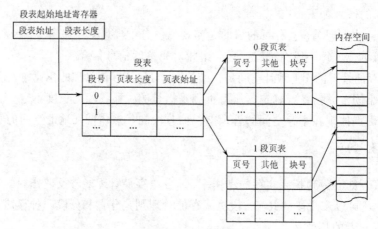

图 2-30　段表、页表和主存的关系

从上述过程可以看出，如果段表、页表均存放在主存中，则为了访问主存的某条指令或数据，将需要访问 3 次主存：

① 检索段表获取该段所对应页表的起始地址。

② 检索页表获取该页所对应的物理块号，再和块内地址合成出所需的物理地址。

③ 根据合成的物理地址到主存中访问该地址中的指令或数据。

三次访问主存极大降低了段页式存储方式的效率，因此可同样采用联想存储器技术提高主存的存取速度。

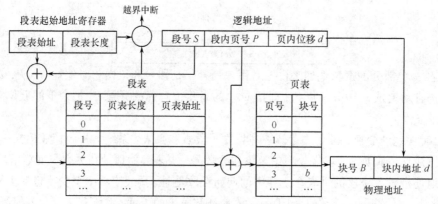

图 2-31　段页式系统中的地址变换机构

2.3.8　虚拟存储管理

前面介绍的分区（固定分区和可变式分区）存储管理技术和分页、分段式存储管理技术，都要求作业在执行之前必须一次性全部装入主存，并且作业的逻辑地址空间不能比主存空间大，否则该作业就无法装入主存运行，这就存在大规模作业与小容量主存的矛盾问题。为解决这一问题，人们提出了虚拟存储管理技术。下面，首先介绍虚拟存储器的概念，然后介绍两种常见的虚拟存储管理方案：请求页式存储管理与请求段式存储管理。

1. 虚拟存储的概念

实际上，虚拟存储思想的理论依据是程序的局部性原理。所谓程序的局部性原理，是指在一段时间内，程序执行过程中往往是集中地访问某部分主存区域中的指令或数据，例如循环程序结构或者是访问一个数组等。另外我们也熟悉下列事实：

① 程序中往往会有一些彼此互斥的部分，如分支结构。在程序执行时，如果走一条执行路径，那么位于另一条执行路径的程序段，即使不在主存，也不会影响到程序的运行。

② 在一个完整的程序中，会有一些诸如出错处理这样的子程序，在作业正常运行情况下不会执行这些程序，没有必要把它们调入主存。

基于程序局部性原理和上述事实，就没有必要把一个作业，尤其是大作业一次性全部装入主存再开始运行。可以把作业当前执行所涉及的程序和数据放入主存中，其余部分可根据实际需要临时调入，在操作系统和硬件相互配合下完成主存和外存之间信息的动态调度。这样的计算机系统好像为用户提供了一个存储容量比实际主存大得多的存储器，这就是虚拟存储器。

虚拟存储技术的基本思想是把有限的主存空间与大容量的外存统一进行管理起来，构成一个远大于实际主存的虚拟的存储器。此时，外存是作为主存的逻辑延伸，用户并不会感觉到内、外存的区别，即把两级存储器当做一级存储器来看待。一个作业运行时，将其代码和数据全部装入虚存，实际上可能只有当前运行所必需的一部分信息存入了主存，其他仍存放在外存，当所访问的信息不在主存时，系统自动将其从外存调入主存。当然，主存中暂时不用的作业信息也可放回至外存，以腾出宝贵的主存空间供其他作业使用。这些操作都由存储管理系统自动实现，不需用户干预。对用户而言，只感觉系统提供了一个大容量主存，但这样大容量的主存实际上并不存在，是一种虚拟的存储器，因此把具有这种功能的存储管理技术称为虚拟存储管理。

用户的逻辑地址空间在编程时可以不考虑实际物理主存的大小，认为自己编写多大程序就有多大的虚拟存储器与之对应。每个用户可以在自己的逻辑地址空间中编程，在各自的虚拟存储器上运行，这给用户编程带来了极大的便利。

当然，虚拟存储器的容量也不是无限的，一个虚拟存储器的最大容量由计算机的地址结构决定。例如，某计算机系统的物理主存容量为 64 MB，其地址总线是 32 位的，则虚存的最大容量为 $2^{32}=4$ GB，即用户编程的逻辑地址空间可高达 4 GB，远比其主存容量大得多。

通过采用虚拟存储技术，在物理主存的基础上存储空间得以扩充，给用户带来了很大方便，使主存空间可以得到更有效地利用，但这也使得存储管理技术的设计与实现更趋于复杂。

2. 请求页式存储管理

请求页式存储管理与分页式存储管理十分相似，不同之处在于地址重定位问题。在请求页式存储管理的地址重定位时，由于不像以前的存储管理是将作业全部装入主存，可能会出现所需页面不在主存的情况，此时系统必须解决以下两个问题：

① 当程序要访问的某页不在主存时，如何发现这种缺页情况？发现后应如何处理？

② 当需要把外存中的某个页面调入主存时，此时主存中没有空闲块应怎么办？

要解决第一个问题，可以对前面的分页式存储管理的页表表项进行扩充，在原有的页号和块号的基础上，增加一个状态位和当前页在外存的地址。状态位用来表示当前页是否在主存中。

例如，状态位为 0 表示该页不在主存中，状态位为 1 表示该页已在主存中。

按照分页式管理模式，程序中的逻辑地址首先被硬件解释成（页号,块号）两部分，根据页号可查页表，若该页在主存，可查到相应块号，转换成物理地址，完成程序指令；若该页不在主存，则引起缺页中断，由系统将该页从外存读入，并修改状态位，填入实际主存块号，再转换成物理地址，完成程序指令的运行。图 2-32 所示是请求页式存储管理的存储映像。

为简单起见，对每个作业一般可事先分配一个固定数目的主存块数。在图 2-32 中，假设作业 1 已被分到的 3 个固定块。

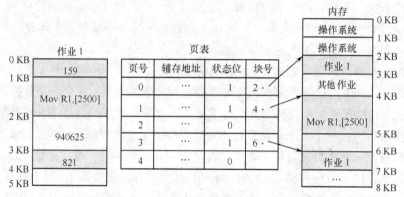

图 2-32 请求页式存储管理的存储映像示意图

在图 2-32 中，作业 1 的第 0、1 和 4 页已分别装到主存 2、4、6 块中。当程序执行到指令 Mov R1,[2500]时，2500 这个逻辑地址由硬件分页后得到页号 $P=2$，查页表可知第 2 页对应的表项中状态位为 0，表明该页不在主存中，系统产生缺页中断，由操作系统来处理。若主存中该作业尚未占满所分得的主存块，直接调入需要页面，修改页表，完成中断，返回指令被中止处继续执行。而现在作业 1 分得的固定块数已用完，为使程序执行，必须置换掉已在主存中的某页，将需要的页面调入。

这就涉及第二个问题，即页面置换问题。发生页面置换时，被置换出主存的页面是否需要再写到外存呢？这要看被置换的页在进入主存后是否被修改过。若在程序执行过程中已进行修改，则应写回外存，否则就不必写回外存。为此，在页表中还应增加修改位，以标志该页在主存中是否被修改过。

另外，为了帮助操作系统对要置换出主存的页面进行选择，在页表中还可以增加一个引用位，以反映该页最近的使用情况。

3. 请求段式存储管理

为了能实现虚拟存储，段式逻辑地址空间中的程序段在运行时并不全部装入主存，而是如同请求页式存储管理，首先调入一个或若干个程序段运行，在运行过程中调用到哪段时，就根据该段长度在主存分配一个连续的分区给它使用。若主存中没有足够大的空闲分区，则考虑进行段的紧凑或将某个段或某些段淘汰出去。相应于请求页式存储管理，这种存储管理技术称为请求段式存储管理。

请求段式存储管理的主存分配类似于可变式分区存储管理，可采用最佳适应算法、首次适应算法和最差适应算法。

2.4 设备管理

在计算机系统中，除了对处理器、存储器以及文件系统进行管理外，还需要对输入/输出设备（简称 I/O 设备或外设）进行有效管理才能完成操作系统的主要功能。通常把各种外设及其相关接口线路、控制部件与管理软件系统等称为 I/O 系统。随着计算机软、硬件技术的飞速发展，各种各样的计算机外设不断出现；同时在多道程序运行环境中要并行处理多个作业的 I/O 请求；另外对网络设备的使用等，这些都对设备管理提出了更高要求。因此提高外设的并行程度和利用率，由操作系统对种类繁多、特性和方式各异的外设进行统一管理显得尤为重要。

在设备管理中，普遍使用中断、通道、缓冲等各种技术，这些措施较好地克服了外设与主机的速度不匹配问题，使得主机和外设能并行工作，改善了设备的使用效率；同时凡是有关外设的驱动、控制、分配技术等问题都统一由操作系统中的设备管理程序负责完成，这使得用户摆脱了使用外设的困难。

2.4.1 设备管理概述

现代计算机系统中常配有各种类型的设备，且同一类型的设备可能有多台，因此系统要解决如何标识各台设备的问题。各种操作系统对设备命名的思想基本类似，即按照某种原则为每台设备分配一个唯一的代号用于识别设备，该代号称为设备的绝对号（物理设备名）。

在多道程序环境中，多个用户共享系统中的设备，而用户并不清楚各设备的忙闲等状态，因此只能由操作系统根据当时设备的具体情况决定哪些用户使用哪些设备。这样用户在编写程序时就不必通过设备绝对号来使用设备，只需向系统说明要使用的设备类型。为此，操作系统为每类设备规定了一个编号，即设备的类型号（逻辑设备名）。在 Linux 操作系统中，设备的类型号由主设备号和次设备号组成，主设备号表示设备类型，次设备号表示同类设备中的相对序号。如 LPT1、LPT2 分别表示第一台和第二台打印机（LPT 表示设备类型为打印机，1、2 为打印机的相对序号），如果此时系统有这两台打印机，那么当用户准备使用其中一台打印机时，用户程序只需向操作系统说明此时它要用的设备是打印机类设备的第几台。这里的"第几台"是设备相对号，是用户自己规定的，应该与系统为每台设备规定的绝对号相区别。当系统接收到用户程序使用设备的申请时，由操作系统进行"地址转换"，变成系统中设备的绝对号。

1. 设备的分类

现代计算机系统设备的发展异常迅速，早期的纸带机等设备已被淘汰或者正在被淘汰。目前，计算机系统的常用设备有显示器、键盘、打印机、磁盘、光盘、数字化仪、扫描仪、绘图仪、视频设备、网络设备等。I/O 设备种类繁多，结构复杂，管理起来比较困难。为了管理更方便，可以从不同角度将设备分成不同类型。

（1）按设备的所属关系分类

按设备的所属关系分类，可分为系统设备和用户设备。系统设备是指在操作系统生成时已经登记在系统中的标准设备，如鼠标、键盘、打印机等；用户设备是指在操作系统生成时未登记在系统中的非标准设备，如扫描仪、绘图仪等。

（2）按设备的信息交换方式分类

按设备的信息交换方式分类，可分为块设备和字符设备。块设备用于存储信息，信息的存取以数据块为单位，如磁盘、磁带等；它将数据存储在定长块中，每个数据块都有自己的地址，块设备的基本特征是能够单独地读/写每一个数据块，所读/写的块与其他数据块无关。字符设备用于数据的输入和输出，以字符为单位组织和传送数据，如交互式终端、打印机等；它传送或接收一连串字符，数据组织不考虑块结构，也不能单独寻址。

（3）按设备的管理模式分类

按设备的管理模式分类，可分为物理设备和逻辑设备。物理设备是指计算机系统硬件配置的实际设备。这些设备在操作系统内具有唯一的符号名称，系统可按照该名称对相应的设备进行物理操作。逻辑设备是指在逻辑意义上存在的设备，在未加以定义前，它不代表任何硬件设备和实际设备。逻辑设备是系统提供的，也是独立于物理设备而进行输入/输出操作的一种"虚拟设备"。

（4）按设备的使用性质分类

按设备的使用性质分类，可分为独占设备、共享设备和虚拟设备。独占设备是指在一段时间内只允许一个用户进程访问的设备，在用户作业或者进程运行期间为该用户所独享，只有等该用户使用完毕释放对设备的占用，别的用户和进程才有可能使用该设备，典型的独占设备是打印机。共享设备是指允许多个进程分时共享的设备，宏观上似乎多个用户同时在使用，如磁盘；共享设备可以使设备的利用率提高。虚拟设备是指通过虚拟技术（如 Spooling），将一台独占设备变为共享设备供各个用户（进程）同时使用；这种通过虚拟技术处理后的设备称为虚拟设备。

（5）按设备的功能分类

按设备的功能分类，可分为输入设备、输出设备、存储设备、供电设备、网络设备等。输入设备是将数据、图像、声音等信息输入计算机的设备，如鼠标、键盘、扫描仪等。输出设备是将计算机处理加工后的数据显示、打印、再生出来的设备，如显示器、打印机、绘图仪等。存储设备是能够进行数据保存的设备，如磁盘、光盘、U 盘等。供电设备是为计算机提供电力电源、电池后备的部件与设备，如开关电源、UPS 等。网络设备是进行网络互连所需的设备，如集线器、交换机等。设备的功能划分不是绝对的，有的设备可能既是输入设备又是输出设备。

2. 设备管理的任务

设备管理的任务是按设备的类型以及系统使用的分配策略，为请求 I/O 进程分配一条传输信息的完整通路。合理控制 I/O 的控制过程，可最大限度地实现 CPU 与外设之间、外设与外设之间的并行工作。

（1）实现数据传输与交换

根据一定的算法选择和分配输入/输出设备，以便进行数据传输，并且能够控制 I/O 设备和 CPU（或内存）之间进行数据交换。

（2）提高效率

尽管外设的工作速度有了一定程度的提高，但与 CPU 相比仍太慢。为了提高外设的使用效率，除合理地分配和使用外设外，还要尽量提高 CPU 和外设之间以及外设与外设之间的并行程度，均衡系统中各设备的负载，最大限度地发挥所有设备的潜力，以使操作系统获得最佳效率。为此可采用通道与缓冲技术。

（3）提供接口

为改善系统的可适应性和可扩充性，给用户提供一个友好透明的接口，把用户程序和设备的硬件特性分开，使得用户在编写应用程序时不必涉及具体使用的物理设备，即实现设备独立性。在已经实现设备独立性的系统中，用户编写程序时不再使用物理设备名，而是使用逻辑设备名，用户应用程序的运行不依赖于特定的物理设备，而由系统进行合理地分配。

（4）统一管理

外设种类繁多，其特征各不相同，且不同设备有不同的特性和操作方法，为了方便用户使用，避免出错，使设备管理系统简单可靠、易于维护，必须将设备的具体特性和处理它们的程序分开，这样就可使某一类或某几类设备共用一个设备处理程序，实现对复杂外设的统一管理。

3. 设备管理的功能

为了完成上述主要任务，操作系统所提供的设备管理需要具备以下功能：

（1）设备状态跟踪

设备的状态是进行设备管理的重要依据。设备状态信息保留在设备控制表（DCT）中，DCT能动态地记录设备状态的变化及有关信息。在对设备进行统一管理时，设备管理系统必须动态地记录并监视系统中所有设备的工作状态，如它们忙闲情况等。例如，系统内有两个键盘，其中一个正在进行输入工作，另一个空闲。系统必须知道这两个键盘的使用情况，才能在进程请求输入时，将空闲的键盘分配给该进程。

（2）设备的分配与回收

按照设备的类型（独占、共享、还是虚拟）和系统中所采用的分配算法，决定把一个 I/O设备分配给要求该类设备的进程。如果一个进程没有分配到它所需要的相关设备，那么该进程就进入相应设备的等待队列。在多用户进程中，系统必须决定进程对设备资源的获取、使用时间以及使用完后如何回收资源等问题。在多道程序系统中，为了解决并发进程对设备的竞争、防止死锁的发生，系统必须按照一定的分配策略进行设备调度和分配，以管理设备的等待队列，实现此功能的程序称为设备分配程序。当作业运行完毕后，要释放设备，则系统必须回收，便于其他作业使用。

（3）设备控制

实现 I/O 控制功能的程序称为设备处理程序，包括设备驱动程序和设备中断处理程序。当进程申请设备时，设备处理程序根据用户的 I/O 请求构成相应的通道程序，交给通道去执行，然后启动指定的设备进行 I/O 操作，并对通道发来的中断请求作出及时的响应。

（4）实现设备并行性和缓冲区的有效管理

除了需要控制状态寄存器、数据缓冲寄存器等寄存器外，对应不同的 I/O 控制方式，还要有存储器、直接存储器存取（Directed Memory Access，DMA）、控制器、通道等硬件设备。当进程得到由设备分配程序分配的设备、控制器和通道（或 DMA）等硬件后，通道（或 DMA）将自动完成设备和内存之间的数据传送工作，从而完成并行操作的任务。若没有通道（或DMA），则由中断技术来完成并行操作。

对缓冲区的管理是为了解决低速的外设和高速的 CPU 或内存之间的速度不匹配问题，另一方面也提高了并行性。系统中一般设有缓冲区（器）来暂存数据，由设备管理程序负责进行缓冲区的分配、释放等有关工作。

2.4.2 I/O 控制方式

计算机系统的主存储器与外围设备之间的数据传输操作称为 I/O 操作。随着计算机技术的发展，I/O 控制方式也在不断地发展。当引入中断机制后，数据传送从最简单的程序直接控制方式发展为中断控制方式，大大提高了设备和 CPU 并行工作的程度。DMA 控制器的出现，使数据传送的传输单位从字节扩大到数据块，使得数据传送能独立进行而无须 CPU 干预，数据传输效率大大提高。而通道控制方式的出现，使 CPU 可真正从繁杂的数据传送控制中解脱出来，以便更多地进行数据处理。下面就数据传送的几种主要方式分别进行介绍。

1. 程序直接控制方式

程序直接控制方式是指由程序直接控制内存或 CPU 和外设之间进行信息传送的方式，通常又称为"忙—等"方式（或循环测试方式）。用户进程是这种方式的控制者。在数据传送过程中，I/O 控制器是必不可少的硬件设备，是操作系统软件和硬件设备之间的接口，接收 CPU 的命令，并控制 I/O 设备进行实际的操作。为了和 CPU 及其他设备协调工作，I/O 控制器一般都有控制状态寄存器和数据缓冲寄存器。控制状态寄存器有几个重要的信息位如启动位、完成位、忙位等。如果把"启动位"置 1，设备可以立即开始工作；如果"完成位"变为 1，表示外设已完成一次操作；"忙位"表示设备是否处于忙碌状态。数据缓冲寄存器是进行数据传送的缓冲区。当需要输入数据时，先将数据送入数据缓冲寄存器，然后由 CPU 从中取走数据；反之，当输出数据时，先把数据送入数据缓冲寄存器，然后由输出设备及时将其取走，进行具体的输出操作。

程序直接控制方式过程如图 2-33 所示。由于数据传送过程的输入和输出的情况比较类似，这里只给出一次数据输入时的工作过程。

① 检测外设状态，如果可以使用设备，则将启动位置 1，启动外设。

② 测试控制状态寄存器中的"完成位"，若为 0 表示外设未完成一次数据输入工作，CPU 等待外设完成工作；如果外设已准备好数据则将需输入的数据送到数据缓冲寄存器，将"完成位"置 1，CPU 侦测外设状态的变化转③。

③ CPU 将数据缓冲寄存器中的数据取走进行实际的输入操作。

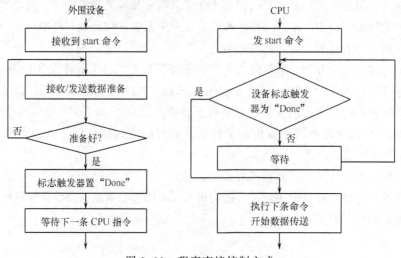

图 2-33　程序直接控制方式

程序直接控制方式虽然比较简单，也不需要多少硬件支持，但它存在以下缺点：

① CPU 利用率低，CPU 与外设只能串行工作。由于 CPU 的工作速度远远高于外设的速度，使得大量 CPU 时间处于空闲等待状态，CPU 利用率大大降低。

② 外设利用率低，CPU 在一段时间内只能和一台外设交换数据信息，不能实现设备之间的并行工作。

③ 无法发现和处理由于设备或其他硬件所产生的错误。

2. 中断控制方式

现代计算机系统中都引入了中断机制。所谓中断（Interrupt），是指 CPU 暂时中止现行程序的执行，转去执行为某个随机事件服务的中断处理程序，处理完毕后自动恢复到原程序的执行。中断方式被用来控制外围设备和内存与 CPU 之间的数据传送，克服了程序直接控制方式的缺点，提高了 CPU 的利用率，使 CPU 和外设能并行工作。

在使用中断控制的系统中，用户进程需要数据时，仍然通过 CPU 把设备启动位置 1 的方式将控制字写入设备控制状态寄存器中启动设备。这时由于该用户进程在等待 I/O 完成这一事件的发生，该用户进程将放弃 CPU 的使用，由进程调度程序调度其他就绪进程使用 CPU，而不是不停地测试外设工作状态。当设备完成工作，外设数据寄存器装满后，设备控制器通过中断请求线向 CPU 发出中断信号，请求进行数据传输。当系统出现中断时，由中断控制器汇集各种中断请求，经中断控制器处理后形成中断号，并向 CPU 传送中断号 INT。CPU 响应中断，暂停正在进行的工作，通过判断和识别中断源，转向执行相应的中断处理程序，取出数据寄存器中的输入数据送到内存特定单元；执行完整个中断处理程序后，返回中断点继续执行。根据调度策略 CPU 会将等待输入完成的进程唤醒。

中断控制方式过程如图 2-34 所示。中断控制方式具体步骤如下：

① 进程需要数据时，通过 CPU 发出 start 指令启动外围设备准备数据。

② 在进程发出指令启动设备后，该进程放弃 CPU，等待完成输入。

③ 当输入完成时，I/O 控制器通过中断请求线向 CPU 发出中断请求。

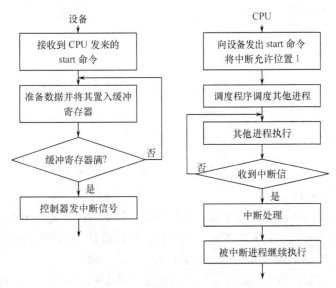

图 2-34　中断控制方式处理过程

④ 在以后的某个时刻，进程调度程序选中提出请求并得到数据的进程，该进程从约定的内存特定单元中取出数据继续工作。

中断控制方式也存在一些缺点，主要是：

① 它仍以字节或字为单位进行输入/输出，在一次数据传送过程中发生中断次数较多，这将耗去大量 CPU 处理时间。

② 设备把数据放入数据缓冲寄存器并发出中断信号后，CPU 有足够的时间在下一个（组）数据进入数据缓冲寄存器之前取走数据。如果外设的速度也非常快，则有可能造成数据缓冲寄存器的数据丢失。

3. DMA 方式

如果将中断方式用于块设备的 I/O，效率是非常低的。例如，为了从磁盘读出 1 KB 的数据块，需要中断 1 024 次。DMA 方式的引入进一步减少了 CPU 对 I/O 的干预。DMA 方式又称直接存储器访问方式，其基本思想是在外围设备和内存之间开辟直接的数据交换通道。DMA 方式的数据输入处理过程如图 2-35 所示。

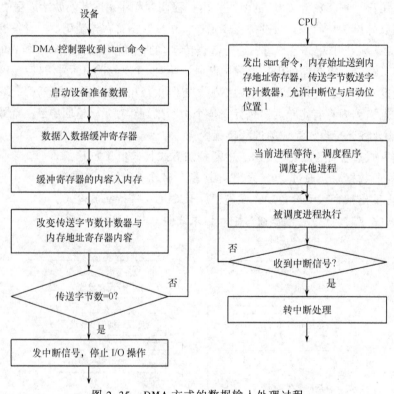

图 2-35　DMA 方式的数据输入处理过程

DMA 方式的具体过程如下：

① 当进程要求输入数据时，CPU 把准备存放输入数据的内存始地址以及要传送的字节数分别送入 DMA 控制器中的内存地址控制器和传送字节计数器，同时把控制状态寄存器中断允许位和启动位置 1，以启动设备开始进行数据输入并允许中断。

② 发出数据输入要求的进程进入等待状态，进程调度程序调度其他就绪进程占用 CPU。

③ 在 DMA 控制器控制下，将来自输入设备的数据源源不断写入内存，直到所要求的字节全部传送完毕。

④ DMA 控制器在传送字节数完成时通过中断请求线发出中断信号，CPU 在接收到中断信号后转到中断处理程序进行善后处理，唤醒等待输入完成的进程，该进程从指定的内存始地址取出数据做进一步处理。

⑤ 中断处理结束时，CPU 返回被中断进程处执行或被调度到新的进程上下文环境中执行。

DMA 方式的缺点如下：

① 多个 DMA 控制器同时使用时会引起内存地址冲突并使得控制过程进一步复杂化。

② 多个 DMA 控制器同时使用是不经济的。

4. 通道控制方式

通道控制（Channel Control）方式是 DMA 方式的发展。在 DMA 方式中数据传送方向、存放数据内存始地址以及传送的数据块长度等都是由 CPU 控制，而在通道方式中这些都由通道进行控制。它把对一个数据块的读/写为单位的干预，减少为对一组数据块的读/写为单位的干预。

通道控制方式的数据输入处理过程如下：

① 当进程要求设备输入数据时，CPU 发出 start 指令、指明 I/O 操作、设备号和对应通道。

② 对应通道接收到 CPU 发来的启动指令 start 之后，把存放在内存中的通道指令程序读出，设置对应设备的 I/O 控制器中的控制状态寄存器。

③ 设备根据通道指令的要求，把数据送往内存中的指定区域。

④ 当数据传送结束时，I/O 控制器通过中断请求线发送中断信号请求 CPU 做中断处理。

⑤ 中断处理结束后 CPU 返回被中断进程处继续执行。

2.4.3　设备的分配

由于设备资源的有限性，进程对这些资源的使用必须由系统统一分配。进程必须首先向设备管理程序提出资源申请，然后由设备分配程序根据相应的分配算法为进程分配设备资源。如果申请进程未得到其所申请的资源，将被放入资源等待队列中等待所需要的资源。

1. 设备分配数据结构

为了及时掌握设备情况以便分配设备控制器和通道，设备管理系统必须建立相应的数据结构。在这些数据结构中，记录了相应设备或控制器等的状态，以及对它们进行控制所需要的信息，如图 2-36 所示。在进行设备分配时所需的数据结构主要有设备控制表（Device Control Table，DCT）、控制器控制表（Controller Control Table，COCT）、通道控制表（Channel Control Table，CCT）、系统设备表（System Device Table，SDT）。

（1）设备控制表

设备控制表也称设备控制块。DCT 的内容主要包括：

① 设备标识：用来区别不同的设备和便于系统访问。

② 设备类型编号：用于反映设备的特性，如终端设备、块设备或字符设备等。

③ 设备地址或设备号：每个设备都有相应的地址或设备号，该地址既可以和内存统一编址，也可以单独编址。

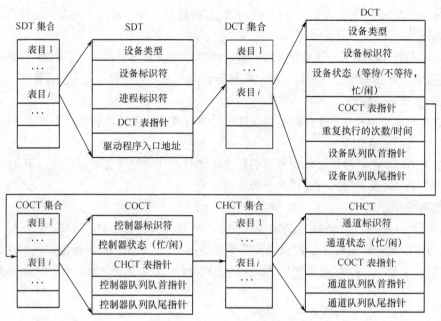

图 2-36　设备分配的数据结构

④ 设备状态：指明设备是处于工作、空闲、出错或其他可能的状态。

⑤ 等待队列指针：将等待使用该设备的进程组成等待队列，其队首和队尾指针存放在 DCT 中。

⑥ I/O 控制器指针：该指针指向与该设备相连接的 I/O 控制器。

设备控制表反映设备的特性以及设备和 I/O 控制器的连接情况。系统中每个设备都必须有一张 DCT 设备控制表。DCT 在系统生成时或该设备和系统连接时创建，表中的内容则根据系统执行情况而变化。

（2）系统设备表

整个系统会保留一张系统设备表 SDT，记录已被连接到系统中的所有设备的情况，反映系统中设备资源的状态，即系统中有多少设备，又有多少已分配给了哪些进程。每个设备占一个表目，每个表目包括：

① DCT 指针：指向该设备的设备控制表 DCT。

② 进程标识：正在使用该设备的进程标识。

③ DCT 信息：为引用方便而保存的 DCT 信息，如设备标识、设备类型等。

④ 控制器控制表：每个设备控制器有一张控制器控制表，用于记录控制器的使用状态以及和通道的连接情况等，如 DMA 控制器所占用的中断号、DMA 数据通道的分配。

⑤ 通道控制表：每个通道有一张通道控制表，以描述通道工作状态。

2. 设备分配原则

在多进程的系统中，由于进程数多于设备数，必然会引起进程对资源的争夺。所以还需要系统提供一套合理的分配原则和合适的分配算法，各进程才能先后得到所需资源，从而使系统有条不紊地工作。设备分配要根据设备特性、用户要求和系统配置情况决定，总的原则是：要提高设备的使用效率，尽可能地让设备忙碌，同时避免由于不合理的分配方法造成进程死锁。

　　设备分配方式有静态分配和动态分配两种。静态分配方式即独享分配方式，是在用户作业开始执行前，系统一次分配该作业所要求的全部设备，之后这些设备就一直为该作业所占用直到该作业完成，尽管在该作业运行期间有很长一段时间都不使用设备。静态分配方式不会出现死锁，但设备的使用效率低。

　　动态分配方式即共享分配方式，设备在进程执行过程中根据需要进行分配。当进程需要设备时，通过系统调用命令向系统提出设备请求，由系统按照事先规定的策略为进程分配所需要的设备，一旦用完之后便立即释放。动态分配方式显著提高了设备的利用率，但如果设备分配算法使用不当，则有可能造成进程死锁。

3. 设备分配算法

　　设备分配算法就是具体按照哪种分配方法将设备分配给进程。对设备的分配算法与进程的调度算法相似，但比较简单。常用的设备分配算法有以下几种：

　　① 先请求先分配。当有多个进程请求某设备、或者是在同一设备上进行多次 I/O 操作时，系统按提出 I/O 请求的先后顺序将进程发出的 I/O 请求命令排成队列，该设备的 DCT 中的设备等待队列指针指向队列的队首。当该设备空闲时，系统从该设备的请求队列的队首取下一个 I/O 请求命令，将设备分配给发出这个请求命令的进程。

　　② 高优先级者优先分配。类似于在进程调度中优先级高的进程优先获得处理器，对优先级高的进程的 I/O 请求也给以高的优先级，有助于该进程尽快完成，从而尽早地释放所占用的资源。对于优先级相同的 I/O 请求，则按先请求先分配的原则排队等待设备。

　　③ 按时间片轮转分配。和进程调度一样，以上的设备分配算法也存在一些问题，而按时间片轮转分配能解决部分问题，但对独占型设备是不合适的。

　　从资源利用的观点来看，外设的独占使用方式对资源造成了浪费。如果用高速的共享设备（如磁盘）来模拟低速的独享设备，就可以把一台独享的物理设备变成若干台虚拟的同类设备，这种技术称为 Spooling 技术。即当用户程序请求分配某独占型设备时，系统就用分给它的共享型设备的一部分空间来代替。例如，用户程序向系统申请打印机，而打印机可能已经被分配给其他程序，但是用户程序不需要争取独占打印机，这时操作系统把要通过打印机输出的信息写入磁盘的有关空间中，再由系统控制在适当时机（如打印机空闲时）从打印机输出。这样，在用户程序看来，它的打印机要求很快就被一台快速的虚拟打印机接收了。通常把这种用来代替独占型设备的特定外存空间称为虚拟设备，这种分配虚拟设备的方法称为设备的虚拟分配。采用虚拟分配方式能提高系统和设备的利用率。

2.4.4　设备无关性和缓冲技术

1. 设备无关性

　　为提高操作系统的可适应性和可扩展性，希望用户程序尽可能地与物理设备无关，为此提出了设备无关性（即设备独立性）的概念。所谓设备无关性，是指用户编写的应用程序独立于具体使用的物理设备，即使更换了设备应用程序也不用改变。

　　为了实现设备无关性，在操作系统中引入了逻辑设备和物理设备的概念。所谓逻辑设备，即实际物理设备属性的抽象，它并不局限于某个具体设备。例如，一台名为 LST 的具有打印机属性的逻辑设备，它可能是 0 号打印机或 1 号打印机，在某些情况下，也可能是显示终端，甚至是一台磁盘的某部分空间（虚拟打印机）。逻辑设备究竟和哪个具体的物理设备相对应，这要由系统根据当时的设备情况来决定或由用户指定。我们知道，进程在实际执行时必须使用实际的物理设备，就像它必须使用实际的物理内存一样。然而在用户程序中应避免直接使用物理设备名称，而应使用逻辑设备名称，正如在用户程序中应采用逻辑地址而避免直接使用实际内存地址一样。例如，当一进程要求使用打印机时直接使用物理设备名，由于该打印机已被分配给另一进程，尽管此时尚有几台其他打印机空闲，该进程仍然只能等待该台特定打印机；但是，如果该进程是以逻辑设备名称来提出使用打印机要求时，系统可将任意一台空闲打印机分配给它。逻辑设备名是用户程序中所涉及的该类物理设备特性的抽象，这使之可映射到该类型设备中的任一物理设备，不仅有利于提高资源利用率，还大大改善了系统的可适应性及可扩展性。为了实现与设备的无关性，系统中必须有一张联系逻辑设备名和物理设备名的映像表 PAT。

实现设备无关性具有以下优点：

① 使得设备分配更加灵活。当多用户多进程请求分配设备时，系统可根据设备当时的忙闲情况合理调整逻辑设备名与物理设备名之间的对应情况，以保证设备的独立性。

② 可以实现 I/O 重定向。所谓 I/O 重定向，是指可以更换 I/O 操作的设备，而不必改变应用程序。例如应用程序调试时，可将程序的所有输出送到屏幕上显示；而在程序调试完后，如需更换输出设备，将程序的运行结果打印出来，此时不必修改应用程序，只需将 I/O 重定向的数据结构——逻辑设备表中的显示终端改为打印机即可。

2. 缓冲技术

缓冲技术是设备管理中的一项重要技术措施。在操作系统中，引入缓冲技术的主要原因可归结为以下几点：

（1）改善 CPU 与 I/O 设备间速度不匹配的矛盾

例如一个程序，时而进行长时间的计算而没有输出，时而又阵发性把输出送到打印机。由于打印机的速度远远低于 CPU 的速度，造成了 CPU 在程序执行期间长时间的等待。如果设置了缓冲区，程序输出的数据先送到缓冲区暂存，然后由打印机慢慢地输出。这时，CPU 不必等待，可继续执行程序，这样就实现了 CPU 与 I/O 设备间的并行工作。事实上，凡在数据的到达速率与其离去速率不同的地方都可设置缓冲，以缓解 CPU 与 I/O 设备间速度不匹配的矛盾。

（2）可减少对 CPU 的中断频率，放宽对中断响应时间的限制

例如从远程终端发来的数据若仅用一位缓冲寄存器来接收，则必须在每收到一位数据后便中断 CPU 一次，而且在下次数据到来之前，必须将缓冲寄存器中的内容取走，否则会丢失数据。但如果设置一个 16 位的缓冲寄存器来接收信息，则仅当 16 位都装满时才中断 CPU 一次，从而把中断的频率降低为原来的 1/16。

（3）提高 CPU 和 I/O 设备之间的并行性

缓冲的引入可显著提高 CPU 和设备的并行操作程度，提高系统的吞吐量及设备的利用率。根据 I/O 控制方式，缓冲的实现可采用硬件缓冲和软件缓冲两种方式。硬件缓冲是利用专门的硬件寄存器作为缓冲器，它容量较小，是用来暂时存放数据的一种存储装置；而软件缓冲是借助操作系统的管理，采用内存中的一块专门划分的区域作为缓冲区，缓冲区的大小一般与盘块的大小一样。硬件缓冲的成本比较高，缓冲区的大小也是固定的。软件缓冲的使用比较灵活，各种 I/O 设备开设的缓冲区的大小和位置可能不一样，同时这个缓冲区的系统资源也是 I/O 设

备争用的。系统必须保证各个 I/O 设备的缓冲区互不冲突，并且不影响主存储器的使用。缓冲技术主要有单缓冲、双缓冲、环形缓冲和缓冲池 4 种类型。

2.4.5　设备驱动程序

要使某个硬件设备正常工作，需要一种特别的程序——设备驱动程序。设备驱动程序通常以进程的形式存在，是 I/O 进程与设备控制器之间的通信程序，也把设备驱动程序称为设备驱动进程。设备驱动程序主要负责启动指定设备，即负责设置与设备有关的寄存器的值、启动设备进行 I/O 操作、指定操作的类型和数据流向等。当然，在启动指定设备之前，还必须完成一些必要的准备工作，如检验设备是否"忙"等。在完成所有的准备工作之后，才向设备控制器发送一条启动命令。

那么系统到底如何完成用户提出的 I/O 请求呢？其具体处理过程是：用户进程发出 I/O 请求→系统接收这个 I/O 请求→设备驱动程序具体完成 I/O 操作→I/O 完成后，用户进程重新开始执行。

为了实现 I/O 进程与设备控制器之间的通信，设备驱动程序应具备以下功能：

① 接收由 I/O 进程发来的命令及参数，并将接收到的抽象要求转换为具体要求。例如，将抽象要求中的盘块号转换为磁盘的盘面、磁道号及扇区号。

② 检查用户 I/O 请求的合法性。设备驱动程序将用户的 I/O 请求排在请求队列的队尾，检查 I/O 请求的合法性，了解 I/O 设备的状态，传递有关参数等。

③ 取出请求队列中队首请求，将相应设备分配给它。然后启动该设备工作，完成指定的 I/O 操作。

④ 处理来自设备的中断，及时响应由控制器或通道发来的中断请求，并根据其中断类型调用相应的中断程序进行处理。

⑤ 对于设置有通道的计算机系统，驱动程序还应能够根据用户的 I/O 请求，自动地构成通道程序。

图 2-37 是 I/O 请求处理过程示意图。

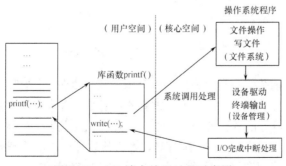

图 2-37　I/O 请求处理过程示意图

下面来看设备驱动程序是如何控制具体的 I/O 处理过程的。不同的设备有不同的设备驱动程序，但根据功能设备驱动程序大都可分为两部分，一部分是真正的设备工作所必需的驱动程序，将其称为设备处理程序；另一部分是设备中断处理控制程序。设备处理程序的主要任务是驱动设备，实现除中断处理控制外的功能，但在驱动之前应完成所有的准备工作，才能向设备控制器发送启动命令。设备处理程序的处理过程如下：

① 将逻辑设备转换为物理设备。当逻辑设备打开时，在相应的逻辑设备描述器中记录了该逻辑设备与实际物理设备之间的映射关系。

② I/O 请求的合法性检查。对于输入/输出设备在某一时刻只能进行输入或输出操作，具体来说，一些设备只能是输入的（如键盘），一些设备只能是输出的（如显示器），对输入设备的输出要求和对输出设备的输入要求都是非法的。另外，对于磁盘、磁带之类的设备，在某一时刻也只能进行其中的一项操作，如规定的是写操作，读操作则是非法的。

③ 检查设备的状态。启动某设备的前提是该设备应该处于空闲状态，因此启动设备之前，必须从设备控制器的状态寄存器中读出该设备的状态，只有该设备处于空闲状态时，才能启动该设备控制器，否则应等待。

④ 传送必要的参数。许多设备除应向其控制器发出启动命令外，还必须传送相应的参数。如在启动磁盘读/写之前，应先将传送的字节数、数据应达到的主存起始地址和外存地址送入控制器的相应寄存器中。

⑤ 启动 I/O 设备。完成上述的准备工作后，驱动程序向控制器的命令寄存器中传送相应的控制命令。驱动程序发出 I/O 命令后，基本的 I/O 操作是在设备控制器的控制下进行的。通常 I/O 操作要完成的工作较多，需要一定时间，此时驱动程序进程应该把自己阻塞起来，直到 I/O 完成的中断消息的到来才将它唤醒。

当 I/O 完成以后，设备管理器通过中断控制机制向 CPU 和系统报告 I/O 完成，提出中断处理申请，这时如果 CPU 响应中断，则可进入中断处理程序的处理过程。

中断处理程序的处理过程可分为以下几个步骤：

① 唤醒被阻塞的驱动（程序）进程。无论是什么类型的中断，当中断处理程序开始执行时，都必须唤醒被阻塞的驱动程序进程以最终完成 I/O 处理。

② 保护被中断进程的现场。将来要恢复被中断程序的运行，就必须保护被中断程序现场。

③ 分析中断源、转入相应的设备中断处理程序。对中断源进行测试，找出本次中断的 I/O 设备，转去执行为该设备设计的设备中断处理控制程序。

④ 进行中断处理，最终完成 I/O 处理。

⑤ 恢复被中断进程的现场。

2.5　文　件　管　理

操作系统的主要功能是管理计算机的硬件资源和软件资源，进程管理和存储管理都属于操作系统的硬件资源管理的功能。计算机更为重要的功能是处理大量的信息，但由于计算机内存容量的限制，不可能把所有的软件资源都存放在内存中，内存也不可能长期保存这些信息，因此信息常以文件的形式存储在外存中，这时对计算机的软件资源的管理就转换为对外存中的文件的管理，而对文件的管理在操作系统中是由文件系统来完成的。

2.5.1　文件系统的基本概念

1. 文件

（1）文件的概念

文件是具有文件名的一组相关信息（数据项）的集合。其中文件名是文件的标识符号。

（2）文件的分类

可以按不同的方法对文件进行分类。

① 按文件的用途和性质。

a．系统文件：主要由操作系统核心和其他系统程序组成。该类文件不允许用户直接对其进行操作，而只能通过操作系统的系统调用为用户服务。

b．用户文件：用户文件是由用户委托给系统保存的文件。该类文件只允许文件的拥有者和得到授权的用户对其执行相应的操作。

c．库文件：主要由各种供用户使用的标准程序、函数等组成。该类文件允许用户直接对其进行读取、执行操作，但不允许进行修改操作。

② 按文件的操作方式。

a．只读文件：只允许用户对文件进行读取操作，不允许修改文件。

b．读/写文件：允许用户对文件进行读取和修改操作。

c．可执行文件：允许用户调用，不允许用户进行读/写操作。

③ 按文件的组织形式。

a．普通文件：主要指系统中组织格式为系统中所规定的最一般的格式的文件，既包括系统文件，也包括库文件和用户文件。

b．目录文件：由文件的目录信息构成的特殊文件。

c．特殊文件：在 UNIX/Linux 中，所有的输入、输出设备都被看成特殊的文件，这类文件在使用方式上和普通文件相同，但使用过程是和设备处理程序紧密相连的。在 UNIX/Linux 操作系统中用户对外围设备的使用是通过与之相连的文件来实现的。

④ 按文件信息的流向。

a．输入文件：指通过输入设备输入的文件。如卡片阅读机读入的文件，只能读，所以为输入文件。

b．输出文件：指通过输出设备输出的文件。如打印机打印出的文件，只能写，所以为输出文件。

c．输入输出文件：指既可以输入又可以输出的文件，如磁盘上的文件。

⑤ 按文件内容的数据数据形式。

a．源文件：由源程序和数据构成的文件。从终端输入或输出。一般由 ASCII 字符和汉字组成。

b．目标文件：由编译程序编译而成的文件，由二进码组成。

c．可执行文件：由目标文件和库文件链接而成的文件。

2. 文件系统

（1）文件系统的概念

文件系统是操作系统中管理文件的机构，由管理文件所需的数据结构（如文件控制块 FCB、存储分配表等）和相应的管理软件以及访问文件的一组操作所组成。有了文件系统，用户可以用文件名对文件实施存取和存取控制，为用户与外存之间提供了友好的接口。

（2）文件系统的功能

文件系统实现对文件的统一管理，目的是为了方便用户和保证文件的安全性。从用户使用角度或从系统外部来看，文件系统主要实现了"按名存取"；从系统管理角度或从系统内部来看，文件系统主要实现了对文件存储器空间的组织和分配，对文件信息的存储，以及对存入的文件进行保护和检索。具体来说，文件系统应具备以下功能：

① 实现文件从名字空间到外存地址空间的映射，即实现文件的按名存取。

② 对文件和目录进行管理。对文件和目录进行建立、打开、读和写等基本操作是文件系统的基本功能。

③ 统一管理文件存储空间（即外存），实施存储空间的分配与回收。

④ 完成文件的共享和提供安全保护功能。

⑤ 提供用户接口。

2.5.2 文件的组织和存取

人们常以不同的两种观点去研究文件的结构关系：一是从用户角度观察到的文件结构，即文件的逻辑结构；二是文件存于外存的物理组织形式，即文件的物理结构。文件系统的重要功能之一，即要在用户的逻辑文件和相应设备上的物理文件之间建立映射，实现两者之间的转换。

1. 文件的逻辑结构

文件的逻辑结构是从用户的观点观察到的文件组织形式，一般分为两大类：流式文件和记录式文件。

（1）流式文件

流式文件是一种无结构文件，由字符序列组成，文件内的信息不再划分结构，如源程序、目标程序、可执行文件以及库函数等之类的文件，其长度以字节为单位。访问流式文件时，一般采用顺序访问方式，利用读/写指针指出下次要访问的字符，每次读/写访问可以指定任意字节长度的数据。采用流式文件，操作系统处理简单，而且灵活性很大，但实现的功能较弱。

（2）记录式文件

记录式文件是一种有结构的文件，记录是一个有特定意义的信息单位，由一组数据项（或称字段、属性）组成。记录的长度可以定长和变长两类。

① 定长记录：指文件中所有记录的长度都是相同的。不同记录中的各数据项，都位于记录中的相同位置，具有相同的顺序和相同的长度，文件的长度可以用记录数目表示。定长记录处理方便、系统开销小，广泛用于数据处理中。

② 变长记录：指文件中各记录的长度不相同。例如，一个记录中包含的数据项数目可能不同，或者数据项本身的长度不定。

对于记录的组织，可以采用连续结构和有序结构两种形式。采用连续结构时，记录按存入文件的先后顺序排列，与文件内容无关。查找记录时，只能从第一个记录开始顺序查找，查找效率低，但记录的追加和修改很方便。采用有序结构时，对记录按某个数据项（也称关键字）的值的大小顺序排列，查找记录时，可以使用较快的查找方法（如二分法等）。

2. 文件的物理结构

文件在外存的组织形式称为文件的物理结构。文件的物理结构主要依赖于外存（如磁带、磁盘、光盘等）的物理特性以及用户对文件的访问方式。文件的物理结构分为顺序结构、链接结构和索引结构。

（1）顺序结构

顺序结构也称连续结构（见图 2-38），它要求文件占用的外存空间是由连续的物理块组成的，如存放在磁带上的文件一般采用顺序结构。对于这类结构的文件，建立时要求用户给出它的最大长度，以便系统为该文件分配足够的外存空间。可见，对于顺序结构的文件，管理简单，存取速度快。对于顺序结构文件，如果执行增加或删除操作，一般只能在文件的末端进行。

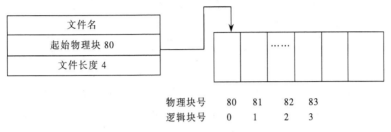

图 2-38　文件的顺序存储结构

（2）链接结构

若一个文件在外存中是散布在外存非连续的若干物理块中的，且用指针把每个记录依次链接起来（如用每个记录的最后一个字作为指针，指向下一个记录的物理位置）。这种组织形式称为链接结构（见图 2-39）。文件的链接结构比顺序结构空间利用率高，且文件操作（如增加、删除记录）灵活。

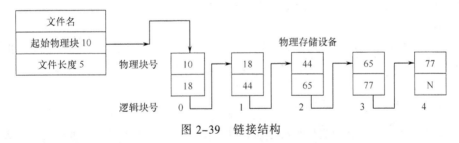

图 2-39　链接结构

可直接访问的设备（如磁盘、磁鼓）才适合组织链接结构。对于需要直接访问的文件可采用链接结构组织文件的物理结构，但访问文件中的某个记录时，非常难于得到该记录的存储块指针。对于顺序访问的文件，若建立在磁盘上，则可以组织链接结构，可以避免顺序结构下存储空间利用率低的缺点。

（3）索引结构

索引结构同链接结构一样也是由若干个不连续的物理块组成的。系统把文件分成与物理块大小相等的逻辑块，然后为每个文件建立一张逻辑块映射号到物理块号的映射表，此表称为文件索引表。它一般按文件的逻辑块号的顺序存放于外存中。访问随机文件时要访问索引表，然后从索引表中找到要访问的物理块号。索引结构访问速度快，可以随机访问文件中任何部分的内容，且增加或删除文件内容非常方便。但索引表的建立和使用增加了外存开销。如果逻辑块号太多（如上万个甚至更多），可以考虑采用多级索引。

如图 2-40 所示，某文件由 3 个记录组成，它们分别存于 23、44、77 三个物理块中。

只有可直接访问的设备才适合组织文件的索引结构。对于流式文件，可以建立由逻辑块到物理块的索引表。要访问第 x 个逻辑块，可以从索引表的第 x 项中获得该逻辑块对应的物理块号。无论用户以顺序访问方式或直接访问方式访问文件，都可将要读/写的字节在文件中的位置转化为逻辑块号与逻辑块内的字节偏移，再按逻辑块号从索引表中获得逻辑块所在的物理块号，得到文件数据。

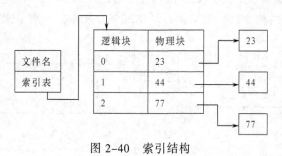

图 2-40　索引结构

3. 文件的访问方式

根据用户对文件内数据的处理方法不同，有不同的访问数据的方法。用户对文件的访问有下面两种基本方法：

（1）顺序访问

顺序访问指用户从文件初始数据开始依次访问文件中的信息。在记录式文件中，就是按记录的排列顺序依次访问，如当前访问的是记录 R_i，则下一次访问的记录就是 R_{i+1}；在字符流式文件中，以字符序列的顺序依次访问。顺序访问方法可以使用缓冲技术提高文件的输入/输出速度。

（2）随机访问

随机访问又称直接访问，指用户随机访问文件中的某段信息。它指的是按记录的编号来访问文件中的任一记录，即直接定位到某个记录，不需要从文件起始处顺序存取文件中的数据。

2.5.3　文件目录

在计算机系统的外存上的文件种类繁多，数量庞大，为了便于对文件进行管理，文件系统设置了一个称为文件目录的数据结构，这正像图书馆中的藏书需要编目一样，用以标识和检索系统中的所有文件。文件目录是一种表格，每个文件在其中占据一个表项，在其中登记了该文件的文件控制块（File Control Block，FCB）。文件目录就是所有文件控制块的有序集合。由于文件控制块 FCB 描述了文件名与文件物理位置之间的对应关系，用户只要给出文件名就可方便地存取存放在外存空间中的文件信息。

1. 文件控制块

文件系统要实现对文件的"按名存取"操作，关键是要使文件名与存放文件的物理地址建立对应关系，这是通过文件控制块来实现的。文件系统为每个文件都建立了一个文件控制块，里面存放了有关文件名、文件地址等多方面的信息。文件控制块是在第一次建立文件时由系统建立的，而在文件传送、压缩、扩充和存放时更新其内容，它随文件的撤销而删除。在实际应用中，常常把文件控制块和对应的文件分别放在外存的不同区域中。当打开文件时，其文件控制块进入内存；当关闭文件时，文件控制块也随之撤离内存。文件系统借助于文件控制块中的信息，实现对文件的管理。

文件控制块的有序集合就构成文件目录，即文件目录的每一个目录项就是一个文件控制块。文件控制块的基本内容包括：

① 文件名。文件名是原来标识一个文件的符号名。不同的操作系统，文件名命名规定有所不同。

② 文件的物理位置。文件的物理位置指明文件在外存的具体存储位置，通过该项内容，系统就能找到该文件。

③ 文件的逻辑结构。文件的逻辑结构指明文件是流式文件还是记录式文件。

④ 文件的物理结构。文件的物理结构指明文件是连续文件、链接文件还是索引文件，据此确定系统对文件的访问方式。

⑤ 文件的存取控制权限。规定各类用户对文件的访问权限。

⑥ 文件的使用信息。如文件的建立日期和时间、上一次修改的日期和时间，当前已打开该文件的进程数，文件是否被其他进程锁住等。

2. 一级目录结构

当系统确定了文件控制块的内容后，就可以建立一张目录表来存放所有文件的文件控制块，即每个文件控制块占一个表目，这样就构成了最简单的目录结构：一级目录结构，如图 2-41 所示。图中的状态位表明该目录项是否空闲。

文件名	状态位	...	物理位置
A	已分配		
B	已分配		
C	已分配		

图 2-41　一级目录结构

每个目录表项都指向一个普通文件，文件名和文件是一一对应的，有了这张表，就可以通过文件名对文件进行各种操作，即实现"按名存取"。

若要读某个文件，系统根据文件名查找目录表，获得该文件的物理地址，即可对文件进行读操作。若要创建一个新文件，系统首先到目录表中查看是否有和新文件同名的文件，若无同名文件，则通过状态位找一个空闲表目，即可将新文件名等有关信息填入其中。若要删除文件，则将文件在目录表中的表目清除掉即可。

一级文件目录有如下特点：

① 结构简单、清晰，便于维护和查找。

② 可实现按名存取。

③ 文件数目过多，搜索速度慢。为查找一个文件的目录，平均需查找目录表的一半，若是大型目录表，则搜索效率很低。

④ 不允许文件重名。由于所有文件目录都存放在一个目录表中，故不能有重名的文件，以免造成混乱，用户为文件命名时必须要知道所有文件的名字，这给用户造成极大的不便。

⑤ 不允许文件别名。由于文件名和文件是一一对应的，一个文件不能取不同的名字。即

不允许用户以不同的名字来访问同一个文件，这造成了文件共享的不便。

为了解决一级文件目录的缺点，引入了二级文件目录。

3．二级目录

二级目录是对一级目录结构的改进。二级目录结构就是把目录表分成两级，第一级称为主目录文件（Master File Directory，MFD），由用户名和用户文件目录首地址组成；第二级称为用户文件目录（User File Directory，UFD），又称子目录，记录了相应的用户文件的目录项。在用户目录下是该用户的文件，而不再有下级目录。每当用户访问它的文件时，系统按用户名从主目录中查到它的子目录，再根据文件名从子目录中查到相应的文件控制块，从而找到要访问的文件。二级目录适用于早期的小型多用户系统，便于多个用户管理及存取文件，并且不同的用户可以使用相同的文件名。二级目录结构如图 2-42 所示。

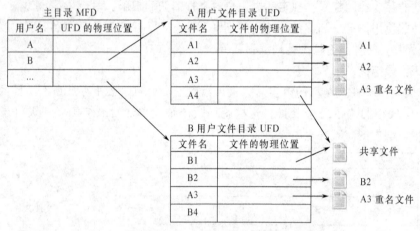

图 2-42　二级目录结构

要创建一个新文件，系统先根据用户名在 MFD 中查找对应的目录项，得到该用户的 UFD 地址，然后在 UFD 中取一个空闲表目，填入新文件的 FCB 信息。要访问一个文件，需通过查找 MFD，得到对应用户的 UFD 地址，然后在 UFD 中找到对应的文件名，获得文件物理地址后方能对文件进行访问。要删除一个文件，只需回收其存储空间，然后将文件在 UFD 中的表目清空。

二级文件目录具有以下优点：

① 搜索速度得到提高。根据用户名先搜索 MFD，然后再根据文件名到 UFD 中搜索该文件，不必将所有的文件目录都搜索一遍，显然大大提高了搜索速度。

② 允许文件重名。例如，用户 A 和用户 B 都有名为 A3 的文件，由于系统存取文件时是先按用户名再找文件名，因此，完整的文件名是由用户名和文件名组成的，因此用户 A 的文件 A3 和用户 B 的文件 A3 被视为两个不同的文件。当然，同一用户的 UFD 中不允许有同名文件。

③ 允许文件别名。即不同用户对相同文件可取不同的名字。例如，用户 A 的 A4 文件和用户 B 的 B1 文件，虽然文件名不同，但它们在 UFD 中指向同一个文件。因此，可让多个用户以不同的文件名共享一个文件。

4．树形目录结构

虽然二级文件目录有了很大改进，但随着外存容量的增大，可容纳的文件数越来越多，单纯分为二级结构已不能很方便地对种类繁多的大量文件进行管理。于是把二级文件目录的层次关系加以推广，在 UFD 下再创建一级子目录，将二级文件目录变为三级文件目录，依此类推，进一步形成四级、五级等多级目录，又称树形目录结构。在文件数目较多时，多级目录结构便于系统和用户将文件分散管理。树形目录结构适用于较大的文件系统管理，其结构如图 2-43 所示。

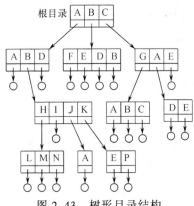

图 2-43　树形目录结构

在树形目录结构中，根目录是唯一的，由它开始可以查找到所有其他目录文件和普通文件。根目录一般可放在内存。从根结点出发到任一非叶结点或叶结点（文件）都有且仅有一条路径，该路径上的全部分支组成了一个全路径名。UNIX 以及类 UNIX 文件系统就是典型的树形目录，它们都有唯一的一个根目录 "/"。

多级目录结构具有下列特点：

①　层次清楚。不同性质、不同用户的文件可构成不同的子树，便于管理。不同用户的文件可被赋予不同的存取权限，有利于文件的保护。

②　解决了文件重名问题。文件在系统中的搜索路径是从根开始到文件名为止的各文件名组成，因此，只要在同一子目录下的文件名不发生重复，就不会由文件重名而引起混乱。

③　查找搜索速度快。可为每类文件建立一个子目录，由于对多级目录的查找每次能查找目录的一个子集，因此，其搜索速度较一级和二级目录时更快。

5. 基本文件目录和符号文件目录

为了进一步提高目录检索速度，可把目录中的文件控制块信息分成两部分：其一，由文件名和文件内部标识组成的树形结构，按文件名排序组成符号文件目录；其二，由其余文件说明信息组成的线性结构，按文件内部标识排序组成基本文件目录或称为索引结点目录。系统为所有文件赋予唯一的标识符，将文件目录的内容分为两部分：用符号文件目录来记录文件的相互关系，用基本文件目录来记录文件的说明信息。整个系统设置一个基本文件目录，每个用户对应一个符号文件目录。基本文件目录和符号文件目录的结构分别如图 2-44 和图 2-45 所示。例如，要查找文件 "/Tu-Lide/Tools/Univer"，则通过基本文件目录找到根目录（ID2），在根目录中查找到 Tu-Lide 的符号文件目录的标识符为 3，于是到基本文件目录中读出标识符为 3 的 Tu-Lide 的符号文件目录，查找 Tu-Lide 的符号文件目录得到文件 Univer 的标识符为 10，基本文件目录为 10 的表项中记录了文件 Univer 的所有信息。

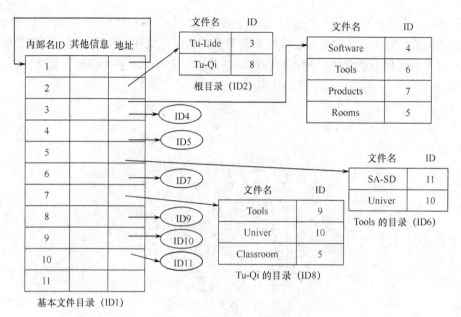

图 2-44　基本文件目录的结构

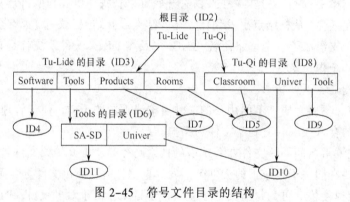

图 2-45　符号文件目录的结构

2.5.4　文件存储空间管理

　　在操作系统中，簇是文件存储的基本单位，每个簇包含若干个连续的扇区（Sector）。文件系统对簇进行分配方法有两种：一种是簇大小可变，其上限较大，I/O 访问性能较好，文件存储空间的管理困难，这有点类似于动态分区存储管理；另一种是簇大小固定，每个簇较小，文件存储空间使用灵活，但 I/O 访问性能下降，文件管理所需空间开销较大。用过计算机的读者都知道，我们常常将整个磁盘分成若干个"盘"，将操作系统安装在 C 盘，将其他文件装在 D 盘。这里说的"盘"其实就是文件卷，每个文件卷一般包括一定数量的簇，一般来说文件卷的最大容量是有限的，例如早期的 DOS 系统就无法管理大容量的硬盘。文件卷的最大容量与簇的大小有关，主要是如果簇的总数保持不变，文件卷容量越大，则簇越大，这样的结果是簇内碎片浪费越多。例如，现在使用的 FAT32 文件系统，一般的簇为 8 KB，那么文件长度小于 8 KB 的文件仍然要占据 8 KB 的外存空间。另一种方法是增加簇的数量，保持簇大小不变。我们需要更多的位数来表示簇编号，如簇编号长度为 12、16、32 二进制位，即构成 FAT12、FAT16、

FAT32。如果簇较大，可以显著提高 I/O 访问性能，减小管理开销，但簇内碎片浪费问题较严重。如果簇较小，簇内的碎片浪费较小，特别是对系统中有大量小文件时有利；但存在簇编号空间不够的问题，如使用 FAT16 时无法管理大容量硬盘，同时文件卷的大小也受到小簇的限制。

在文件存储分配时，需要采用一定数据结构记录每个文件的各个部分的位置。对于不同的文件组织形式有不同的处理方法。

① 对于连续分配，只需记录第一个簇的位置。如果没有合适的连续区域，可以通过紧缩将外存空闲空间合并成连续区域。

② 对于链式分配，由于在每个簇中有指向下个簇的指针，只需记录指向文件第一个簇的指针。为了提高 I/O 效率，可以通过合并将一个文件的各个簇改为连续存放。这项工作需要花费很大的代价。

③ 对于索引分配，由于文件的第一个簇中存放着索引表，索引表记录了该文件的其他簇的位置，所以只需要记录第一个簇的位置。

同内存管理一样，外存管理的一项很重要的任务是外存空闲空间管理。外存空闲空间管理的数据结构通常称为磁盘分配表（Disk Allocation Table），分配的基本单位是簇。主要的空闲空间的管理方法有位示图、空闲空间链和空闲空间索引 3 种，它们均适用于上述几种文件存储分配数据结构。

① 位示图比较简单，每一位表示一个簇，取值 0 和 1 分别表示空闲和占用。

② 空闲空间链是利用链表将系统中的空闲簇链接起来。每个空闲簇中有指向下个空闲簇的指针，所有空闲簇构成一个链表。每次系统申请空闲簇只需取出链表开头的空闲簇进行分配即可。

③ 空闲空间索引是固定使用外存中一个特定位置的空闲簇作为索引表的存放空间，该索引表记录了系统中其他空闲簇的位置。

现代的外存设备容量庞大，用户在使用时常需要把一个物理磁盘的存储空间划分为几个相互独立的部分，这种独立的部分称为磁盘分区（Partition），通常称为分区。一个分区的主要参数包括磁盘参数（如每道扇区数和磁头数）、分区的起始和结束柱面等。

文件卷有时可称为逻辑驱动器，也是外存管理中一个常用的概念，可在同一个文件卷中使用同一份管理数据进行文件分配和外存空闲空间管理，而在不同的文件卷中使用相互独立的管理数据。每个文件卷包括若干连续的簇。通常一个文件不能分散存放在多个文件卷中，其最大长度不超过所在文件卷的容量。一个文件卷只能存放在一个物理外设上（并不绝对），如一个磁盘分区或一盘磁带。有些文件系统如 Linux 的 Ext2 文件系统没有逻辑驱动器的概念，它的 root、usr、boot、swap 等分区其实就是文件卷。

对磁盘进行分区后，若要在某个分区上建立文件系统还必须进行格式化（Format），即建立并初始化用于进行文件分配和外存空闲空间管理的管理数据。通常，进行格式化操作使得一个文件卷上原有的文件都被删除。在 Windows 2000 中有一种特殊的扩展文件卷集（Extended Volume Set），其文件卷由一个或几个磁盘上的多个磁盘分区依次连接组成，可以容纳长度大于一个磁盘分区容量的文件。

类似于内存的多路交叉存取，外存中也有一种磁盘交叉存取技术（Disk Interleaving），其原理是将一个文件卷的存储块依次分散在多个磁盘上。例如，典型的如 4 个磁盘的交叉存取（磁盘 4 路交叉存取），如图 2-46 所示。磁盘 0 上是文件卷块 0、4、8、…，磁盘 1 上是文件卷块 1、5、9、…，磁盘 2 上是文件卷块 2、6、10、…。磁盘 1 上是文件卷块 3、7、11、…。由于磁盘访问时间大部分由旋转等待时间组成，将各个磁盘的旋转等待时间错开一定时间，如果需要访问一个文件的多个存储块，而它们分散在多个磁盘上，则可以并发地向多个磁盘发出请求，一次磁盘请求旋转等待时间可以获得多个文件卷块。使用磁盘交叉存取技术可以大大提高 I/O 效率，在此基础上还可以提供文件系统的容错功能。

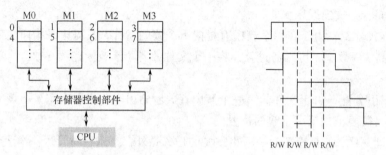

图 2-46　磁盘交叉存取技术

磁盘交叉存取技术需要相应硬件设备支持，如多个硬盘连接在同一个或不同的 SCSI 接口上，或者两个硬盘连接在一个或不同的 IDE 接口上。如果两个硬盘连接在同一个 IDE 接口上，不能提高 I/O 效率。

2.5.5　文件的共享

在一个操作系统中，一个文件往往由多个用户共同使用，系统没有必要为每个用户都保留一个文件副本，系统应能提供某种手段，使各用户能通过不同的方法访问该文件。在目录结构中，可以采用同名或异名的方式来实现文件的共享。所谓同名共享，各用户通过唯一的共享文件的路径名访问共享文件，该方法的访问速度慢，适用于不经常访问的文件共享。所谓异名共享，是利用多个目录中的不同文件名来描述同一共享文件，这种方法也称为文件别名，该方法的访问速度快，但会影响文件系统的树状结构，适用于将经常访问的文件进行共享，同时存在一定的限制。文件别名的实现方法有以下两种：

1. 基于索引结点的文件别名

基于索引结点的文件别名也称硬链接（Hard Link）。基于改进的多级目录结构，将目录内容分为两部分：文件名和索引结点。前者包括文件名和索引结点编号，后者包括文件的其他内容，如文件属主、访问权限、与时间有关的文件管理参数以及文件存放的物理地址的索引区等。当某用户希望共享该文件时，则在某目录的一个目录项中输入该文件的别名，而索引结点仍然要填写创建时的索引结点号。这时，两个具有不同文件名的文件指向同一个索引结点，共享该文件的用户对文件的操作都将引起对同一索引结点的访问。从而提供了多用户对该文件的共享。在索引结点中包含一个链接计数，用于表示链接到该索引结点上的目录项的个数。每当有一个用户要共享该文件时，则索引结点中的链接计数加 1，当用户使用自己的文件名删除该文件时，链接计数减 1，只要链接计数不为 0，则该文件一直存在。仅当链接计数为 0 时，该文件才真正地被删除。以 UNIX 举例，使用命令 ln source target 创建 source 的硬链接 target，如果使用命令 rm source 删除 source，target 仍然有效，也就是说，该文件还存在，文件名为 target。

硬链接的使用是有一定限制的，例如不能跨越不同文件卷；通常不适用于目录（在 UNIX 中只对超级用户允许），否则目录结构将由树状变为网状。

2. 基于符号链接的文件别名

基于符号链接的文件别名其实是一种特殊类型（Symbolic Link）的新文件，其内容是到另一个目录或文件路径的"快捷方式"。在利用符号链接方法实现文件共享时，只有主文件才拥有指向其索引结点的指针（索引结点号），而共享该文件的其他用户只有该文件的路径名。因此建立符号链接文件并不影响原文件，实际上它们是不同的文件，可以建立任意的别名关系，甚至原文件是在其他计算机上。符号链接实际上是一个文件，尽管该文件非常简单，却仍要为它配置一个索引结点，也要有一定的磁盘空间。这种方法有一个很大的优点，就是它能跨越不同的文件系统。仍然以 UNIX 举例：使用命令 ln –s source target 创建 source 的符号链接 target，如果使用命令 source 删除 source，target 将无法访问，这类似于 Windows 中的快捷方式失效；如果 source 是目录，如 ln –s /user/a /tmp/b，使用命令 cd /tmp/b 进入/user/a；如果此时使用命 cd ..，将进入目录/user 而不是/tmp。

在文件系统中，有些设备可以被看成文件，称之为伪文件。伪文件是指具有文件某些特征的系统资源或设备，它们的访问和控制方式与文件类似。伪文件的内容并不保存在外存上，而是在其他外围设备上或内存中，创建伪文件时需要使用特定的系统调用，如创建管道 pipe，创建套接字 socket。一般的操作系统都会提供一些特定的伪文件如键盘、显示器、打印机等。例如，在 DOS 中键盘的文件名是 con，A:\>copy con autoexec.bat 就是把键盘当成一个伪文件，文件名为 con。采用管道进行通信即在两个进程之间架设了一条管道，通信一方能够将消息源源不断地写入管道，通信的另一方不断地从管道中读出消息。它能够实现大量消息的通信。在 DOS 中类似于管道的机制是输入/输出转向，如下面这条 DOS 命令：

```
A>Myfile.exe>log.txt
```

该命令的执行效果是将 Myfile.exe 执行时产生的消息通过管道送往另一个文件。UNIX 系统的管道功能很强大，有兴趣的读者可参考其他书籍。

文件的访问权限是文件共享中必须考虑的一个重要问题。设置文件访问权限的目的是为了在多个用户间提供有效的文件共享机制。一般的文件系统都提供下面所述的基本文件权限：

① 可读 read：表明可读取该文件内容。

② 可写 write：表明可对文件进行修改 update 或添加 append，可把数据写入文件。

③ 可执行 execute：表明可由系统读出文件内容，作为代码执行。

④ 可删除 delete：表明可删除文件。

⑤ 可修改访问权限 change protection：表明修改文件属主或访问权限。

对于同一个文件，不同的用户可能有不同的操作权限，为了便于管理，简化操作，可以将用户分为不同的类型或不同的组，每组有不同的权限。在 Windows 10 系统中，权利最高的组为 Administrators。同组用户的权限基本相同，还可以对各个具体用户的权限进行调整。每个文件有自己特定的访问方式，同时具有其允许、禁止、限制的用户范围。这就是文件访问策略。

如果要并发访问文件，需要进行并发访问控制，其根本目的是提供多个进程并发访问同一文件的机制，保证了文件系统的一致性。在访问文件之前必须先打开文件，如果文件的目录内容不在内存，则将其从外存读入，否则仍使用已在内存的目录内容。这样，多个进程访问同一个文件时将都使用内存中同一个目录内容，保证了文件系统的一致性。如果要改写文件，需要利用进程间通信协调对文件的访问，以保证对文件指定区域的进行互斥访问。

对于文件的使用方法，包括打开文件、关闭文件、对文件进行读/写、执行可执行文件等方法。限于篇幅不再赘述，需要指出的是，对于用户来说，使用文件名是符合逻辑的、方便的，但面向系统的更好方法是使用文件句柄。如果一个文件被打开，系统会为该文件自动生成一个唯一的编号，许多书籍将其称为文件句柄，之后对文件的各种操作都可通过文件句柄来进行。

本 章 小 结

操作系统是计算机系统的一个重要组成部分，对其学习和掌握是非常重要的。本章对于围绕操作系统的几大功能，对进程和线程以及它们的并发过程进行了重点介绍，通过对本章的学习，读者可更清晰地了解操作系统的内核结构，为学习后续知识打下坚实的基础。

习 题

一、选择题

1. 如果分时操作系统的时间片一定，那么（　　）则响应时间越长。
   A. 用户数越少　　　　B. 用户数越多　　　　C. 内存越少　　　　　D. 内存越多

2. 分配到必要的资源并获得处理器时的进程状态是（　　）。
   A. 就绪状态　　　　　B. 执行状态　　　　　C. 阻塞状态　　　　　D. 撤销状态

3. （　　）是一种只能进行 P 操作和 V 操作的特殊变量。
   A. 调度　　　　　　　B. 进程　　　　　　　C. 同步　　　　　　　D. 信号量

4. 解决"碎片"问题最好的存储管理方法是（　　）。
   A. 页面存储管理　　　B. 段式存储管理　　　C. 多重分区管理　　　D. 可变分区管理

5. 在页式存储管理方案中，采用（　　）实现地址变换。
   A. 页表　　　　　　　B. 段表　　　　　　　C. 段表和页表　　　　D. 空闲区表

6. 资源的有序分配算法在解决死锁问题中是用于（　　）。
   A. 预防死锁　　　　　B. 避免死锁　　　　　C. 检测死锁　　　　　D. 解除死锁

7. 在请求分页系统中，主要的硬件支持有请求分页的页表机制、缺页中断机构和（　　）。
   A. 时间支持　　　　　B. 空间支持　　　　　C. 地址变换机构　　　D. 虚拟存储

8. 一进程在获得资源后，只能在使用完资源时由自己释放，这属于死锁必要条件的（　　）。
   A. 互斥条件　　　　　B. 请求和释放条件　　C. 不剥夺条件　　　　D. 环路等待条件

9. 在下列进程调度算法中，会对优先权进行调整的是（　　）。
   A. 先来先服务　　　　B. 短进程优先　　　　C. 高响应比优先　　　D. 时间片轮转

10. 当已有进程进入临界区时，其他试图进入临界区的进程必须等待，以保证对临界资源的互斥访问，这是（　　）同步机制准则。
   A. 空闲让进　　　　　B. 忙则等待　　　　　C. 有限等待　　　　　D. 让权等待

11. 关于存储器管理，以下说法错误的是（　　）。

  A. 虚拟存储器是由指令的寻址方式所决定的进程寻址空间，由内、外存共同组成

  B. 覆盖、交换、请求式调入和预调入都是操作系统控制内存和外存数据流动的方式

  C. 内存信息保护方法有上下界保护法、保护键法、软件法等

  D. 内存分配算法中，最先适应法搜索速度最快，最坏适应法碎片空闲区最少

12. 下面对临界区的论述中，正确的论述是（　　）。

  A. 临界区是指进程中用于实现进程互斥的那段代码

  B. 临界区是指进程中用于实现进程同步的那段代码

  C. 临界区是指进程中用于实现共享资源的那段代码

  D. 临界区是指进程中访问临界资源的那段代码

13. 对于给定的信号量 s，等待操作 wait (s)（又称 P 操作）定义为：

if(s>0)（　　）else 挂起调用的进程

  A. s=0   B. s=s+1   C. s=s-1   D. s=1

14. 在一个单处理器系统中，若有 6 个用户进程在非管态的某一时刻，处于就绪状态的用户进程最多有（　　）个。

  A. 5   B. 6   C. 1   D. 4

15. （　　）是操作系统中最重要、最基本的概念之一，是系统分配资源的基本单位，是一个具有独立功能的程序段对某个数据集的一次执行活动。

  A. 程序   B. 作业   C. 进程   D. 线程

16. 资源的静态分配算法在解决死锁问题中是用于（　　）。

  A. 预防死锁   B. 避免死锁   C. 检测死锁   D. 解除死锁

17. 任何两个并发进程之间（　　）。

  A. 一定相互独立 B. 一定存在交往   C. 可能存在交往   D. 都有共享变量

18. 运行时间最短的作业被优先调度，这种调度算法是（　　）。

  A. 优先级调度 B. 响应比高者优先 C. 短作业优先   D. 先来先服务

19. 产生死锁的主要原因是进程运行推进的顺序不合适（　　）。

  A. 系统资源不足和系统中的进程太多 B. 资源的独占性和系统中的进程太多

  C. 进程调度不当和资源的独占性   D. 资源分配不当和系统资源不足

20. 分页式存储管理的主要特点是（　　）。

  A. 要求作业全部同时装入内存   B. 不要求作业装入到内存的连续区域

  C. 要求扩充外存容量   D. 不要求处理缺页中断

二、判断题（正确选填 T，错误选填 F）

1. 在实时系统中，首先考虑的是交互性和及时性。   （　　）

2. 进程存在的唯一标志是它是否处于运行状态。   （　　）

3. 只要破坏产生死锁的四个必要条件中的其中一个就可以预防死锁的发生。 （　　）

4. 一作业 8:00 到达系统，估计运行时间为 1 小时，若 10:00 开始执行该作业，其响应比是 1/3。   （　　）

5. 在操作系统中引入线程概念的主要目的是处理进程与进程之间的竞争。 （　　）

6. 作业与进程的主要区别是前者由系统自动生成，后者由用户提交。 （ ）

7. 在设备管理中，通道是处理输入、输出的软件。 （ ）

8. 处于等待状态的进程，若其等待的事件已发生，就立即转入运行状态。 （ ）

9. 任何两个并发进程之间一定存在互斥关系。 （ ）

10. 在操作系统中，进程是一个具有独立运行功能的程序在某个数据集合上的一次运行
过程。 （ ）

11. 操作系统的存储器管理部分负责对进程进行调度。 （ ）

12. 分时操作系统通常采用时间片轮转策略为用户服务。 （ ）

13. 能影响中断响应次序的技术是中断优先级和中断屏蔽。 （ ）

14. 中断控制方式适用于外设同 CPU 之间进行大量数据交换。 （ ）

15. 在操作系统中，作业调度和进程调度没有区别。 （ ）

三、简答题

1. 什么是操作系统？试述其主要特征和功能。

2. 何为进程？请画出具有基本进程状态的状态转移图，并指出转移原因。

3. 什么是死锁？产生死锁的必要条件是什么？解决死锁的方法主要有哪些？

4. 简述分页式存储管理的核心思想。

5. 什么是文件和文件系统？简要说明文件系统的主要功能。

四、综合题

1. 设阅览室有 200 个座位，最多可以同时容纳 200 个读者，当读者进入或离开阅览室时
都必须在登记表上登记，试用 PV 操作编写读者进程的同步算法。

2. 在一个请求分页系统中，假如系统分配给一个作业的物理块数为 3，且此作业的页面
走向为 2,3,2,1,5,2,4,5,3,2,5,2。试用 FIFO 和 LRU 两种算法分别计算出程序访问过程中所发生
的缺页次数。

第3章

软件工程

计算机硬件的飞速发展和计算机应用领域的急剧扩大，对计算机软件的需求也随之增强。但是，多年来手工作坊式的软件开发方式越来越暴露出巨大的缺陷。许多大型软件研制经费大大突破原来的预算，完成期限一拖再拖，成本失去控制，软件质量不能保证，而且由于设计过程中资料很不完整，使软件很难维护。这就是从20世纪60年代后期开始出现的"软件危机"。软件工程正是在这个时期，为解决"软件危机"而提出来的。其主要思想是采用工程化的原则和方法来组织和规范软件开发过程，解决软件研制中面临的困难和混乱。本章首先介绍软件工程的相关概念，然后重点介绍结构化的软件开发方法，并简要介绍了面向对象的方法。

3.1 软件工程概述

随着计算机技术的飞速发展，当今社会已经进入了以计算机为核心的信息社会。计算机软件是信息化的重要组成部分。计算机软件已形成了独立的产业，成为国民经济新的增长点和重要支柱。然而，软件的规模越大、功能越复杂，开发的难度就越大，以致软件开发不能按时完成，成本失去控制，软件质量得不到保证，从而导致软件危机。为了克服这种现象，自20世纪60年代以来，软件工作者致力于研究消除软件危机的途径，由此产生了软件工程。在学术界和产业界的共同努力下，理论、方法和技术等方面出现了大量的研究成果和技术实践，软件工程逐步形成了一个比较完整的计算机分支学科，并且还在不断地探索和发展着。

3.1.1 软件

计算机软件是计算机应用的灵魂，是人类思维创造的杰作，并成为人类现代生活的催化剂。20世纪60年代以后，随着软件产业的发展，计算机应用愈加广泛，几乎涉及社会生活的各个方面。计算机软件产业，作为一个具有独立形态的产业，在全球经济中占据着越来越重要的地位。而对软件产业的形成和发展起着决定性的推动作用的是20世纪60年代末期以来逐渐形成的一门计算机分支学科——软件工程。50多年来，在软件学术界和产业界的共同努力下，以解决软件生产的效益和质量问题为宗旨的软件工程取得了令人瞩目的成就，在理论、方法和技术等方面涌现出了大量的研究成果和技术实践。

1. 软件的定义

早期人们对软件的认识是：用来完成某些任务的程序和数据的集合。随着计算机技术的发展，软件从个性化的程序演变为工程化的产品，人们对软件的认识逐步深入。除了程序之外，软件还应该包括相关的配置数据和文档，以保证程序的正确运行。

IEEE 组织给出了软件的明确定义：软件是计算机程序、规则、相关的文档以及在计算机上运行时所必需的数据。其中，程序是按事先设计的功能和性能要求执行的指令序列；数据是使程序正常操纵信息的数据结构；文档是与程序开发、维护和使用有关的图文材料。随着计算机应用的日益普及，软件变得越来越复杂，规模也越来越大，这就使得人与人、人与机器间相互沟通，保证软件开发与维护工作的顺利进行显得特别重要。因此，文档（即各种报告、说明、手册的总称）是不可缺少的。这一定义充分说明了软件的构成以及与计算机程序在概念上的区别。

2. 软件的特性

软件在整个计算机系统中是一个逻辑部件，而硬件是一个物理部件。因此，软件相对硬件而言有许多特点。为了能全面、正确地理解计算机软件，必须了解软件的特性。软件的特性可归纳如下：

① 复杂性。软件是一个庞大的逻辑系统，远比任何以往的人类的创造物都要复杂得多。软件是人类智慧的产物，软件中数据、状态和逻辑关系的可能组合以及人类思维的复杂性和不确定性都增加了其复杂性。软件的复杂性使得软件产品难以理解、生产和维护，更难以对生产过程进行管理。

② 不可见性。几何图形是描述有形物体的强大工具。建筑工程师用平面图描述建筑物的结构，硬件工程师用电路图描述计算机的系统结构。但是软件是一种逻辑实体，不具有空间的形体特征。当试图用图形来描述软件结构时，发现它不仅仅包含一个图形，而是很多相互关联、重叠在一起的图形。这些图形可能代表控制流、数据流、依赖关系、时间序列等，直到现在我们仍无法给出软件的准确的、完整的描述。由于软件的不可见性，不仅使软件难于理解、难于维护，而且严重妨碍了软件工程师之间的相互交流。

③ 易变性。软件经常会遭到持续的变更压力。软件是纯粹思维活动的产物，可以无限扩展，常随着各种因素的变化而不断地被修改和扩展。当软件被成功应用后，在现实工作中常发生两种情况。人们往往希望超过原有的应用边界进行软件功能的提升或扩展；另外，由于软件是在某种硬件平台上开发的，因此需要随着硬件设备的更新和接口的不同而变化。这种动态的变化不仅难以预测和控制，而且可能对软件的质量产生负面影响。

④ 软件开发不同于硬件设计。与硬件设计相比，软件开发更依赖于开发人员的素质、智力，以及对人员的组织和管理。对硬件而言，设计成本往往只占整个产品成本的一小部分，而软件开发的成本很难估计，通常占整个产品的大部分，因此软件开发项目不能像硬件设计项目那样来管理。

⑤ 软件的生产与硬件不同，它没有明显的制造过程。硬件设计完成后就投入批量制造，每个硬件产品的制造都是一个复杂过程。而软件是通过人们的智力活动，把知识与技术转化为信息的一种产品，是在研制和开发过程中被创造出来的，而不是由传统意义上的制造产生的。软件成为产品后，其制造仅仅是简单的软件复制。软件的研制成本远大于其生产（复制）成本。

⑥ 软件维护与硬件维护不同。在软件的运行和使用期间，并没有像硬件那样的机械磨损或老化等问题。软件维护比硬件维护复杂得多，与硬件维护有着本质区别。任何机械、电子设备在运行和使用中，其故障率大都遵循图 3-1（a）所示的 U 形曲线（浴盆曲线）。该曲线表明，

硬件在其生命初期有较高的故障率（主要由于设计或制造缺陷），缺陷修正之后故障率在一段时间中会降到一个较低的稳定水平。随着使用时间的增加，由于硬件磨损等损害，故障率将再次升高。故障率达到一定程度后硬件产品就报废。软件不存在磨损和老化的问题，但存在退化问题。为了适应硬件、系统环境及需求的变化，必须要多次修改（维护）软件，其故障率如图 3-1（b）所示。该曲线表明，在软件生命周期的初期隐藏的错误会使程序具有较高的故障率，理想情况下，当这些错误改正后故障率随之降低。但实际情况是软件的修改不可避免地会引入新的错误，从而使故障率曲线呈现图中所示的锯齿状。

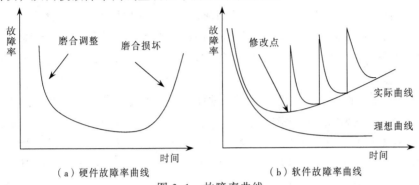

（a）硬件故障率曲线　　　　（b）软件故障率曲线

图 3-1　故障率曲线

⑦　软件成本相当昂贵。软件的研制工作需要投入大量的、复杂的、高强度的脑力劳动，它的成本自 20 世纪 80 年代以来已大大超过硬件成本。

由于以上特点，使软件的开发过程非常复杂。虽与别的工程项目过程有一定的相似性，但具有更多的特殊性。

3.1.2　软件危机

软件危机是指在计算机软件的开发和维护过程中遇到的一系列严重问题。20 世纪 60 年代末至 20 世纪 70 年代初，在计算机软件界由于软件规模和复杂性的急剧增加，几乎所有软件都不同程度地出现了一系列严重问题，于是发出了"软件危机（Software Crisis）"的警告。时至今日，虽然软件开发的新工具和新方法层出不穷，但是软件危机依然没有消除。

1. 软件危机的表现

软件危机包含下述两方面的问题：如何开发软件，以满足对软件日益增长的需求；如何维护数量不断膨胀的已有软件。具体地说，软件危机主要有下面的一些表现：

①　对软件开发成本和进度的估计常常很不准确。由于软件是逻辑、智力产品，软件的开发需建立庞大的逻辑体系，这与其他产品的生产不同。实际成本比估计成本有可能高出一个数量级，实际进度比预期进度拖延几个月甚至几年的现象并不罕见。这种现象降低了软件开发组织的信誉。而为了赶进度和节约成本所采取的一些权宜之计又往往损害了软件产品的质量，从而不可避免地会引起用户的不满。例如，工厂里要生产某种机器，在时间紧的情况下可要求工人加班或者实行"三班倒"，而这些方法都不能用在软件开发上。

在软件开发过程中，用户需求变化等各种意想不到的情况层出不穷，令软件开发过程很难保证按预定的计划实现，给项目计划和论证工作带来了很大的困难。许多重要的大型软件开发项目，如 IBM OS/360 在耗费了大量的人力和财力之后，也都由于离预定目标相差甚远不得不宣布失败。

② 软件产品不符合用户的实际需要。软件开发人员常常在对用户要求只有模糊的了解，甚至对所要解决的问题还没有确切认识的情况下，就匆忙开始设计，甚至直接编写程序。而且软件开发人员和用户之间的信息交流往往很不充分，导致用户对"已完成的"软件系统不满意的现象经常发生。

③ 软件开发生产率提高的速度远远不能满足客观需要，软件的生产率远远低于硬件生产率和计算机应用的增长，使人们不能充分利用现代计算机硬件提供的巨大潜力。

④ 软件产品的质量差。软件可靠性和质量保证的确切的定量概念刚刚出现不久，软件质量保证技术（审查、复审和测试）还没有坚持不懈地应用到软件开发的全过程中，这些都导致软件产品发生质量问题。

⑤ 软件的可维护性差。正式投入使用的软件，总是存在一定数量的错误，在不同的运行条件下，软件就会出现故障，因此需要维护。但是，由于在软件设计和开发过程中，没有严格遵循软件开发标准，各种随意性很大，没有完整地真实反映系统状况的记录文档，给软件维护造成了巨大的困难。特别是在软件使用过程中，原来的开发人员可能因各种原因已经离开原来的开发组织，使得软件几乎不可维护。

另外，软件修改是一项很"危险"的工作，对一个复杂的逻辑过程，哪怕做一些微小的改动，都可能引入潜在的错误，常常会发生"纠正一个错误带来更多新错误"的问题，从而产生副作用。

⑥ 软件文档资料通常既不完整也不合格。计算机软件不仅仅是程序，还应该有一整套文档资料。软件开发的管理人员可以使用这些文档资料来管理和评价软件开发工程的进展状况。开发人员可以利用它们作为通信工具，在软件开发过程中准确地交流信息。对于软件维护人员而言，这些文档资料更是至关重要的。缺乏必要的文档资料或者文档资料不合格，必然给软件开发和维护带来许多严重的困难和问题。

⑦ 软件的价格昂贵，软件成本在计算机系统总成本中所占的比例逐年上升。由于微电子学技术的进步和生产自动化程度的不断提高，导致硬件成本逐年下降；而软件由于规模和数量的扩大及软件开发人力的增加，导致软件成本逐年上升。

2. 软件危机产生的原因

从软件危机的种种表现和软件作为逻辑产品的特殊性可以发现软件危机的原因有：

（1）用户需求不明确

在软件开发过程中，用户需求不明确问题主要体现在 4 个方面：

① 在软件开发出来之前，用户自己也不清楚软件的具体需求。

② 用户对软件需求的描述不准确，可能有遗漏、有二义性，甚至有错误。

③ 在软件开发过程中，用户还提出修改软件功能、界面、支撑环境等方面的要求。

④ 软件开发人员对用户需求的理解与用户本来愿望有差异。

（2）缺乏正确的理论指导

缺乏有力的方法学和工具方面的支持。由于软件不同于大多数其他工业产品，其开发过程是复杂的逻辑思维过程，其产品极大程度地依赖于开发人员高度的智力投入。由于过分地依靠程序设计人员在软件开发过程中的技巧和创造性，加剧软件产品的个性化，也是发生软件危机的一个重要原因。

（3）软件规模越来越大

随着软件应用范围的增大，软件规模愈来愈大。大型软件项目需要组织一定的人力共同完成，而多数管理人员缺乏开发大型软件系统的经验，而多数软件开发人员又缺乏管理方面的经验。各类人员的信息交流不及时、不准确，有时还会产生误解。软件项目开发人员不能有效地、独立自主地处理大型软件的全部关系和各个分支，因此容易产生疏漏和错误。

（4）软件复杂度越来越高

软件不仅仅是在规模上快速地发展扩大，而且其复杂性也急剧增加。软件产品的特殊性和人类智力的局限性，导致人们无力处理"复杂问题"。所谓"复杂问题"的概念是相对的，一旦人们采用先进的组织形式、开发方法和工具提高了软件开发效率和能力，新的、更大的、更复杂的问题又会摆在人们的面前。

3. 克服软件危机的措施

解决软件危机主要是探索两方面的问题：如何高效地开发软件，满足对软件日益增长的需求；如何对数量不断膨胀的已有软件实施有效的维护。

① 软件开发不再是个体人员的神秘技巧，而应该是一种组织良好、管理严密、各类人员协同配合共同完成的项目。必须充分借鉴人类长期以来从事各种工程项目积累的行之有效的概念、原理、技术和方法，特别要吸取几十年来人类从事计算机硬件开发和软件开发的经验教训。

② 推广和使用在软件开发实践中总结出来的成功的技术和方法，并研究更有效的技术和方法，尽快纠正在计算机早期发展阶段所形成的一些错误概念和做法。

③ 开发和使用更好的软件工具。正如机械工具可以"放大"人类的体力一样，软件工具可以"放大"人类的智力。软件开发过程中许多烦琐重复的工作，可以在适当的软件工具辅助下做得既快又好。

总之，为了解决软件危机，既要有技术措施（方法和工具），又要有必要的组织管理措施。软件工程正是从管理和技术两方面研究如何更好地开发和维护计算机软件的一门新兴学科。

3.1.3 软件工程

软件工程是采用工程化的概念、原理、技术和方法来开发和维护软件，并将经过时间考验而证明正确的管理技术与当前能够得到的最好的技术、方法结合起来，其目的在于提高软件生产的质量和效率，最终实现软件的工业化生产。

1. 软件工程的定义

1968 年北大西洋公约组织（North Atlantic Treaty Organization，NATO）在德国 Garmisch 召开讨论软件可靠性的国际会议，Fritz Bauer 首次提出了"软件工程"的概念：软件工程是为了经济地获得能够在实际机器上高效运行的可靠软件而建立和使用的一系列完善的工程化原理。这个定义不仅指出了软件工程的目标是经济地开发出高质量的软件，而且强调了软件工程是一门工程学科，它应该建立并使用完善的工程原理。后来计算机界从不同角度给软件工程下过多种定义。IEEE 给出一个更为全面的定义。软件工程是：①将系统性的、规范化的、可定量的方法应用于软件的开发、运行和维护过程，即将工程化应用到软件上；②对①中所述的方法的研究。

无论有多少种定义，软件工程的中心思想是：把软件当做一种工业产品，要求采用工程化的原理和方法对软件进行规范化的计划、开发和维护。

软件工程包括 3 个要素：方法、工具和过程。

软件工程方法为软件开发提供了"如何做"的技术，通常包括某种语言或图形的模型表示方法、良好的设计实践以及质量保证标准等。

软件工具为软件工程方法提供了自动或半自动的软件支撑环境。现有的软件工具覆盖了需求分析、系统建模、代码生成、程序调试和软件测试等多个方面，形成了被称为计算机辅助软件工程（Computer Aided Software Engineering，CASE）的集成化软件开发环境。

软件工程的过程规定了软件开发所需要完成的一系列任务的框架，规定了完成各项任务的工作步骤。它是管理和控制软件产品质量的关键，其中定义了技术方法的采用、工程产品（包括模型、数据、文档、报告等）的产生、里程碑的建立、质量的保证和变更的管理，从而将人员、技术、组织与管理有机地结合在一起。

软件工程原则围绕工程设计、工程支持和工程管理，提出以下 4 条基本原则：

① 围绕适宜的开发模型，控制易变的需求。

② 采用合适的设计方法，需要软件模块化、抽象与信息隐藏、局部化、一致性以及适应性等，需要合适的设计方法的支持。

③ 提供高质量的工程支撑，软件工具和环境对软件过程的支持。

④ 重视软件工程的管理，有效利用可用的资源、生产满足目标的软件产品、提高软件组织的生产能力。

2. 软件工程的基本原理

从软件工程产生到现在，研究软件工程的专家学者们陆续提出了一百多条关于软件工程的原理。可以将这一百多条软件工程原理概括为以下 7 条基本原理：

（1）用分阶段的生命周期计划严格管理

统计表明，50%以上的失败项目是由于计划不周而造成的。这条原理表明，应该把软件生命周期分成若干阶段，并相应制订出切实可行的计划，然后严格按照计划对软件的开发和维护进行管理。

（2）坚持进行阶段评审

统计结果显示：大部分错误是在编码之前造成的，大约占 63%；错误发现得越晚，改正错误付出的代价就越大。因此，软件的质量保证工作不能等到编码结束之后再进行，应坚持进行严格的阶段评审，以便尽早发现错误。

（3）实行严格的产品控制

在软件开发的过程中不应随意改变需求，因为改变一项需求需要付出较高的代价。但是，在软件开发过程中改变需求又是难免的。由于各种客观的需要，不能禁止用户提出改变需求的要求，而只能依靠科学的产品控制技术来适应这种要求，也就是要采用变动控制，又称基准配置管理。当需求变动时，其他各个阶段的文档或代码随之相应变动，以保证软件的一致性。

（4）采用现代程序设计技术

从提出软件工程的概念开始，人们一直把主要精力用于研究各种新的程序设计技术，并进一步研究各种先进的软件开发与维护技术。实践表明，采用先进的技术不仅可以提高软件开发和维护的效率，而且可以提高软件产品的质量。

（5）结果应能清楚地审查

软件产品不同于一般的物理产品，软件是一种看不见摸不着的逻辑产品。软件开发小组的工作进展情况可见性差，难于评价和管理。为了更好地进行管理，应根据软件开发项目的总目标及完成期限，尽量明确地规定开发小组的责任和产品标准，从而使得到的结果能清楚地审查。

（6）开发小组的人员应少而精

开发人员的素质和数量是影响软件产品质量和开发效率的重要因素，应该少而精。这一原理基于两点原因：高素质开发人员的效率比低素质开发人员的效率要高几倍至几十倍，高素质人员在开发中所犯的错误明显少于低素质的人员。此外，随着开发小组人员数目的增加，因为交流情况讨论问题而造成的通信开销也急剧增加。

（7）承认不断改进软件工程实践的必要性

遵循上述 6 条基本原理，就能够较好地实现软件的工程化生产。但是，仅有前 6 条基本原理，并不能保证软件开发与维护的过程能赶上时代前进的步伐和跟上技术的进步。因此，Boehm提出软件工程的第 7 条基本原理。根据这条原理，不仅要积极主动地采纳新的软件技术，还要注意不断总结经验。

3. 软件工程学

软件专家在软件工程领域总结、改进和完善基于传统开发的理论、方法和技术的同时，探索软件开发的新理论、新思想、新方法和新技术等各个方面，逐步形成了"软件工程学"这一计算机新兴学科。

软件工程学是研究软件开发工程模型、设计方法、工程开发技术和工具，指导软件生产和管理的一门综合性的应用科学。因此，软件工程学涉及计算机科学、方法学、系统工程学、经济学、管理学、心理学和法律学等多个学科领域。

软件工程学的研究内容包括两大方面，即软件开发技术和软件工程管理；软件开发技术包括软件方法、软件工具和软件工程环境；软件工程管理包括软件管理学、软件经济学和软件产权保护等。

随着计算机科学和软件产业的迅猛发展，软件工程学已成为一个重要的专业学科，一个异常活跃的研究领域。随着程序设计从结构化程序设计发展到面向对象程序设计，软件工程也由传统软件工程演变为面向对象的软件工程，现在又向新一代基于软件构件的软件工程迈进。

软件工程学积累了许多指导软件生产工程化的、行之有效的原理和方法，为软件科学界、产业界广泛接受和应用。尽管如此，直到今天软件工程仍面临许多问题需要解决，随着软件技术的不断进步，软件工程学将继续不断创新、不断发展。

3.2 软件过程

软件过程是软件产品生产所需要完成的一系列任务的框架。软件危机中的事实告诉人们，软件项目失败的主要原因几乎与技术的工具没有任何关系，更多的是由于缺少规范的软件过程。只有建立规范的软件过程，并持续不断地加以改进，才能管理和控制软件产品的质量。

3.2.1 软件过程的概念

Watts Humphrey 首先将过程管理的原则和思想引入到软件开发中,他认为为了解决软件开发困难的问题,首要的步骤是将整个软件开发任务看作是一个可控的、可度量的和可改进的过程。

以软件质量为焦点,软件工程的 3 个要素——方法、工具和过程形成一种层次关系。其中基础层是软件过程。在三要素中,软件过程将人员、技术、组织和管理有机地结合在一起。下面给出软件过程的一个简洁定义:软件过程是软件工程人员为了获得软件产品而在软件工具的支持下实施的一系列软件工程活动。

为了软件工程技术的有效运用,软件过程定义了一个关键过程区域(阶段)的划分,如划分成分析、设计、编程、测试等阶段。软件过程的阶段构成了项目开发控制和管理的基础,确立了过程各阶段之间的关系,其中定义了应用技术方法的顺序、应该交付的文档资料、为保证软件质量和软件变更所采取的管理措施,以及标志各个阶段任务完成的里程碑。

3.2.2 软件生存周期和软件过程模型

一切工业产品都有自己的生存周期,包括软件产品。一个软件项目从问题提出开始,到软件产品废弃不用为止,称为软件生存周期(Software Life Cycle)。一般来说,软件生存周期包括 3 个时期:软件定义、软件开发和软件维护。每个时期又进一步划分成若干个阶段。

软件生存周期概念的重点在于将软件产品生产的复杂问题进行分解和简化。把整个生存周期划分为多个较小的阶段,每个阶段赋予确定而有限的任务,能够简化和有效实施每一步工作,使得复杂的软件开发过程变得较易控制和管理。因此,软件生存周期方法学是实现软件生产工程化的重要方法。1995 年,国际标准化组织 ISO 正式公布了软件生存周期过程开发标准(Standard for Developing Software Life Cycle Process)。

建模是人类从事工程活动常用的技术手段,在计算机领域包括软件工程中也得到充分应用。为了有效地开发高质量的软件产品,通常把软件生存周期中各项活动的流程用一个合理的模型来规范地描述,这就是软件过程模型,或称为软件生存周期模型。

在软件工程的发展进程中先后出现过多种不同的软件过程模型,虽然各具特色,但软件过程一般都由软件定义、软件开发和软件维护 3 个时期组成。软件定义时期是弄清软件"做什么(What)";软件开发时期是解决软件"怎么做(How)";软件维护时期是集中于软件的"修改/完善(Change)"。

软件定义时期的任务是确定软件开发工程必须完成的总目标;确定工程的可行性;导出实现工程目标应该采用的策略及系统必须完成的功能;估计完成该项工程需要的资源和成本,并且制定工程进度表。软件定义时期通常进一步划分成 3 个阶段,即问题定义、可行性研究和需求分析。

软件开发时期具体设计和实现在前一个时期定义的软件,它通常包含 4 个阶段,即总体设计、详细设计、编码和测试。

维护时期的主要任务是使软件持久地满足用户的需要。具体地说,当软件在使用过程中发现错误时应该加以改正;当环境改变时应该修改软件以适应新的环境;当用户有新要求时应该及时改进软件满足用户的新需要。通常对维护时期不再进一步划分阶段，但是每一次维护活动本质上都是一次压缩和简化了的定义和开发过程。

下面简要介绍软件生存周期各个阶段的基本任务。

（1）问题定义阶段

问题定义阶段必须回答的关键问题是"用户需要计算机解决什么问题？"如果不知道问题是什么就试图解决这个问题，显然是盲目的，只会白白浪费时间和金钱，最终得出的结果很可能是毫无意义的。尽管确切地定义问题的必要性是十分明显的，但是在实践中它却可能是最容易被忽视的一个步骤。

通过问题定义阶段的工作，系统分析员应该提出关于问题性质、工程目标和规模的书面报告，在经过讨论和修改之后请用户审查和认可。

（2）可行性研究阶段

可行性研究阶段要回答的关键问题是"对于上一个阶段所确定的问题有可行的解决办法吗？"为了回答这个问题，系统分析员需要进行一次大大压缩和简化了的系统分析和设计的过程，也就是在较抽象的高层次上进行的分析和设计过程。这个阶段的任务不是具体解决问题，而是研究问题的范围，探索这个问题是否值得去解，是否有可行的解决办法。

系统分析员寻求一种或几种在技术、经济和法律等诸方面都可行的解决方案，给出可行性分析报告，在工程目标和规模的基础上估算成本和效益。如果可行性分析报告给出"不可行"的结论，就应提出终止项目；否则，软件过程继续进行。

（3）需求分析阶段

需求分析阶段的任务仍然不是具体地解决问题，而是准确地确定"为了解决这个问题，目标系统必须做什么？"，主要是确定目标系统必须具备哪些功能。

用户通常不能完整准确地表达他们的要求，更不知道如何利用计算机解决他们的问题。系统分析员在需求分析阶段必须和用户密切配合，充分交流信息，确定目标系统的逻辑模型，并将其用需求规格说明书准确地表达出来。

（4）软件设计阶段

软件设计又可细分为总体设计和详细设计。软件设计阶段是为目标系统的逻辑模型设计出软件实现模型，即设计目标系统是"怎么做"的。软件设计阶段的任务是确定软件的总体结构、数据结构、算法细节和用户界面。

总体设计：也称为概要设计或软件结构设计，主要是根据需求规格说明书设计软件的体系结构，也就是确定系统由哪些模块组成以及模块间的关系。

详细设计：也称模块设计，主要是对软件体系结构中的各个模块的数据结构、算法和接口等进行细节设计。

设计阶段必须提交的详尽文档是软件设计说明书。

（5）编码阶段

编码是根据目标系统的性质和实际环境，选取一种适当的程序设计语言，把详细设计的结果翻译成用选定的语言书写的源程序。

编码阶段的关键是写出正确的、风格良好的、容易理解和容易维护的程序模块。与需求分析和软件设计相比，编码要简单得多，通常由编码员或初级程序员担任。

（6）测试阶段

按照不同的测试目标，软件测试可细分为单元（模块）测试、综合（集成）测试、确认测试和系统（验收）测试等多个步骤。测试是保证软件质量的重要手段之一。为确保大型项目的软件测试能高效实施，测试工作通常由独立的部门和人员进行。这一阶段的文档是测试报告，包括测试计划、测试用例、测试结果和调试记录等。

（7）维护阶段

维护阶段的关键任务是，通过各种必要的维护活动使系统持久地满足用户的需要。

通常有 4 类维护活动：①改正性维护，也就是诊断和改正在使用过程中发现的软件错误；②适应性维护，即修改软件以适应环境的变化；③完善性维护，即根据用户的要求改进或扩充软件使它更完善；④预防性维护，即修改软件为将来的维护活动预先做准备。

虽然没有把维护阶段进一步划分成更小的阶段，但实际上每一项维护活动都应该经过提出维护要求（或报告问题）、分析维护要求、提出维护要求、提出维护方案、审批维护方案、确定维护计划、修改软件设计、修改程序、测试程序、复查验收等一系列步骤，因此实质上是经历了一次压缩和简化了的软件定义和开发的全过程。

3.2.3　典型的软件过程模型

为了反映软件生存周期中各种工作应如何组织，以及各个阶段应如何衔接，需要用软件过程模型给出直观的表达。软件过程模型是跨越整个软件生存周期的系统开发、运作、维护所实施的全部工作和任务的结构框架。常用的软件过程模型包括瀑布模型、快速原型模型、增量模型和螺旋模型。

传统软件过程模型是软件工程前 20 年的产物，主要包括瀑布模型和快速原型模型。它们的共同特征是"线性思维"，即把软件的开发活动处理成线性的或主要是线性的。

随着软件规模的不断增长，大部分复杂软件采用渐增式或迭代式的开发方法。这种方法的理念是描述、开发、验证等主要开发活动交替进行，让所开发的软件在迭代的过程中逐步达到完善。这样就形成了称为演化模型的软件过程模型。常见的演化模型包括增量模型与螺旋模型，均适用于大型软件的开发。

1. 瀑布模型

瀑布模型是经典的软件过程模型，也称线性顺序模型，是 Winston Royce 在 1970 年提出的，直到 20 世纪 80 年代早期一直是唯一被广泛采用的过程模型。

瀑布模型将软件过程划分为问题定义、可行性研究、需求分析、软件设计、软件编码、软件测试和运行维护等一系列基本活动，如图 3-2 所示，并规定了它们自上而下、相互衔接的固定次序，如同瀑布流水，逐级下落。

在瀑布模型中，软件开发的各项活动严格按照线性的方式进行。当前活动接收上一项活动的工作结果，并实施完成本项活动确定的工作任务。当前活动的工作结果需要进行验证，如果验证通过，则该结果作为下一项活动的输入，继续进行下一项活动，否则返回进行修改。因此，这种模型强调文档的作用，每一阶段都以完成规定的文档作为里程碑标志，而且每个阶段结束前都要对完成的文档进行评审。

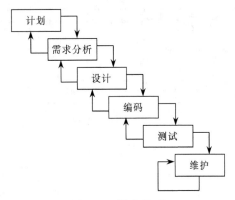

图 3-2 瀑布模型

瀑布模型适用于在开发早期阶段软件需求被完整确定的情况，显然这种要求过于理想化，难以适应现代软件开发的要求，暴露的主要问题在于：

① 由于开发模型是线性的，用户只有等到整个过程的末期才能见到开发成果，中间提出的变更要求很难得到响应，增加了开发风险。

② 早期的错误可能要等到开发后期的测试阶段才能发现，进而带来严重后果。

2. 快速原型模型

快速原型模型的关键在于用交互的、快速建立起来的原型取代静态的、不易被用户理解的需求规格说明书，让用户通过实际试用原型系统而提供真实的反馈意见，其模型如图 3-3 所示。

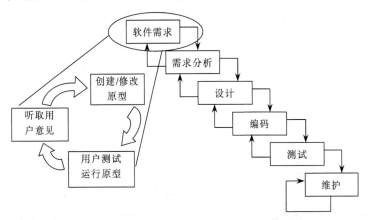

图 3-3 快速原型模型

快速原型模型的方法是：首先快速建立一个能反映用户主要需求的原型系统，即"样品"。让用户运行和试用原型系统，了解未来目标系统的概貌。用户通过试用原型系统，提出修改意见，开发者快速修改原型系统，然后再通过多次这样的反复，开发人员就可以将用户的真正需求确定下来，并据此书写需求规格说明书。根据这份文档开发出的软件可以满足用户的真实需求。

3. 增量模型

增量模型把瀑布模型的顺序特征与快速原型法的迭代特征结合在一起。这种模型将软件产品作为一系列相互联系的增量来设计、编码、集成和测试。在开发过程的各次迭代中，每次完成一个增量，如图 3-4 所示。

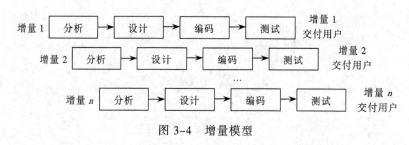

图 3-4　增量模型

一般情况下，增量模型的第一个增量通常是软件的核心部分。首先完成这部分，可以增强用户和开发者双方的信心。增量模型也有利于控制技术风险。例如，难度较大或需要使用新硬件的增量构件，可以放在较后的增量中开发，避免用户长时间的等待。不同的增量可以配备不同数量的开发人员，使计划增加了灵活性。

4. 螺旋模型

螺旋模型将瀑布模型和快速原型模型结合起来，并增加了其他模型所忽视的风险分析，特别适合复杂的大型软件系统。螺旋模型是一种迭代模型，每迭代一次，螺旋线就前进一周，如图 3-5 所示。

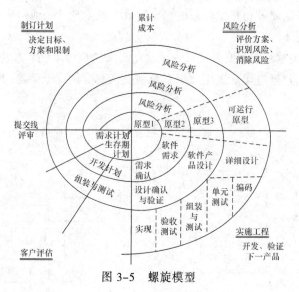

图 3-5　螺旋模型

当项目按顺时针方向沿螺旋移动时，每一个螺旋周期均包含了风险分析，并按照以下步骤进行：

① 确定目标，选择方案，设定约束条件，选定完成本周期所定目标的策略。

② 分析该策略可能存在的风险。必要时通过建立一个原型来确定风险的大小，然后据此确定是按原定目标执行，还是修改目标或终止项目。

③ 在排除风险后，实现本螺旋周期的目标。例如，第一圈可能产生规格说明书，第二圈可能实现产品设计等。

④ 最后一步是评价前一步的结果，并计划下一轮的工作。

螺旋模型的优点在于它是风险驱动的，在风险造成危害之前及时对风险进行识别、分析，采取对策，进而消除或减少风险的损害。但缺点在于难以使用户相信这种演化方法是可控的，过多的迭代周期也会增加开发成本和时间等。风险分析需要开发人员具有相当丰富的风险评估经验和专门知识，如果风险较大，又未能及时发现，势必造成重大损失。

3.3 软件需求分析

软件需求分析是关系软件开发成败的关键步骤。在软件开发过程中，许多问题都是由于需求分析过程中的失误而造成的，诸如信息收集不全、功能不明确、交流不充分、文档不完善、需求不断变更等。准确、完整和规范化的软件需求是软件开发成功的关键。一旦发生错误，将给整个软件开发工作带来极大的损害，并给后续的软件维护带来极大的困难。

3.3.1 需求分析的概念

需求分析是在问题定义和可行性研究之后的软件生命周期中非常重要的环节。需求分析的基本任务是准确回答"系统必须做什么"这一核心问题。对软件需求的完全理解对软件开发是至关重要的，否则不论设计得如何好、编码如何高效，也无法让用户满意。

需求分析是一种软件工程活动，使系统分析员能够刻画出软件的功能和性能，指明软件和其他系统元素的接口，并建立软件必须满足的约束。需求分析不是确定系统如何完成它的工作，而仅仅是确定系统必须完成哪些工作，也就是对目标系统提出完整、准确、清晰、具体的要求。

在需求分析阶段结束之前，系统分析员应该写出软件需求规格书，以书面形式准确地描述软件需求。

在分析需求之前，首先要了解需求的类别，这样在处理时就不容易遗漏。需求一般应包含：

① 功能需求：这方面的需求指定系统必须提供的服务，通过需求分析应该划分出系统必须完成的所有功能。

② 性能需求：是指定系统必须满足的定时约束或容量约束，通常包括速度（响应时间）、信息量速率、主存容量、磁盘容量、安全性等方面的需求。

③ 可靠性和可用性需求：即需求定量地指定系统的可靠性和可用性。

④ 出错处理需求：说明系统对环境错误应该怎样响应。

⑤ 接口需求：描述应用系统与它的环境通信的格式。

⑥ 约束：描述了在设计或实现应用系统时应遵守的限制条件。

⑦ 逆向需求：说明了软件系统不应该做什么。

⑧ 将来可能提出的要求：应该明确地列出那些虽然不属于当前系统开发范畴，但是根据分析将来很可能会提出来的要求。

3.3.2 需求分析的任务

需求分析构造软件的数据模型、功能模型和行为模型，是软件设计师进行软件设计的基础，它的具体任务包括：

（1）确定对软件系统的综合要求

对目标软件系统的综合要求主要包括功能要求、性能要求、运行要求、其他要求 4 个方面。功能要求划分并描述系统必须完成的所有功能。性能要求包括响应时间、数据精确度及适应性方面的要求。运行要求主要是对系统运行时软件、硬件环境及接口的要求。其他要求包括界面、安全保密性、可靠性、可维护性等要求，并对将来可能提出的要求做出预计。

（2）分析软件系统的数据要求

由目标软件系统的信息流归纳抽象出系统的数据结构以及数据间的逻辑关系。描述系统所需要的静态数据、动态数据（输入、输出数据）、数据库、数据字典以及数据的采集方式等。

（3）导出软件系统的逻辑模型

综合上述两项分析的结果导出系统的详细的逻辑模型。通常用数据流图、实体关系图、状态转换图、数据字典等描述逻辑模型。

（4）修订系统开发计划

根据在分析过程中获得的对系统的更深入的了解，可以比较准确地估计系统的成本和进度，修订以前制订的开发计划。

（5）编写软件需求规格说明书及评审

需求规格说明书是需求分析阶段得出的最主要的文档，是后期软件开发的基础，关系到最终软件产品的质量，因此必须具有准确性、清晰性和没有二义性。为了确保质量，还必须对需求规格说明书进行严格的评审。

3.3.3　需求分析的技术

用户需求一般采用自然语言描述，而详细的软件需求必须用专业的方式来描述。在这一方面，广泛采用建立模型的方法来描述软件系统的需求。所谓模型，就是为了理解事物而对事物做出的一种抽象，是对事物的一种无歧义的书面描述。通常，模型由一组图形符号和组织这些符号的规则组成。

常用的需求分析方法包括功能分解法、信息建模法、面向对象的分析法和结构化分析法。

（1）功能分解法

功能分解法以系统需要提供的功能为中心来组织系统。首先定义各种功能，然后把功能分解为子功能，同时定义功能之间的接口。从系统所需要的功能出发构造系统能够直接反映用户的需求，较为符合传统开发人员的思维习惯。

但是功能、子功能、功能接口这些系统成分不能直接映射问题域中的事物，因此很难准确、深入地理解问题域，也很难检验分析结果的正确性。该方法的另一个问题是功能是系统中最不稳定的因素。因此以功能为中心来构造系统，使得系统很容易受到需求变化的影响，需求变化常常引起系统的根本性变化。

（2）信息建模法

信息建模法是由实体—关系法发展而来的。信息建模法的核心概念是实体和关系。实体描述问题域中的一个事物，它包含一组描述数据信息的属性。关系描述问题域中各事物之间在数据方面的联系。实体和关系形成一个网络，描述系统的信息状况，构成系统的信息模型。

信息建模法的出发点是问题域中的事物，用模型中的实体与之对应。但这种映射还不够完善，与面向对象的分析法相比，实体只映射了问题域中事物的数据方面，没有反映事物的行为特征，即实体只包含属性，没有把操作封装进来。

（3）面向对象的分析法

在信息建模法的基础上，面向对象的分析法采用类、封装、继承、消息通信等概念，使得建模过程更加自然和可靠。面向对象的分析法中的对象是对问题域中的事物的完整映射，包括事物的数据特征（属性）和行为特征（操作）。面向对象的分析模型由 5 个层次（主题层、对象类层、结构层、属性层和服务层）和 5 个活动（标识对象类、标识结构、定义主题、定义属性和定义服务）组成。在这种方法中定义了对象类之间的结构，分别是分类结构和组装结构。分类结构描述的是一般与特殊的关系。组装结构则反映了对象之间的整体与部分的关系。

（4）结构化分析法

结构化分析法是应用最广泛的需求分析方法之一。它关注的核心是数据流。问题域被映射为由数据流、加工以及文件等成分构成的数据流图，并配合使用数据字典，对数据流图中的各元素进行确切的解释。与功能分解法相比，结构化分析法更强调对问题域的研究。但是描述问题域的着眼点并不是其中固有的对象，而是数据流、加工等专用化概念。

3.3.4 结构化分析法

结构化方法是一套软件开发方法，包括结构化分析（Structured Analysis，SA）、结构化设计（Structured Design，SD）和结构化编程（Structured Programming，SP）。其中结构化分析是需求分析中常用的方法。

结构化分析法是 20 世纪 70 年代后期由 Yourdon 等人提出的，并得到广泛的应用。它的基本策略是跟踪数据流，即研究问题域中的数据如何流动以及在各个环节上进行何种处理，从而发现数据流和加工。因此，结构化分析法是面向数据流的需求分析法。结构化分析法的优点在于发展成熟，简单实用，易于为开发者掌握，适用于数据处理类型软件的需求分析。该方法的主要缺点是不太适用于大规模的、特别复杂的系统，难以适应需求的变化。

结构化分析法采用图形等半形式化的描述方法表达用户需求，简明易懂，用它们来形成需求说明书中的主要部分。这些描述工具包含：

① 数据流图（Data Flow Diagram，DFD），用于描述系统的分解，即描述系统由哪些部分组成，各部分之间有什么联系等。

② 数据字典（Data Dictionary，DD），用于定义数据流图中的数据和加工。它是数据流条目、数据存储条目、数据项条目和基本加工条目的汇集。

③ 描述加工逻辑的结构化语言、判定表和判定树。它们详细描述了数据流图中不能被再分解的每一个基本加工的处理逻辑。

结构化分析法采用上述描述工具，分别用数据流图、实体-联系图和状态转换图来建立需求分析中的功能模型、数据模型和行为模型，其组成结构如图 3-6 所示。

图 3-6　结构化分析模型的组成结构

① 数据流图描述了系统中对数据进行变换的功能，是建立功能模型的基础。

② 实体-联系图（Entity-Relationship Diagram，ERD）描述了数据对象及数据对象之间的关系，是用于建立数据模型的图形。

③ 状态转换图（State Transition Diagram，STD）指明了作为外部事件的结果，系统将如何动作。状态转换图描述了系统的各种行为模式（称为状态），以及在不同状态间转换的方式，是行为建模的基础。

3.3.5 数据流图

任何软件系统（计算机系统）从根本上来说，都是对数据进行加工（Processing）或变换（Transform）的工具。图 3-7 是一个高度抽象了的软件系统的逻辑模型。

数据流图是描述数据在系统中流动和被变换的过程，以及使数据流进行变换的功能的图形化技术。数据流图有两个目的：一是指明数据在系统中移动时如何变换，二是描述对数据流进行变换的功能和子功能。数据流图提供了附加的信息，可以用于信息域的分析，并作为建立功能模型的基础。

1. 基本图形符号

数据流图有数据流、加工、数据存储、数据的源点/终点 4 种基本图形符号，如图 3-8 所示。

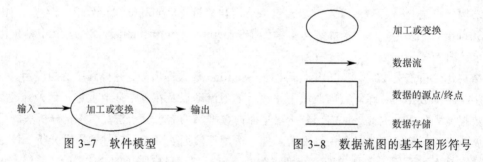

图 3-7　软件模型　　　　　图 3-8　数据流图的基本图形符号

① 数据流。数据流用箭头表示，是数据在系统内流动的路径。除了与数据存储之间的数据流可以不用命名外，其他数据流应该有名称，一般用名词或名词短语表示。

② 加工。用圆、椭圆或圆角矩形表示。加工也称为数据处理，是对数据流进行某些操作或变换。每个加工都要有名称，通常用动词短语简洁地描述完成了什么加工。在分层数据流图中，加工还应有编号。

③ 数据存储。用双杠或单杠表示。逻辑上指信息的静态存储；物理上，可以是数据文件、数据库或其他任何形式的数据组织。数据存储也要有名称，表示存储的内容。流入数据存储的数据流可以理解为写文件或文件查询，从数据存储流出的数据可以理解为读文件或得到查询结果。加工和数据存储之间用箭头线连接，单向表示只读或只写，双向表示可读可写。

④ 数据的源点和终点。用矩形方框表示。数据的源点和终点是软件系统外部环境中的实体，统称为外部实体。它们是为了帮助理解系统界面而引入的，一般只出现在数据流图的顶层图中。

2. 数据流图的绘制

建立数据流模型的基本步骤概括地说，就是自外向内、自顶向下、逐层细化、完善求精。人们处理复杂问题的基本手段是分解，把一个复杂的问题划分为若干小问题，将问题的复杂性降低到人们可以掌握的程度，然后分别解决。分解可以分层进行，先考虑问题最本质的方面，忽略细节，形成问题的高层概念，然后逐层添加细节。

描述一个复杂的系统时，如果用一张数据流图画出所有的数据流和加工，这张图势必是及其庞大而复杂，难以绘制、阅读和理解的。应该按照系统的层次结构进行逐步分解，并以分层的数据流图反映这种结构。下面以一个简化的商业自动化系统为例说明如何画数据流图。

（1）绘制系统的输入、输出

绘制系统的输入、输出就是画顶层数据流图。顶层数据流图只包含一个加工，代表将被开发的系统；然后确定系统有哪些输入数据，这些数据从哪里来，有哪些输出数据，输出到哪里去；这样就定义了系统的输入、输出数据流。顶层图只有一张，作用在于表明被开发系统的范围以及它和周围环境的数据交换关系。

图 3-9 为简化的商业自动化系统的顶层 DFD 图。系统由售货员、收款员和经理操作，他们是系统的源点和终点。顶层 DFD 中的加工名为要建立的系统名：简化的商业自动化系统。

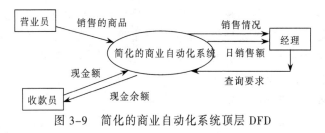

图 3-9　简化的商业自动化系统顶层 DFD

（2）绘制系统内部

绘制系统内部就是绘制中间层和底层的数据流图。一般将层号从 0 开始编号，采用自顶向下、由外向内的原则。绘制 0 层数据流图时，一般根据当前系统工作的分组情况，并按新系统应有的外部功能，分解顶层流图的系统为若干子系统，并决定每个子系统间的数据接口和活动关系。

例如，将简化的商业自动化系统的顶层图按人或部门的功能要求进行分解，形成三项子加工：录入、修改或删除商品信息；录入、修改现金额，并计算余额；查询商品销售情况，计算日销售额。再为每个子加工分配数据流。其中要注意：要根据特定加工要求进行分派；保持与顶层数据流的一致；可以不引入数据源点和终点。最后引入文件，形成一个整体。此处引入销售文件用以记录商品及销售情况。由此得到 0 层数据流图，如图 3-10 所示。

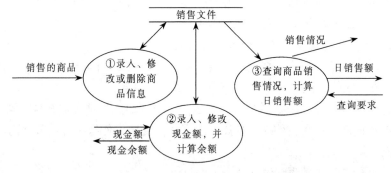

图 3-10　简化的商业自动化系统第 0 层 DFD

绘制更下层的数据流图时，则分解上层图中的加工，一般沿着输入流的方向，凡数据流的组成或值发生变化的地方就设置一个加工，这样一直进到输出数据流。如果加工的内部还有数据流，则对此加工在下层图中继续分解，直到每个加工都足够简单，不能再分解为止。不再分解的加工称为基本加工。如图 3-11 所示为对图 3-10 加工③的进一步分解。

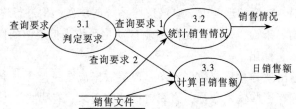

图 3-11　简化的商业自动化系统第 1 层 DFD

3.3.6　数据字典

数据流图只描述了系统的分解，并没有对各个数据流、加工和数据存储进行详细说明。而数据流、数据存储的名称并不能反映其中的数据成分、数据项目内容和数据特性，加工的名称也不能反映处理过程。数据字典就是用来定义数据流图中的各个成分的具体含义的，它以一种准确的、无二义性的说明方式为系统的分析、设计及维护提供了有关元素的一致的定义和详细的描述。数据流图和数据字典是需求规格说明书的主要组成部分。

数据字典要对数据流图中出现的名字（数据流、加工、数据存储）进行定义。因此，可以像查字典一样，借助于数据字典查某个名字的具体含义。数据字典也像普通字典一样，要把所有条目按照一定的次序排列起来，以方便查阅。

大多数复杂事物的定义方法，都是用被定义事物成分的某种组合表示这个事物，这些组成成分又由更低层成分的组合来定义。因此可以说，定义就是自顶向下的分解。数据字典中的定义就是对数据自顶向下的分解。分解的原则是：当包含的元素不需要进一步定义，且每个和工程有关的人员都清楚时为止。

在数据字典中，描述数据元素之间的关系时，可以使用自然语言，但是为了更加清晰简洁，可以采用以下符号：

① =：表示等价于（或定义为）。

② ＋：表示与（即连接两个分量）。

③ [|]：表示或（即从方括号内由"|"隔开的若干个分量中选择一个）。

④ { }：表示重复（即重复花括号内的分量）。

⑤ ( )：表示可选（即圆括号内的分量可有可无）。

常常使用上限和下限进一步注释表示重复的花括号，例如 1{A}5 表示数据元素 A 的重复的下限为 1，上限为 5。如果上下限相同，表示重复次数固定。

出现在软件中的数据可分为 3 种情况：只含一个数据的数据项（或数据元素）；由多个相关数据项组成的数据流；数据文件或数据库。以下举例说明如何编写各类数据的字典条目。

1. 数据流条目

数据流"订单"的字典条目如表 3-1 所示。

在定义栏中，用{}表示重复，重复的次数不限，表示一个订单中可以预订多种货物。

2. 数据存储条目

数据存储"库存记录"的字典条目如表 3-2 所示。

表 3-1　数据流"订单"的字典条目

数据流名称：订单
别名：无
描述：顾客订货时填写的项目
定义：订单＝编号+订货日期+顾客编号+地址+电话+{货物编号+货物名称+规格+数量}

表 3-2　数据存储"库存记录"的字典条目

数据存储名称：库存记录
别名：无
描述：存放库存的所有可供货物的信息
定义：库存记录＝{货物编号+货物名称+生产厂家+单价+库存量}
组织方式：索引文件，以货物编号为关键字建立索引

在定义栏中，{}表示一个数据存储由多个这样的记录组成。

3. 数据项条目

无论是独立的或者包含在数据流或数据存储中的数据项，一般都应在数据字典中用相应的条目描述。数据项"货物编号"的字典条目如表 3-3 所示。

表 3-3　数据项"货物编号"的字典条目

数据项名称：货物编号
别名：G_No, Goods_No
描述：本公司的所有货物的编号
定义：货物编号＝10{字符}10
取值及含义：第 1 位：进口/国产 第 2～4 位：类别 第 5～7 位：规格 第 8～10 位：品名编号

数据字典可以手工建立，也可以通过计算机辅助建立。计算机辅助数据字典建立比手工方式在效率、数据的一致性和完整性方面更为优越。所以现在普遍采用计算机辅助建立数据字典的手段。

3.3.7　加工说明

加工说明是对 DFD 中的每个加工所做的说明，用于描述系统的每一个基本加工的处理逻辑，说明输入数据转换为输出数据的加工方法。

加工逻辑仅说明"做什么"即可，不需要说明实现加工的细节。加工说明通常采用结构化语言（Structured Language）、判定表（Decision Table）或判定树（Decision Tree）作为描述工具。

1. 结构化语言

结构化语言是自然语言加上结构化的形式，是介于自然语言和形式化语言之间的一种半形式化语言。其特点是既有结构化程序清晰易读的优点，又有自然语言的灵活性。

　　结构化语言借用结构化程序中的顺序、选择、循环 3 种控制结构来描述加工，形式简洁，一般人（包括不熟悉计算机的用户）都能理解。

　　例如，一个购票加工的结构化语言描述如下：

```
IF(时间=7 到 10 月 OR  12 月)
    IF(订票量≤30)
        则优惠 10%
    ELSE
        则优惠 15%
    END IF
ELSE IF(时间=1 到 6 月 OR  11 月)
    IF(订票量≤30)
        则优惠 25%
    ELSE
        则优惠 30%
    END IF
END IF
```

2. 判定表和判定树

　　判定表采用表格化的形式，适用于表达含有复杂判断的加工逻辑。有时某个加工的一组动作依赖于多个逻辑条件的取值，用结构化语言不易清楚地描述，而用判定表就能清楚地表示复杂的条件组合及应做的动作间的关系。仍以购票加工为例，构造判定表，如表 3-4 所示。

表 3-4　购票折扣量

时间	7～10 月，12 月		1～6 月，11 月	
订票量	≤30	>30	≤30	>30
折扣量（优惠）	10%	15%	25%	30%

　　判定树是判定表的图形表示形式，通常比判定表更直观，更易于理解和使用。图 3-12 是与表 3-4 功能等价的判定树。

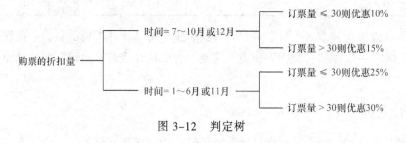

图 3-12　判定树

3.3.8　实体–联系图

　　为了把用户的数据要求准确地描述出来，相同分析员通常建立一个概念性的数据模型。概念性数据模型是一种面向问题的数据模型，是按照用户的观点对数据建立模型。它描述了从用户角度看到的数据，反映了用户的现实环境，而且与软件系统中的实现方法无关。实体–联系图简称 E-R 图，相应的，可以把用 E-R 图描绘的数据模型称为 E-R 模型。

实体–联系图中包含 3 种基本成分：实体、关系和属性。

实体是客观世界中存在且可以相互区分的事物。实体可以是人或物，可以是具体事物，也可以是抽象概念。例如，职工、学生、课程等都是实体。

实体之间相互连接的方式称为关系，也称关联。关系分为 3 种类型：

① 一对一联系（1∶1）：例如，一个部门有一个经理，而每个经理只在一个部门任职，则部门与经理的关系是一对一的。

② 一对多联系（1∶N）：例如，每位教师可以教多门课程，但是每门课程只能由一位教师来教，则教师与课程之间存在一对多的关系。

③ 多对多联系（M∶N）：例如，一个学生可以学多门课程，而每门课程可以有多个学生来学，则学生与课程之间的关系是多对多。

属性定义了实体或关系具有的特性。通常一个实体有若干属性。例如，"学生"实体有学号、姓名、性别、班级等属性。关系也可以有属性。例如，学生"学"课程所取得的成绩，既不是学生实体的属性，也不是课程实体的属性。因为"成绩"既依赖于某个学生，又依赖于某门特定的课程，所以它是学生与课程之间的关系——"学"的属性。

在 E-R 图中，通常用矩形框代表实体，用连接相关实体的菱形框表示关系，用椭圆表示实体（或关系）的属性，并用直线把实体（或关系）与其属性连接起来。例如，图 3-13 是某学校教学管理的 E-R 图。

图 3-13 教学管理系统 E-R 图

E-R 模型比较接近人的习惯思维方式，不仅使用简单的图形符号表达系统分析员对问题域的理解，不熟悉计算机技术的用户也能理解它，因此，E-R 模型可作为用户与分析员之间有效的交流工具。

3.3.9 状态转换图

状态图通过描绘系统的状态及引起系统状态转换的事件，来表示系统的行为。此外，状态图还指明了作为特定事件的结果，系统将做哪些动作（如处理数据）。

状态图中主要有状态、变迁和事件 3 种符号。状态是任何可以被观察到的系统行为模式，用圆角矩形表示。变迁表示状态的转换，用状态图中两个状态之间带箭头的连线表示，箭头指明了转换方向。事件是在某个特定时刻发生的事情，是对引起系统做动作或系统状态转换的外界事件的抽象。状态变迁通常由事件触发，相应的，应该在表示状态转换的箭头线上标出触发转换的事件。如果事件的发生有一定的条件，该条件在事件后的方括号中标出。

图 3-14 中给出了状态图中使用的主要符号。

图 3-14　状态图中使用的主要符号

3.3.10　需求规格说明和验证

软件需求分析的描述通常采用一种规范的需求规格说明的文档形式。需求规格说明文档，即软件需求规格说明书（Software Requirement Specification, SRS）是需求分析任务的最终产品，是需求分析阶段一份关键性的技术文档。美国国家标准局、IEEE 的 IEEE/ANSI 830—1998 标准和我国的 GB 8567—2006 标准，都给出了软件需求规格说明文档（以及其他软件工程文档）的内容框架。其内容包括引言、任务概述、数据描述、功能需求、性能需求运行需求、其他需求。

需求规格说明是用户、分析人员和设计人员之间沟通和交流的手段，其作用是：

① 作为软件开发机构和用户之间事实上的技术合同说明，为双方提供了相互了解的基础。

② 作为软件人员下一步进行设计和编码的基础。

③ 作为测试和验收的依据。

用户通过需求规格说明书指定需求，检查需求描述是否满足要求。设计人员通过需求规格说明书了解软件需要开发的内容，将其作为软件设计的基本出发点。测试人员根据需求规格说明书中对产品行为的描述，制订测试计划、测试用例和测试过程。产品发布人员根据需求规格说明书和用户界面编写用户手册和帮助信息。

需求规格说明书是进行设计和以后进行软件工程活动的重要基础，其中如果隐藏有错误而没有及时被发现并改正，将给整个软件开发工作造成极大的损害。因此，为了提高软件质量，确保软件开发成功，必须对需求文档进行严格的验证。需求验证通常采用评审的方式，发现规格说明书中的错误、二义性和遗漏的需求，及时进行更改或补充，并对修改后的需求规格说明书进行再评审。

需求评审由开发人员和用户组成的评审小组以会议的形式进行，主要围绕需求规格说明的质量特性展开。这些质量特性主要包括以下 4 个方面：

① 一致性：所有需求必须是一致的，任何一条需求不能和其他需求互相矛盾。

② 完整性：需求必须是完整的，规格说明书应该包括用户需要的每一个功能或性能。

③ 现实性：指定的需求应该是用现有的硬件技术和软件技术基本上可以实现的。

④ 有效性：必须证明需求是正确有效的，确实能解决用户面对的问题。

评审首先在宏观的级别上进行。在该层次上，评审者试图保证需求规格说明是完整的、一致的、精确的。然后，评审着重于更详细的层次，关注点是需求规格说明中的措辞，应试图去发现隐藏在需求规格说明内容中的问题。

即使采用最好的评审规程，一系列常见的需求规格说明问题仍然存在。需求规格说明是难于"测试"的，因此，不一致性或信息的忽略可能不会被注意到。在评审过程中，可以对需求规格说明进行修改，但要评估修改的全局影响是极端困难的，即在一个功能中所做的某个修改如何影响到其他功能的需求，这一点很难评估。

3.4 软 件 设 计

完成软件的需求分析之后，就进入了软件的设计阶段。需求分析已经准确回答了"系统必须做什么"的问题，这是软件设计的基础。软件设计的基本目的就是回答"系统应该怎样做"的问题。软件设计的任务，就是把分析阶段得到的软件需求规格说明转换为计算机可以实现的软件系统的描述，形成用适当手段表示的软件设计文档。

3.4.1 软件设计概述

需求阶段对目标系统的数据、功能和行为进行了建模，编写的软件需求说明包括对分析模型的描述。软件设计的任务，就是把分析阶段产生的软件需求规格说明转换为用适当手段表示的软件设计文档。从设计的工程管理的角度来看，传统的设计任务通常可分为两个阶段：概要设计阶段和详细设计阶段。

第一个阶段是概要设计，将软件需求转化为数据结构和软件的系统结构，包括结构设计和接口设计，主要是仔细分析需求规格说明，设计软件的模块划分，形成模块组织结构，表示出模块间的控制关系，给出模块间的接口，并编写概要设计文档。系统分析员根据系统的逻辑模型，从不同的系统结构和物理实现角度考虑，给出各种可行的软件结构实现方案，估计每种方案的成本和效益，推荐一个最佳方案，并且制订实现计划。

第二阶段是详细设计，其任务是通过对结构表示进行细化，为结构设计中的各个模块设计过程细节，确定模块内部的数据结构和实现算法，产生描述各软件构件的详细设计文档。详细设计的根本目标是确定应该如何具体地实现所要求的系统。

3.4.2 软件设计基本原理

软件设计的基本原理是从 20 世纪 60 年代陆续提出的，经过多年来软件工程师们的不懈努力，基本原理和配套方法不断完善。

1. 模块化

模块是一个独立命名的、拥有明确定义的输入、输出和特性的程序实体。它可以通过名字访问，可以单独编译，例如，过程、函数、子程序和宏等都可以作为模块。

总的来说，一般模块具有以下几种特征：

① 接口：指模块的输入/输出。

② 功能：指模块实现什么功能，有什么作用。

③ 逻辑：描述模块内部如何实现要求的功能及所需的数据。

④ 状态：指模块的运行环境，即模块间的调用和被调用关系。

　　模块化就是将程序划分成若干个独立的模块，每个模块完成一个特定的子功能，把这些模块组装起来构成一个整体，完成整个系统所要求的功能，满足用户的需求。

　　如果一个软件仅由一个模块组成，它将很难被人们所理解。而对软件进行适当的分解，即"分而治之"，不但可以降低问题复杂性，还可以减少开发工作量，提高软件生产效率。为了说明这一点，可以进行如下推理：设函数 $C(x)$ 定义问题的复杂程度，函数 $E(x)$ 确定解决问题 x 需要的工作量（时间）。对于两个问题 P_1 和 P_2，如果：

$$C(P_1) > C(P_2),$$

　　则有：

$$E(P_1) > E(P_2)。$$

　　也就是说，问题越复杂，所需要的工作量越大。根据人类解决一般问题的经验，有：

$$C(P_1+P_2) > C(P_1) + C(P_2)$$

即一个问题由两个问题组合而成的复杂度要大于分别考虑每个问题的复杂度之和。这样，可以得出以下不等式：

$$E(P_1+P_2) > E(P_1) + E(P_2)$$

　　由此可知，把复杂的问题分解成许多容易解决的小问题，原来的问题也就容易解决了。这就是模块化的依据。

　　由上面的不等式似乎可以得出这个结论：如果无限地分割软件，最后为了开发软件而需要的工作量也就小得可以忽略了。事实上，当模块数目增加时，每个模块的规模将减小，开发单个模块需要的工作量确实减少了；但是随着模块数目的增加，设计模块间接口所需要的工作量也将增加。根据这两个因素，得出图 3-15 中的总成本曲线。每个程序都相应地有一个最适当的模块数目 M，使得系统的开发成本最小。但无法确定地预测这个 M。

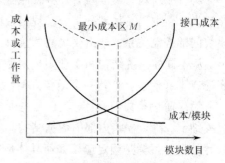

图 3-15　软件成本与模块数量关系图

　　采用模块化原理可使软件结构清晰，不仅易实现设计，也使设计的软件易于阅读和理解。这是由于程序错误通常发生在有关的模块及其之间的接口中，所以模块化技术使软件容易测试和调试，进而有助于提高软件的可靠性。因为变动往往只涉及少数几个模块，所以模块化能够提高软件的可修改性。模块化也有助于软件开发工程的组织管理，一个复杂的大型程序可由许多程序员分工编写不同的模块，并且可进一步分配技术熟练的程序员编写困难的模块。

2. 抽象与逐步求精

　　抽象是人类在认识复杂现象，或求解复杂问题的过程中使用的最强有力的思维工具。现实世界中一定的事物、状态或过程之间总存在着某些相似的方面（共性）。把这些相似的方面集中和概括起来，暂时忽略它们之间的差异，这就是抽象。或者说抽象就是抽出事物的本质特性而暂时不考虑它们的细节。

　　抽象的概念被广泛应用于计算机软件领域。软件工程过程的每一步都是对软件解决方案的抽象化程度的一次细化。在可行性研究阶段，软件作为系统的一个最抽象的完整部件；在需求分析期间，软件解决方案使用在问题环境中熟悉的术语来描述；当由总体设计向详细设计过渡时，抽象的程度逐渐减小；最后，当源程序写出来以后，也就达到了抽象的最底层，完全用实现的术语来描述。

逐步求精是一种先总体、后局部的思维原则，也就是一种逐层分解、分而治之的方法。在面对一个复杂的大问题时，它采用自顶向下、逐步细化的方法，将一个大问题逐层分解成许多小问题，然后每个小系统再分解成若干个更小的问题，经过多次逐层分解，每个最底层问题都足够简单，最后再逐个解决。

采用逐步求精方法对软件的设计，即对系统控制层次的求解过程。软件结构每层中的模块表示对软件抽象层次的一次精化。软件结构顶层的模块，控制了系统的主要功能并且影响全局；底层的模块完成对数据的一个具体处理。用自顶向下由抽象到具体的方式分析和构造软件的层次结构，简化了软件的设计和实现，提高了软件的可理解性和可测试性，并使软件更易维护。

抽象与逐步求精是一对互补的概念。抽象使得设计者能够说明过程和数据，同时忽略底层细节。逐步求精则帮助设计者在设计过程中逐步揭示出底层细节。这两个概念都有助于设计者在设计演化过程中创造出完整的设计模型。

3. 信息隐藏

信息隐藏是指在设计和确定模块时，使得一个模块内包含的信息（过程和数据）对于不需要这些信息的其他模块来说，是不能访问的。

"隐藏"意味着有效的模块化可以通过定义一组相互独立的模块来实现，这些独立的模块彼此间仅仅交换那些为了完成系统功能而必须交换的信息，而将自身的实现细节与数据"隐藏"起来。一个软件系统在整个生存期内要经过多次修改，信息隐蔽为软件系统的修改、测试及以后的维护都带来好处，因为绝大多数数据和过程对于软件的其他部分而言是隐藏的，在修改期间由于疏忽而引入的错误就很少可能被传播到其他部分。因此，在划分软件模块时，模块中采用局部数据结构，有助于实现信息隐藏。

4. 模块独立性

模块独立性是指每个模块只完成系统要求的一个相对独立的特定子功能，并且和其他模块之间的关系尽可能简单。也就是说，要开发具有独立功能，而和其他模块之间没有过多相互作用的模块。

模块独立性的概念是模块化、抽象和信息隐藏概念的直接产物。模块独立性概括了把软件划分为模块时要遵守的准则，也是判断模块构造是否合理的标准。良好的模块独立性，是获得良好软件设计的关键因素，而设计又是决定软件质量的关键环节。

为什么模块的独立性很重要呢？主要有两条理由：第一，有效的模块化（即具有独立的模块）的软件比较容易开发出来。这是由于能够分割功能而且接口可以简化，当许多人分工合作开发同一个软件时，这个优点尤其重要。第二，独立的模块比较容易测试和维护。这是因为相对说来，修改设计和程序需要的工作量比较小，错误传播范围小，需要扩充功能时能够"插入"模块。

模块独立性可以由两个定性标准度量，即模块自身的内聚和模块之间的耦合。内聚是一个模块内部各成分之间彼此结合的紧密程度的度量，也称块内联系或模块强度。耦合是对一个软件结构内不同模块之间相互联系的紧密程度的度量，也称块间联系。内聚和耦合是密切相关的，与其他模块存在高耦合的模块通常意味着低内聚，而高内聚的模块通常意味着与其他模块之间存在低耦合。模块设计追求高内聚、低耦合。

（1）内聚

这是从功能的角度对模块内部聚合能力的度量。模块的内聚性按由弱到强的顺序分为 6 类，如图 3-16 所示。

图 3-16　内聚强度等级的划分

① 偶然内聚：指一个模块内的各处理元素之间没有任何联系。例如，为了节省空间，将几个模块中共同的语句抽出来放在一起组成一个模块，该模块就具有偶然内聚性。在这种模块中，由于各成分之间没有实质性的联系，所以很难理解、测试、修改和维护。有时在一种应用场合需要修改，而在另一种应用场合又不允许修改，从而陷入尴尬的困境。因此这是最差的内聚情况。

② 逻辑内聚：这种模块把几个逻辑上相似的功能组合在一起，每次被调用时，由传递给模块的参数来确定该模块应完成哪个功能。这种模块不易修改，而且造成模块间的控制耦合，原因是在调用这种模块时，需要传递一个用做判断的标志量。

③ 时间内聚：指一个模块中包含的任务必须在同一段时间内执行。例如，系统初始化模块中各个功能必须在同一时间内执行。

④ 通信内聚：指模块内的各个成分都使用同一输入数据，或产生同一输出数据。它们靠公共数据而联系在一起，故称为通信内聚。

⑤ 顺序内聚：如果一个模块的各个成分和同一个功能密切相关，而且必须顺序执行，通常一个处理成分的输出数据作为另一个处理成分的输入数据，则称为顺序内聚。

⑥ 功能内聚：指模块内所有成分属于一个整体，完成一个单一的功能。功能内聚的模块易于理解和修改，也易于实现软件重用，是最理想的模块内聚。"一个模块，一个功能"，已成为模块化设计的一条重要准则。

一般认为，偶然内聚、逻辑内聚和时间内聚是低内聚性的表现，通信内聚属于中等内聚性，顺序内聚和功能内聚是高内聚性的表现。模块设计时应尽量采用高、中内聚的模块，低内聚的模块应尽可能避免。

（2）耦合

耦合是对一个软件结构内不同模块间相互联系的紧密程度的度量。模块间联系越紧密，耦合性就越强，模块的独立性就越差。耦合强弱取决于模块间接口的复杂程度、进入或访问一个模块的点以及通过接口的数据。

软件设计中应追求尽可能松散耦合的系统。这样的软件容易修改和维护，且出现错误时不致引起连锁反应。模块的耦合度按照从弱到强的顺序可分为 7 类，如图 3-17 所示。

① 非直接耦合：指两个模块没有直接关系，它们之间的联系完全是通过主程序的控制和调用来实现的。它们之间不传递任何信息，因此这是最弱的耦合。

② 数据耦合：如果一个模块访问另一个模块，相互传递的信息以参数形式给出，并且传

递的参数是基本类型的数据值，称这种关系为数据耦合。

| 非直接耦合 | 数据耦合 | 特征耦合 | 控制耦合 | 外部耦合 | 公共耦合 | 内容耦合 |

图 3-17　耦合强度等级的划分

③ 特征耦合：当模块调用时传递的参数是复杂的数据结构，而被调用的模块只需要使用数据结构中的一部分数据元素时，这种耦合就是特征耦合。

④ 控制耦合：模块间传递的信息不是一般的数据，而是作为控制信息的开关值或标志量。被调用模块通过控制信息有选择地执行模块内某一功能，即被调用模块内应具有多个功能，哪个功能被执行受调用模块的控制。因此，调用模块必须知道被调用模块内部的逻辑关系，从而增强了模块间的相互依赖，降低了模块的独立性。模块间的控制耦合不是必需的，可通过将被调用模块内的判定上移到调用模块中，同时将被调用模块按其功能分解为若干单一功能的模块，将控制耦合改变为数据耦合。

⑤ 外部耦合：若允许一组模块访问同一个全局变量，可称它们为外部耦合。

⑥ 公共耦合：若允许一组模块访问同一个全局性的数据结构，则称之为公共耦合。如果模块间共享的数据很多，通过参数的传递很不方便时可使用公共耦合。但公共耦合会引起以下问题：耦合的复杂度随耦合模块个数的增加而增加；无法控制各个模块对公用数据的存取，若某个模块有错可能将错误延伸到其他模块，从而影响软件的可靠性；使软件的可维护性变差，若某模块修改了公共区的数据，则会影响与此有关的所有模块；降低软件的可理解性，因为各个模块使用公共区数据的方式往往是隐含的，某些数据被哪些模块共享，不易很快了解清楚。

⑦ 内容耦合：当一个模块可以直接使用另一模块内部的数据，或者允许一个模块直接转移到另一个模块内部时，就构成了内容耦合。内容耦合是最强的耦合，也是最差的耦合，一般出现在汇编程序设计中，高级程序设计语言已经不允许出现任何形式的内容耦合。

模块化设计的目标是实现模块间尽可能松散的耦合，为此应尽量使用数据耦合，少用控制耦合，慎用或有控制地使用公共耦合，完全不用内容耦合。

3.4.3　模块化设计的优化

人们在开发软件的长期实践中积累了丰富的经验，总结出以下一些软件模块化设计优化的启发式规则，可以给软件工程师提供有益的启示，帮助他们改进软件设计，提高软件质量。

（1）改进软件结构，提高模块独立性

设计出软件的初步结构后，应该审查分析这个结构，通过模块的分解或合并，力求降低耦合、提高内聚，简化模块接口，以及少用全局性数据和控制信息等。

（2）模块规模应该适中

经验表明，一个模块的规模不应过大，过大的模块会增加阅读理解的难度。心理学研究表明，当一个模块包含的语句数超过 30 行以后，模块的可理解程度迅速下降。过大的模块应该进行分解，但分解后不应降低模块的独立性。过小的模块开销大于有效操作，而且模块数量过多会导致系统的接口变得复杂，可以在保持模块独立性的原则下进行适当的合并.过小的模块，特别是只有一个模块调用它时，则不值得单独存在，应把它合并到上级模块中。

（3）保持适当的扇出和扇入

扇出数是一个模块直接控制（调用）的模块数目。扇出数过大意味着模块过于复杂，需要控制和协调过多的下级模块；扇出数过小（如总是 1）也不好，通常应保持在 3～4 为宜，最好不超过 5～7。扇出太大一般是因为缺乏中间层次，应该增加中间层次的控制模块。扇出太小时可以把下一级模块进一步分解为若干个子功能模块，或者合并到它的上级模块中去。

一个模块扇入数表明有多少个上级模块直接调用它。扇入数越大意味着共享该模块的上级模块数目越多，能够增加模块的利用率，但是不能违背模块独立性原理单纯追求高扇入数。

经验表明，设计良好的软件结构通常是顶层扇出数比较高，中间层扇出数较少，底层是扇入数较高的共享模块。

（4）模块的作用域应该在控制域内

一个模块的控制域，是模块本身以及所有直接或间接从属于它（即所有可供它调用的下级模块）的模块的集合。一个模块的作用域，是受该模块内一个判定影响的所有模块的集合。只要模块中含有一些依赖于这个判定的操作，这个模块就在这个判定的作用范围之内。

本规则的含义是：一个模块的作用域应该在其控制域之内，即所有受判定影响的模块都应该从属于做出判定的那个模块，最好局限于做出判定的那个模块本身以及它的直属下级模块。而且，条件判定所在的模块应与受其影响的模块在层次上越靠近越好。

（5）降低模块接口的复杂程度

模块的接口应该简单、清晰及含义明确，易于理解、实现、测试和维护。模块接口复杂是引起软件错误的一个主要原因，接口应该设计成传递简单的数据，并与模块的功能保持一致。接口不一致（即通过参数表传递不相关的一些数据）是低内聚的表现，应该重新分析这个模块的独立性。

（6）设计功能可以预测的模块，但要避免过分限制性的模块

模块的功能可预测是指只要模块的输入数据相同，则运行产生的输出必然相同，也就是可以根据其输入数据预测模块的输出结果。此外，如果设计时对模块局部数据结构的大小、控制流程中的选择以及外部接口模式等限制过多，则模块的功能就过分局限，这就导致将来修改功能过分局限的模块，扩大其使用范围时，要付出很高的修改维护代价。

（7）设计单入口单出口的模块

这条规则是警告软件工程师不要使模块间出现内容耦合。从顶部进入并从底部退出的模块比较容易理解，也比较容易维护。

3.4.4 软件概要设计

概要设计通常包括系统设计、结构设计和数据库设计几个主要阶段。

1. 系统设计

需求分析阶段得出的数据流图是系统的逻辑模型。在概要设计阶段，分析员应该根据系统的逻辑模型，从不同的系统结构和物理实现角度考虑，给出各种可行的实现方案。按照低成本、中等成本和高成本对可供选择的方案进行分类，主要从易于实现性和成本/效益两方面比较各种方案的利弊，推荐一个最佳方案，并制订出实现这个系统的进度计划。

2. 结构设计

设计软件结构是概要设计阶段的核心工作。主要应用软件设计的概念和原理，采用面向数据流的设计方法将软件划分层次和结构，确定系统由哪些模块组成以及它们之间的关系。

① 从系统设计选取的最佳方案所对应的数据流图出发，导出初始的系统模块结构，并确定每个模块的功能。有时需要从实现的角度把复杂的功能进一步分解。功能分解使数据流图进一步细化。

② 确定模块间的调用关系和接口。把模块组织成良好的层次关系，顶层模块调用它的下层模块以实现完整功能，每个下层模块再调用更下层的模块以完成一个子功能，最下层的模块完成最具体的功能。确定模块间的接口，即确定模块间传递的信息。

3. 数据库设计

对于需要使用数据库的应用领域，除了以上设计外，还必须进行数据库设计。数据库设计包括模式设计、子模式设计、完整性和安全性设计以及设计优化等。

3.4.5 面向数据流的设计

面向数据流的设计方法就是以数据流为基础导出软件的模块结构。通常所说的结构化设计方法主要就是指面向数据流的设计方法。结构化设计方法是 20 世纪 70 年代中期由 Stevens、MyE–Rs 和 Constantine 等人率先倡导的。20 世纪 70 年代后期，Yourdon 等人提出了结构化的分析方法，把结构化的思想推广到分析阶段，从而形成了包括结构化分析和结构化设计在内的基于数据流的软件开发方法，是目前应用最广泛的软件开发方法之一。

面向数据流的设计方法的核心任务就是把需求分析阶段完成的数据流图映射为软件结构。面向数据流的设计方法所提供的原则与方法，主要是为了确定软件的体系结构和接口。

1. 概念

要把数据流图映射为软件结构，首先要了解数据流图的类型，因为数据流图的类型决定了映射的方法。数据流图可分为变换型数据流图和事务型数据流图两种类型。

（1）变换型数据流图

变换型数据流图由输入、变换（或称加工）和输出 3 部分组成，如图 3–18 所示。信息沿输入通路进入系统，同时由外部形式变换成内部形式，也就是由物理输入变成逻辑输入。进入系统的信息通过变换中心，经加工处理后产生内部表示的信息，即逻辑输出。最后该信息沿输出通路变换成外部形式，即物理输出。

（2）事务型数据流图

某个加工将它的输入分离成许多发散的数据流，形成许多平行的动作路径，并根据输入的值选择其中一条路径来执行，这种特征的数据流图称为事务型数据流图，如图 3–19 所示。这个加工中心称为事务中心，它接收输入数据（又称事务），然后分析每个事务以确定它的类型，最后根据事务类型选择一条活动通路。

注意：一个大型系统的数据流图中，变换型和事务型往往同时存在。例如，一个系统的数据流图的总体结构是事务型，但是它的某条动作路径是变换型。

（3）设计过程

图 3–20 说明了使用面向数据流方法的设计过程。

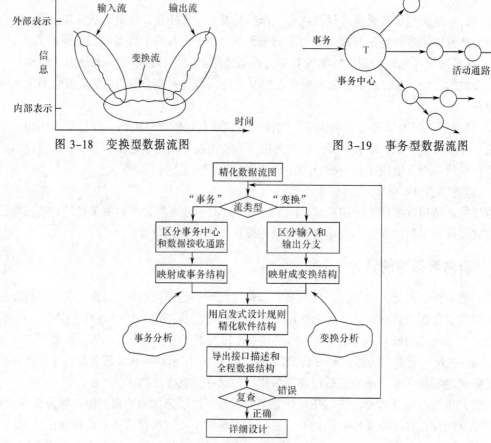

图 3-18　变换型数据流图　　　　图 3-19　事务型数据流图

图 3-20　面向数据流方法的设计过程

2．变换分析和事务分析

变换分析是一系列设计步骤的总称，经过这些步骤把变换型的数据流图按预先确定的模式映射成软件结构。虽然在大多数系统中使用变换分析方法设计软件结构，但在数据流具有明显的事务特点时，也就是有一个明显的事务中心时，采用事务分析方法进行设计。

具体的映射软件结构的步骤如下：

① 复查基本系统模型。

② 复查并精化数据流图。应该对需求分析阶段得出的数据流图认真复查，并在必要时进行精化。应根据数据流图中占优势的属性，确定数据流的全局特性。此外，还应把具有和全局特性不同特点的局部区域孤立出来，以后可以按照这些子数据流的特点精简根据全局特性得出的软件结构。

如果数据流具有变换特性，确定输入流、输出流的边界，从而孤立出变换中心，如图 3-21 所示。

如果数据流具有事务特性，则确定事务中心、接收部分和发送部分，如图 3-22 所示。

③ 完成"第一级分解"。变换型数据流的第一级分解，就是将数据流图中的输入边界左边的所有处理作为结构图的输入控制模块的下级模块；将数据流图中的输出边界右边的所有处理

作为结构图的输出控制模块的下级模块；数据流图中两个边界中间的所有处理作为变换中心控制模块的下级模块，如图 3-23 所示。

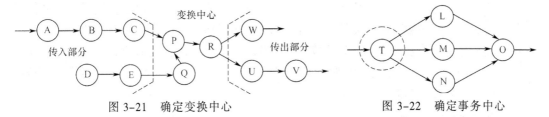

图 3-21　确定变换中心　　　　　　　图 3-22　确定事务中心

事务型数据流的第一级分解，就是将数据流图中的接收边界左边的所有处理作为结构图的输入控制模块的下级模块；将数据流图中的事务中心处理作为结构图的协调模块；数据流图中发送边界右边的所有处理作为协调模块的下级模块，如图 3-24 所示。

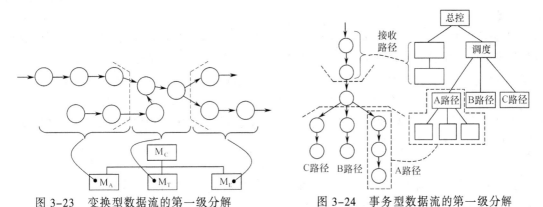

图 3-23　变换型数据流的第一级分解　　　　图 3-24　事务型数据流的第一级分解

④ 完成"第二级分解"。第二级分解就是把数据流图中的每个处理映射成软件结构中一个适当的模块。

对于变换特性的映射，数据流图中沿着输入边界向左移动，依次将遇到的处理连接到输入控制模块的下边；再沿输出边界向右移动，依次将遇到的处理连接到输出控制模块的下边；剩下的处理直接连接在变换控制模块的下边即可。

对于事务特性的映射，沿着接收边界向左移动，依次将遇到的处理连接到输入控制模块的下边；数据流图中沿着发送边界向右移动，依次将遇到的处理连接到协调模块的下边即可。

⑤ 优化软件结构。根据模块独立性原理和两个度量标准以及启发式规则，对导出软件结构进行优化，设计出由"高内聚、低耦合"的模块所组成的软件结构。

3.4.6　软件详细设计

1. 详细设计概述

在概要设计阶段，确定了软件系统的总体结构，给出了系统中各个模块的功能和模块间的联系。详细设计就是在概要设计的基础上，考虑应该如何具体地实现所要求的系统，直到对系统中的每个模块给出足够详细的过程性描述，从而在编码阶段可以把这个描述直接翻译成用某种程序设计语言书写的程序。因此，详细设计也称为过程设计或程序设计。

需要指出的是，详细设计阶段不是具体地编写程序，而是设计出程序的详细规格说明，其作用类似于其他工程领域中的蓝图，以后程序员可以根据这个蓝图编写出实际的程序代码。

详细设计的目的，是为软件结构中的每个模块确定采用的算法和块内数据结构，用选定的工具给出清晰的描述。表达工具可以由开发单位或设计人员自由选择，但它必须具有描述过程细节的能力，进而可在编码阶段能够直接将它翻译为用程序设计语言书写的源程序。

结构化程序设计方法是详细设计阶段的关键技术之一，它指导人们采用良好的思维方法设计出清晰易懂的处理过程。详细设计结果的清晰易懂主要有两个方面的作用：一是易于编码的实现，二是易于软件的测试和维护。

2. 结构化程序设计

结构化程序设计技术是软件工程发展过程中的重要成就之一。结构化程序设计技术的形成是从对"取消 GOTO 语句"的争论而开始的。GOTO 语句是程序设计语言的一个控制成分，虽然它使得程序中控制流程的转移更加方便灵活，可以提高程序的执行效率，但也使程序的可理解性降低。

1965 年荷兰科学家 E. W. Dijkstra 指出："可以从高级语言中消除 GOTO 语句""程序的质量与程序中所包含的 GOTO 语句的数量成反比"。他认为 GOTO 语句太原始，引用太多，会使程序一塌糊涂。由此引发了一场关于 GOTO 语句的讨论。经过讨论人们认识到，保证模块清晰易读的关键，不是简单的去掉 GOTO 语句的问题，而是要创立一种新的程序设计思想、方法和风格，这必须从改善模块的控制结构入手。这就是结构化程序设计的思想，也是详细设计阶段指导模块逻辑设计应遵循的原则。

1966 年 Boehm 和 Jacopini 在一篇文章中证明：只用"顺序""选择"和"循环"3 种基本控制结构就能实现任何单入口单出口的程序设计。这 3 种基本控制结构的流程图如图 3-25 所示。1968 年 Dijkstra 建议只用 3 种基本控制结构来编写程序。1972 年 IBM 公司的 Mills 进一步提出，程序应该只有一个入口和一个出口。

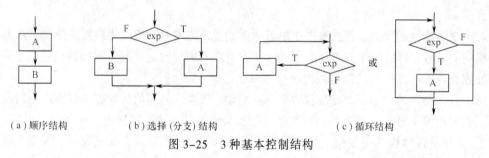

(a) 顺序结构　　　　　(b) 选择 (分支) 结构　　　　　(c) 循环结构

图 3-25　3 种基本控制结构

结构化程序设计的经典定义是："如果一个程序的代码仅仅通过顺序、选择和循环这 3 种基本控制结构进行连接，并且每个代码块只有一个入口和一个出口，则称这个程序为结构化的。

但是这个经典定义过于狭隘，结构化设计的重点不是关注有无 GOTO 语句，而是应该把注意力集中在程序结构方面，使设计的程序容易阅读、理解。在某些情况下，为了达到上述目的，反而需要使用 GOTO 语句。因此，出现了下述的结构化程序设计的定义："结构化程序设计是尽可能少用 GOTO 语句的程序设计方法。最好仅在检测出错误时才使用 GOTO 语句，而且应该总是使用向前的 GOTO 语句。"

虽然从理论上说只用上述 3 种基本的控制结构就可以实现任何单入口单出口的程序，但是为了实际使用方便起见，常常还允许使用扩展的控制结构，包括直到型循环（Do-Until）和多分支选择结构（Do-Case）。

综上所述，结构化程序设计的基本内容可归纳如下：

① 程序的控制结构一般采用顺序、选择、循环 3 种结构来构成，确保结构简单。

② 使用单入口单出口的控制结构。

③ 程序设计中应尽量少用 GOTO 语句，以确保程序结构的独立性。

④ 采用自顶向下逐步求精方法完成程序设计。

3. 详细设计的工具

详细设计阶段描述程序处理过程的工具可分为图形、表格和语言 3 类。

（1）程序流程图（Program Flow Chart）

程序流程图又称程序框图，它是历史最悠久、使用最广泛的描述程序逻辑结构的方法。它独立于任何一种程序设计语言，能比较直观和灵活地描述过程的控制流程，易于学习掌握。但总的发展趋势是越来越多的人不再使用程序流程图。主要原因是程序流程图的随意性和灵活性使其存在许多缺点：

① 程序流程图中用箭头表示控制流，使用的灵活性极大，这使得程序员不受任何约束，可以完全不顾结构化程序设计的精神，随意转移控制。

② 程序流程图本质上不是逐步求精的好工具。由于程序流程图中控制流可以随意转向，会诱使程序员过早地考虑程序的具体控制流程，而忽略程序的全局结构。

③ 程序流程图不易表示模块的数据结构。

（2）盒图（N-S 图）

N-S 图的名称取自其创造者 Nassi 和 Shneiderman 两人名字的第一个字母。盒图强调使用 3 种基本控制结构来构造程序逻辑，符合结构化程序设计原则。

图 3-26 给出了结构化控制结构的盒图表示，也给出了调用子程序的盒图表示法。

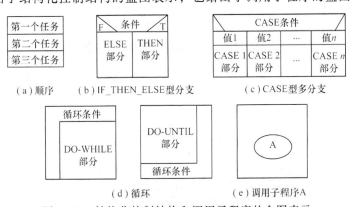

图 3-26 结构化控制结构和调用子程序的盒图表示

N-S 图的优点是：所有程序结构均用方框表示，无论并列或嵌套，程序的结构清晰可见。而且它只能表达结构化的程序逻辑，可以使软件设计人员养成用结构化的方式思考和解决问题的习惯。缺点是：当程序内嵌套的层数增多时，内层的方框将越来越小，从而增加画图的困难，并使图形的清晰性受到影响。

（3）过程设计语言（Program Design Language，PDL）

过程设计语言又称伪码（Pseudo Code），这是一个笼统的名称，它是用正文形式表示功能模块的算法设计和加工细节的设计工具。

PDL 拥有开放的语法格式，由严格的外语法（即关键词）和灵活的内语法（即自然语言）组成。在 PDL 中，外语法是确定的，用于描述数据结构和控制结构，一般采用编程语言中的关键字（如 IF...THEN...ELSE）表示。而内语法是不确定的，用于描述具体操作和条件，通常使用自然语言的词汇，语法自由，实际上任意自然语言的语句都可以用来描述所需要的具体操作。因此，PDL 是一种"混杂"的语言，它使用一种语言（通常是自然语言）的词汇，同时又使用另一种语言（某种结构化的程序设计语言）的语法。

PDL 与需求分析阶段的结构化分析中描述加工逻辑的"结构化语言"有些相似，它们的区别在于作用不同，故抽象层次不同，模糊程度不同。"结构化语言"描述加工"做什么"，并能使开发人员和用户都能看懂，所以无严格的外语法，内层语言描述也较为抽象。而 PDL 描述"怎么做"，开发人员将按照其编写程序，故外层语法更严格，更趋形式化，内层语言用更加详细的方式描述实际操作。

在实际应用中，只要对 PDL 稍加变换便可以变成源程序代码，因此它是详细设计阶段很受欢迎的表达工具。PDL 具有以下一些优点：

① 可以作为注释直接嵌入在源程序内，成为程序的内部文档，有益于提高程序的可读性以及程序和文档的一致性。

② 可以使用普通的正文编辑软件或文字处理系统，很方便地完成 PDL 的书写和编辑工作。

③ 已经有自动处理程序存在，可以自动地将 PDL 转换为源程序代码，提高软件生产率。

（4）问题分析图（problem analysis diagram，PAD）

问题分析图于 1973 年由日本日立公司发明，它用二维树形结构的图来表示程序的控制流，将这种图翻译成程序代码比较容易。图 3-27 所示为 PAD 图的基本符号。

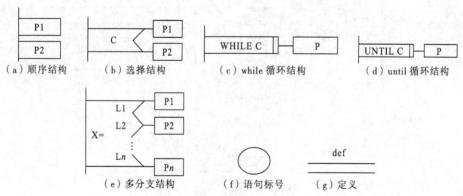

图 3-27　PAD 图基本符号表示

PDA 图结构清晰，结构化程度高，易于阅读。最左端的纵线是程序主干线，对应程序的第一层结构；每增一层 PAD 图向右扩展一条纵线，故程序的纵线数等于程序的层次数。程序执行时，从 PAD 图最左主干线上端结点开始，自上而下、自左向右依次执行，程序终止于最左主干线。

PAD 图的优点：

① 使用表示结构优化控制结构的 PAD 符号所设计出来的程序必然是程序化程序。

② PAD 图所描述的程序结构十分清晰。图中最左边的竖线是程序的主线，即第一层控制结构。随着程序层次的增加，PAD 图逐渐向右延伸，每增加一个层次，图形向右扩展一条竖线。PAD 图中竖线的总条数就是程序的层次数。

③ 用 PAD 图表现程序逻辑，易读、易懂、易记。PAD 图是二维树形结构的图形，程序从图中最左边上端的结点开始执行，自上而下，从左到右顺序执行。

④ 很容易将 PAD 图转换成高级程序语言源程序，这种转换可由软件工具自动完成，从而可省去人工编码的工作，有利于提高软件可靠性和软件生产率。

⑤ 既可用于表示程序逻辑，也可用于描述数据结构。

⑥ PAD 图的符号支持自顶向下、逐步求精方法的使用。开始时设计者可以定义一个抽象程序，随着设计工作的深入而使用"def"符号逐步增加细节，直至完成详细设计。

PAD 图是面向高级程序设计语言的，为 FORTRAN、COBOL 和 PASCAL 等常用的高级程序设计语言提供了一整套相应的图形符号。由于每种控制语句都有一个图形符号与之对应，显然将 PAD 图转换成与之对应的高级语言程序比较容易。

PAD 是一种程序结构可见性好、结构唯一、易于编制、易于检查和易于修改的详细设计表现方法。用 PAD 图可以消除软件开发过程中设计与制作的分离，也可消除制作过程中的主观性。虽然目前仍需要由人来编制程序，一旦开发的 PAD 编程自动化系统实现的话，计算机就能从 PAD 自动编程，到那时程序逻辑就是软件开发过程中人工制作的最终产品。显然在开发时间上大大节省，开发质量上也会大大提高。

缺点：不如流程图易于执行。

3.5　面向对象技术

传统的软件工程方法采用结构化技术（结构化分析、结构化设计和结构化编码）来完成软件开发的各项任务。当软件规模庞大时，使用传统方法开发软件往往不成功，而且开发出的软件维护起来很困难。软件系统本质上是信息处理系统，其数据和数据操作是密切相关的。而传统的软件分析和设计方法，往往采用面向行为（即对数据的操作）或面向数据的思路，把数据和数据操作人为地分开考虑，自然会增加软件开发和维护的难度。面向对象方法把数据和对数据的操作紧密结合起来，作为一个整体来考虑，提高了软件的可理解性，简化了软件的开发和维护工作。面向对象技术已成为当前最好的软件开发技术，是人们在开发软件时的首选。

3.5.1　面向对象的基本概念

面向对象方法的基本原则是：尽可能模拟人类习惯的思维方式，使软件开发的方法与过程尽可能接近人类认识世界和解决问题的方法与过程，也就是使描述问题的问题空间与实现解法的解空间在结构上尽可能一致。面向对象方法认为客观世界是由对象组成的，任何客观的事物或实体都是对象，复杂对象可以由简单的对象组成。因此，面向对象的软件系统是由对象组成的，软件中的任何元素都是对象。软件工程学家 Coad 和 Yourdon 给出了一个定义：面向对象

（Object Oriented）=对象（Objects）+类（Class）+继承（Inheritance）+消息通信（Communication With Messages）。如果一个软件系统是使用这样 4 个概念来设计和实现的，则认为这个软件系统是面向对象的。

1. 对象（Object）

对象是系统中用来描述客观事物的一个实体，是构成系统的一个基本单位，由一组属性和对这组属性进行操作的一组服务组成。属性和服务是构成对象的两个基本要素，属性是用来描述对象静态特征的一组数据项，服务是用来描述对象动态行为的一个操作序列。在开发一个系统时，通常只是在一定的范围（也称问题域）内考虑和认识与系统目标有关的事物，并用系统中的对象来抽象地表示它们。对象只描述客观事物本质的、与系统目标有关的特征，而不考虑那些非本质的、与系统目标无关的特征。同时，对象是属性和服务的统一整体，对象的属性值只能由这个对象的服务来读取和修改。

2. 类（Class）

类是一组具有相同属性和服务的对象的集合，它为属于该类的全部对象提供了统一的抽象描述，其内部包括属性和服务两个主要部分。类表示了一组相似的对象，是创建对象的模板，用它可以产生多个对象。每个对象属于一个类，属于某个类的一个对象称为该类的一个实例。类所代表的是一个抽象的概念或事物，在客观世界中实际存在的是类的实例，即对象。例如在一个学生管理系统中，"学生"是一个类，其属性有姓名、性别、年龄等，可以定义"入学注册""选课"等操作。一个具体的学生"王平"是一个对象，也是"学生"类的一个实例。

3. 继承（Inheritance）

继承是表示类之间内在联系以及对属性和服务实现共享的一种机制，是指子类可以自动拥有父类的全部属性和服务。继承简化了描述，在定义子类时不必重复已在父类中定义过的属性和服务，只要说明它是某个父类的子类，并定义自己特有的属性和服务即可。例如，"汽车"作为一个父类，可以有"轿车""货车""救护车"等继承它作为子类。与父类/子类等价的其他术语有一般类/特殊类、超类/子类、基类/派生类等。

4. 消息（Message）

消息是对象发出的服务请求，一般包含提供服务的对象标识、服务标识、输入信息和应答信息等信息。通常一个对象向另一个对象发送消息，请求执行某项服务，接收消息的对象则响应该消息执行所要求的服务操作，并将操作结果返回给请求服务的对象。

5. 封装（Encapsulation）

封装是把对象的属性和服务结合成一个独立的系统单位，并尽可能地隐藏对象的内部细节。封装是面向对象方法的一个重要原则，系统中把对象看成是属性和服务的结合体，使对象能够集中而完整地描述一个具体事物。封装的信息隐藏作用反映了事物的相对独立性，如果从外部观察对象，只需要了解对象所呈现的外部行为（即做什么），而不必关心它的内部细节（即如何做）。封装的目的在于将对象的使用者和对象的设计者分开，使得使用者不必知道服务的实现细节，只需要用设计者提供的方式来访问该对象即可。

6. 多态性（Polymorphism）

多态性是指在父类中定义的属性或服务被子类继承后，可以具有不同的数据类型或表现出不同的行为。在具有继承关系的一个类层次结构中，父类和子类可共享一个操作，但却有各自不同的实现。当一个对象接收到一个请求时，它根据其所属的类，动态地选用在该类中定义的操作。例如，在父类"几何图形"中定义了一个服务"绘图"，但并不确定执行时到底画一个什么图形。子类"圆形"和"多边形"都继承了"几何图形"类的"绘图"服务，但其功能却不同：一个是画圆形，一个是画多边形。当系统的其他部分请求绘制一个几何图形时，消息中给出的服务名都是"绘图"，但圆形和多边形类的对象接收到此消息时却各自执行不同的绘图算法。如果一种面向对象编程语言能支持对象的多态性，则可为开发带来不少便利，能增强软件的灵活性和可重用性。几种目前最常用的面向对象编程语言如 C++、Java 和 C#等均支持多态性。

3.5.2　面向对象的软件开发过程

面向对象的软件开发过程大体划分为面向对象的分析（Object Oriented Analysis，OOA）、面向对象的设计（Object Oriented Design，OOD）、面向对象的编程（Object Oriented Programming，OOP）和面向对象的测试（Object Oriented Testing，OOT）等环节。

1. 面向对象的分析

OOA 环节的主要工作是明确用户的需求，并用标准化的面向对象模型规范地描述这一需求，形成面向对象的分析模型，即 OOA 模型。它主要确定是要做什么（What to do）。

OOA 强调直接针对用户问题域中客观存在的各项事物建立 OOA 模型中的对象。用对象的属性和服务分别描述事物的静态特征和动态行为。问题域中有哪些值得考虑的事物，OOA 模型中就有哪些对象，而且对象及其服务的命名都强调与客观事物一致。另外，OOA 模型也保留了问题域中事物之间关系的原貌。这包括：把具有相同属性和相同服务的对象抽象为类；用类结构描述一般类与具体类之间的关系（即继承关系）；用对象包含结构描述事物间的组成关系；用对象相关关系表示事物之间的静态联系（即一个对象的属性与另一对象有关）；用对象间的消息连接表示事物之间的动态联系（即一个对象的行为与另一对象行为有关）。

2. 面向对象的设计

这一环节的主要工作是确定如何做（How to do），OOD 将在 OOA 模型的基础上引入任务管理、数据管理和界面设计等方面的内容，从而建立 OOD 模型。

OOA 与 OOD 两个环节之间有较为明确的职责划分。在建立映射问题域的 OOA 模型过程中，不考虑与系统的具体实现有关的因素（如采用什么编程语言、图形用户界面、数据库等），从而使 OOA 模型独立于具体的实现。OOD 则是针对系统的一个具体的实现。运用面向对象方法包括两方面的工作，一是不做转换地直接利用 OOA 模型，仅做某些必要的修改和调整，将其作为 OOD 的一个部分；另外是针对具体实现中的人机界面、任务管理、数据存储等因素补充一些与实现有关的部分。这些部分与 OOA 采用相同的表示法和模型结构。

3. 面向对象的编程

这一环节就是具体的实现阶段。认识问题域和系统设计的工作已经在 OOA 和 OOD 环节完成，OOP 环节的工作是选用合适的面向对象编程语言，把 OOD 模型中的每个组成部分编写出来，即编码实现。与 OOD 模型紧密对应，开发人员将编好的各个类代码模块根据类的相互关系集成为完整的软件系统。程序开发人员着重要做的工作是：用具体的数据结构来定义对象的属性，用具体的语句来实现服务的流程图所表示的算法。

4. 面向对象的测试

对于用面向对象方法开发的软件，在测试环节中可继续运用面向对象技术，进行以对象为中心的软件测试。测试人员利用开发人员提供的测试用例和用户提供的测试用例，分别检验编码完成的各个模块和整个软件系统，并且测试可以与开发同步。

采用面向对象方法开发的软件含有大量与面向对象的概念、原则及技术机制有关的语法与语义信息。在测试过程中发掘并利用这些信息，继续运用面向对象的概念与原则来组织测试，可以更准确地发现程序错误并提高测试效率。例如，对象的封装性使对象成为一个独立的程序单位，它只通过有限的接口与外部发生关系，错误的影响范围得以大大限制，这时的测试就能以对象的类作为基本测试单位，查错范围主要是类定义内部的属性和服务以及有限的对外接口所涉及的部分。基于对象的继承特性，在对父类测试完成之后，子类的测试重点只是那些新定义的属性和服务。

3.5.3　统一建模语言 UML 概述

软件工程领域在 20 世纪 90 年代期间取得了空前的发展，其中最重要的、具有划时代意义的成果之一就是统一建模语言（Unified Modeling Language，UML）的出现。UML 是一种可视化建模语言，能让系统构造者用标准的、易于理解的方式表达出他们所设想的蓝图，并提供一种机制，以便于不同的人之间共享和交流设计结果。

面向对象建模语言出现于 20 世纪 70 年代中期。从 1989 年的不到 10 种猛增到 1994 年的50 多种，出现了所谓的"方法大战"。这些方法各有千秋，却又有很多相似之处，其中最著名的是 Grady Booch 的 Booch 方法、Ivar Jacobson 的 OOSE 方法和 Jim Rumbaugh 的 OMT 方法。

面对众多的建模语言，用户由于没有能力区别不同语言之间的差别，因此很难找到一种比较适合其应用特点的语言。虽然不同方法的建模语言大多相同，但仍存在某些细微的差别，很大程度上妨碍了用户之间的交流。因此在客观上有必要统一这些建模语言。

UML 就是在这样的背景下应运而生的。它由世界著名的面向对象技术专家 Booch、Rumbuagh 和 Jacobson 发起，以 Booch 方法、OMT 方法和 OOSE 方法为基础，同时吸收其他面向对象建模方法的优点，形成一种概念清晰、表达能力丰富、适用范围广泛的面向对象的标准建模语言。UML 在学术界和工业界受到了广泛的重视和应用，已成为面向对象技术领域事实上的工业标准。UML 具有以下特点：

① 面向对象。UML 支持面向对象技术的主要概念，提供了一批基本的模型元素的表示图形和方法，能简洁明了地表达面向对象的各种概念。

② 可视化，表示能力强。通过 UML 的模型图能清晰地表示系统的逻辑模型和实现模型，可用于各种复杂系统的建模。

③ 独立于过程。UML 是系统建模语言，独立于开发过程。

④ 独立于程序设计语言。用 UML 建立的软件系统模型可以用 Java、C++、Smalltalk 等任何一种面向对象的程序设计来实现。

⑤ 易于掌握使用。UML 图形结构清晰，建模简洁明了，容易掌握使用。

1. UML 的模型元素

UML 是面向对象的可视化建模语言，其中定义了两类模型元素的图形表示：一类模型元素用于表示模型中的某个概念，如类、对象、用例、结点、构件、包、接口等；另一类模型元素用于表示模型元素之间相互连接的关系，主要有关联、泛化（表示一般与特殊的关系）、依赖、聚集（表示整体与部分的关系）等。图 3-28 给出了部分 UML 定义的模型元素的图形表示。

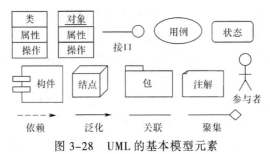

图 3-28 UML 的基本模型元素

2. UML 模型

UML 主要用来描述模型，可从不同视角为系统建模，形成不同的视图（View）。每个视图是系统完整描述中的一个抽象，代表该系统一个特定的方面；每个视图又由一组图（Diagram）构成，图包含了强调系统某一方面的信息。UML 提供了两类图——静态图和动态图，其中具体包含 9 种不同的图。

静态图包括用例图、类图、对象图、构件图和部署图。其中，用例图描述系统功能；类图描述系统静态结构；对象图是类图的实例，具体反映了系统执行到某处时系统的工作状况；构件图描述实现系统的元素组织；部署图描述系统环境元素的配置。

动态图包括状态图、时序图、协作图和活动图。其中，状态图描述系统元素的状态变化；时序图按时间顺序描述系统元素之间的交互；协作图按时间和空间的顺序描述系统元素之间的交互和关系；活动图描述系统元素的活动。

UML 提供了 5 种视图，包括用例视图、结构模型（逻辑）视图、行为模型（并发）视图、实现模型（构件）视图和部署视图。其中，用例视图从用户角度表达系统功能，使用用例图和活动图来描述；结构模型视图主要使用类图和对象图描述系统静态结构，用状态图、时序图、协作图和活动图描述对象间实现给定功能时的动态协作关系；行为模型视图描述系统动态行为及其并发性，用状态图、时序图、协作图、活动图、构件图和部署图描述；实现模型视图展示系统实现的结构和行为特征，用构件图描述；部署视图描述系统的实现环境和构件是如何在物理结构中部署的，用部署图描述。

综上所述，UML 所提供的图形符号描述，能简洁明确地表达面向对象技术的主要概念和建立各类系统模型，而且特别能从不同的视角为系统建模。因此，UML 适用于各种复杂类型的系统，乃至系统各个层次的建模，而且适用于系统开发过程的不同阶段。

3.6 软 件 编 码

软件开发的最终目标，是产生能在计算机上运行的软件产品。软件编码也称软件实现，就是把软件设计的结果转换成用某种程序设计语言书写的源代码。程序的质量主要是由设计的质量决定的。但是，编码风格和所使用的语言对编码质量也有重要的影响。

3.6.1 编码风格

编码风格也称程序设计风格，就是程序员习惯使用的编写程序的方式。

编码的目标从强调效率转变为强调清晰。编码风格也从追求技巧，变为提倡简明和直接。人们逐渐认识到，良好的编码风格能在一定程度上弥补编程语言存在的缺点。反之，不注意风格，即使使用了结构化的现代语言，也很难写出高质量的程序。当多个程序员合作编写一个大的程序时，尤其需要强调良好的和一致的风格，以利于相互通信，减少因不协调而引起的问题。

良好的编码风格主要体现在程序代码逻辑清晰、易读、易理解，且有较高的效率。编码风格强调清晰第一，是因为源代码越是清楚，就越便于验证源代码和模块规格说明的一致性，越容易对它进行测试和维护。编码时应该把简明清晰放在第一位，在清晰的前提下追求效率。程序中与编码风格有关的因素主要包括代码文档化、数据说明方法、语句构造处理、输入/输出技术和效率。

1. 代码文档化

代码文档化包括使用恰当的标识符、适当地安排注释、程序的整个组织形式的视觉效果等。

为了便于理解，应当选取能"见名知义"的标识符，使它能鲜明、正确地提示程序对象所代表的实体。不仅对规模较大的程序，即使是规模较小的程序，有含义的标识符也有助于人们的理解。如果使用缩写，在同一程序中缩写规则应一致，必要时为每个名字加注释。

所有的编程语言都允许用自然语言在程序中进行注释，开发者可以用注释的方法对代码进行说明，注释是程序员和程序读者的重要通信手段，正确的注释既有助于程序员本人的设计工作，也有助于他人对程序的理解。序言性注释安排在每个模块的起始部分，简要说明模块的用途、功能、主要算法、接口、重要数据和开发简史等。功能性注释嵌入在源代码体内，用来描述处理功能。

程序清单的布局对程序的可读性也有很大的影响，应利用适当的缩格形式使程序的层次结构清晰明显。

2. 数据说明方法

虽然在设计期阶段数据结构的组织和复杂性就已经确定，但数据说明的风格却是在编写代码时建立的。为了使数据更易于理解和维护，应遵循如下一些简单规则：

① 数据说明的次序应规范化，有次序就容易查阅，从而有利于测试、调试和维护。

② 当多个变量名在一条语句说明中时，变量名的次序应按字母顺序排列。

③ 如果设计时确定了一个复杂的数据结构，就应该用注释说明用程序设计语言实现这个数据结构的方法和特点。

3. 语句构造

设计阶段确定了软件的逻辑结构，而用语句的构造来实现软件则是编码阶段的任务。语句构造应当遵守的原则是，每条语句都应当简单而直接，不能为了追求运行效率而使程序变得复杂和难以理解。下述规则有助于使语句简单明了：

① 为了提高代码的可读性，最好一行只写一条语句。还应采用缩排方式，使程序段的逻辑结构和功能特征更加清晰。

② 尽量避免条件语句中复杂的条件测试。

③ 避免大量使用多重循环嵌套或条件嵌套。

④ 利用括号使逻辑表达式或算术表达式的运算次序清晰直观。

4. 输入/输出技术

输入/输出的风格不是在编码时确定的，而是在软件需求分析和设计时就已确定。但是，在编码时，输入/输出的实现方式决定了用户对系统特征的可接受程度。绝大多数软件项目都是人机交互系统，输入/输出界面要做到用户友善（User Friendly）。在批处理系统中，主要是输入的组织方式、有效的出错检查、好的输入/输出出错恢复以及合理的输出格式等。在交互式系统中，主要关心的问题是简单而带有提示性的输入方式、完备的出错检查和出错恢复，以及输入/输出格式的一致性等。在设计和编码时都应考虑下述有关输入/输出风格的规则：

① 检验所有输入数据的有效性，对输入项组合进行合法性检查，防止无意或有意的破坏。

② 保持简单的输入格式，当编程语言对格式有严格要求时，应保持输入格式一致。

③ 使用数据结束标记，不要要求用户指定数据的数目。

④ 明确提示交互式输入的请求，说明可以使用的选择值或边界值。

⑤ 为数据、报表设计美观、清晰的输出报表。

⑥ 对可能产生重大后果的操作，给出醒目的提示，待用户再次确认后再执行。

⑦ 能适应用户的操作习惯，并能提供在线帮助。

5. 效率

效率主要是指处理器时间和存储器容量两个方面。关于效率，应该记住 3 个原则：①首先，效率是一种性能要求，应该在需求分析阶段确定效率方面的要求；②其次，效率主要是靠良好的设计来提高；③第三，程序的效率与程序的简单程度紧密联系，不要牺牲程序的清晰性和可读性来提高效率。

源程序的效率直接由详细设计阶段确定算法的效率决定。但编码风格也会对程序的执行速度和对存储器的要求等效率问题产生一定影响。当把详细设计翻译成代码时，一般应遵循以下准则：

① 简化算术表达式和逻辑表达式，尽量使用整数运算和布尔表达式。

② 仔细研究嵌套的循环结构，以确定能否把一些语句从内层转移到外层。

③ 尽量避免使用多维数组和复杂的表。

④ 使用执行时间短的算术运算。

⑤ 即使语言允许，也不要混合使用不同的数据类型。

⑥ 在效率是决定性因素的应用领域，尽量使用具有良好优化特性的编译程序，以自动生成高效目标代码。

提高存储器效率的关键仍然是算法的简单性。

3.6.2 编程语言的选择

编码的目的是实现人和计算机的通信，指挥计算机按人的意志正确工作。程序设计语言是人和计算机通信的最基本的工具，其特性会影响人的思维和解决问题的方式，会影响人和计算机通信的方式和质量，也会影响他人阅读和理解程序。因此，在编码之前的一项重要工作就是选择一种适当的程序设计语言。软件工程师应该从软件工程学的观点，了解各种编程语言的特点，掌握选择语言的标准，以便根据问题的需要，合理地选择适当的编程语言。

从语言演变的角度，程序设计语言经历了第一代（机器语言）、第二代（汇编语言）、第三代（高级语言）和第四代语言等发展阶段。汇编语言与机器相关，有较大的局限性，而且生产率低，容易出错，维护困难，因此应用领域日益缩小。

第三代语言是过程化语言，如 FORTRAN、COBOL、PASCAL、C 和 Ada 语言等。这类语言的特点是直接提供结构化的控制结构，编写的程序易于理解和维护，所以也称为结构化语言。

关于第四代语言（4GL），迄今仍没有统一的定义。一种意见认为，第三代语言是过程化的语言，目的在于高效地实现各种算法。4GL 则是非过程化的语言，目的在于直接地实现各种应用系统。关系数据库的 SQL 和 UNIX 系统的 Shell 语言都可以归类为 4GL。

20 世纪 80 年代以来，出现了大量的面向对象语言，主要分为两大类：一类是纯面向对象语言，如 Smalltalk、Eiffel 和 Java 等；另一类是混合型面向对象语言，即在过程语言的基础上增加面向对象机制，如 C++等语言。

C++是 C 语言的面向对象的扩充。由于 C++既有数据抽象和面向对象能力，又有较高的执行效率，加上 C 语言的普及，从 C 过渡到 C++较容易。同时 C++与 C 兼容，使得 C 程序能方便地在 C++环境中重用。所有这些都是 C++语言能在短时间内得以流行，并成为面向对象程序设计的主要语言的重要原因。

Java 语言是当今流行的新兴网络编程语言，它的面向对象、跨平台、分布式应用等特点给编程人员带来了一种崭新的计算概念。Java 语言独立于机器，运行在 Java 虚拟机中，每个操作系统平台提供了 Java 虚拟机，这样 Java 的应用程序就可以在各种异构环境中运行。目前 Java 已经从一种单纯的编程语言发展为一种重要的计算平台，成为当今计算机业界不可忽视的力量和重要的发展方向。

近些年来，国外的软件公司在 4GL 的影响下，推出了一些基于可视化开发技术的支持快速开发的编程工具和环境，比较流行的有 Visual（可视化）系列的 VB、VC、VFP 和 PowerBuilder、Delphi 等。

随着图形用户界面的兴起，用户界面在软件系统中所占的比例也越来越大，有的甚至高达60%～70%。为此 Windows 提供了应用编程接口（Application Programming Interface，API），包含了 600 多个函数，支持图形用户界面的开发。但使用 Windows API 开发图形界面的工作量仍然较大，为了提高开发效率，出现了一批可视化开发工具。

可视化开发就是在可视化开发工具提供的图形用户界面上，通过操作界面元素，诸如菜单、按钮、对话框、编辑框、单选框、复选框、列表框和滚动条等，由可视化开发工具自动生成应用软件。这类应用软件的工作方式是事件驱动。对每一事件由系统产生相应的消息，再传递给相应的消息响应函数。这些消息响应函数是由可视化开发工具在生成软件时自动装入的。

可视开发工具应提供两大类服务：一类是生成图形用户界面及相关的消息响应函数。通常的方法是先生成基本窗口，并在它的外面以图标形式列出所有其他的界面元素，让开发人员挑选后放入窗口指定位置。在逐一安排界面元素的同时，还可以用鼠标拖动，以使窗口的布局更趋合理；另一类服务是为各种具体的子应用的各个常规执行步骤提供规范窗口，包括对话框、菜单、列表框、组合框、按钮和编辑框等，以供用户挑选。开发工具还应为所有的选择（事件）

提供消息响应函数。

由于要生成与各种应用相关的消息响应函数，因此可视化开发一般限定于某些特定的应用领域，如数据库应用系统的开发。对一般的应用，目前的可视化开发工具只能提供用户界面的可视化开发。至于消息响应函数（或称脚本）则仍需用通常的高级语言编写。

进行软件系统的程序开发时，首先必须做出的一个重要选择是：使用什么样的编程语言来实现这个系统。一般认为，应从问题开始，判断它的需求是什么，以及不同需求的重要程度。因为一种语言不可能同时满足各种需求，因此需要对各种需求进行权衡，比较各种可用语言的适用程度，最后选择合适的语言。衡量某个语言是否可选为编程语言，常依据以下评价标准：应用领域、软件运行环境、算法和计算的复杂性、数据结构的复杂性、系统效率的要求、项目开发的工程化考虑。

3.7 软 件 测 试

人们在软件需求分析和设计阶段所犯的错误是导致软件失效的主要原因。软件本身的复杂性是产生软件缺陷的又一重要原因。为了保证软件产品的质量，人们在分析、设计等各个阶段引入严格的技术评审。但由于人们本身能力的局限性，审查不能发现所有的错误，而且编码阶段还会引入大量的错误。软件测试能有效地发现软件中的绝大多数错误，是保证软件质量的关键环节，是对需求分析、设计和编码等阶段各项工作的最后复审。

统计表明，开发较大规模的软件，软件测试的工作量往往占软件开发总工作量的40%左右。对于某些关键领域的软件（如航空、航天、核反应堆控制），其测试费用甚至会达到其他软件工程阶段费用总和的三到五倍。即使富有经验的程序员，也难免在编码中发生错误，而且有些错误在设计甚至分析阶段早已埋下祸根。无论是早期潜伏下来的错误或编码中新引入的错误，若不及时排除，轻者降低软件的可靠性，重者导致整个系统的失败。因此，无论如何强调软件测试的重要性，以及对软件质量的影响都不为过。

3.7.1 测试的目标和任务

G. J. Myers 的经典著作《软件测试技巧》中给出了关于测试的一些规则，这些规则也可以看作是测试的目标或定义：

① 测试是为了发现程序中的错误而执行程序的过程。

② 好的测试方案是发现迄今为止尚未发现的错误的测试方案。

③ 成功的测试是发现了至今尚未发现的错误的测试。

从上述规则可以看出，测试可以描述为"为了发现程序中的错误而执行程序的过程"。这和一些错误观念"测试是为了表明程序是正确的""成功的测试是没有发现错误的测试"等是完全相反的。正确认识测试的目标十分重要，测试目标决定了测试方案的设计。如果为了表明程序是正确的而进行测试，就会设计一些不易暴露错误的测试方案。相反，如果测试是为了发现程序中的错误，就会力求设计出最能暴露错误的方案。

此外，还应该认识到测试决不能证明程序是正确的。E. W. Dijkstra 曾经说过："程序测试只能证明错误的存在，不能证明错误不存在"。即使经过了最严格的测试之后，仍然可能还有未被发现的错误潜藏在程序中。

测试的根本目标是采用行之有效的测试方案，发现迄今未被发现的、尽可能多的错误，并加以纠正。因此，测试阶段的任务包括两部分：

① 测试：采用一定的测试策略，发现程序中的错误。

② 纠错：也称调试（Debugging）。如果测试到错误，则定位程序中的错误并加以纠正。纠错通常在测试发现错误后进行。

通常，每一次测试都需要为之准备若干的测试数据，把用于测试过程的测试数据称为测试用例（Test Case）。每个测试用例产生一个相应的"测试结果"。如果它与"期望结果"不相符合，说明程序中存在错误，需要用纠错来改正。

3.7.2　软件测试方法

按照 Myers 的软件测试的定义，测试是一个执行程序的过程，即要求被测程序在机器上运行。其实，有时不执行程序也可以发现程序中的错误。为了便于区分，一般把前者称为"动态测试"，后者称为"静态分析"。广义地说，它们都属于程序测试，其分类如图 3-29 所示。为什么有了动态测试，还要有静态分析呢？原因在于程序中往往存在各种不同性质的错误，有些适宜在执行程序的过程中发现，而有些更适合在人工测试中揭露。

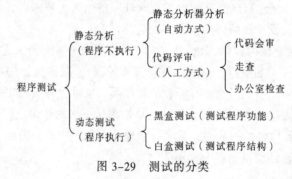

图 3-29　测试的分类

1. 静态分析

静态分析是指被测程序不在机器上执行，而是采用人工方式分析程序和计算机辅助静态分析的手段对程序进行分析、检查，以发现代码中潜在的错误。它一般用人工方式完成，故也称为人工测试或代码评审；也可借助于静态分析器在机器上以自动方式进行检查，但不要求程序本身在机器上运行。

静态分析器扫描被测程序的正文，从中寻找可能导致错误的异常情况。但静态分析器的功能有限，静态分析目前仍然以人工方式的代码评审为主。

代码评审主要是发现程序在结构、功能和编码风格方面的问题。一个组织良好的代码评审可以发现 30%～70%的设计和编码错误，从而加快测试进程。因此，代码评审是测试不可缺少的环节，一般在动态测试之前进行。

代码评审有两类组织形式：一类称为办公室检查，由编程者自己审查自己的代码，适用于规模很小的程序；另一类以小组会的方式进行，又可分为"走查"和"代码会审"两种，适用于各种规模的程序，走查主要是对文档进行分析，寻找重大错误，审查步骤没有会审那么正规。

代码会审是由一组人通过阅读、讨论和争议对程序进行静态分析的过程。会审小组由组长、2～3 名程序设计和测试人员及程序员组成。会审小组在充分阅读待审程序文本、控制流程图及有关要求、规范等文件基础上，召开代码会审会，程序员逐句讲解程序的逻辑，并展开热烈的讨论甚至争议，以揭示错误的关键所在。实践表明，程序员在讲解过程中能发现许多自己原来没有发现的错误，而讨论和争议则进一步促使了问题的暴露。例如，对某个局部性小问题修改方法的讨论，可能发现与之有牵连的甚至能涉及模块的功能说明、模块间接口和系统结构的大问题，导致对需求定义的重定义、重设计和验证。

2. 动态测试

动态测试是指通过运行程序发现错误。动态测试分为黑盒测试（Black Box Testing）和白盒测试（White Box Testing）。

（1）黑盒测试

黑盒测试是把测试对象看作一个不能打开的黑盒子，在完全不考虑程序内部结构和特性的情况下，检查程序的功能是否按照需求规格说明书的规定正常使用，是否能接收输入数据而产生正确的输出信息。黑盒测试法主要发现以下的错误：

① 是否有不正确或遗漏了的功能。

② 在接口上，能否正确地接收输入数据，能否产生正确的输出结果。

③ 是否有数据结构错误或外部数据库访问错误。

④ 性能上是否能满足要求。

黑盒测试法主要有 4 种常用的技术：等价类划分、边界值分析、错误猜测和因果图。

（2）白盒测试

白盒测试是把测试对象看作是一个打开的盒子，它需要测试人员完全了解程序的内部结构和处理过程，设计或选择测试用例，检验程序中的主要执行通路是否都能按预定要求正确工作，通过在不同点检查程序的状态，确定实际的状态与期望的状态是否一致。

测试人员使用白盒测试法，主要希望对程序进行如下检查：

① 保证每个模块中的所有独立的执行路径至少被测试一次。

② 对所有的逻辑判定，取"真（True）"和取"假（False）"都至少测试一次。

③ 在上、下边界以及可操作范围内运行所有循环。

④ 测试内部数据结构的有效性。

白盒测试的主要方法有逻辑覆盖和路径测试。

（3）黑盒测试和白盒测试的比较

黑盒测试不关心软件内部设计和程序实现，只关心外部表现，即通过观察输入数据与输出结果即可知道测试的结果。白盒测试关注的是被测对象的内部状况，需要跟踪源代码的运行。这两类方法在实践中均已被证明是有效和实用的。一般来说，在测试的早期阶段，即单元测试时通常采用白盒测试或白盒测试与黑盒测试相结合的方法。而在测试的后期阶段，包括集成测试、确认测试和系统测试中大多采用黑盒测试。

3.7.3 白盒测试技术

在白盒测试中，被测对象基本上是源程序，是以程序的内部逻辑结构为基础设计测试用例。

早期的白盒测试把注意力集中在程序流程图的各个判定框上。用不同的逻辑覆盖标准来表达对程序进行测试的详尽程度，称为逻辑覆盖测试。此外，对循环结构进行测试称为循环覆盖测试。随着测试技术的发展，人们越来越重视对程序执行路径的测试（称为基本路径测试）。

1. 逻辑覆盖

逻辑覆盖测试法以程序内部的逻辑结构为基础，通过用程序流程图来设计测试用例，它考察的重点是图中的判定框（菱形框）。因为这些判定不是与选择结构有关，就是与循环结构有关，是决定程序结构的关键成分。根据覆盖的范围不同，逻辑覆盖分为语句覆盖、判定覆盖、条件覆盖、判定—条件覆盖和条件组合覆盖。

① 语句覆盖是指设计测试用例，使被测程序中的每条语句至少执行一次。

② 判定覆盖是指设计测试用例，使得程序中每个判定的每种可能的结果都应该至少执行一次，即每个判定的每个分支都执行至少一次。

③ 条件覆盖是指设计测试用例，不仅使每个语句至少能执行一次，而且要使判断表达式中的每个条件取得的各种可能结果均出现至少一次。

④ 判定—条件覆盖是指设计测试用例，使得判断中每个条件的所有可能取值至少执行一次，并且每个判断的所有可能判断结果至少执行一次。

⑤ 条件组合覆盖是指设计测试用例，使得被测试程序中的每个判断的所有可能的条件取值组合至少执行一次。

2. 路径测试

逻辑覆盖测试使人们把注意力集中在程序的各个判定部分，抓住了结构测试的重点。但却忽略了另一个对测试也有重要影响的方面——程序的执行路径。随着程序结构复杂性的增长和测试技术的发展，人们逐渐认识到这种忽略所带来的缺陷。于是，着眼于程序执行路径的测试方法便应运而生，这就是路径测试。

路径测试就是设计足够的测试用例，覆盖程序中所有可能的路径。当路径数目很大时，真正做到完全覆盖是很困难的，必须把覆盖路径的数目压缩到一定限度，即进行基本路径测试。

3.7.4　黑盒测试技术

黑盒测试着重测试软件功能，而不是内部结构。测试人员对于测试对象的内部结构、运作情况可以不清楚，主要是验证其和规格的一致性。黑盒测试不是白盒测试的替代品，而是用于辅助白盒测试发现其他类型的错误。

1. 等价类划分

等价类划分就是把数量巨大的输入数据（有效的和无效的）划分为若干等价类，使每类中的任何一个测试用例，都能代表同一等价类中的其他测试用例。即如果从某一等价类中任意选出一个测试用例未能发现程序的错误，就可以合理地认为在该类中的其他测试用例也不会发现程序的错误。这样，就把漫无边际的随机测试变成有针对性的等价类测试，有可能用少量的代表性的例子来代替大量内容相似的测试，借以实现测试的经济性。

使用等价类划分方法设计测试用例时，需要同时考虑有效等价类和无效等价类。有效等价类由那些对于软件设计规格说明来说合理的、有意义的输入数据组成，可以检测软件是否实现了规格说明所规定的功能和性能。无效等价类由那些对于软件设计规格说明来说不合理的、无意义的输入数据组成，可以检测软件中的功能和性能是否存在不符合规格说明的情况。

每个无效等价类至少要用一个测试用例，不然就可能漏掉某一类错误，但允许若干有效等价类合用同一个测试用例，以便进一步减少测试的次数。

2. 边界值分析

边界值分析是一种补充等价类划分的测试用例设计技术。实践表明，程序员在处理边界情况时，很容易因疏忽或考虑不周发生编码错误。例如，在数组容量、循环次数以及输入数据与输出数据的边界值附近，程序出错的概率往往较大。采用边界值分析法，就是要这样来设计测试用例，使得被测程序在边界值及其附近运行，从而更有效地暴露程序中潜藏的错误。

使用边界值分析方法设计测试用例时，首先要确定边界情况，通常输入等价类和输出等价类的边界，就是应该着重测试的边界情况。选择测试用例时，一定要选择临近边界的合法数据，以及刚刚超过边界的非法数据。

3.7.5　软件测试策略

大型软件系统一般由多个子系统组成，每个子系统又可分为多个模块。对于这种多模块程序，测试过程采用分阶段方式进行，一般需要经过单元测试、集成测试、确认测试和系统测试，如图 3-30 所示。

以程序模块为单位的测试称为单元测试，也称为模块测试，一般在编码工作完成后进行。

把通过单元测试的模块逐步组装起来，通过测试与调试，最终得到一个满足需求的软件系统，这称为集成测试，也可称为综合测试和组装测试。

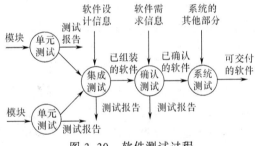

图 3-30　软件测试过程

确认测试是对整个已组装好的软件的测试，用于确认组装完毕的程序是否能满足用户的全部需求。

系统测试是检查当被测程序安装到系统上以后，与系统的其他软、硬件能否协调工作，完成需求说明书规定的任务。

系统经过验收测试后，就可以提交给用户一个可运行的软件产品。

1. 单元测试

单元测试集中检验软件设计的最小单位（模块），目的在于发现模块内部可能存在的各种差错，如编码和详细设计的错误。通常，单元测试和编码属于软件过程的同一个阶段。在编写出模块的源代码并通过了编译程序的语法检查之后，就可对其进行单元测试。

据统计，单元测试发现的错误约占程序总错误的 65%。测试从单元开始，减少了测试的复杂性，易于确定错误的位置（不超出一个模块），而且多个单元可以并行测试，缩短测试周期。

单元测试的内容包括模块接口测试、局部数据结构测试、重要执行路径测试、出错处理路径测试、边界条件测试。

单元测试的一般方法是：

① 先用静态分析发现一些语法或结构上的错误，特点是不依靠执行被测程序来发现代码中的错误。

从测试的角度来看，编译器也是一种静态分析工具，其检查对象是代码中的语法错误。接下来的静态分析器检查和代码评审也是静态分析，不过测试已从语法检查改变为以结构性错误为主的检查。在大型程序的测试中，使用静态分析器可以节省许多人力。20 世纪 70 年代以来，已有许多静态分析器投入使用，并获得成功。但直到现在，静态测试仍然以人工方式为主，并未被分析器所取代。这是因为多数分析器的功能有限，且依赖于特定的语言（即一种工具仅适用于一种语言编写的程序），不易普遍推广。

代码评审可以发现程序在结构、功能和编码风格方面存在的问题和错误，是测试不可缺少的环节和动态测试之前的必要准备。动态测试仅能发现错误的症状，而代码评审一旦发现错误，就同时确定了错误的位置。

② 然后用动态测试发现模块中的错误。动态测试中大多从程序内部结构出发设计测试用例，适合采用白盒测试法。

2. 集成测试

时常会有这样的情况，每个模块都能单独工作，但这些模块集成在一起之后却不能正常工作，其主要原因是模块相互调用时接口会引入许多新问题。例如，数据经过接口时可能丢失；一个模块对另一个模块可能造成不应有的影响；把子功能组合起来可能不产生预期的主功能；个别看起来是可以接受的误差可能积累到不能接受的程度；全局数据结构出现错误等。

集成测试是将通过单元测试的各个模块按照设计要求组装起来同时进行测试，主要目标是发现与接口有关的各种错误。如果把所有通过单元测试的模块一次全部组装起来构成系统，然后进行整体测试，这种方式称为非增量式集成。其结果往往是混乱不堪，会遇到大量的错误，错误的修正也非常困难，并且在改正一个错误的同时又不可避免地引入新的错误，于是更难判断出错的原因和位置。与之相反的方法是增量式集成，程序按模块逐步集成，测试范围一步一步增大，错误易于定位和纠正，接口的测试可以做到比较彻底。常用的增量式集成方法包括自顶向下集成、自底向上集成和混合式集成。

自顶向下集成中模块集成的顺序是先集成主控模块，再按照控制层次结构向下进行集成。从属于（和间接属于）主控模块的模块按照深度优先或者广度优先的方式集成到整个结构中去。

自底向上集成测试是从原子模块（如在程序结构的最底层的模块）开始进行构造和测试的。

集成策略的选择依赖于软件的特性，有时还依赖于项目的进度安排。总而言之，混合式集成测试可能是比较好的折中策略，即在程序结构的下面较低层测试中使用自底向上的策略，而在高层测试中使用自顶向下的策略。

3. 确认测试

经过集成测试，软件已经按照设计把所有模块组装成一个完整系统，接口错误也基本排除，接着就应该进行确认测试，又称有效性测试。确认测试主要是确认已组装的程序是否满足软件需求规格说明书的要求。

确认测试通常使用黑盒测试法。应仔细设计测试计划和测试过程，通过测试和调试要保证软件能满足所有的功能要求，能达到每个性能要求，文档是准确且完整的，还应该保证软件能满足其他预定的要求（如安全性、可移植性、兼容性和可维护性等）。

确认测试的一个重要内容是软件配置复审。其目的在于检查所有文档资料的完整性、正确性和一致性等，如程序的文档是否已编写齐全而且已编好目录、文档和程序的内容是否一致等。

（1）验收测试

如果软件是给一个用户开发的，需要进行一系列的验收测试来保证满足用户的所有需求。实际情况中，开发方的测试人员不可能完全预见用户实际使用程序的情况。因此，软件是否真正满足最终用户的要求，应由用户进行一系列验收测试。验收测试主要由用户而不是开发者来进行，可以进行几个星期或者几个月，因而可以发现随时间的积累而产生的错误。

（2）Alpha 和 Beta 测试

如果一个软件是供很多用户使用，让每一个用户都进行正式的验收测试显然不切实际，这时可使用 Alpha 测试或 Beta 测试，来发现通常最终用户才能发现的错误。

Alpha 测试是指开发公司组织内部人员模拟各类用户对即将面市的软件产品进行测试。Alpha 测试的关键在于尽可能逼真地模拟实际运行环境和用户对软件产品的操作并尽最大努力涵盖所有可能的用户操作方式。

Beta 测试由最终用户由自己进行，开发者通常不会在场。用户记录在 Beta 测试过程中遇到的所有问题，并定期把它们报告给开发者。开发者在接收到 Beta 测试的问题报告后，对软件进行修改，并准备向所有用户发布最终的软件产品。

4. 系统测试

系统测试是在更大范围内进行的测试。它把软件看作是计算机系统中的一个元素，与硬件、外设、其他软件、数据、人员等结合起来进行测试。系统测试是检查把确认测试合格的软件安装到系统中以后，能否与系统的其余部分协调运行，并且检查是否满足需求规格说明书中描述的要求。系统测试一般由用户单位组织实施。软件开发单位应该为系统测试创造良好的条件，负责回答和解决测试中可能发现的一切质量问题。

3.7.6　软件调试

程序调试是将编制的程序投入实际运行前，用手工或编译程序等方法进行测试，修正语法错误和逻辑错误的过程。这是保证计算机信息系统正确性的必不可少的步骤。软件测试的目的是发现程序中的错误，而调试的目的是确定程序中错误的位置和引起错误的原因，并加以改正。换句话说，调试的目的就是诊断和改正程序中的错误。调试不是测试，但是它总是发生在测试之后。软件调试存在于软件过程开始编程以后剩余的所有过程中。程序员在编制程序过程中需要调试；测试发现错误后，修改程序需要调试；进入软件维护过程后，为软件进行任何升级和修改都需要进行调试。调试程序是一个程序员最基本的技能。

调试的原则如下：

① 用头脑去分析思考与错误征兆有关的信息。

② 避开死胡同。

③ 只把调试工具当做手段。利用调试工具，可以帮助思考，但不能代替思考，因为调试

工具给的是一种无规律的调试方法。

④ 避免用试探法，最多只能把它当做最后手段。

⑤ 在出现错误的地方，可能还有别的错误。

⑥ 修改错误的一个常见失误是只修改了这个错误的征兆或这个错误的表现，而没有修改错误本身。如果提出的修改不能解释与这个错误有关的全部线索，那就表明只修改了错误的一部分。

⑦ 注意修正一个错误的同时可能会引入新的错误。

⑧ 修改错误的过程将迫使人们暂时回到程序设计阶段。修改错误也是程序设计的一种形式。

⑨ 修改源代码程序，不要改变目标代码。

常用的调试方法有强行排错法、回溯法和原因排除法。

① 强行排错法：设置断点和监视表达式。程序执行到某一行时，自动停止运行，保留各自变量状态，方便检查校对。

② 回溯法：一旦发现错误，从最先发现症状的地方开始，沿程序的控制流程，逆向跟踪源程序代码，找到错误根源。适合小规模程序的排错。发现错误，分析错误表象，确定位置，再回溯到源程序代码，找到错误位置或确定错误范围。

③ 原因排除法：包括演绎法、归纳法和二分法。

演绎法：是一种从一般原理或前提出发，经过排除和精化的过程来推导出结论的思考方法。

归纳法：是一种从特殊推断出一般的系统化思考方法。其基本思想是从一些线索着手，通过分析寻找到潜在的原因，从而找出错误。

二分法：如果已知每个变量在程序中若干个关键点的正确值，则可以使用定值语句在程序中的某点附近给这些变量赋值，然后运行程序并检查程序的输出。

3.8 软件维护

软件产品被开发出来并交付用户使用之后，就进入软件的运行维护阶段。一旦进入运行期，软件就会暴露出一些问题需要进一步修改和完善，同时新的需求会出现，原有的需求也会随着业务的变化而发生改变。软件维护的任务就是保证软件产品能在一个相当长的时期内正常运行，并能适应实际业务的变化，延长软件使用寿命。

软件维护是软件生存周期中时间最长的一个阶段，所耗费的工作量也很大。平均而言，大型软件的维护成本是开发成本的 4 倍左右。国外许多软件开发组织把 60%以上的人力用于维护已投入运行的软件。

软件工程的主要目的是提高软件的可维护性，减少软件维护所需要的工作量，降低软件系统的总成本。

3.8.1 软件维护的概念

软件维护就是在软件交付用户使用之后，为了改正错误或满足新的需求而修改软件的过程。这种情况下，软件修改往往发生在局部，不会改变整个系统的总体结构。根据软件维护的

不同原因, 软件维护可分为 4 种类型:

(1) 改正性维护

软件测试不可能测试出大型软件系统中的所有错误, 因此在软件交付使用后, 必然会有隐藏下来的错误在某些特定的使用环境下暴露出来。为了识别和纠正软件错误、改正软件性能上的缺陷、避免实施中的错误使用, 应当进行的诊断和改正错误的过程, 就是改正性维护。

(2) 适应性维护

随着计算机技术的飞速发展和更新换代, 软件系统的外部环境 (硬件、操作系统等) 或数据环境 (数据库、数据格式、数据输入输出方式、数据存储介质) 可能发生变化。为了使软件适应这种变化, 而去修改软件的过程就称为适应性维护。

(3) 完善性维护

在软件的使用过程中, 用户往往会对软件提出新的功能与性能要求。为了满足这些要求, 需要修改或再开发软件, 以扩充软件功能、增强软件性能、改进加工效率、提高软件的可维护性。这种情况下进行的维护活动称为完善性维护。完善性维护不一定是救火式的紧急维护, 也可以是有计划的一种再开发活动。

在维护阶段的最初两年, 改正性维护的工作量较大。随着错误发现率急剧降低, 并趋于稳定, 就进入了正常使用期。然而, 由于改造的要求, 适应性维护和完善性维护的工作量逐步增加。根据调查统计表明, 在几种维护活动中, 完善性维护所占的比重最大, 来自用户要求扩充、加强软件功能、性能的维护活动约占整个维护工作的 50%~60%, 适应性维护约占 25%, 改正性维护约占 20%。这说明大部分的维护工作是改变和加强软件, 而不是纠错。

(4) 预防性维护

除了以上三类维护活动之外, 还有一类为了提高软件的可维护性、可靠性等, 主动为以后进一步改进软件打下良好基础的维护活动, 称为预防性维护。

早期的一些软件, 特点是开发方法陈旧, 文档也不齐全, 虽然现在仍在运行, 但要进行重大修改和加强。预防性维护主要是采用先进的软件工程方法对这类很可能需要维护的软件系统, 或软件系统中的一部分重新进行设计、编码和测试, 以实现结构的更新。其目的是改善软件的可维护性, 减少今后对它们维护时所需要的工作量。因此, 预防性维护的意义在于 "把今天的方法学用于昨天的系统, 以满足明天的需要"。预防性维护大约占总维护工作量的 5%。

3.8.2 软件维护的特点

1. 非结构化维护和结构化维护

软件开发过程在很大程度上影响着软件维护的工作量。如果采用软件工程的方法进行软件开发, 保证每个阶段都有完整详细的文档, 维护就会相对容易, 这就是结构化维护。相反, 如果不采用软件工程的方法开发软件, 软件只有程序而缺乏文档, 维护工作会变得十分困难, 这就是非结构化维护。

在非结构化维护中, 开发人员只能通过艰苦地阅读、理解和分析源程序来了解系统功能、软件结构、数据结构、系统接口和设计约束等, 而且易于产生误解, 对程序代码修改产生的后果难以估计。要弄清楚整个系统, 必须付出很大的代价 (浪费精力和遭受挫折的打击), 这种维护方式是没有使用良好定义的方法学开发软件的必然结果。

在结构化维护中，所开发的软件具有各个阶段的文档，对于理解和掌握软件的功能、性能、体系结构、数据结构、系统接口和设计约束等具有很大作用。维护时，开发人员从分析需求规格说明书开始，明白软件功能和性能上的改变，对设计文档进行修改和复查，再根据设计修改进行程序变动，并用测试文档中的测试用例进行回归测试，最后将修改后的软件再次交付使用。结构化维护能减少工作量和降低成本，提高维护的总体质量。

2. 软件维护代价高昂

软件维护是软件生产活动中延续时间最长、工作量最大的活动。大、中型软件产品的开发周期一般为 1～3 年，运行期可达 5～10 年。在如此长的运行过程中，需要不断改正软件中的残留错误，适应新的环境和用户新的要求等。这些工作需要花费大量的时间和精力。

随着软件规模和复杂性的增长，软件维护的成本呈现上升的趋势。1970 年，软件维护的成本只占总成本的 35%～40%，1980 年上升为 40%～60%，1990 年上升为 70%～80%。除了费用之外，软件维护还有无形的代价。由于维护工作占据了软件开发的可用资源，以至影响甚至耽误了新软件的开发。其他无形的代价还包括：

① 一些看起来是合理的修复或修改请求不能及时安排，使得客户不满意。

② 变更的结果把一些潜在的错误引入正在维护的软件，使得软件质量下降。

③ 当必须把软件人员抽调到维护工作中去时，就使得软件开发工作受到干扰。

维护工作分为生产性活动和非生产性活动。生产性活动包括分析评价、修改设计和编写代码等。非生产性活动包括理解程序代码功能、数据结构、接口特性和设计约束等。下面的公式给出了一个维护工作量的模型：

$$M=P+K\times\exp(c-d)$$

其中，M 是维护中消耗的总工作量，P 是上面描述的生产性工作量，K 是一个经验常数，c 是因缺乏好的设计和文档而导致复杂性的度量，d 是对软件熟悉程度的度量。

这个模型指明，如果使用了不好的软件开发方法（未按软件工程要求做），而其原来参加开发的人员或小组不能参加维护，则工作量（及成本）将按指数级增加。

3. 软件维护困难多

软件维护的困难，可以归因于软件定义和软件开发方法的缺陷。软件开发过程中没有严格而又科学的管理和规划，势必引起运行时期的维护困难。软件维护的问题表现为以下几个方面：

① 读懂别人的程序很困难，而且难度随着文档的不足而迅速增加。如果需要维护的软件文档显著不足，或文档质量不合格，就会出现严重的问题。

② 文档的不一致性是导致维护困难的又一原因，主要表现在各种文档之间的不一致，以及程序和文档之间的不一致，从而导致维护人员不知所措，很难进行修改。这种不一致性是由于开发过程中文档管理不严造成的。开发中经常会出现修改程序而忘了修改相关文档，或者某一个文档修改了，却没有修改与之相关的其他文档的现象。

③ 软件开发和软件维护在人员和时间上存在差异。若由软件开发人员进行软件维护工作会比较容易，因为他们熟悉软件的结构和功能。但由于维护阶段持续时间很长，通常开发人员和维护人员不同，且原来的开发工具和技术与当前有很大的差异，造成了维护的困难。

④ 绝大多数软件在设计时没有对将来的修改进行充分考虑。除非使用强调模块独立原理的设计方法学，否则修改软件既困难又容易出错。

⑤ 软件维护不是一件吸引人的工作。由于维护工作困难且易遭受挫折，开发人员不愿主动去做。

3.8.3 软件的可维护性

既然软件维护是不可避免的，人们希望所开发的软件能够容易维护一些。软件的可维护性是衡量维护容易程度的一种软件质量属性。它是软件开发各个阶段的关键目标之一。

软件可维护性是指纠正软件的错误和缺陷，以及为满足新的要求或环境变化而进行修改、扩充、完善的容易程度。可维护性与下列软件的质量属性有密切关系。

① 可理解性：是指通过阅读源代码和相关文档，了解程序功能、结构、接口和内部处理过程的难易程度。模块化、结构化设计、详细的设计文档和源代码注释等都有助于提高软件的可理解性。

② 可测试性：表示一个软件被测试的难易程度。它一方面与源代码有关，要求程序有良好的可理解性和较低的结构复杂度，同时要求有齐全的测试文档，包括开发时期用过的测试用例与结果。

③ 可修改性：是指程序不被修改的容易程度。一般来说，模块设计时的内聚、耦合等因素都会影响软件的可修改性。模块的独立性越高，修改中出错的机会也就越少。

上述 3 个属性密切相关。一个程序如果可理解性差，则难以修改；如果可测试性差，修改后正确与否也难以验证。

除此之外，软件的可靠性、可移植性、可使用性和效率这些质量属性也会影响软件的可维护性。

以上列举的 7 个质量特性通常体现在软件产品的许多方面，为使每一个质量特性都达到预定的要求，需要在软件开发的各阶段采取相应的措施加以保证。因此，软件的可维护性是产品投入运行前各阶段面向上述各质量特性要求进行开发的最终结果。为提高软件的可维护性可以从如下 5 个方面考虑：建立明确的软件质量目标和优先级、使用提高软件质量的技术和工具、进行明确的质量保证审查、选择可维护的程序设计语言和改进程序的文档。

3.8.4 软件维护过程

软件维护过程本质上是修改和压缩的软件定义和开发过程。为了更好地完成维护任务，需建立维护的组织，确定维护报告和评价过程，且必须为每个维护要求制定一个标准化的事件序列。此外，还应建立维护活动的登记制度，并规定复审的标准。

1. 维护组织

除了较大的软件公司外，一般在软件维护工作方面，不需要正式的维护组织。维护往往是在没有计划的情况下进行的。虽然不要求建立一个正式的维护组织，但在开发部门确立一个非正式的维护组织则是非常有必要的。

维护申请提交给一个维护管理员，他把申请交给某个系统监督员去评价。一旦做出评价，由修改负责人确定如何进行修改。在维护人员对程序进行修改的过程中，由配置管理员严格把关，控制修改的范围，对软件配置进行审计。

维护管理员、系统监督员、修改负责人等，均代表维护工作的某个职责范围。修改负责人、维护管理员可以是指定的某个人，也可以是一个包括管理人员、高级技术人员在内的小组。系统监督员可以有其他职责，但应具体分管某一个软件包。

在维护活动开始之前，就把责任明确下来是十分必要的，这样可以大大减少维护过程中可能出现的混乱。

2. 维护过程

维护是一个涉及面很广的工作。一旦某个维护目标确定之后，维护人员必须先理解将被修改的系统，产生一个维护方案。由于程序的修改不一定是局部性的，某处的修改很可能会影响到程序的其他部分，所以产生维护方案时，需要考虑的一个重要问题是修改影响的范围和波及作用。按方案完成修改后，还要对程序进行重新测试。如果测试发现错误，则要重复上述步骤。如果测试通过，则修改所有文档。图 3-31 简明地给出了维护过程。

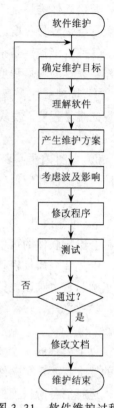

图 3-31　软件维护过程

对任何种类的维护请求，首先是确认维护要求，明确维护类型。这是需要由用户与维护人员反复协商确定的。

对改正性的维护请求，从评价软件错误的严重性开始。若存在严重的错误，则安排人员在系统管理员的指导下立即进行问题分析和紧急维护；若存在的错误不严重，可根据问题的轻重缓急进行排队，统一安排时间。

对适应性维护和完善性维护的维护请求，从确定每项申请的优先次序开始。如果某项维护申请的优先级非常高，则立即开始维护工作，否则与其他维护任务一样，进行排队，统一安排时间。并不是所有的完善性维护申请都必须承担，因为进行完善性维护等于是做二次开发，工作量很大，所以需要根据商业需要、可利用资源的情况、目前和将来软件的发展方向和其他的考虑，决定是否承担。

尽管维护请求的类型不同，但都要进行同样的技术工作。这些工作有：修改软件需求说明、修改软件设计、设计复审、对源程序做必要的修改、单元测试、集成测试、确认测试和复审。

在每次软件维护任务完成后，最好进行一次情况复查。一般这种复查试图回答下列问题：

① 在目前情况下，设计、编码或测试中的哪一方面可以改进？

② 哪些维护资源是应该有但事实上却没有的？

③ 维护工作中主要的或次要的障碍是什么？

④ 要求的维护类型中是否有预防性维护？

因为缺乏可靠的数据，评价维护活动比较困难。但如果维护记录做得比较好，则可以对维护工作做一些维护定量度量。至少可以从下述 7 个方面度量维护工作：

① 每次程序运行时的平均出错次数。

② 花费在每类维护活动上的总人时数。

③ 每个程序、每种语言、每种维护类型的程序平均修改次数。

④ 维护过程中增加或删除每个源程序语句所花费的平均人时数。

⑤ 维护每种语言平均花费的人时数。

⑥ 维护申请报告的平均处理时间。

⑦ 不同维护类型所占的百分比。

根据对维护工作定量度量的结果，可以做出关于开发技术、语言选择、维护工作计划、资源分配和其他许多方面的决定，而且可以利用这些数据分析评价维护工作。

3.9　新型软件工程技术

前面的内容介绍了软件工程学最基本的内容——软件工程的过程、方法和技术。实践表明，软件工程经过长期的实践，积累了许多指导软件生产工程化的原理和方法，给软件的生产效率、质量和可维护性等诸多方面带来了巨大的进步。随着软件工程技术的发展，新型的软件工程技术不断涌现，对软件工程学的发展具有深远的影响。

3.9.1　软件复用

在计算机硬件领域，芯片和板卡等的独立制造和易于集成，使得计算机硬件的组装变得非常简单和方便。分析传统的建筑、机械产业和新兴的电子产业的发展，都经历了工程化、工业化，进而产业化并形成规模经济的发展道路。它们现在的生产基本模式均是符合标准的零部件（构件）生产以及基于（复用）标准构件的产品生产（组装）。标准零部件生产业的独立存在和发展是产业形成规模经济的前提。

人们由此联想，希望软件系统的开发也能像其他产品由标准件组装起来一样——把相关的软件构件如同"搭积木"一样组合起来，即在软件开发过程中以现成的、可重复使用的软件制成品（构件）生产新的软件产品，使得软件开发不再是一切从头开始。

因此，软件复用是人们借鉴硬件集成的做法而提出的一个软件开发重要概念。概括地说，它不仅是一种技术、一种方法，也是一个过程，目的是使软件开发在质量、生产效率和生产成本上得到改善，甚至得到大幅度的优化。当前，软件复用技术是软件工程的热点研究领域。

1. 软件复用的概念

在现实世界中，许多软件产品之间存在着相当大的共性，特别是在同一个应用领域的软件更是如此。软件复用体现了"从货架上直接拿来用"的现代软件工程学思想，是避免软件开发中大量重复劳动的一个很好的解决方案。

简单地说，软件复用就是将已有的、可以被复用的软件成分用于构造新的软件系统。可以被复用的软件成分称为可复用构件（Reusable Component）。

无论对可复用构件原封不动地使用还是做适当的修改后再使用，只要是用来构造新的软件，都可以看作是复用。如果是在一个系统中多次使用一个相同的软件成分，则不能称为复用，而称为软件共享；对一个软件进行修改，使它能运行于新的软硬件平台也不能称为复用，而称为软件移植。

软件复用不仅是对程序的复用，还包括对软件生产过程中任何活动产生的制成品的复用，如项目计划、可行性报告、需求定义、分析模型、设计模型、详细说明、源程序、测试用例等。

按照软件复用的定义，最早的软件复用可以追溯到程序编写中调用标准函数库中的函数的例子。但软件复用的正式概念是在 1968 年由 D. Mcllory 提出的。他在论文中提出建立生产软件构件的工厂，用软件构件组成复杂系统的建议。1983 年，Peter Freeman 对软件复用给出如下定义："在构造新的软件系统的过程中，对已存在的软件人工制品的再次使用技术。"这可以引申为两句话："开发伴随复用""开发为了复用"，精辟地概括了软件复用与软件开发的相互关系。

2. 软件复用的内容

源代码的复用（如调用子程序）是最常见的复用，也是粒度最小的复用。但编程仅仅是诸多软件生产活动中的一个环节。源代码的复用充其量只能改进编程工作，而不能使整个软件生产过程得到全面改进。实际上软件生产过程中各个活动得到的结果均在复用考虑之列。Caper Jones 定义了 10 种可供复用的软件制品，其中除源代码之外，还包括体系结构、需求模型和规格说明、各种设计、用户界面、数据、测试用例、用户文档和技术文档，项目计划、成本估算等。根据复用层次从低到高，可将复用分为以下几类。

（1）源代码复用

源代码复用是最常见、最基本的复用，指对构件库中用高级语言编写的源代码构件的复用。它仅能带来较小的生产率和可靠性收益。

源代码构件（如子程序）本身就是为复用而开发的。使用者通过对源代码构件的调用过程，设置参数值，使之具有新的适应性。

这类复用的特点是：构件是经过充分测试的，具有较高的可靠性，而且使用者只需设置参数而无需介入构件内部，降低了复用的难度；构件是为复用而开发的，其通用性、抽象性成为具体复用时必须面对的主要问题。

（2）软件体系结构复用

虽然应用领域中各个软件系统在细节上存在很大的差异，但它们具有相同的体系结构。因此，每个应用领域可用一个结构模型来刻画，结构模型是一种体系结构制品，可以并应该在领域内所有应用中被复用。

软件体系结构复用是指对本领域结构模型的复用。这类复用的特点是：构件的可复用性层次较高，其修改具有局部性；另一方面，因为难以抽象出简明的描述，存放体系结构的构件库往往不易管理。

（3）应用程序生成器

应用程序生成器用于对整个软件系统设计的复用，包括整个软件体系结构、相应的子系统和特定的数据结构和算法。通常，生成器根据输入高层特定的需求规格说明，填充原来不具备的细节，自动生成一个完整的可执行程序系统。这种复用方法一般仅针对一些成熟的领域。

这类复用的特点是：自动化程度高，能获取某个特定领域的标准，以黑盒形式输出结果（应用程序）；但另一方面，特定的应用程序生成器的通用性和抽象性难以保证，所以不易构造。

（4）领域特定的软件体系结构的复用

这类复用是指对某个特定领域中一个公共体系结构及其构件的复用。它要求对领域有透彻的理解才能进行领域建模；构件库是针对特定领域的；领域模型、基准体系结构和构件库都将随着领域的发展而不断发展。这类复用的特点是：复用的程度高，对可复用构件的组合提供了一个通用框架，复用的前期投资很大。

3. 软件复用的意义

从软件复用提出之日起，人们就对它寄予很高的期望。它有多方面的益处，其中最主要、最明显的益处是提高软件生产率。软件复用使得软件开发不再是一切"从零开始"，而是充分利用已有的开发成果，避免重复劳动，从而提高了软件开发的效率。

软件复用的第二个明显优点是提高软件质量。通过复用高质量的可复用构件，避免了重新开发可能引入的错误，从而提高了软件质量。通过使用高质量的可复用软件构件，产品的开发得以简化——就像"搭积木"一样，并且使生产出的软件更加可靠。

在 20 世纪末，日本、美国的某些著名大公司的软件复用率已接近 90%。资料表明，通过复用，使企业在及时满足市场、提高软件质量、降低开发费用和维护费用等方面，均有显著改进。产品上市时间缩短为原来的 $1/2 \sim 1/5$，产品的缺陷密度减少为原来的 $1/5 \sim 1/10$，产品的维护费用减少为原来的 $1/5 \sim 1/10$，软件开发总费用可减少 15%～75%。

然而，我国多数软件企业还不是很重视，把软件复用看作可有可无的技术。有些人认为，只要在软件开发过程中加入有效的管理，就可以提高软件生产效率。与管理相比，采用软件复用投入更小而获得的回报更大。

更有意义的是，软件复用的广泛采用将促进各类、各级复用构件的"制造商"和"消费者"之间的合理分工，专业化的构件生产将以独立的产业而存在，形成软件生产的"供应链"和"产业链"，有利于推动软件产业的变革，使其真正走上工程化、工业化的发展轨道。

3.9.2　软件能力成熟度模型

多年的软件工程实践证明，在无规则和混乱的管理下，先进的技术和工具并不能发挥出应有的作用。事实促使人们进一步考察软件过程，发现生产出高质量软件产品的关键点在于管理和控制好软件产品开发和生产的软件过程。软件过程的优劣代表了软件开发的水平。然而对任何一个软件开发组织而言，要明确它本身的软件过程所处的水平和改进该过程的方向和策略都是非常困难的。如果存在一种评价模型，通过度量当前软件过程的成效度状况来帮助软件管理者确定软件过程的改进方向和策略，那将会对软件开发过程产生积极而有效的影响。CMM 就是这样的一种模型。

软件能力成熟度模型（Capability Maturity Model，CMM）是 20 世纪 80 年代后期，卡内基—梅隆大学软件工程研究所（CMU/SEI）在美国国防部的资助下研究建立的一个模型，用于评估软件供应商的开发能力。起初建立此模型的目的是为大型软件项目的招标、投标活动提供一种全面而客观的评审依据，发展到后来，又同时被应用于许多软件机构内部的过程改进活动。

因此，对于软件企业而言，CMM 既是一个衡量当前软件过程完善程度的标准，也为软件机构提供了一个改进软件过程的指南。有学者认为，它是 20 世纪 80 年代软件工程最重要的发展之一。迄今为止，CMM 已在许多国家和地区得到了广泛应用，通过 CMM 认证是各国软件公司的重要目标之一。

1. CMM 的基本概念

软件过程是一个软件开发组织在计划、开发和维护软件时所执行的一系列活动，包括工程技术活动和软件管理活动。

（1）软件过程能力

通常，用软件过程能力描述软件开发组织通过执行其软件过程能实现预期结果的程度。软件过程能力既可对整个软件开发组织而言，也可对一个软件项目组而言。一个软件开发组织或项目组的软件过程能力，提供了一种预测方法，预测该组织或项目组承担下一个软件项目时最可能的预期结果。

（2）软件过程性能

使用软件过程性能表示软件开发组织遵循其软件过程能够得到的实际结果。软件过程性能既可对整个软件开发组织或项目组而言，也可对一个特定软件项目而言。因此，软件过程性能描述已得到的实际结果，而软件过程能力描述最可能的预期结果。

（3）软件过程成熟度

软件过程成熟度表达了一个特定的软件过程被明确和有效地定义、管理、测量和控制的程度。成熟度可指出一个软件开发组织的软件过程能力的增长潜力和可改进的方面，也可表明一个组织的软件过程的多样性，及其各个开发项目所遵循的软件过程的一致性。

软件过程成熟度高的软件企业，将软件过程规范化和具体化，对其管理和工程的方法、实践和规程等均有明确的定义，不会因为人员的变化而随之发生变化。

（4）软件能力成熟度等级

由于软件过程的改进是一个持续的过程，为了刻画具体的成熟度，可将软件过程能力成熟度分成不同的等级，每个等级包括一组过程目标。等级越高，表示该软件组织的软件过程成熟度越高，其软件过程能力也越高。

（5）CMM 模型

CMM 是确定一个软件过程的成熟程度，以及指明如何提高过程成熟度的参考模型。它描述了软件过程从无序到有序、从特殊到一般、从定性管理到定量管理，直至最终达到动态优化的成熟过程，给出了不同成熟度等级的基本特征和改进软件过程应遵循的原则与采取的行动。

2. 软件能力成熟度等级

CMM 为软件企业的过程能力提供了一个阶梯式的进化框架。它将软件过程的进化分成 5 个阶段，并把这些阶段排序，形成 5 个逐层提高的等级，从而指导软件开发组织不断识别出其软件过程的缺陷，引导开发组织在各个等级平台上"做什么"改进，但它并不提供"如何做"的具体措施。

软件过程的改进分为 5 个从低到高的能力成熟度等级：初始级（又称为"1 级"）、可重复级（又称为"2 级"）、已定义级（又称为"3 级"）、已管理级（又称为"4 级"）和优化级（又称为"5 级"），如图 3-32 所示。每一个成熟度级别都是软件组织改进其软件过程的一个台阶，后一个成熟度级别是前一个级别的软件过程的进化目标。CMM 的每个成熟度级别中都包含一组过程改进的目标，满足这些目标后，一个组织的软件过程就从当前级别进化到下一个成熟度级别中，而每提高一个成熟度级别，就表明该软件组织的软件过程得到了一定程度的完善和优化，过程能力得到了提高。CMM 就是以这种方式支持软件组织在软件过程中的过程改进活动。

（1）初始级

软件过程的特征是无秩序的，有时甚至是混乱的；没有健全的软件工程管理制度，没有定型的过程模型；项目经常延期交付和费用超支，软件产品质量不能保证，软件过程的能力是不可预测的，项目的成败依赖于个人的努力。

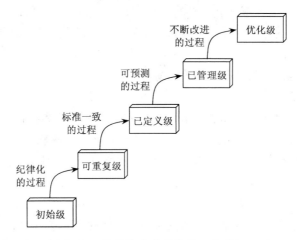

图 3-32 软件能力成熟度的 5 个等级

（2）可重复级

软件机构建立了基本的项目管理过程（过程模型），可跟踪成本、进度、功能的实现和质量。管理制度化，建立了基本的管理制度和规程，管理工作有章可循。已确定了项目标准，并且软件机构能确保严格执行这些标准。对新项目的策划和管理过程是基于以前类似的软件项目的实践经验，使得有类似应用经验的软件项目能够再次取得成功。软件项目的策划和跟踪是稳定的，为一个有纪律的管理过程提供了可重复以前成功实践的项目环境。软件项目工程活动处于项目管理体系的有效控制之下，执行着基于以前项目的准则且合乎现实的计划。

（3）已定义级

软件机构已经定义了完整的软件过程，包括技术工作和管理工作均已实现标准化、文档化，将它们作为软件机构统一的标准软件过程。软件机构内所有的开发项目均采用该标准软件过程的一个经批准的裁剪版本。软件机构的过程能力是标准化和一致的，过程都是稳定的和可重复的。在已建立的产品生产线上，软件开发的成本、进度、功能和质量都受到控制且软件产品的质量具有可追溯性。

（4）已管理级

软件机构对软件过程和软件产品都设置了定量的质量目标，并经常对此进行测量和检查。软件过程活动、生产率和质量是可度量的，软件过程在可度量的范围内运行。软件机构的过程能力是定量的和可预测的，可预测软件产品质量趋势，如果发生偏离可以及时采取措施加以纠正，因此可预测软件产品是高质量的。

（5）优化级

整个软件机构集中精力持续不断地进行软件过程的改进。为了预防缺陷出现，软件机构有能力识别软件过程的薄弱环节，并有充分的手段改进。在采用新技术并更改标准的软件过程之前，软件机构可取得软件过程有效的统计数据，并可据此进行分析，优化出在软件工程实践中能够采用的最佳新技术，并在整个机构内推广。这一级的软件机构能够持续不断地改进其过程能力，既对现行的过程实例不断改进和优化，又借助于新技术和新方法实现未来的过程改进。

3. CMM 的应用

CMM 主要应用于软件开发机构的能力评估和过程改善，指导软件机构确定当前的过程成熟度并识别出对过程改进起关键作用的问题，从而明确过程改进的方向和策略。通过集中开展与过程改进的方向和策略相一致的一组过程改进活动，软件机构就能稳步而有效地改进其软件过程，使其软件过程能力得到循序渐进的提高。

（1）软件过程评估

软件过程评估用于确定一个机构执行软件过程的当前状态和机构在软件过程中面临的需要优先改善的问题，向机构领导层提供报告，以获得机构对改善软件过程的支持。软件过程评估集中关注机构自身的软件过程。评估的成功取决于管理者和专业人员对机构软件过程改善的支持，应在一种合作的、开放的环境中进行。

（2）软件能力评价

软件能力评价用于识别和监控软件承包商开发软件的过程状态。软件能力评价集中关注软件承包商在预算和进度要求的范围内，高质量地完成软件产品合同的能力及相关的风险。评价应在一种审核的环境中进行，重点是实际执行软件过程的文档化的审计记录。

（3）软件过程改善

软件过程改善这是一个持续的、全员参与的过程。CMM 建立了一组有效地描述成熟软件机构特征的准则。该准则根据在软件工程技术和管理方面的优秀实践，清晰地描述了软件过程的关键域。软件机构可以有选择地引用这些关键实践来指导软件过程的开发和维护，不断地改善本机构软件过程，实现成本、进度、功能和产品质量等多方面的目标。

本 章 小 结

本章介绍了软件工程的基本概念、原理以及结构化软件开发方法、软件测试技术和面向对象的软件开发方法的基本原理，并简要介绍了一些新的软件工程技术。这些概念和原理都是在软件开发的实践中总结出来的，而且还要在实践中不断地发展和完善。

熟练掌握和使用计算机，已经成为新世纪对各类人才的基本要求。新世纪的大学生不但要会操作计算机，而且应具有一定的软件开发能力。想要高效地开发一个软件系统，不但需要掌握该系统在应用环境中相关的专业知识、开发的支撑环境，而且应当按照一定的规范去做（即按照软件工程的方法做）。学习本章后，重点应掌握软件工程的基本概念和方法，而且应积极地把所学知识付诸实践，逐步提高开发软件系统的能力。

习　　题

一、选择题

1. 构成计算机软件的是（　　　）。

    A. 源代码   B. 程序和数据

    C. 程序和文档   D. 程序、数据及相关文档

2. 下面对软件特点描述错误的是（　　　）。

    A. 软件没有明显的制作过程

B. 软件是一种逻辑实体，不是物理实体，具有抽象性

C. 软件的开发、运行对计算机系统具有依赖性

D. 软件在使用中存在磨损、老化问题

3. 下列描述中正确的是（　　　）。

A. 程序就是软件　　　　　　　　　B. 软件开发不受计算机系统的限制

C. 软件既是逻辑实体，又是物理实体　　D. 软件是程序、数据与相关文档的集合

4. 软件按功能可以分为应用软件、系统软件和支撑软件（或工具软件）。下面属于应用软件的是（　　　）。

A. 学生成绩管理系统　　　　　　　B. C 语言编译程序

C. UNIX 操作系统　　　　　　　　D. 数据库管理系统

5. 软件按功能可以分为：应用软件、系统软件和支撑软件（或工具软件）。下面属于应用软件的是（　　　）。

A. 编译程序　　　B. 操作系统　　　C. 教务管理系统　　　D. 汇编程序

6. 下面描述中，不属于软件危机表现的是（　　　）。

A. 软件过程不规范　　　　　　　　B. 软件开发生产率低

C. 软件质量难以控制　　　　　　　D. 软件成本不断提高

7. 下列关于软件工程的描述中正确的是（　　　）。

A. 软件工程只是解决软件项目的管理问题

B. 软件工程主要解决软件产品的生产率问题

C. 软件工程的主要思想是强调在软件开发过程中需要应用工程化原则

D. 软件工程只是解决软件开发中的技术问题

8. 软件工程学科出现的主要原因是（　　　）。

A. 计算机的发展　　　　　　　　　B. 其他工程学科的影响

C. 软件危机的出现　　　　　　　　D. 程序设计方法学的影响

9. 下面不属于软件工程的 3 个要素是（　　　）。

A. 工具　　　　　B. 过程　　　　　C. 方法　　　　　D. 环境

10. 下面不属于软件工程过程的 4 种基本活动（　　　）。

A. 软件规格说明　　B. 软件开发　　　C. 软件演进　　　D. 软件测试

11. 软件生命周期是指（　　　）。

A. 软件产品从提出、实现、使用维护到停止使用退役的过程

B. 软件从需求分析、设计、实现到测试完成的过程

C. 软件的开发过程

D. 软件的运行维护过程

12. 软件生命周期中的活动不包括（　　　）。

A. 市场调研　　　B. 需求分析　　　C. 软件测试　　　　D. 软件维护

13. 软件生命周期可分为定义阶段、开发阶段和维护阶段，下面不属于开发阶段任务的是（　　　）。

A. 测试　　　　　B. 设计　　　　　C. 可行性研究　　　D. 实现

14. 瀑布模型本质上是一种（　　　）模型。

    A. 线性顺序　　　　B. 演化迭代　　　　C. 增量迭代　　　　D. 及早见产品

15. 快速原型法特点之一是（　　　）。

    A. 开发完毕才见到产品　　　　　　B. 及早提供软件原型

    C. 及早提供全部完整软件　　　　　D. 开发完毕才见到原型

16. 下列选项中不属于软件生命周期开发阶段任务的是（　　　）。

    A. 软件测试　　　B. 概要设计　　　C. 软件维护　　　D. 详细设计

17. 软件生命周期可分为定义阶段，开发阶段和维护阶段。详细设计属于（　　　）。

    A. 定义阶段　　　B. 开发阶段　　　C. 维护阶段　　　D. 上述三个阶段

18. 下列描述中正确的是（　　　）。

    A. 软件交付使用后还需要再进行维护　　B. 软件工具交付使用就不需要再进行维护

    C. 软件交付使用后其生命周期就结束　　D. 软件维护是指修复程序中被破坏的指令

19. 下面不属于软件设计原则的是（　　　）。

    A. 抽象　　　　　B. 模块化　　　　C. 自底向上　　　D. 信息隐藏

20. 下面不属于软件需求分析阶段主要工作的是（　　　）。

    A. 需求变更申请　B. 需求分析　　　C. 需求评审　　　D. 需求获取

21. 下面不属于需求分析阶段任务的是（　　　）。

    A. 确定软件系统的功能需求　　　　B. 确定软件系统的性能需求

    C. 需求规格说明书评审　　　　　　D. 制订软件集成测试计划

22. 在软件生命周期中，能准确确定软件系统必须做什么和必须具备哪些功能的阶段是（　　　）。

    A. 概要设计　　　B. 详细设计　　　C. 可行性分析　　D. 需求分析

23. 在软件开发中，需求分析阶段可以使用的工具是（　　　）。

    A. N-S 图　　　　B. DFD 图　　　　C. PAD 图　　　　D. 程序流程图

24. 数据流图中带有箭头的线段表示的是（　　　）。

    A. 控制流　　　　B. 事件驱动　　　C. 模块调用　　　D. 数据流

25. 在软件设计中不使用的工具是（　　　）。

    A. 系统结构图　　　　　　　　　　B. PAD 图

    C. 数据流图（DFD 图）　　　　　　D. 程序流程图

26. 数据流图用于抽象描述一个软件的逻辑模型，数据流图由一些特定的图符构成。下面图符名标识的图符不属于数据流图合法图符的是（　　　）。

    A. 控制流　　　　B. 加工　　　　　C. 数据存储　　　D. 源和潭

27. 在软件设计中，不属于过程设计工具的是（　　　）。

    A. PDL（过程设计语言）　　　　　B. PAD 图

    C. N-S 图　　　　　　　　　　　　D. DFD 图

28. 数据流程图（DFD 图）是（　　　）。

    A. 软件概要设计的工具　　　　　　B. 软件详细设计的工具

    C. 结构化方法的需求分析工具　　　D. 面向对象方法的需求分析工具

29. 数据字典（DD）所定义的对象都包含于（　　　）。
    A. 数据流图（DFD 图）　　　　　　　B. 程序流程图
    C. 软件结构图　　　　　　　　　　　D. 方框图

30. 在软件开发中，需求分析阶段产生的主要文档是（　　　）。
    A. 软件集成测试计划　　　　　　　　B. 软件详细设计说明书
    C. 用户手册　　　　　　　　　　　　D. 软件需求规格说明书

31. 软件需求规格说明书的作用不包括（　　　）。
    A. 软件验收的依据
    B. 用户与开发人员对软件要做什么的共同理解
    C. 软件设计的依据
    D. 软件可行性研究的依据

32. 从工程管理角度看，软件设计一般分为两步完成，它们是（　　　）。
    A. 概要设计与详细设计　　　　　　　B. 数据设计与接口设计
    C. 软件结构设计与数据设计　　　　　D. 过程设计与数据设计

33. 下面不属于软件设计阶段任务的是（　　　）。
    A. 软件总体设计　　　　　　　　　　B. 算法设计
    C. 制订软件确认测试计划　　　　　　D. 数据库设计

34. 软件设计中模块划分应遵循的准则是（　　　）。
    A. 低内聚低耦合　　B. 高内聚低耦合　　C. 低内聚高耦合　　　D. 高内聚高耦合

35. 耦合性和内聚性是对模块独立性度量的两个标准。下列叙述中正确的是（　　　）。
    A. 提高耦合性降低内聚性有利于提高模块的独立性
    B. 降低耦合性提高内聚性有利于提高模块的独立性
    C. 耦合性是指一个模块内部各个元素间彼此结合的紧密程度
    D. 内聚性是指模块间互相连接的紧密程度

36. 两个或两个以上模块之间关联的紧密程度称为（　　　）。
    A. 耦合度　　　　　B. 内聚度　　　　　C. 复杂度　　　　　　D. 数据传输特性

37. 下列几种耦合中，耦合性最强的是（　　　）。
    A. 公共耦合　　　　B. 控制耦合　　　　C. 数据耦合　　　　　D. 内容耦合

38. 在结构化程序设计中，模块划分的原则是（　　　）。
    A. 各模块应包括尽量多的功能
    B. 各模块的规模应尽量大
    C. 各模块之间的联系应尽量紧密
    D. 模块内具有高内聚度、模块间具有低耦合度

39. 下面不能作为结构化方法软件需求分析工具的是（　　　）。
    A. 系统结构图　　　B. 数据字典（DD）C. 数据流程图（DFD 图）　　D. 判定表

40. 下面描述中错误的是（　　　）。
    A. 系统总体结构图支持软件系统的详细设计
    B. 软件设计是将软件需求转换为软件表示的过程

    C. 数据结构与数据库设计是软件设计的任务之一

    D. PAD 图是软件详细设计的表示工具

41. 程序流程图中带有箭头的线段表示的是（　　　）。

    A. 图元关系   B. 数据流   C. 控制流   D. 调用关系

42. 面向对象开发方法中，（　　　）是面向对象技术领域内主流的标准建模语言。

    A. Booch 方法   B. OMT 方法   C. UML 语言   D. OOSE 方法

43. 在软件编码中，人们曾强调程序的效率，现在更重视程序的（　　　）。

    A. 技巧性   B. 保密性   C. 一致性   D. 可理解性

44. 下面叙述中错误的是（　　　）。

    A. 软件测试的目的是发现错误并改正错误

    B. 对被调试的程序进行"错误定位"是程序调试的必要步骤

    C. 程序调试通常也称为 Debug

    D. 软件测试应严格执行测试计划，排除测试的随意性

45. 对建立良好的程序设计风格，下面描述正确的是（　　　）。

    A. 程序应简单、清晰、可读性好   B. 符号名的命名要符合语法

    C. 充分考虑程序的执行效率   D. 程序的注释可有可无

46. 检查软件产品是否符合需求定义的过程称为（　　　）。

    A. 确认测试   B. 集成测试   C. 验证测试   D. 验收测试

47. 下列描述中正确的是（　　　）。

    A. 软件测试的主要目的是发现程序中的错误

    B. 软件测试的主要目的是确定程序中错误的位置

    C. 为了提高软件测试的效率，最好由程序编制者自己来完成软件测试的工作

    D. 软件测试是证明软件没有错误

48. 软件设计包括软件的结构、数据接口和过程设计，其中软件的过程设计是指（　　　）。

    A. 模块间的关系   B. 系统结构部件转换成软件的过程描述

    C. 软件层次结构   D. 软件开发过程

49. 下列描述中正确的是（　　　）。

    A. 软件测试应该由程序开发者来完成   B. 程序经调试后一般不需要再测试

    C. 软件维护只包括对程序代码的维护   D. 以上三种说法都不对

50. 在黑盒测试方法中，设计测试用例的主要根据是（　　　）。

    A. 程序内部逻辑   B. 程序外部功能   C. 程序数据结构   D. 程序流程图

51. 下面属于黑盒测试方法的是（　　　）。

    A. 语句覆盖   B. 逻辑覆盖   C. 边界值分析   D. 路径覆盖

52. 下面属于白盒测试方法的是（　　　）。

    A. 等价类划分法   B. 逻辑覆盖   C. 边界值分析法   D. 错误推测法

53. 下面不属于软件测试实施步骤的是（　　　）。

    A. 集成测试   B. 回归测试   C. 确认测试   D. 单元测试

54. 下列不属于软件调试技术的是（　　　）。

    A. 强行排错法　　　B. 集成测试法　　　　C. 回溯法　　　　　　D. 原因排除法

55. 程序调试的任务是（　　　）。

    A. 设计测试用例　　　　　　　　　　　B. 验证程序的正确性

    C. 发现程序中的错误　　　　　　　　　D. 诊断和改正程序中的错误

56. 以下关于关于结构化程序设计的叙述正确的是（　　　）。

    A. 结构化程序使用 goto 语句会很便捷

    B. 在 C 语言中，程序的模块化是利用函数实现的

    C. 一个结构化程序必须由顺序、分支、循环三种结构组成

    D. 由三种基本结构构成的程序只能解决小规模的问题

57. 以下选项中关于程序模块化的叙述错误的是（　　　）。

    A. 可采用自底向上、逐步细化的设计方法把若干独立模块组装成所要求的程序

    B. 把程序分成若干相对独立、功能单一的模块，可便于重复使用这些模块

    C. 把程序分成若干相对独立的模块，可便于编程和调试

    D. 可采用自顶向下、逐步细化的设计方法把若干独立模块组装成所要求的程序

58. 在整个软件维护工作中，（　　　）所占的比例最大。

    A. 改正性维护　　　B. 适应性维护　　　　C. 完善性维护　　　　D. 预防性维护

二、简答题

1. 什么是软件危机？软件危机表现在哪些方面？

2. 产生软件危机的原因是什么？如何克服软件危机？

3. 什么是软件工程？什么是软件工程学？

4. 什么是软件生存周期？软件生存周期划分为哪些时期和阶段？

5. 瀑布模型的主要缺点是什么？

6. 快速原型模型的基本方法是什么？

7. 什么是需求分析？需求分析阶段的基本任务是什么？

8. 什么是结构化分析方法？它使用的主要描述工具有哪些？

9. 什么是数据流图？其中的基本符号各表示什么含义？

10. 软件设计分为哪两个步骤？每一个步骤的任务是什么？

11. 什么是模块独立性？简述保持模块独立性的重要性。

12. 衡量模块独立性的两个标准是什么？它们各表示什么含义？

13. 结构化程序设计的基本内容是什么？

14. 简述对象、类、继承、封装和多态性的基本概念。

15. 面向对象的软件开发过程包含哪些环节？它们的主要任务是什么？

16. 简述软件测试的目标和任务。

17. 什么是黑盒测试和白盒测试？简述两者之间的比较。

18. 软件测试分为哪几个阶段？简述每个阶段的任务。

19. 软件维护困难的原因是什么？

20. 简述软件复用的种类。

第4章

数据库技术 ——————————————————

　　随着社会发展，人类的生产、生活越来越离不开信息。而信息的载体则是数据，通常把信息的收集、管理、加工等一系列活动的总和称为数据处理。当计算机开始广泛地应用于数据处理时，对数据的共享和管理提出了越来越高的要求，因此数据库技术的诞生和发展给计算机信息管理带来了一场巨大的革命。

4.1　数据库技术基础

　　数据库可以被定义为是在计算机存储设备上合理存放的，互相关联的数据集合。它起源于20 世纪 50 年代。当时美国因战争需要，把各种情报集中在一起，存放在计算机中，称为 DataBase（简称 DB）。

　　数据库技术是研究数据库的结构、存储、设计和使用的一门软件科学，是进行数据管理和处理的技术。随着计算机应用的普及，数据库应用领域不断向纵横两个方向扩展。现在，企事业、交通运输、情报检索、金融等各行业，纷纷建立以数据库为核心的信息系统。人们在实际应用中向数据库技术提出更新、更高的要求，推动着数据库技术不断向前发展。数据库在当今信息管理和处理中的重要作用越来越明显。

　　计算机在数据处理（或信息处理）领域中的应用引发了数据管理技术的研究、开发和发展。在数据处理中，用户面对大量的数据，如拥有数百万册图书的图书馆的图书目录，记录了数十万客户财务数据的银行账册，管理着数万种器材的仓库数据，以及诸如商店的商品数据和长年的销售数据、医院的病人数据、情报机构的情报数据等。利用计算机处理这些数据的基本方式如图 4-1 所示。

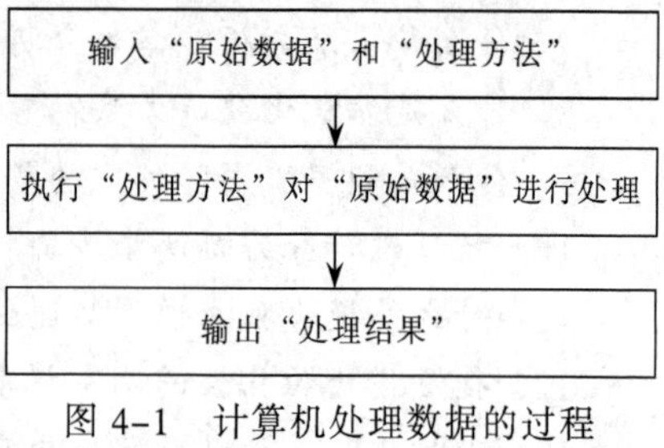

图 4-1　计算机处理数据的过程

　　对数据处理而言，输入的"原始数据"和输出的"处理结果"都是大量的、变化的、形式多样的，这些数据之间又是相互联系的；而"处理方法"相对是简单的、固定的。因此，对这种问题的研究重点不在"方法"，而在"数据"，即计算机数据管理技术的研究。迄今为止，比较突出的研究成果是"文件系统"和"数据库管理系统"。而且，现在的一切计算应用都是以文件为基础进行的，即使对软件的管理也是如此。

　　那么，究竟什么是数据库系统呢？我们不妨把"数据库"暂且理解为是一个庞大的、储存数据的"容器"。一个企业或组织把它需要处理的数据按照期望的形式组织并储存在其中。对数据的处理活动用程序来体现，或随时向系统发布某种命令。所有用户活动都面对同一个数据集合。

4.1.1 数据、数据库、数据库管理系统

1. 数据

数据（Data）实际上就是描述事物的符号记录。文字、图形、图像、声音、学生的档案记录、货物的运输情况……这些都是数据。数据的形式本身并不能完全表达其内容，需要经过语义解释。数据与其语义是不可分的。

2. 数据库

数据库是长期存储在计算机内有结构的大量的共享的数据集合。它可以供各种用户共享、具有最小冗余度和较高的数据独立性。

3. 数据库管理系统

数据库管理系统（DataBase Management System，DBMS）是位于用户与操作系统之间的一层数据管理软件。数据库在建立、运行和维护时由数据库管理系统统一管理、统一控制。数据库管理系统使用户能方便地定义数据和操纵数据，并能保证数据的安全性、完整性、多用户对数据的并发使用及发生故障后的系统恢复。

（1）DBMS 的功能

① 数据定义：定义数据库的模式、存储模式和外模式，定义各个外模式与模式之间的映射，定义模式与存储模式之间的映射，定义有关的约束条件。

② 数据操纵：数据操纵包括对数据库数据的检索、插入、修改和删除等基本操作。

③ 数据库运行管理：包括对数据库进行并发控制、安全性检查、完整性约束条件的检查和执行、数据库的内部维护（如索引、数据字典的自动维护）等。

④ 数据组织、存储和管理：对数据字典、用户数据、存取路径等数据进行分门别类地组织、存储和管理，确定以何种文件结构和存取方式物理地组织这些数据，如何实现数据之间的联系，以便提高存储空间利用率以及提高随机查找、顺序查找、增、删、改等操作的时间效率。

⑤ 数据库的建立和维护：建立数据库包括数据库初始数据的输入与数据转换等。维护数据库包括数据库的转储与恢复、数据库的重组织与重构造、性能的监视与分析等。

⑥ 数据通信接口：DBMS 需要提供与其他软件系统进行通信的功能。例如提供与其他DBMS 或文件系统的接口，从而能够将数据转换为另一个 DBMS 或文件系统能够接受的格式，或者接收其他 DBMS 或文件系统的数据。

（2）DBMS 的组成

① 数据定义语言及其翻译处理程序：数据定义语言（Data Definition Language，DDL）供用户定义数据库的模式、存储模式、外模式以及各级模式间的映射、有关的约束条件等。

用 DDL 定义的外模式、模式和存储模式分别称为源外模式、源模式和源存储模式，各种模式翻译程序负责将它们翻译成相应的内部表示，即生成目标外模式、目标模式和目标存储模式。

② 数据操纵语言及其翻译解释程序：数据操纵语言（Data Manipulation Language，DML）

用来实现对数据库的检索、插入、修改、删除等基本操作。

③ 数据运行控制程序：负责数据库运行过程中的控制与管理，包括系统初启程序、文件读/写与维护程序、存取路径管理程序、缓冲区管理程序、安全性控制程序、完整性检查程序、并发控制程序、事务管理程序、运行日志管理程序等。

④ 实用程序：包括数据初始装入程序、数据转储程序、数据库恢复程序、性能监测程序、数据库再组织程序、数据转换程序、通信程序等。

（3）目前常用的数据库管理系统

① 小型数据库管理系统：主要应用于单位内部应用系统，如人事管理等。常见的小型数据库管理系统有 Access、Visual FoxPro、FoxBase、Approach、dBase。小型数据库管理系统主要应用于单位的行政管理、人事管理等。

② 大型数据库管理系统：作为企业级管理系统其数据库必须采用 SQL 系列数据库产品，目前在世界上占较大市场份额的 SQL 系列数据库产品有 Oracle、SyBase、MS SQL Server 和 Informix 等。大型数据库管理系统主要用于业务处理，如全国性的系统应用。下列数据库系统是金融业务的典型数据库系统 IBM/DB2、Informix、SyBase、Oracle、MS SQL Server 等。

大型数据库管理系统具有良好的安全机制和强大的处理能力，广泛应用于金融业务处理与客户管理等。

4.1.2　数据库技术的产生与发展

计算机数据处理与其他技术的发展一样，经历了由低级到高级的发展过程。计算机数据管理随着计算机硬件（主要是外存储器）、软件技术和计算机应用范围的发展而不断发展，多年来大致经历了 3 个阶段：人工管理、文件系统、数据库系统。

1. 人工管理阶段

20 世纪 50 年代中期以前，计算机主要用于科学计算。当时在硬件方面，外存储器只有卡片、纸带、磁带，没有像磁盘这样可以随机访问、直接存取的外部存储设备。软件方面，没有专门管理数据的软件，数据由计算或处理它的程序自行携带，程序与数据混为一体，相互依赖。数据与程序都不具有"独立性"，计算机在数据处理中没有发挥应有的作用。

2. 文件系统阶段

20 世纪 50 年代后期至 60 年代中后期，随着计算机硬件性能的改进和软件技术的发展，计算机开始大量地用于管理中的数据处理工作。大量的数据存储、检索和维护成为紧迫的需求。在硬件方面，可直接存取的磁鼓、磁盘成为联机的主要外存。在软件方面，出现了高级语言和操作系统。操作系统中的文件系统（有的也称信息处理模块）是专门管理外存的数据管理软件。数据处理方式有批处理，也有联机实时处理。

在这一阶段，程序与数据有了一定的独立性，程序和数据分开存储，有了程序文件和数据文件的区别。数据文件可长期保存在外存储器上多次存取，如进行查询、修改、插入、删除等操作。数据的存取以记录为基本单位，并出现了多种文件组织形式，如顺序文件、索引文件、随机文件等。

在文件系统的支持下，数据的逻辑结构与物理结构之间可以有一定的差别，逻辑结构与物理结构之间的转换由文件系统的存取方法来实现。数据与程序之间有设备独立性，程序只需用文件名访问数据，不必关心数据的物理位置。这样，程序员可以集中精力在数据处理算法上，而不必考虑数据存储的具体细节。

3. 数据库系统阶段

从 20 世纪 60 年代后期开始，需要使用计算机进行管理的数据量急剧增长，并且对数据共享的需求日益增强。大容量磁盘（数百兆字节以上）系统的采用，使计算机联机存取大量数据成为可能；软件价格上升，硬件价格相对下降，使独立开发系统维护软件的成本增加。文件系统的数据管理方法已无法适应开发应用系统的需要。为解决数据的独立性问题，实现数据的统一管理，达到数据共享的目的，发展了数据库技术。3 个阶段的产生背景及特点如表 4-1 所示。

表 4-1　数据管理的 3 个阶段

特性＼阶段	人 工 管 理	文 件 系 统	数据库系统
应用背景	科学管理	科学计算、管理	大规模管理
硬件背景	无直接存储设备	磁盘、磁鼓	大容量磁盘
软件背景	没有操作系统	有文件系统	有数据库管理系统
处理方式	批处理	联机实时处理、批处理	联机实时处理、分布处理、批处理
数据的管理者	人	文件系统	数据库管理系统
数据面向的对象	某一应用程序	某一应用程序	整个应用系统
数据的共享程度	无共享、冗余度极大	共享性差、冗余度大	共享性高、冗余度小
数据的独立性	不独立、完全依赖于程序	独立性差	具有高度的物理独立性和逻辑独立性
数据的结构化	无结构	记录内有结构、整体无结构	整体结构化、用数据模型描述
数据控制能力	应用程序自己控制	应用程序自己控制	由数据库管理系统提供数据安全性、完整性、并发控制和恢复能力

数据库系统有别于文件系统的其他特点：

① 数据的一致性：指同一数据不同复制的值一样（采用人工管理或文件系统管理时，由于数据被重复存储，当不同的应用使用和修改不同的副本时就易造成数据的不一致）。

② 逻辑独立性：当数据的总体逻辑结构改变时，通过对映像的相应改变可保持数据的局部逻辑结构不变，应用程序是依据数据的局部逻辑结构编写的，所以应用程序不必修改。

③ 数据的安全性（Security）：是指保护数据，防止不合法使用数据造成数据的泄密和破坏，使每个用户只能按规定对某些数据以某些方式进行访问和处理。

④ 数据的完整性（Integrity）：指数据的正确性、有效性和相容性，即将数据控制在有效的范围内，或要求数据之间满足一定的关系。

⑤ 并发（Concurrency）控制：当多个用户的并发进程同时存取、修改数据库时，可能会发生相互干扰而得到错误的结果，并使得数据库的完整性遭到破坏，因此必须对多用户的并发操作加以控制和协调。

⑥ 数据库恢复：计算机系统的硬件故障、软件故障、操作员的失误及故意的破坏也会影响数据库中数据的正确性，甚至造成数据库部分或全部数据的丢失。DBMS 必须具有将数据库从错误状态恢复（Recovery）到某一已知的正确状态（也称完整状态或一致状态）的功能。

4.1.3 数据库系统

1. 数据库系统的组成

数据库系统（DataBase System，DBS）是指引进数据库技术后的计算机系统。它由计算机硬件、数据库管理系统、数据库、应用程序和用户等部分组成，如图 4-2 所示。

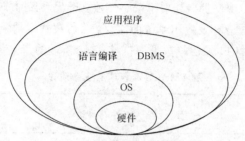

图 4-2　数据库系统的组成

（1）计算机硬件

计算机硬件（Hardware）是数据库系统赖以存在的物质基础，是存储数据及运行数据库管理系统 DBMS 的硬件资源，主要包括主机、存储设备、I/O 通道等。大型数据库系统一般都建立在计算机网络环境下。为使数据库系统获得较满意的运行效果，应对计算机的 CPU、内存、磁盘、I/O 通道等技术性能指标，采用较高的配置。

（2）数据库管理系统

数据库管理系统是指负责数据库存取、维护、管理的系统软件。DBMS 提供对数据库中数据资源进行统一管理和控制的功能，将用户应用程序与数据库数据相互隔离。它是数据库系统的核心，其功能的强弱是衡量数据库系统性能优劣的主要指标。它主要包括如下功能：

① 数据库定义（描述）功能：DBMS 为数据库的建立提供了数据定义（描述）语言（DDL）。用户使用 DDL 定义数据库的子模式（外模式）、模式和内模式，以定义和刻画数据库的逻辑结构，正确描述数据之间的联系，DBMS 根据这些数据定义，从物理记录导出全局逻辑记录，再从全局逻辑记录导出应用程序所需的数据记录。

② 数据库操纵功能：DBMS 提供数据操纵语言（DML）实现对数据库的检索、插入、修改、删除等基本操作。DML 通常分为两类：一类是嵌入主语言中的，如嵌入 C、COBOL 等词组语言中，这类 DML 一般本身不能独立使用，称为宿主型语言；另一类是交互式命令语言，语法简单，可独立使用，称为自含型语言。目前 DBMS 广泛采用的是可独立使用的自含型语言，为用户或应用程序员提供使用数据库的语言工具。Visual FoxPro 6.0 提供的就是自含型语言。

③ 数据库管理功能：DBMS 提供了对数据库的建立、更新、重编、结构维护、恢复及性能监测等管理功能。它是 DBMS 运行的核心部分，主要包括两方面的功能——系统建立与维护功能、系统运行控制功能，分别通过相应的控制程序完成有关功能，包括系统总控、存取控制（即存取权限检查）、并发控制、数据库完整性控制、数据访问、数据装入、性能监测、系统恢复等。所有数据库的操作都要在这些控制程序的统一管理下进行，以保证运行的正确执行，保证数据库的正确有效。

④ 通信功能：DBMS 提供数据库与操作系统的联机处理接口，以及与远程作业输入的接

口。另外，作为用户与数据库的接口，用户可通过交互式和应用程序方式使用数据库。交互式直观明了、使用简单，通常借助于 DBMS 的 DML 对数据库中的数据进行操作；应用程序方式则是用户或应用程序员依据外模式（子模式）编写应用程序模块，实现对数据库中数据的各种操作。

（3）数据库

数据库（DataBase，DB）是指数据库系统中以一定的组织方式将相关数据组织在一起，存储在外部存储设备上所形成的、能为多个用户共享的、与应用程序相互独立的相关数据集合。数据库中的数据也是以文件的形式存储在存储介质上的，它是数据库系统操作的对象和结果。数据库中的数据具有集中性和共享性。所谓集中性，是指把数据库看成性质不同的数据文件的集合，其中的数据冗余很小。所谓共享性，是指多个不同用户使用不同语言，为了不同应用目的可同时存取数据库中的数据。

数据库中的数据由 DBMS 进行统一管理和控制，用户对数据库进行的各种数据操作都是通过 DBMS 实现的。

（4）应用程序

应用程序（Application）是在 DBMS 的基础上，由用户根据应用的实际需要所开发的、处理特定业务的应用程序。应用程序的操作范围通常仅是数据库的一个子集，也即用户所需的那部分数据。

（5）数据库用户

用户（User）是指管理、开发、使用数据库系统的所有人员，通常包括数据库管理员（DataBase Administrator，DBA）、应用程序员（Application Programmer）和终端用户（End-User）。数据库管理员负责管理、监督、维护数据库系统的正常运行；应用程序员负责分析、设计、开发、维护数据库系统中运行的各类应用程序；终端用户是在 DBMS 与应用程序支持下，使用数据库系统的普通使用者。不同规模的数据库系统，用户的人员配置可根据实际情况有所不同，大多数用户都属于终端用户，在小型数据库系统中，特别是在微机上运行的数据库系统中，通常 DBA 就由终端用户担任。

2. 数据库系统的特点

数据库系统的出现是计算机数据处理技术的重大进步，它具有以下特点：

① 数据共享：是指多个用户可以同时存取数据而不相互影响，数据共享包括 3 个方面：所有用户可以同时存取数据；数据库不仅可以为当前的用户服务，也可以为将来的新用户服务；可以使用多种语言完成与数据库的接口。

② 减少数据冗余：数据冗余就是数据重复。数据冗余既浪费存储空间，又容易产生数据的不一致。在非数据库系统中，由于每个应用程序都有自己的数据文件，所以数据存在大量的重复。

③ 具有较高的数据独立性：所谓数据独立，是指数据与应用程序之间的彼此独立，它们之间不存在相互依赖的关系。应用程序不必随数据存储结构的改变而变动，这是数据库一个最基本的优点。

④ 增强了数据安全性和完整性：保护数据库加入了安全保密机制，可以防止对数据的非法存取。由于实行集中控制，有利于控制数据的完整性。数据库系统采取了并发访问控制，保

证了数据的正确性。另外，数据库系统还采取了一系列措施，实现了对数据库破坏的恢复。

3. 数据库系统的分类

数据库管理系统从最终用户角度来看，可分为单用户结构、主从式结构、分布式结构和客户/服务器结构。

① 单用户数据库系统：是一种早期的最简单的数据库系统。在单用户系统中，整个数据库系统，包括应用程序、DBMS、数据，都装在一台计算机上，由一个用户独占，不同机器之间不能共享数据。

② 主从式结构的数据库系统：主从式结构是指一个主机带多个终端的多用户结构。在这种结构中，数据库系统包括应用程序、DBMS、数据，都集中存放在主机上，所有处理任务都由主机来完成，各个用户通过主机的终端并发地存取数据库，共享数据资源。

主从式结构的优点是简单，数据易于管理与维护；缺点是当终端用户数目增加到一定程度后，主机的任务会过分繁重，成为瓶颈，从而使系统性能大幅度下降。另外，当主机出现故障时，整个系统都不能使用，因此系统的可靠性不高。

③ 分布式结构的数据库系统：是指数据库的数据在逻辑上是一个整体，但物理地分布在计算机网络的不同结点。网络中的每个结点都可以独立处理本地数据库中的数据，执行局部应用；也可以同时存取和处理多个异地数据库中的数据，执行全局应用。

分布式结构的数据库系统是计算机网络发展的必然产物，它适应了地理上分散的公司、团体和组织对于数据库应用的需求。但数据的分布存放，给数据的处理、管理与维护带来困难。此外，当用户需要经常访问远程数据时，系统效率会明显地受到网络交通的制约。

④ 客户/服务器结构的数据库系统：主从式数据库系统中的主机和分布式数据库系统中的每个结点机是一个通用计算机，既执行 DBMS 功能又执行应用程序。随着工作站功能的增强和广泛使用，人们开始把 DBMS 功能和应用分开。网络某个（些）结点上的计算机专门用于执行 DBMS 功能，称为数据库服务器，简称服务器。其他结点上的计算机安装 DBMS 的外围应用开发工具，支持用户的应用，称为客户机。这就是客户/服务器结构的数据库系统。

在客户/服务器结构中，客户端的用户请求被传送到数据库服务器，数据库服务器进行处理后，只将结果返回给用户（而不是整个数据），从而显著减少了网络上的数据传输量，提高了系统的性能、吞吐量和负载能力。

另一方面，客户/服务器结构的数据库往往更加开放。客户与服务器一般都能在多种不同的硬件和软件平台上运行，可以使用不同厂商的数据库应用开发工具，应用程序具有更强的可移植性，同时也可减少软件维护开销。

4.1.4　数据库系统体系结构

美国 ANSI/X3/SPARC 的数据库管理系统研究小组于 1975 年、1978 年提出了标准化的建议，将数据库结构分为 3 级：面向用户或应用程序员的用户级；面向建立和维护数据库人员的概念级；面向系统程序员的物理级。用户级对应外模式，概念级对应模式，物理级对应内模式，使不同级别的用户对数据库形成不同的视图。

1. 三级数据视图

数据抽象的 3 个级别又称为三级数据视图，是不同层次用户（人员）从不同角度所看到的数据组织形式。

① 外部视图，第一层的数据组织形式是面向应用的，是应用程序员开发应用程序时使用的数据组织形式，是应用程序员看到的数据的逻辑结构，称为外部视图。外部视图可有多个。其特点是以各类用户的需求为出发点，构造满足其需求的最佳逻辑结构。

② 全局视图，第二层的数据组织形式是面向全局应用的，是全局数据的组织形式，是数据库管理人员看到的全体数据的逻辑组织形式，称为全局视图。全局视图仅有一个，其特点是对全局应用最佳的逻辑结构形式。

③ 存储视图，第三层的数据组织形式是面向存储的，是按照物理存储最优策略的组织形式，是系统维护人员看到的数据结构，称为存储视图。存储视图只有一个，其特点是物理存储最佳的结构形式。

外部视图是全局视图的逻辑子集，全局视图是外部视图的逻辑汇总和综合，存储视图是全局视图的具体实现。三级视图之间的联系由二级映射实现。外部视图和全局视图之间的映射称为逻辑映射，全局视图和存储视图之间的映射称为物理映射。

2. 三级模式

为了有效地组织、管理数据，提高数据库的逻辑独立性和物理独立性，人们为数据库设计了一个严谨的体系结构，包括 3 个模式（外模式、模式和内模式）和 2 个映射（外模式—模式映射和模式—内模式映射）。

（1）模式

模式又称概念模式或逻辑模式，对应于概念级。它是由数据库设计者综合所有用户的数据，按照统一的观点构造的全局逻辑结构，是对数据库中全部数据的逻辑结构和特征的总体描述，是所有用户的公共数据视图（全局视图）。它是由数据库系统提供的数据模式描述语言 DDL 来描述、定义的，体现、反映了数据库系统的整体观。

（2）外模式

外模式又称子模式，对应于用户级。它是某个或某几个用户所看到的数据库的数据视图，是与某一应用有关的数据的逻辑表示。外模式是从模式导出的一个子集，包含模式中允许特定用户使用的那部分数据。用户可以通过外模式描述语言（外模式 DLL）来描述、定义用户的数据记录（外模式），也可以利用数据操纵语言 DML 对这些数据记录进行操作。外模式反映了数据库的用户观。

（3）内模式

内模式又称存储模式，对应于物理级。它是数据库中全体数据的内部表示或底层描述，是数据库最低级的逻辑描述。它描述了数据在存储介质上的存储方式和物理结构，对应着实际存储在外存储介质上的数据库。内模式由内模式描述语言（内模式 DLL）来描述、定义，它是数据库的存储观。

3. 三级模式间的映射

数据库系统的三级模式是数据在 3 个级别（层次）上的抽象，使用户能够逻辑地、抽象地处理数据而不必关心数据在计算机中的物理表示和存储。实际上，对于一个数据库系统而言，只有物理级数据库是客观存在的，它是进行数据库操作的基础，概念级数据库不过是物理数据库的一种逻辑的、抽象的描述（即模式），用户级数据库则是用户与数据库的接口，它是概念级数据库的一个子集（外模式），如图 4-3 所示。

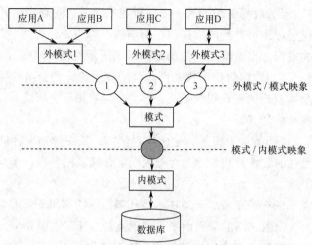

图 4-3 数据库系统的模式结构

4.2 数 据 描 述

为了对数据进行有效的管理，首先必须考察和分析反映客观事物的种种信息及其相互之间的关系，以便于用数据准确地描述它们。

客观事物的千差万别反映客观事物的信息各不相同。但是，就其存在形态而言，可以把所有信息划分为现实世界、信息世界和机器世界（或数据世界）。

1. 现实世界

事实上，人们管理和使用的对象是处在现实世界中的。在现实世界中，事物和事物之间存在一定的联系，这种联系是客观存在的，例如，老师和学生、商店和顾客及银行和储户等。这种具有各类事物联系的整体即为现实世界。

2. 信息世界

信息世界是现实世界在人脑中的反映，是对客观事物及其联系的一种抽象描述。它不是现实世界的简单翻录，而要经过对现实世界中的事物的选择、命名、分类等抽象操作产生概念模型。概念模型是现实世界到机器世界必经的中间层次，是数据库设计人员进行数据库设计的重要工具，如 E—R 模型、扩充的 E—R 模型等。本书第三章中讲述的"实体—联系图"即 E—R 模型的描绘工具。

3. 机器世界

信息经过加工、编码进入机器世界，机器世界的对象是数据，数据是信息世界中信息的数据化。在机器世界中，涉及以下概念：

（1）记录（Record）

记录是每一个实体所对应的数据。例如班级实体型中有学号、姓名、年龄、性别、籍贯等属性。

（2）数据项（字段）（Field）

数据项对应于属性。如学生的学号就是一个数据项。

（3）关键字（Key）

在某类实体中，能够唯一标识一个实体的属性或属性组合，便是关键字，如学生中的学号、职工中的身份证号等。

现实世界、信息世界、机器世界同样也是现代信息的 3 个流程，它对客观事物的活动及其活动规律有直接的强相互作用，如图 4-4 所示。

例如，某班学生信息的机器世界描述如图 4-5 所示。

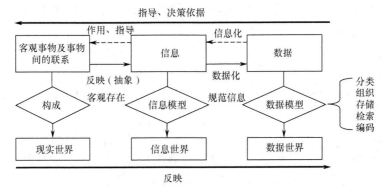

图 4-4　信息和数据对客观世界的作用过程

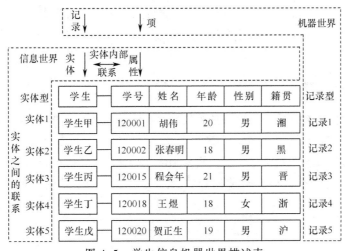

图 4-5　学生信息机器世界描述表

4.3　数　据　模　型

数据是现实世界的符号的抽象，而数据模型则是数据特征的抽象。数据模型是数据库系统的核心和基础，描述数据的结构，定义在其上的操作以及约束条件。即它从抽象层次上描述了系统的静态特征、动态行为和约束条件，为数据库系统的信息表示和操作提供了一个抽象框架。

4.3.1　数据模型的基本概念

1．数据模型概述

数据模型是对客观事物及其关系的数据描述，反映了实体内部以及实体与实体之间的联系，是数据库设计的核心。

不同的数据模型具有不同的数据结构形式。目前最常用的数据模型有层次模型、网状模型、面向对象模型和关系模型。其中，层次模型、网状模型和面向对象模型统称为非关系模型。非关系模型的数据库系统在 20 世纪 70 年代与 80 年代初非常流行，在数据库系统产品中占据了主导地位，现在已逐渐被关系模型的数据库系统取代。

20 世纪 80 年代以来，面向对象的方法和技术在计算机各个领域，包括程序设计语言、软件工程、信息系统设计、计算机硬件设计等各方面产生了深远的影响，也促进了数据库中面向对象数据模型的研究和发展。

2. 数据模型的三要素

（1）数据结构

用于描述系统的静态特性，研究与数据类型、内容、性质有关的对象，如关系模型中的域、属性、关系等。

（2）数据操作

数据库主要有检索和更新（包括插入、删除、修改）两大类操作。数据模型必须定义这些操作的确切含义、操作符号、操作规则（如优先级），以及实现操作的语言。

（3）数据的约束条件

数据的约束条件是一组完整性规则的集合。完整性规则是给定的数据模型中数据及其联系所具有的制约和储存规则，用以限定符合数据模型的数据库状态及状态的变化，以保证数据的正确、有效、相容。

4.3.2 层次数据模型

层次模型是数据库系统中最早出现的数据模型，它用树形结构表示各实体以及实体间的联系。现实世界中许多实体之间的联系本来就呈现出一种很自然的层次关系，如行政机构、家族关系等。层次模型数据库系统的典型代表是 IBM 的 IMS（Information Management Systems）数据库管理系统，是一个曾经广泛使用的数据库管理系统。某学院机构设置的层次模型如图 4-6 所示。

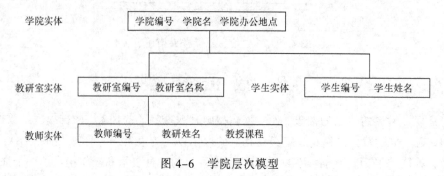

图 4-6　学院层次模型

1. 数据结构

用树形结构表示各类实体及实体之间的联系，只有一个根结点；除结点外的其他结点只有一个双亲结点。每个结点表示一个记录类型，结点之间的连线表示记录类型间的联系，这种联系只能是父子联系。每个记录类型可包含若干个字段，这里，记录类型描述的是实体，字段描述实体的属性。任何一个给定的记录值只有按其路径查看时，才能显出它的全部意义，没有一个子女记录值能够脱离双亲记录值而独立存在。

层次数据库系统只能处理一对多的实体关系。

2. 操纵及完整性约束

层次数据模型的操纵主要有查询、插入、删除和更新。进行插入、删除、更新操作时要满足层次模型的完整性约束条件。

进行插入操作时，如果没有相应的双亲结点值就不能插入子女结点值。

进行删除操作时，如果删除双亲结点值，则相应的子女结点值也被同时删除。

进行更新操作时，应更新所有相应记录，以保证数据的一致性。

3. 层次数据模型的存储结构

① 邻接法：按照层次树的一定顺序把所有记录值依次邻接存放，即通过物理空间的位置相邻来实现层次顺序。

② 链接法：用指针来反映数据之间的层次联系。

4. 层次数据模型的优缺点

优点：

① 数据模型比较简单，操作简单。

② 对于实体间的联系是固定的、且预先定义好的应用系统，性能较高。

③ 提供良好的完整性支持。

缺点：

① 不适合于表示非层次性的联系。

② 对插入和删除操作的限制比较多。

③ 查询子女结点必须通过双亲结点。

4.3.3　网状数据模型

自然界中实体间的联系更多的是非层次关系，用层次模型表示非树形结构是很不直接的，网状模型则可以克服这一弊病。网状数据模型的典型代表是 DBTG 系统，也称 CODASYL 系统。网状数据模型可以更直接地描述现实世界，而层次结构实际上是网状结构的一个特例，如图 4-7 所示。

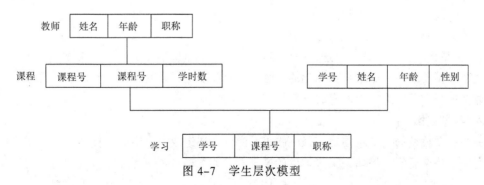

图 4-7　学生层次模型

1．数据结构

网状数据模型是一种比层次模型更具普遍性的结构，它去掉了层次模型的两个限制，允许多个结点没有双亲结点，允许结点有多个双亲结点，允许两个结点之间有多种联系（也称复合联系）。

2．数据操纵及完整性约束

网状数据模型的操纵主要包括查询、插入、删除和更新数据。插入操作允许插入尚未确定双亲结点值的子女结点值；删除操作允许只删除双亲结点值；更新操作时只需更新指定记录即可；查询操作可以有多种方法，可根据具体情况选用。

3．存储结构

网状数据模型的存储结构依具体系统不同而不同，常用的方法是链接法，包括单向链接、双向链接、环状链接等。

4．网状数据模型的优缺点

优点：

① 能够更为直接地描述现实世界。

② 具有良好的性能，存取效率较高。

缺点：

① 其 DDL 语言极其复杂。

② 数据独立性较差。由于实体间的联系本质上通过存取路径指示，因此应用程序在访问数据时要指定存取路径。

4.3.4　关系数据模型

关系模型是目前最重要的一种模型。美国 IBM 公司的研究员 E.F.C 在 1970 年发表题为"大型共享系统的关系数据库的关系模型"的论文，文中首次提出了数据库系统的关系模型。20世纪 80 年代以来，计算机厂商新推出的数据库管理系统（DBMS）几乎都支持关系模型，非关系系统的产品也大都加上了关系接口。

1．有关概念

① 关系：对应通常说的表；在计算机中，一个关系可存储为一个磁盘文件。

② 元组：表中的一行即为一个元组。

③ 属性：表中的一列即为一个属性。

④ 主码（Key）：表中的某个属性组，它可以唯一确定一个元组。

⑤ 域（Domain）：属性的取值范围。

⑥ 关系模式：对关系的描述，一般表示为"关系名(属性 1,属性 2,…,属性 n)"。

关系模型要求关系必须是规范化的，最基本的条件是：关系的每一个分量必须是一个不可分的数据项，即不允许表中还有表。

2．数据结构

一个关系模型的逻辑结构是一张二维表，由行和列组成。表中的一行即为一个元组；表中的一列即为一个属性。例如，某班学生的管理关系表如表 4-2 所示。

表 4-2　学生管理关系表

学　号	姓　名	性　别	院　系	籍　贯
12001	李勇	男	计算机科学	江苏
12002	刘力	女	信息科学	四川
12003	张莉	女	计算机科学	广东
12004	杨小东	男	物理	浙江

3. 操纵及完整性约束

关系数据模型的操纵主要包括查询、插入、删除和更新数据。这些操作必须满足关系的 3 种完整性约束条件：实体完整性约束、参照完整性约束、用户定义的完整性约束。实体完整性约束是指每一个关系中的主键都不能为空或者重复的值；参照完整性约束是指关系中不允许引用不存在的实体，用以保证数据的一致性；用户定义的完整性约束是指某一具体应用所涉及的数据必须满足用户定义的语义要求。

关系模型中的数据操作是集合操作，操作对象和操作结果都是关系，即若干元组的集合。关系模型把存取路径向用户隐蔽起来，用户只要指出"干什么"，不必详细说明"怎么干"，从而大大提高了数据的独立性。关系数据库标准操作语言是 SQL 语言。

4. 存储结构

关系数据模型中，实体及实体间的联系都用表来表示。在数据库的物理组织中，表以文件的形式存储，每一个表通常对应一种文件结构。

5. 关系运算

关系运算是以集合代数为基础发展起来的。从集合论的观点来定义关系，关系是一个元数为 K 的元组的集合，即这个关系有若干个元组，每个元组有 K 个属性值。对关系数据库进行查询时，就需要对关系进行特定的运算操作。常见的关系运算有基本的集合运算（包括并、交、差和笛卡儿积等）以及专门的关系运算（包括选择、投影、联接和除），如表 4-3 所示。关系运算的对象是关系，且关系运算的结果也仍是关系。

表 4-3　关系代数运算符

运　算　符		功　能	运　算　符		功　能
基本集合运算	∪	并	比较运算	>	大于
	∩	交		≥	大于等于
	−	差		<	小于
	×	笛卡儿积		≤	小于等于
专门关系运算	σ	选择		=	等于
	π	投影		≠	不等于
	⋈	联接	逻辑运算	¬	非
	÷	除		∧	与
				∨	或

（1）并

设关系 R 和关系 S 具有相同的目 n（即两个关系都有 n 个属性），且相应的属性取自同一个域，则关系 R 与关系 S 的并由属于 R 或属于 S 的元组组成，且其结果仍为一个 n 目关系，记作 $R \cup S$。

例如，关系 R 和关系 S 分别如表 4-4 和表 4-5 所示，则 $R \cup S$ 如表 4-6 所示。

表 4-4　关系 R

A	B	C
a1	b2	c1
a1	b2	c2
a2	b1	c2

表 4-5　关系 S

A	B	C
a1	b2	c2
a2	b1	c2
a2	b2	c2

表 4-6　$R \cup S$

A	B	C
a1	b2	c1
a1	b2	c2
a2	b1	c2
a2	b2	c2

（2）交

设关系 R 和关系 S 具有相同的目 n，且相应的属性取自同一个域，则关系 R 与关系 S 的交由既属于 R 又属于 S 的元组组成。其结果关系仍为 n 目关系，记作 $R \cap S$。

例如，关系 R 和关系 S 分别如表 4-4 和表 4-5 所示，则 $R \cap S$ 如表 4-7 所示。

（3）差

设关系 R 和关系 S 具有相同的目 n，且相应的属性取自同一个域，则关系 R 与关系 S 的差由属于 R 而不属于 S 的所有元组组成。其结果关系仍为 n 目关系，记作 $R-S$。

例如，关系 R 和关系 S 分别如表 4-4 和表 4-5 所示，则 $R-S$ 如表 4-8 所示。

（4）笛卡儿积

设关系 R 具有 n 目，关系 S 具有 m 目，则关系 R 与关系 S 的笛卡儿积是由 R 中的每个元组与 S 中每个元组连接组成。其结果关系为 $n+m$ 目关系，记作 $R \times S$。其进行连接组合时，从 R 的第一个元组开始依次与 S 的每一个元组组合，完毕后再将 R 的第二个元组与 S 的每一个元组组合，依此类推。故若 R 有 j 个元组，S 有 k 个元组，则运算后的新关系将有 $j \times k$ 个元组。

例如，关系 R 和关系 S 分别如表 4-4 和表 4-5 所示，则 $R \times S$ 如表 4-9 所示。

表 4-7　$R \cap S$

A	B	C
a1	b2	c2
a2	b1	c2

表 4-8　$R-S$

A	B	C
a1	b2	c1

表 4-9　$R \times S$

$R.A$	$R.B$	$R.C$	$S.A$	$S.B$	$S.C$
a1	b2	c1	a1	b2	c2
a1	b2	c1	a2	b1	c2
a1	b2	c1	a2	b2	c2
a1	b2	c2	a1	b2	c2
a1	b2	c2	a2	b1	c2
a1	b2	c2	a2	b2	c2
a2	b1	c2	a1	b2	c2
a2	b1	c2	a2	b1	c2
a2	b1	c2	a2	b2	c2

【例 4-1】假设有两个关系：VB 选修表 Svb(SID,SName)、VF 选修表 Svf(SID,SName)，如表 4-10 和表 4-11 所示，则①选修了 VB 或选修了 VF 的学生有哪些？②既选修了 VB 又选修了 VF 的学生有哪些？③选修了 VB 但没有选修 VF 的学生有哪些？

表 4-10　VB 选修表 Svb

SID	SName
12001	沈伟
12002	李子平
12003	陈小东
12004	王婷

表 4-11　VF 选修表 Svf

SID	SName
12001	沈伟
12003	陈小东
12005	赵雅
12006	刘敬

分析：

① 选修了 VB 或选修了 VF 的学生即 Svb∪Svf，如表 4-12 所示。

② 既选修了 VB 又选修了 VF 的学生即 Svb∩Svf，如表 4-13 所示。

③ 选修了 VB 但没有选修 VF 的学生即 Svb-Svf，如表 4-14 所示。

表 4-12　Svb∪Svf

SID	SName
12001	沈伟
12002	李子平
12003	陈小东
12004	王婷
12005	赵雅
12006	刘敬

表 4-13　Svb∩Svf

SID	SName
12001	沈伟
12003	陈小东

表 4-14　Svb-Svf

SID	SName
12002	李子平
12004	王婷

【例 4-2】假设有两个关系：学生表 ST(SID,SName)、必修课程表 COU(CID,CName)，如表 4-15 和表 4-16 所示，则如何统计所有学生所学必修课情况？

分析：所有学生所学必修课情况总计即表 ST×COU，如表 4-17 所示。

表 4-15　ST

SID	SName
12001	沈伟
12002	李子平

表 4-16　COU

CID	CName
T110	计算机
T111	英语
T112	高数

表 4-17　ST×COU

SID	SName	CID	CName
12001	沈伟	T110	计算机
12001	沈伟	T111	英语
12001	沈伟	T112	高数
12002	李子平	T110	计算机
12002	李子平	T111	英语
12002	李子平	T112	高数

（5）选择

选择又称限制（Restriction），是从行的角度进行的运算。它是在关系 R 中选择满足给定条件 F 的诸元组，即选择运算实际上是从关系 R 中选取使逻辑表达式 F 为真的元组。其结果关系是原来关系的一个子集，即元组可能比原关系少，但关系模式不变，记作 $\sigma_F(R)$。

例如，通过表 4-18 所示学生关系表 ST(SID,SName,Sex)查询所有男生(Sex=男)的情况，即 $\sigma_{Sex=男}(ST)$，其结果如表 4-19 所示。

（6）投影

投影是从列的角度进行的运算。关系 R 上的投影是从 R 中选择若干属性列组成新的关系，记作 $\pi_A(R)$，其中 A 为关系 R 的属性列表。其结果关系往往比原关系的属性少；或改变了原有关系的属性顺序；又或者改变了原关系的属性名。另外，投影运算不仅可能取消原关系中的某些属性列，而且还可能取消某些元组，因为取消了某些属性列后，就可能出现重复行，应取消这些完全相同的行。

例如，通过表 4-18 所示的学生关系表 ST(SID,SName,Sex)查询所有学生的姓名及学号，即 $\pi_{SID,SName}(ST)$，其结果如表 4-20 所示。

表 4-18　学生关系表 ST

SID	SName	Sex
12001	沈伟	男
12002	李子平	男
12003	陈小东	女
12004	王婷	女
12005	赵雅	女
12006	刘敬	男

表 4-19　$\sigma_{Sex=男}(ST)$

SID	SName	Sex
12001	沈伟	男
12002	李子平	男
12006	刘敬	男

表 4-20　$\pi_{SID,SName}(ST)$

SName	SID
沈伟	12001
李子平	12002
陈小东	12003
王婷	12004
赵雅	12005
刘敬	12006

（7）联接

联接是以两个关系表作为操作对象进行的运算，即从两个关系 R 与 S 的笛卡儿积中选出满足给定条件 F 的元组组成新的关系，记作 $(R) \underset{F}{\bowtie} (S)$。联接运算根据条件 F 的不同情况分为 3 种：等值联接、小于联接和大于联接。作为常用的一种等值联接，自然联接要求两个关系中进行比较的分量必须是相同的属性组，选取公共属性值相等的元组构成结果关系，并且要在结果中把重复的属性去掉，可记作 $R \bowtie S$。

例如，通过表 4-21 所示选课关系表 SC(SID,CID)和表 4-22 所示课程关系表 COU(CID,Cname)查询所有同学及其选修的课程名称，即 SC$\bowtie$COU，其结果如表 4-23 所示。

表 4-21　选课关系表 SC

SID	CID
12001	C110
12001	C111
12002	C111
12003	C110
12003	C111
12004	C111
12005	C110
12006	C110

表 4-22　课程关系表 COU

CID	CName
C110	VF
C111	VB

表 4-23　SC$\bowtie$COU

SID	CID	CName
12001	C110	VF
12001	C111	VB
12002	C111	VB
12003	C110	VF
12003	C111	VB
12004	C111	VB
12005	C110	VF
12006	C110	VF

（8）除

除运算是同时从行和列角度进行的运算，记作 $R \div S$。设有关系 $R(X,Y)$ 和 $S(Y,Z)$，其中 X、Y、Z 为属性组，则 R 与 S 的除运算可得到一个新的关系 $T(X)$。

例如，通过表 4-21 所示选课关系表 SC(SID,CID) 和表 4-22 所示课程关系表 COU(CID,Cname) 查询选修了所有课程的学生，即 SC ÷ COU。其运算步骤可分为：①找出 SC 与 COU 的相同属性 CID，如表 4-24 所示；②SC 中与 COU 中不相同的属性是 SID，则关系 SC 在属性 SID 上做取消重复值的投影为 {12001，12002，12003，12004，12005，12006}；③关系 SC 中属性 SID 对应的象集 CID，如表 4-25 所示；④判断关系 SC 中属性 SID 各个值的象集 CID 是否包含关系 COU 中属性 CID 的所有值，故其结果如表 4-26 所示。

表 4-24　属性 CID

CID
C110
C111

表 4-25　SC 中 SID 对应的象集 CID

SID	CID	SID	CID
12001	C110	12002	C111
	C111	12004	C111
12003	C110	12005	C110
	C111	12006	C110

表 4-26　SC÷COU

SID
12001
12003

【例 4-3】假设有学生－课程数据库，包括 3 个关系：学生关系表 ST(SID,SName,Sex)，如表 4-18 所示；选课关系表 SC(SID,CID)，如表 4-21 所示；课程关系表 COU(CID,Cname)，如表 4-22 所示；则"陈小东"同学所选课程有哪些？

分析：学生姓名属于学生关系表 ST，课程名属于课程关系表 COU，两表通过选课关系表 SC 发生联系，故先联接 3 个关系，如表 4-27 所示；再选择出姓名为"陈小东"的元组，如表 4-28 所示；最后投影出学生姓名 SName 与课程名 Cname 属性，如表 4-29 所示。该运算过程可记作 $\pi_{SName,Cname}(\sigma_{SName=陈小东}(ST \bowtie SC \bowtie COU))$。

表 4-27　ST⋈SC⋈COU

SID	SName	Sex	CID	CName
12001	沈伟	男	C110	VF
12001	沈伟	男	C111	VB
12002	李子平	男	C111	VB
12003	陈小东	女	C110	VF
12003	陈小东	女	C111	VB
12004	王婷	女	C111	VB
12005	赵雅	女	C110	VF
12006	刘敬	男	C110	VF

表 4-28　$\sigma_{SName=陈小东}(ST \bowtie SC \bowtie COU)$

SID	SName	Sex	CID	CName
12003	陈小东	女	C110	VF
12003	陈小东	女	C111	VB

表 4-29　陈小东所选课程

SName	CName
陈小东	VF
陈小东	VB

6. 关系数据模型的优、缺点

关系数据模型具有以下优点：

① 关系模型是建立在严格的数据概念的基础上的。

② 无论实体还是实体之间的联系都用关系来表示。对数据的检索结果也是关系（即表），因此概念单一，其数据结构简单、清晰。

③ 关系模型的存取路径对用户透明，从而具有更高的数据独立性，更好的安全保密性，也简化了程序员的工作和数据库开发建立的工作。

关系数据模型也存在以下缺点：由于存取路径对用户透明，查询效率往往不如非关系数据模型。因此，为了提高性能，必须对用户的查询请求进行优化。

4.3.5　面向对象数据库模型

数据库技术发展中最鲜亮的内容是面向对象数据库技术，它是面向对象技术和数据库技术的有机的结合，它有着关系数据库没有的优点。

面向对象技术的数据库具有以下特点：

① 具有面向对象技术，如类和继承性，对象、封装性、多态性等特征。

② 对象数据模型具有很强的描述复杂对象的能力，能包含更多的数据语义信息。

③ 面向对象方法可很方便地表示嵌套对象，因而很容易表达层次数据，这点与 RDB 形成鲜明的对比，RDB 强迫用户用多个关系的元组表达层次数据。

④ 面向对象方法可方便地构造各种类型，而 RDB 不提供增加用户定义数据类型的手段。

但是，面向对象数据库技术目前还不成熟，主要表现在以下几个方面：

① 缺少理论基础。

② 数据库语言还缺少形式化基础。

③ 还没有统一标准。

尽管我们增加了上述的面向对象的特征，但并不意味着放弃第二代数据库系统曾取得的巨大成就。反之，OODB 必须包含第二代 DBMS 一些特性，如非过程数据存取，数据独立性、持久性，辅存管理，并发性，备份和恢复及支持查询。

4.4　结构化查询语言（SQL）

查询（Query）是数据库管理系统中一项最基本的功能，使用查询可选择记录、更新表和向表中添加新的记录。例如，可以使用查询选择一组满足指定条件的记录，可以将不同表中的信息结合起来，还可以通过查询进行统计和计算。而要完成上述操作，主要通过 SQL 完成。

4.4.1　SQL 的产生及应用情况

结构化查询语言（Structured Query Language，SQL）是一种介于关系代数与关系演算之间的语言，其功能包括查询、操纵、定义和控制 4 个方面，是一个通用的、功能极强的关系数据库语言，已成为关系数据库的标准语言。

1. SQL 的产生

① 1974 年，IBM 圣约瑟实验室的 Boyce 和 Chamberlin 为关系数据库管理系统 System-R 设计了一种查询语言，当时称为 SEQUEL 语言 Structured English Query Language，后简称为 SQL。

② 1981 年，IBM 推出关系数据库系统 SQL/DS，得到广泛应用。

③ 著名的关系数据库管理系统陆续实现 SQL 语言。

④ 1982 年，ANSI 着手制定 SQL 标准，1986 年公布第一个 SQL 标准——SQL86；SQL86 主要内容包括模式定义、数据操作、嵌入式 SQL 等内容。

⑤ 1987 年，ISO 通过 SQL86 标准。

⑥ 1989 年，ISO 制定 SQL89 标准，SQL89 标准在 SQL86 基础上增补完整性描述。

⑦ 1990 年，我国制定等同 SQL89 的国家标准。

⑧ 1992 年，ISO 制定 SQL92 标准，即 SQL2。SQL2 相当庞大，实现了对远程数据库访问的支持，SQL2 分为 3 个级别：

- 初级 SQL2：在 SQL89 增加了某些功能，如 SELECT 中的 AS 语句为表达式命名。
- 中级 SQL2：在初级 SQL2 基础上扩充数据类型、操作类型、有关完整性控制方面内容，是 SQL2 的最主要内容。
- 完全 SQL2：在中级 SQL2 基础上放宽某些限制、增加 BIT 数据类型等。

⑨ 1999 年，ANSI 制定 SQL3 标准，在 SQL2 基础上扩充了面向对象功能，支持自定义数据类型、提供递归操作、临时视图、更新一般的授权结构、嵌套的检索结构、异步 DML 等。

2. SQL 的应用

近年来，随着数据应用层次的深入，SQL 也得以快速发展，应用情况如下：

① Oracle、SyBase、Informix、Ingres、DB2、MS SQL Server、RDB 等大型数据库管理系统实现了 SQL 语言。

② Dbase、FoxPro、Access 等 PC 数据库管理系统部分实现了 SQL 语言。

③ 可以在 HTML 中嵌入 SQL 语句，通过 WWW 访问数据库。

④ 在 VC、VB、DEPHI、CB 也可嵌入 SQL 语句。

4.4.2 SQL 的特点

SQL 之所以能够为用户和业界所接受，成为国际标准，是因为它是一个综合的、通用的、功能极强同时又简洁易学的语言。SQL 集数据查询（Data Query）、数据操纵（Data Manipulation）、数据定义（Data Definition）和数据控制（Data Control）功能于一体，充分体现了关系数据语言的特点和优点。

1. 综合统一

SQL 集数据定义语言 DDL、数据操纵语言 DML、数据控制语言 DCL 的功能于一体，语言风格统一，可以独立完成数据库生命周期中的全部活动，包括定义关系模式、录入数据以建立数据库、查询、更新、维护、数据库重构、数据库安全性控制等一系列操作要求，这为数据库应用系统开发提供了良好的环境，例如，用户在数据库投入运行后，还可根据需要随时逐步地修改模式，并不影响数据库的运行，从而使系统具有良好的可扩充性。

2. 高度非过程化

非关系数据模型的数据操纵语言是面向过程的语言，用其完成某项请求，必须指定存取路径。而用 SQL 进行数据操作，用户只需提出"做什么"，而不必指明"怎么做"，因此用户无需了解存取路径，存取路径的选择以及 SQL 语句的操作过程由系统自动完成。这不但大大减轻了用户负担，而且有利于提高数据独立性。

3. 面向集合的操作方式

SQL 语言采用集合操作方式，不仅查找结果可以是元组的集合，而且一次插入、删除、更新操作的对象也可以是元组的集合。

非关系数据模型采用的是面向记录的操作方式，任何一个操作其对象都是一条记录。例如，查询所有平均成绩在 80 分以上的学生姓名，用户必须说明完成该请求的具体处理过程，即如何用循环结构按照某条路径一条一条地把满足条件的学生记录读出来。

4.4.3 SQL 数据库体系结构

SQL 数据库的数据体系结构是三级结构，但使用术语与传统关系模型术语不同。在 SQL 中，关系模式（模式）称为基本表（Base Table），存储模式（内模式）称为存储文件（Stored File），子模式（外模式）称为视图（View），元组称为行（Row），属性称为列（Column），如图 4-8 所示。

基本表是本身独立存在的表，在 SQL 中一个关系对应一个表。一些基本表对应一个存储文件，一个表可以带若干索引，索引也存放在存储文件中。

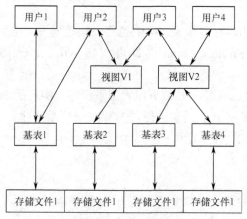

图 4-8　SQL 三级模式结构

存储文件的逻辑结构组成了关系数据库的内模式。存储文件的物理文件结构是任意的。

视图是从基本表或其他视图中导出的表，它本身不独立存储在数据库中，也就是说数据库中只存放视图的定义而不存放视图对应的数据，这些数据仍存放在导出视图的基本表中，因此视图是一个虚表。用户可以用 SQL 对视图和基本表进行查询。在用户眼中，视图和基本表都是关系，而存储文件对用户是透明的。

在介绍 SQL 前，首先要对 SQL 有一个基本认识，在此介绍一下 SQL 的组成：

① 一个 SQL 数据库是表（Table）的集合，它由一个或多个 SQL 模式定义。

② 一个 SQL 表由行集构成，一行是列的序列（集合），每列与行对应一个数据项。

③ 一个表或者是一个基本表或者是一个视图。基本表是实际存储在数据库中的表，而视图是由若干基本表或其他视图构成的表的定义。

④ 一个基本表可以跨一个或多个存储文件，一个存储文件也可存放一个或多个基本表。

每个存储文件与外部存储器上的一个物理文件对应。

⑤ 用户可以用 SQL 语句对视图和基本表进行查询等操作。从用户角度来看，视图和基本表是一样的，没有区别，都是关系（表格）。

⑥ SQL 用户可以是应用程序，也可以是终端用户。SQL 语句可嵌入在宿主语言的程序中使用，宿主语言有 FORTRAN、COBOL、Pascal、PL/I、C 和 Ada 语言等。SQL 用户也能作为独立的用户接口，供交互环境下的终端用户使用。

SQL 包括了所有对数据库的操作，主要由 4 个部分组成：

① 数据定义：这部分又称 SQL DDL，定义数据库的逻辑结构，包括定义数据库、基本表、视图和索引 4 部分。

② 数据操纵：这部分又称 SQL DML，其中包括数据查询和数据更新两大类操作，其中数据更新又包括插入、删除和更新 3 种操作。

③ 数据控制：对用户访问数据的控制有基本表和视图的授权、完整性规则的描述，事务控制语句等。

④ 嵌入式 SQL 语言的使用规定：规定 SQL 语句在宿主语言的程序中使用的规则。

4.4.4 SQL 数据定义

SQL 数据定义功能包括定义数据库、基本表、索引和视图。首先，让我们了解一下 SQL 所提供的基本数据类型。

1. 数据类类型

定义表的各个属性时需要指明其数据类型及长度。不同的数据库系统支持的数据类型不完全相同，SQL 主要支持的数据类型如表 4-30 所示。

表 4-30 SQL 支持的数据类型

数 据 类 型	备 注
SMALLINT	半字长二进制整数
INTEGER 或 INT	全字长二进制整数
DECIMAL(p[,q])或 DEC(p[,q])	压缩十进制数，共 p 位，其中小数点后有 q 位，$0 \leqslant q \leqslant p \leqslant 15$，q=0 时可以省略
FLOAT	双字长浮点数
CHARTER(n)或 CHAR(n)	长度为 n 的定长字符串
VARCHAR(n)	最大长度为 n 的变长字符串
GRAPHIC(n)	长度为 n 的定长图形字符串
VARGRAPHIC(n)	最大长度为 n 的变长图形字符串
DATE	日期型，格式为 YYYY-MM-DD
TIME	时间型，格式为 HH.MM.SS
TIMESTAMP	日期加时间

2. 数据库的建立与删除

（1）数据库建立

数据库是一个包括了多个基本表的数据集，建立数据库，其语句格式为：

```
CREATE DATABASE <数据库名> [其他参数]
```

其中，<数据库名>在系统中必须是唯一的，不能重复，不然将导致数据存取失误。[其他参数]因具体数据库实现系统不同而异。

【例 4-4】要建立项目管理数据库（student），其语句应为：

```
CREATE DATABASE student
```

（2）数据库的删除

将数据库及其全部内容从系统中删除。其语句格式为：

```
DROP DATABASE <数据库名>
```

【例 4-5】删除项目管理数据库（student），其语句应为：

```
DROP DATABASE student
```

3. 基本表的定义及变更

本身独立存在的表称为基本表，在 SQL 语言中一个关系唯一对应一个基本表。基本表的定义指建立基本关系模式，而变更则是指对数据库中已存在的基本表进行删除与修改。

（1）基本表的定义

基本表是非导出关系，其定义涉及表名、列名及数据类型等，其语句格式为：

```
CREATE TABLE[<数据库名>.]<表名>(<列名>数据类型[默认值][NOT NULL/NULL][,<列名>
数据类型[默认值][NOT NULL/NULL]][,UNIQUE(列名[,列名]...)][,PRIMARY KEY(列名)]
```

其中，[数据库名]指出将新建立的表存放于该数据库中；新建的表由两部分组成：其一为表和一组列名，其二是实际存放的数据（即可在定义表的同时，直接存放数据到表中）。

列名为用户自定义的易于理解的名称，列名中不能使用空格。

数据类型为上面所介绍的几种标准数据类型。

① [NOT NULL/NULL]：指出该列是否允许存放空值，SQL 语言支持空值的概念。所谓空值是"不知道"或"无意义"的值，值得注意的是数据"0"和空格都不是空值，系统一般默认允许为空值，所以当不允许为空值时，必须明确使用 NOT NULL。

② [,UNIQUE]：将列按照其规定的顺序进行排列，如不指定排列顺序，则按列的定义顺序排列。

③ [PRIMARY KEY]：用于指定表的主键（即关系中的主属性），实体完整性约束条件规定：主键必须是唯一的，非空的。

【例 4-6】建立一个"学生"表 Student，它由学号 Sno、姓名 Sname、性别 Ssex、年龄 Sage、所在系 Sdept 5 个属性组成，其中学号属性不能为空，并且其值是唯一的。

```
CREATE TABLE Student(Sno CHAR(5) NOT NULL UNIQUE,Sname CHAR(20),Ssex
CHAR(1),Sage INT,Sdept CHAR(15))
```

（2）修改基本表

格式如下：

```
ALTER TABLE <表名>[ADD <新列名><数据类型>[完整性约束]][DROP<完整性约束名><完整性
约束名>][MODIFY<列名> <数据类型><数据类型>]。
```

ADD 子句用于增加新列和新的完整性约束条件，DROP 子句用于删除指定的完整性约束条件，MODIFY 子句用于修改原有的列定义。

【例 4-7】向 Student 表增加"入学时间"列，数据类型为日期型。

```
ALTER TABLE Student ADD Scome DATE
```

不论基本表中原来是否已有数据，新增加的列一律为空值。

【例 4-8】将年龄的数据类型改为半字长整数。

```
ALTER TABLE Student MODIFY Sage SMALLINT
```
修改原有的列定义有可能会破坏已有数据。

【例 4-9】删除关于学号必须取唯一值的约束。

```
ALTER TABLE Student DROP UNIQUE(Sno)
```
说明：SQL 没有提供删除属性列的语句，用户只能间接实现这一功能，即先将原表中要保留的列及其内容复制到一个新表中，然后删除原表，并将新表重命名为原表名。

（3）删除基本表

格式如下：

```
DROP TABLE<表名>
```
【例 4-10】删除 Student 表。

```
DROP TABLE  Student
```
基本表定义一旦删除，表中的数据、在此表上建立的索引都将自动被删除掉，而建立在此表上的视图虽仍然保留，但已无法引用。

4. 视图的定义与取消

数据库系统中一般都有若干个基表。在基表中保存有多个用户共享的数据。某一个具体应用可能只使用其中一部分数据，基表的字段有时也不能直接满足用户的要求。这时，可以从一个或几个基表以及现有的视图中导出适合具体应用的视图。用户对视图的查询和基表一样。这样的基表和视图都是关系，但视图是虚表，不对应存储的数据文件。

（1）视图的定义

格式如下：

```
CREATE VIEW <视图名>[(<列名>[,<列名>]...)] AS <子查询> [WITH CHECK OPTION]
```
【例 4-11】建立信息系学生的视图。

```
CREATE VIEW IS_Student AS SELECT Sno,Sname, Sage FROM Student WHERE
Sdept='IS'
```
【例 4-12】建立信息系学生的视图，并要求进行修改和插入操作时仍须保证该视图只有信息系的学生。

```
CREATE VIEW IS_Student AS SELECT Sno,Sname,Sage FROM Student WHERE Sdept='IS'
WITH CHECK OPTION
```
视图不仅可以建立在单个基本表上，也可以建立在多个基本表上。

【例 4-13】建立信息系选修了 1 号课程的学生的视图。

```
CREATE VIEW IS_S1(Sno,Sname,Grade) AS SELECT Student.Sno,Sname,Grade FROM
Student,SC WHERE Sdept='IS' AND Student.Sno=SC.Sno AND SC.Cno='1'
```
视图不仅可以建立在一个或多个基本表上，也可以建立在一个或多个已定义好的视图上，或同时建立在基本表与视图上。

【例 4-14】建立信息系选修了 1 号课程且成绩在 90 分以上的学生的视图。

```
CREATE VIEW IS_S2 AS SELECT Sno,Sname,Grade FROM IS_S1 WHERE Grade>=90
```
（2）删除视图

格式如下：

```
DROP VIEW <视图名>
```

一个视图被删除后，由此视图导出的其他视图也将失效，用户应该使用 DROP VIEW 语句将其一一删除。

5. 索引的建立与删除

基本表中可能存放了大量的记录，此时查找满足条件的记录可能要花很长时间，为了提高数据的检索速度，可以根据实际应用情况为一个基表建立若干个索引。

（1）索引的建立

格式如下：

```
CREATE[UNIQUE]INDEX<索引名>ON<表名>(<列名>[<次序>][,<列名>[<次序>]]...)
```

索引可以建在表的一列或多列上，可在每个<列名>后面指定索引值的排列次序。ASC 表示升序，DESC 表示降序，默认值为 ASC。UNIQUE 表明建唯一性索引。

【例 4-15】为学生-课程数据库中的 Student、Course、SC 3 个表建立索引。其中 Student 表按学号升序建唯一索引，Course 表按课程号升序建唯一索引，SC 表按学号升序和课程号降序建唯一索引。

```
CREATE UNIQUE INDEX Stusno ON Student(Sno)
CREATE UNIQUE INDEX Coucno ON Course(Cno)
CREATE UNIQUE INDEX SCno ON SC(Sno ASC,Cno DESC)
```

（2）删除索引

格式如下：

```
DROP INDEX<索引名>
```

【例 4-16】删除 Student 表的 Stusname 索引。

```
DROP INDEX Stusname
```

4.4.5　数据库的基本查询

SQL 是一种查询功能很强的语言，只要是数据库存在的数据，总能通过适当的方法从数据库中查找出来。SQL 中的查询语句只有一个：SELECT，它可与其他语句配合完成所有的查询功能。SELECT 语句的完整语法，可以有 6 个子句。完整的语法如下：

```
SELECT[ALL|DISTINCT]<目标列表达式>[,<目标列表达式>]... FROM <表名或视图名>[,<表名或视图名>] ... [WHERE<条件表达式>][GROUP BY<列名 1>[HAVING<条件表达式>]][ORDER BY<列名 2>[ASC|DESC]]
```

SELECT 语句的含义为：根据 WHERE 子句的条件表达式，从 FROM 子句指定的基本表或视图中找出满足条件的元组，再按 SELECT 子句中的目标列表达式，选出元组中的属性值形成结果表。

如果有 GROUP 子句，则将结果按<列名 1>的值进行分组，该属性列值相等的元组为一个组，每个组产生结果表中的一条记录。

如果 GROUP 子句带 HAVING 短语，则只有满足指定条件的组才予输出。

如果有 ORDER 子句，则结果表还要按<列名 2>的值的升序或降序排序。

1. 单表查询

（1）查询指定列

【例 4-17】查询全体学生的学号与姓名。

```
SELECT Sno,Sname FROM Student
```
（2）查询全部列

【例 4-18】查询全体学生的详细记录。

```
SELECT * FROM Student
```
（3）消除取值重复的行

【例 4-19】查所有选修过课的学生的学号。

```
SELECT Sno FROM SC
```
假设 SC 表中有下列数据：

```
 Sno      Cno      Grade
-------  -------  -------
 13001    1        92
 13001    2        85
 13001    3        88
 13002    2        90
 13002    3        80
```
指定 DISTINCT 可删掉重复行。

【例 4-20】执行 SELECT DISTINCT Sno FROM SC 的结果为：

```
 Sno
-------
 13001
 13002
```
（4）查询满足条件的元组

查询满足指定条件的元组可以通过 WHERE 子句实现。WHERE 子句常用的查询条件如表 4-31 所示。

表 4-31　常用查询条件

查 询 条 件	谓　　词
比较	=、>、<、>=、<=、!=、<>、!>、!<、NOT
确定范围	BETWEEN、AND、NOT、BEETWEEN AND
确定集合	IN、NOT IN
字符匹配	LIKE、NOT LIKE
空值	IS NULL、IS NOT NULL
多重条件	AND、OR

【例 4-21】查考试成绩有不及格的学生的学号。

```
SELECT DISTINCT Sno FROM Course WHERE Grade <60
```
【例 4-22】查信息系（IS）、数学系（MA）和计算机科学系（CS）的学生的姓名和性别。

```
SELECT Sname,Ssex FROM Student WHERE Sdept IN ('IS','MA','CS')
```
① 谓词 LIKE 可用来进行字符串的匹配。其语法格式如下：

```
[NOT] LIKE '<匹配串>' [ESCAPE '<换码字符>']
```
其含义是查找指定的属性列值与<匹配串>相匹配的元组。<匹配串>可以是一个完整的字符串，也可以含有通配符%和_。

② %（百分号）代表任意长度（长度可以为 0）的字符串。

③ _（下画线）代表任意单个西方字符。一个中文字符需要连续两个下画线（_）表示。

【例 4-23】查所有姓刘的学生的姓名、学号和性别。

```
SELECT Sname,Sno,Ssex FROM Student
WHERE Sname LIKE'刘%'
```

如果用户要查询的匹配字符串本身就含有%或_，这时就要使用 ESCAPE '<换码字符>' 短语对通配符进行转义。

【例 4-24】查 DB_Design 课程的课程号和学分。

```
SELECT Cno,Ccredit FROM Course WHERE Cname LIKE 'DB\_Design'  ESCAPE '\'
```

ESCAPE '\' 短语表示\为换码字符，这样匹配串中紧跟在\后面的字符 "_" 不再具有通配符的含义，而是取其本身含义，被转义为普通的 "_" 字符。

【例 4-25】查询选修了 3 号课程的学生的学号及其成绩，查询结果按分数的降序排列。

```
SELECT Sno,Grade FROM SC WHERE Cno='3' ORDER BY Grade DESC
```

（5）使用集函数

COUNT([DISTINCT|ALL] *)　　　　　　　统计元组个数

COUNT([DISTINCT|ALL] <列名>)　　　　　统计一列中值的个数

SUM([DISTINCT|ALL] <列名>)　　　　　　计算一列值的总和

AVG([DISTINCT|ALL] <列名>)　　　　　　计算一列值的平均值

MAX([DISTINCT|ALL] <列名>)　　　　　　求一列值中的最大值

MIN([DISTINCT|ALL] <列名>)　　　　　　求一列值中的最小值

【例 4-26】查询学习 1 号课程的学生最高分数。

```
SELECT MAX(Grade) FROM SC WHERE Cno='1'
```

（6）对查询结果分组

GROUP BY 子句可以将查询结果表的各行按一列或多列取值相等的原则进行分组。

【例 4-27】查询各个课程号与相应的选课人数。

```
SELECT Cno, COUNT(Sno) FROM SC GROUP BY Cno
```

该 SELECT 语句对 SC 表按 Cno 的取值进行分组，所有具有相同 Cno 值的元组为一组，然后对每一组作用集函数 COUNT 以求得该组的学生人数。查询结果为：

```
Cno    COUNT(Sno)
1         22
2         34
3         44
```

2. 连接查询

若一个查询同时涉及两个以上的表，则称为连接查询。连接查询主要包括等值连接、非等值连接查询、自身连接查询（自身连接）、外连接查询（外连接）和复合条件连接查询（复合条件连接）。等值与非等值连接查询用来连接两个表的条件称为连接条件，其一般格式为：

```
[<表名 1>.]<列名 1> <比较运算符> [<表名 2>.]<列名 2>
```

其中比较运算符主要有=、>、<、>=、<=、!=<=、!=。

此外连接谓词词还可使用下面形式：

```
[<表名 1>.]<列名 1> BETWEEN [<表名 2>.]<列名 2> AND [<表名 2>.]<列名 3>
```

当连接运算符为 "=" 时，称为等值连接。使用其他运算符称为非等值连接。

连接谓词中的列名称为连接字段。连接条件中的各连接字段类型必须是可比的。DBMS 执行连接操作的过程为：首先在表 1 中找到第一个元组，然后从头开始顺序扫描表 2，查找满足连接条件的元组，每找到一个元组，就将表 1 中的第一个元组与该元组拼接起来，形成结果表中一个元组。表 2 全部扫描完毕后，再到表 1 中找第二个元组，然后再从头开始顺序扫描表 2，查找满足连接条件的元组，每找到一个元组，就将表 1 中的第二个元组与该元组拼接起来，形成结果表中一个元组。重复上述操作，直到表 1 全部元组都处理完毕为止。

【例 4-28】查询每个学生及其选修课程的情况。

学生信息在 Student 表中，学生选课信息在 SC 表中，所以本查询实际上同时涉及 Student 与 SC 两个表中的数据。这两个表之间的联系是通过两个表都具有的属性 Sno 实现的。要查询学生及其选修课程的情况，就必须将这两个表中学号相同的元组连接起来。这是一个等值连接。完成本查询的 SQL 语句为：

```
SELECT Student.*,SC.*FROM Student,SC WHERE Student.Sno=SC.Sno
```

4.4.6　数据更新

数据更新包括数据插入、删除和修改操作。它们分别由 INSERT 语句、DELETE 语句及 UPDATE 语句完成。这些操作都可在任何基本表上进行，但在视图上有所限制。其中，当视图是由单个基本表导出时，可进行插入和修改操作，但不能进行删除操作；当视图是从多个基本表中导出时，上述 3 种操作都不能进行。

1. 数据插入

将数据插入 SQL 的基本表有两种方式：一种是单元组的插入，另一种是多元组的插入。

（1）单元组数据插入

格式如下：

```
INSERT INTO 表名(列名 1[,列名 2]…) VALUES(列值 1[,列值 2]…)
```

【例 4-29】向基本表 score 中插入一个成绩元组(100002,c02,95)，可使用以下语句：

```
INSERT INTO score(st_no,su_no,score)VALUES('100002','c02',95)
```

其中，列名序列为要插入值的列名集合，列值序列为要插入的对应值。若插入的是一个表的全部列值，则列名可以省略不写。如上面的(st_no,su_no,score)可以省去；若插入的是表的部分列值，则必须列出相应列名，此时，该关系中未列出的列名取空值。

（2）多元组数据插入

这是一种把 SELECT 语句查询结果插入到某个已知的基本表中的方法。

【例 4-30】需要在表 score 中求出每个学生的平均成绩，并保留在某个表中。此时可以先创建一个新的基本表 stu_avggrade，再用 INSERT 语句把表 score 中求得的每个学生的平均成绩（用 SELECT 求得）插入至 stu_avggrade 中。

```
CREATE TABLE stu_avggrade(st_no CHAR(10) NOT NULL,age_grade SMALLINT NOT
NULL)
INSERT INTO stu_avggrade(st_no,age_grade)
SELECT st_no,AVG(score) FROM score  GROUP BY st_no
```

2. 数据删除

SQL 的删除操作是指从基本表中删除满足 WHERE<条件表达式>的记录。如果没有 WHERE 子句，则删除表中全部记录，但表结构依然存在。其语句格式为：

```
DELETE  FROM 表名 [WHERE  条件表达式]
```

下面举例说明：

（1）单元组的删除

【例 4-31】把学号为 100002 的学生从表 student 中删除，可用以下语句：

```
DELETE FROM student WHERE st_no='100002'
```

（2）多元组的删除

【例 4-32】学号为 100002 的成绩从表 score 中删除，可用以下语句：

```
DELETE FROM  score WHERE st_no='100002'
```

（3）带有子查询的删除操作

【例 4-33】删除所有不及格的学生记录，可用以下语句：

```
DELETE FROM student    WHERE st_no IN    (SELETE st_no    FROM score
WHERE score<60)
```

3. 数据修改

修改语句是按 SET 子句中的表达式，在指定表中修改满足条件表达式的记录的相应列值。其语句格式如下：

```
UPDATE 表名 SET  列名=列改变值 [WHERE  条件表达式]
```

【例 4-34】把 c02 的课程名改为英语，可以用下列语句：

```
UPDATE subject SET su_subject='英语' WHERE su_no='c02'
```

【例 4-35】将课程成绩达到 70 分的学生成绩，再提高 10%。

```
UPDATE score SET score=1.1*score WHERE score>=70
```

SQL 的删除语句和修改语句中的 WHERE 子句用法与 SELECT 中 WHERE 子句用法相同。数据的删除和修改操作，实际上要先做 SELECT 查询操作，然后再把找到的元组删除或修改。

4.4.7　SQL 数据控制

由于数据库管理系统是一个多用户系统，为了控制用户对数据的存取权利，保持数据的共享及完全性，SQL 语言提供了一系列的数据控制功能。其中，主要包括安全性控制、完整性控制、事务控制和并发控制。

数据的安全性是指保护数据库，以防非法使用造成数据泄露和破坏。保证数据安全性的主要方法是通过对数据库存取权力的控制来防止非法使用数据库中的数据，即限定不同用户操作不同的数据对象的权限。

存取权控制包括权力的授予、检查和撤销。权力授予和撤销命令由数据库管理员或特定应用人员使用。系统在对数据库操作前，会先核实相应用户是否有权在相应数据上进行所要求的操作。

① DBA：数据库管理员特权。拥有系统全部特权。

② RESOURCE：拥有 RESOURCE 特权。

③ CONNECT：拥有 CONNECT 特权。

1. **安全性控制**

（1）系统特权的授予和取消

格式如下：

GRANT [CONNECT],[RESuUOUCE],[DBA] TO <用户1>,<用户2> …IDENTIFIED BY <密码 1> <密码2> …

其中，CONNECT 表示数据库管理员允许指定的用户具有连接数据库的权力，这种授权是针对新用户的；RESOURCE 表示允许用户建立自己的新关系模式，用户获得 CONNECT 权力后，必须获得 RESOURCE 权力才能创建自己的新表；DBA 表示数据库管理员将自己的特权授予指定的用户。若要同时授予某用户上述 3 种授权中的多种权力，则必须通过 3 个相应的 GRANT 命令指定。

另外，具有 CONNECT 和 RESOURCE 授权的用户可以建立自己的表，并在自己建立的表和视图上具有查询、插入、修改和删除的权力。但通常不能使用其他用户的关系，除非能获得其他用户转授给他的相应权力。

【例 4-36】授予特权。

grant connect,Resource to wang IDENTIFIED BY Hello

【例 4-37】取消特权。

revoke {connect|Resource|DBA} from 用户名

（2）表/视图特权的授予和取消

常见的表特权命令有 select、insert、update、delete、ALERT、INDEX。

授予表/视图特权的格式如下：

GRANT {<权1> <权2> … | All } on <表名> | <视图名> To {<用户名> | public} [with grant OPTION]

取消表/视图特权的格式如下：

revoke {<权限>|ALL} on <表名>|<视图>

2. **完整性控制**

数据库的完整性是指数据的正确性和相容性，这是数据库理论中的重要概念。完整性控制的主要目的是防止语义上不正确的数据进入数据库。关系系统中的完整性约束条件包括实体完整性、参照完整性和用户定义完整性。而完整性约束条件的定义主要是通过 CREATE TABLE 语句中的[CHECK]子句来完成。另外，还有一些辅助命令可以进行数据完整性保护，如 UNIQUE 和 NOT NULL，前者用于防止重复值进入数据库，后者用于防止空值。

3. **事务控制**

事务是并发控制的基本单位，也是恢复的基本单位。在 SQL 中支持事务的概念。所谓事务，是用户定义的一个操作序列（集合），这些操作要么都做，要么一个都不做，是一个不可分割的整体。一个事务通常以 BEGIN TRANSACTION 开始，以 COMMIT 或 ROLLBACK 结束。

4. **并发控制**

数据库作为共享资源，允许多个用户程序并行存取数据。当多个用户并行操作数据库时，需通过并发控制对它们加以协调、控制，以保证并发操作的正确执行，并保证数据库的一致性。在 SQL 中，并发控制采用封锁技术实现，当一个事务要对某个数据对象操作时，可申请对该对象加锁，取得对数据对象的一定控制，以限制其他事务对该对象的操作。

4.4.8　嵌入式 SQL

SQL 语言提供了两种不同的使用方式：一种是在终端交互式方式下使用，前面介绍的就是作为独立语言由用户在交互环境下使用的 SQL 语言；另一种是将 SQL 语言嵌入到某种高级语言如 PL/1、COBOL、FORTRAN、C 中使用，利用高级语言的过程性结构来弥补 SQL 语言在实现复杂应用方面的不足，这种方式下使用的 SQL 语言称为嵌入式 SQL（Embedded SQL），而嵌入 SQL 的高级语言称为主语言或宿主语言。

一般来讲，在终端交互方式下使用的 SQL 语句也可用在应用程序中。当然这两种方式细节上会有许多差别，在程序设计的环境下，SQL 语句要做某些必要的扩充。

在嵌入式 SQL 中，为了能区分 SQL 语句与主语言语句，所有 SQL 语句都必须加前缀 EXEC SQL。SQL 语句的结束标志则随主语言的不同而不同，如在 PL/1 和 C 中以分号（;）结束，在 COBOL 中以 END-EXEC 结束。这样，以 C 或 PL/1 作为主语言的嵌入式 SQL 语句的一般形式为：

```
EXEC SQL<SQL 语句>
```

如下一条交互形式的 SQL 语句：

```
DROP TABLE  Student。
```

嵌入到 C 程序中，应写为：

```
EXEC SQL DROP TABLE  Student
```

4.5　数据库设计

数据库技术是信息资源管理最有效的手段。数据库设计是指对于一个给定的应用环境，构造最优的数据库模式，建立数据库及其应用系统，有效存储数据，满足用户信息要求和处理要求。

为了使数据库设计的方法走向完备，人们研究了规范化理论，指导我们设计规范的数据库模式。总的说来，要经历以下几个步骤。

1. 需求分析

需求分析阶段是需求收集和分析，结果得到数据字典描述的数据需求（和数据流图描述的处理需求）。

需求分析的任务是通过详细调查现实世界要处理的对象（组织、部门、企业等），充分了解原系统（手工系统或计算机系统）工作概况，明确用户的各种需求，然后在此基础上确定新系统的功能。新系统必须充分考虑今后可能的扩充和改变，不能仅仅按当前应用需求来设计数据库。

需求分析的重点是调查、收集与分析用户在数据管理中的信息要求、处理要求、安全性与完整性要求。信息要求是指用户需要从数据库中获得信息的内容与性质。由用户的信息要求可以导出数据要求，即在数据库中需要存储哪些数据。处理要求是指用户要求完成什么处理功能，对处理的响应时间有什么要求，处理方式是批处理还是联机处理。新系统的功能必须能够满足用户的信息要求、处理要求、安全性与完整性要求。

2. 概念设计

将需求分析得到的用户需求抽象为概念模型的过程就是概念结构设计。概念结构是对现实世界的一种抽象。概念结构独立于数据库逻辑结构，也独立于支持数据库的 DBMS。

（1）概念结构设计的方法

① 自顶向下：先定义全局概念结构的框架，然后逐步细化。

② 自底向上：先定义各局部应用的概念结构，然后将它们集成起来，得到全局概念结构。

③ 逐步扩张：先定义最重要的核心概念结构，然后向外扩充，直至总体概念结构。

无论采用哪种设计方法，一般都以 E-R 模型为工具来描述概念结构。

（2）数据抽象与局部视图设计

以自底向上设计方法为例，它通常分为两步：

① 根据需求分析的结果，对现实世界的数据进行抽象，设计各个局部视图即分 E-R 图。

② 集成局部视图。

3. 逻辑设计

逻辑设计的主要目标是产生一个 DBMS 能处理的模式，这个模式能够满足全部用户的要求。设计逻辑结构应该选择最适于描述与表达相应概念结构的数据模型，然后选择最合适的 DBMS。设计逻辑结构时一般要分三步进行：

① 将概念结构转换为一般的关系、网状、层次模型。

② 将转化来的关系、网状、层次模型向特定 DBMS 支持下的数据模型转换。

③ 对数据模型进行优化。

4. 物理设计

为一个给定的逻辑数据模型选取一个最适合应用环境的物理结构（存储结构与存取方法）的过程，就是数据库的物理设计。

物理结构依赖于给定的 DBMS 和硬件系统。数据库的物理设计通常分为两步：

① 确定数据库的物理结构。

② 对物理结构进行评价，评价的重点是时间和空间效率。

5. 数据库实现、运行与维护

（1）数据库实现

在进行概念结构设计和物理结构设计之后，设计者对目标系统的结构、功能已经分析得较为清楚了，但这还只是停留在文档阶段。数据系统设计的根本目的，是为用户提供一个能够实际运行的系统，并保证该系统的稳定和高效。

（2）数据库的实施

数据库的实施主要根据逻辑结构设计和物理结构设计的结果，在计算机系统上建立实际的数据库结构、导入数据并进行程序调试。它相当于软件工程中的代码编写和程序调试的阶段。

用具体的 DBMS 提供的数据定义语言（DDL），把数据库的逻辑结构设计和物理结构设计的结果转化为程序语句，然后经 DBMS 编译、处理和运行后，实际的数据库便建立起来。目前很多 DBMS 系统除了提供传统的命令行方式外，还提供了数据库结构的图形化定义方式，极大地提高了工作的效率。

具体地说，建立数据库结构应包括以下几个方面：

① 数据库模式与子模式，以及数据库空间的描述。

② 数据完整性的描述。

③ 数据安全性描述。

④ 数据库物理存储参数的描述。

（3）数据库的试运行

当有部分数据装入数据库以后，即可进入数据库的试运行阶段，数据库的试运行也称为联合调试。数据库的试运行对于系统设计的性能检测和评价是十分重要的，因为某些 DBMS 参数的最佳值只有在试运行中才能确定。

由于在数据库设计阶段，设计者对数据库的评价多是在简化了的环境条件下进行的，因此设计结果未必是最佳的。在试运行阶段，除了对应用程序做进一步的测试之外，重点执行对数据库的各种操作，实际测量系统的各种性能，检测是否达到设计要求。如果在数据库试运行时，所产生的实际结果不理想，则应回过头来修改物理结构，甚至修改逻辑结构。

（4）数据库的运行和维护

数据库系统投入正式运行，意味着数据库的设计与开发阶段的基本结束，运行与维护阶段的开始。数据库的运行和维护是个长期的工作，是数据库设计工作的延续和提高。

在数据库运行阶段，完成对数据库的日常维护，工作人员需要掌握 DBMS 的存储、控制和数据恢复等基本操作，而且要经常性地涉及物理数据库、甚至逻辑数据库的再设计，因此数据库的维护工作仍然需要具有丰富经验的专业技术人员（主要是数据库管理员）来完成。

数据库的运行和维护阶段的主要工作有：

① 对数据库性能的监测、分析和改善。

② 数据库的转储和恢复。

③ 维持数据库的安全性和完整性。

④ 数据库的重组和重构。

6. 数据库系统设计国家标准

数据库设计是一项软件工程，我国根据国内软件行业发展状况也制定了相应的国家标准。

4.6 数据库新技术

20 世纪 80 年代以前，数据库技术的发展，主要体现在数据库的模型设计上。进入 20 世纪 90 年代后，计算机领域中其他新兴技术的发展对数据库技术产生了重大影响。数据库技术与网络通信技术、人工智能技术、多媒体技术等相互渗透、相互结合，使数据库技术的新内容层出不穷。尤其是互联网的出现，极大地改变了数据库的应用环境，向数据库领域提出了前所未有的技术挑战。数据库的许多概念、应用领域，甚至某些原理都有了重大的发展和变化，这些因素的变化推动着数据库技术的进步，形成了数据库领域众多的研究分支和课题，产生了一系列新型数据库，如多媒体数据库技术、并行数据库技术、数据仓库与联机分析技术、数据挖掘技术、内容管理技术、海量数据管理技术等。

4.6.1 多媒体数据库

数据库是为某种特殊目的组织起来的记录和文件的集合。传统的数据库管理系统在处理结构化数据、文字和数值信息等方面是很成功的。但是处理大量的、存在于各种媒体的非结构化数据（如图形、图像和声音等），传统的数据库信息系统就难以胜任了，因此需要研究和建立能处理非结构化数据的新型数据库——多媒体数据库。

1. 多媒体数据库的基本概念

多媒体数据库需处理的信息包括数值（Number）、字符串（String）、文本（Text）、图形（Graphics）、图像（Image）、声音（Voice）、和视像（Video）等。对这些信息进行管理、运用和共享的数据库就是多媒体数据库。

① 多媒体数据（Multimedia Data）：是表示文本、表格、声音、图形和图像等形式的数据。它们在多媒体数据库中的逻辑和物理特征与一般多媒体系统相同。

② 多媒体文件（Multimedia Documents）：是用多媒体数据表示的信息的一种组织形式。

③ 对象（Object）：是对现实世界中一种物质的或非物质的事物概念的抽象表示。

④ 对象类型（Object Type）：指由用户定义的、关于对象的结构和行为的数据类型，反映了被描述对象的结构性质和行为性质，而每种结构性质的定义又包括性质名称和相应的定义域。

⑤ 结构性质：对象的结构性质由属性、成分和联系这 3 个方面组成。

⑥ 属性（Attribute）：如果性质的值仅代表它们自己而不涉及数据库中的其他对象，那么该性质被称为属性。

⑦ 成分（Component）：如果性质的值涉及数据中的其他对象，而这些对象又依赖于有关的超规则对象，那么这种性质被称为成分。成分用于按技术要求建立上下文有关的查询模型。

⑧ 联系（Relationship）：如果性质的值涉及其他对象，那么反映各种对象之间关系的性质被称为联系。

⑨ 物主（Owner）：多媒体数据库中被查询的和起主导作用的对象称为物主。它与其他对象通过"联系"执行指定的操作。多媒体数据之间存在一些关系，如一段声音可以是另一段文字的说明，一幅图像显示结束后还需显示另一幅图像等。

⑩ 数据词典：是关于数据库模式信息的数据库，存放各种数据库模式的类型定义、应用例程接口定义、数据库一致性检验的约束规则、各种代码和用户权限等。

2. 多媒体数据库的主要特征

多媒体是指多种媒体，如数字、正文、图形、图像、声音和视像的有机集成，而不是简单的组合。其中数字、字符等称为格式化数据，文本、图形、图像、声音、视像等称为非格式化数据，非格式化数据具有大数据量、处理复杂等特点。多媒体数据库实现对格式化和非格式化的多媒体数据的存储、管理和查询，其主要特征有：

（1）能够表示多种媒体的数据

非格式化数据表示起来比较复杂，需要根据多媒体系统的特点来决定表示方法。如果感兴趣的是它的内部结构且主要是根据其内部特定成分来检索，则可把它按一定算法映射成包含它所有子部分的一张结构表，然后用格式化的表结构来表示它。如果感兴趣的是它本身的内容整体，要检索的也是它的整体，则可以用源数据文件来表示它，文件由文件名来标记和检索。

（2）能够协调处理各种媒体数据。

正确识别各种媒体数据之间在空间或时间上的关联。例如，关于乐器的多媒体数据包括乐器特性的描述，乐器的照片、利用该乐器演奏某段音乐的声音等，这些不同媒体数据之间存在着自然的关联，比如多媒体对象在表达时必须保证时间上的同步特性。

（3）更强的适合非格式化数据查询的搜索功能

例如，可以对 Image 等非格式化数据进行整体和部分搜索。

3. 多媒体数据库的技术

（1）数据模型

建立数据模型是实现多媒体数据库的关键。目前实现多媒体数据管理的途径主要有 4 种，都需要使用与之对应的数据模型：

① 基于关系的模型：属于扩充关系数据模型，在传统关系数据库的基础上加以扩充，使之支持多媒体数据类型，如 Informix-Online、Oracle、Ingress 等。

② 基于面向对象的模型：以此实现对多媒体的描述及操纵。在面向对象语言中嵌入数据库功能而形成多媒体数据库的关键是如何在面向对象语言中增加对持久性对象的存储管理。

③ 基于超文本（Hypertext）模型或超媒体方法：如 KMS、Intermedia 等。

④ 开发全新的数据模型：从底层实现多媒体数据库系统。该方法首先建立一个包含面向对象数据库核心概念的数据模型，设计相应的语言和相应的面向对象数据库管理系统的核心。

（2）数据的压缩/还原

在计算机中，结构化数据如文字、数值都是编码后进行存放，非结构化数据如图形、图像和声音也必须转化成计算机可以识别和处理的编码。

（3）存储管理和存取方法

动态声音和图像形成的大对象（文件）即使进行了压缩，存储量也十分惊人。大对象一般是分页面进行管理的。目前比较流行的存取方法是 B+树和 Hash 方法。

（4）用户界面

由于在多媒体计算机中增加了声音和图像接口，所以多媒体数据库应提供更加友好的用户界面。

（5）分布式技术

除了在局部库中必须考虑上述的数据模型和数据压缩等问题外，在全局管理中还必须解决多媒体数据集成和异构全局多媒体数据语言查询等问题。多媒体数据对带宽也有新的要求，需要与之相适应的高速网络。

4.6.2　分布式数据库

分布式数据库是由一组数据组成的，这组数据分布在计算机网络的不同计算机上，网络中的每个结点具有独立处理的能力（称为场地自治），可以执行局部应用。同时，每个结点也能通过网络通信子系统执行全局应用。

这个定义强调了场地自治性以及自治场地之间的协作性。即每个场地是独立的数据库系统，它有自己的数据库、用户、CPU，运行自己的 DBMS，执行局部应用，具有高度的自治性。同时，各个场地的数据库系统又相互协作组成一个整体。这种整体性的含义是，对于用户来说，一个分布式数据库系统逻辑上看如同一个集中式数据库系统一样，用户可以在任何一个场地执行全局应用。

1.　分布式数据库系统的特点

分布式数据库系统是在集中式数据库系统技术的基础上发展起来的，但不是简单地把集中式数据库分散地实现，它是具有自己的性质和特征的系统。集中式数据库的许多概念和技术，如数据独立性、数据共享和减少冗余度、并发控制、完整性、安全性和恢复等，在分布式数据库系统中都有不同的但更加丰富的内容。

（1）数据独立性

数据独立性是数据库方法追求的主要目标之一。在集中式数据库系统中，数据独立性包括数据的逻辑独立性与数据的物理独立性。其含义是用户程序与数据的全局逻辑结构及数据的存储结构无关。

在分布式数据库系统中，数据独立性这一特性更加重要，并具有更多的内容。除了数据的逻辑独立性与物理独立性外，还有数据分布独立性，也称分布透明性。分布透明性指用户不必关心数据的逻辑分片，不必关心数据物理位置分布的细节，也不必关心重复副本（冗余数据）一致性问题，同时也不必关心局部场地上数据库支持哪种数据模型。分布透明性也可归入物理独立性的范围。

有了分布透明性，用户的应用程序书写起来就如同数据没有分布一样。当数据从一个场地移到另一场地时不必改写应用程序，当增加某些数据的重复副本时也不必改写应用程序。数据分布的信息由系统存储在数据字典中。用户对非本地数据的访问请求由系统根据数据字典予以解释、转换和传送。

在集中式数据库系统中，数据独立性是通过系统的三级模式（外模式、模式、内模式）和它们之间的二级映像得到的。在分布式数据库系统中，分布透明性则是由于引入了新的模式和模式间的映像得到的。

（2）集中与自治相结合的控制结构

数据库是多个用户共享的资源。在集中式数据库系统中，为了保证数据库的安全性和完整性，对共享数据库的控制是集中的，并没有 DBA 负责监督和维护系统的正常运行。

在分布式数据库系统中，数据的共享有两个层次：

① 局部共享：即在局部数据库中存储局部场地上各用户的共享数据，这些数据是本场地用户常用的。

② 全局共享：即在分布式数据库系统的各个场地也存储供其他场地的用户共享的数据，支持系统的全局应用。

因此，相应的控制机构也具有两个层次：集中和自治。分布式数据库系统常采用集中和自治相结合的控制机构。各局部的 DBMS 可独立地管理局部数据库，具有自治功能。同时，系统又设有集中控制机制，协调各局部 DBMS 的工作，执行全局应用。对于不同的系统，集中和自治的程度不尽相同。有些系统高度自治，连全局应用事务的协调也由局部 DBMS、局部 DBA 共同承担，而不要集中控制，不设全局 DBA。有些系统则集中控制程度较高，而场地自治功能较弱。

（3）适当增加数据冗余度

在集中式数据库系统中，尽量减少冗余度是系统目标之一。其原因是，冗余数据不仅浪费存储空间，而且容易造成各数据副本之间的不一致性。为了保证数据的一致性，系统要付出一定的维护代价。减少冗余度的目标是用数据共享来达到的。

而在分布式数据库系统中却希望增加冗余数据，在不同的场地存储同一数据的多个副本，主要原因是：

① 提高系统的可靠性、可用性。当某一场地出现故障时，系统可以对另一场地上的相同副本进行操作，不会因一处故障而造成整个系统的瘫痪。

② 提高系统性能。系统可以选择用户最近的数据副本进行操作，减少通信代价，改善整个系统的性能。

但是，数据冗余同样会带来和集中性数据库系统中一样的问题。不过，冗余数据增加存储空间的问题将随着硬件磁盘价格的下降得到解决。而冗余副本之间数据不一致的问题则是分布式数据库系统必须着力解决的问题。

一般地讲，增加数据冗余度方便了检索，提高了系统的查询速度、可用性和可靠性，但不利于更新，增加了系统维护的代价。因此应在这些方面作出权衡，进行优化。

（4）全局的一致性、可串行性和可恢复性

分布式数据库系统中各局部数据库应满足集中式数据库的一致性、并发事务的可串行性和可恢复性。除此以外还应保证数据库的全局一致性、全局并发事务的可串行性和系统的全局可恢复性。这是因为在分布式数据库系统中全局应用要涉及两个以上结点的数据，全局事务可能由不同场地上的多个操作组成。例如某银行转账事务包括两个结点上的更新操作。这样，当其中某一个结点出现故障，操作失败后如何使全局事务滚回？如何使另一个结点撤销（UNDO）已执行的操作（若操作已完成或完成一部分）或者不必再执行事务的其他操作（若操作尚未执行）？这些技术要比集中式数据库系统复杂和困难得多，是分布式数据库系统必须要解决的。

2. 分布式数据库系统的目标

分布式数据库系统的目标，主要包括技术和组织两方面。

（1）适应部门分布的组织结构，降低费用

使用数据库的单位在组织上常常是分布的（如分为部门、科室、车间等），在地理上也是分布的。分布式数据库系统的结构符合部门分布的组织结构，允许各个部门对自己常用的数据存储在本地，在本地录入、查询、维护，实行局部控制。由于计算机资源靠近用户，因而可以降低通信代价，提高响应速度，使这些部门使用数据库更方便、更经济。

（2）提高系统的可靠性和可用性

改善系统的可靠性和可用性是分布式数据库系统的主要目标。将数据分布于多个场地，并增加适当的冗余度，可以提供更好的可靠性，对于那些可靠性要求较高的系统，这一点尤其重要。一个场地出了故障不会引起整个系统崩溃，因为故障场地的用户可以通过其他场地进入系统，而其他场地的用户可以由系统自动选择存取路径，避开故障场地，利用其他数据副本执行操作，不影响事务的正常执行（如 SYBASE REPLICATION SERVER）。

（3）充分利用数据库资源，提高现有集中式数据库的利用率

在一个大企业或大部门中已建成若干个数据库之后，为了利用相互的资源，为了开发全局应用，就要研制分布式数据库系统。这种情况可称为自底向上的建立分布式系统。这种方法虽然也要对各现存的局部数据库系统做某些改动、重构，但比起把这些数据库集中起来重建一个集中式数据库，无论从经济上还是从组织上考虑，分布式数据库都是较好的选择。

（4）逐步扩展处理能力和系统规模

当一个单位扩大规模，要增加新的部门（如银行增加新的分行，工厂增加新的科室、车间）时，分布式数据库系统的结构为扩展系统的处理能力提供了较好的途径，即在分布式数据库系统中增加一个新的结点。这样比在集中式系统中扩大系统规模要方便、灵活、经济得多。在集中式系统中为了扩大规模常用的方法有两种：一种是在开始设计时留有较大的余地，这样容易造成浪费，而且由于预测困难，设计结果仍可能不适应情况的变化。另一种方法是系统升级，这会影响现有应用的正常运行。并且当升级涉及不兼容的硬件或系统软件有了重大修改而要相应地修改已开发的应用软件时，升级的代价就十分昂贵而常常使得升级的方法不可行。分布式使数据库系统能方便地将一个新的结点纳入系统，不影响现有系统的结构和系统的正常运行，提供了逐渐扩展系统能力的较好途径，有时甚至是唯一的途径。

3. 分布式数据库系统的体系结构

分布式数据库系统的体系结构是在原来集中式数据库系统的基础上增加了分布式处理功能，比集中式数据库系统增加了四级模式和映像，其模式结构如图 4-9 所示。

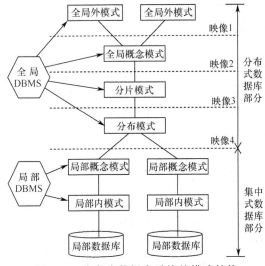

图 4-9　分布式数据库系统的模式结构

4.6.3　网络环境下的数据库体系

随着计算机系统功能的不断增强和计算机应用领域的不断拓展，数据库系统的应用环境也在不断地变化，数据库系统体系结构的研究与应用也不断地取得进展，在当前计算机网络技术不断提高与普及的情况下，最常见的数据库系统的体系结构是分布式数据库系统和客户机/服务器系统。

1. 客户机/服务器系统

与分布式数据库系统一样，客户机/服务器系统是在计算机网络环境下的数据库系统，在计算机网络系统中把进行应用处理的计算机称为客户机，把执行 DBMS 功能的计算机称为服务器，这样组成的系统就是客户机/服务器系统。

（1）客户机/服务器系统结构

客户机/服务器结构的基本思路是计算机将具体应用分为多个子任务，由多台计算机完成。

客户机端完成数据处理、用户接口等功能；服务器端完成 DBMS 的核心功能。客户机向服务器发出信息处理的服务请示，系统通过数据库服务器响应用户的请求，将处理结果返回客户机。客户机/服务器结构有单服务器结构和多服务器结构两种方式。

数据库服务器是服务器中的核心部分，它实施数据库的安全性、完整性、并发控制处理，还具有查询优化和数据库维护的功能。图 4-10 是客户机/服务器系统结构的示意图。

（2）客户机/服务器系统的工作模式

在客户机/服务器结构中，客户机安装所需要的应用软件工具（如 Visual Basic、Power Builder、Delphi 等），在服务器上安装 DBMS（如 Oracle、Sybase、MS SQL Server 等），数据库存储在服务器计算机中。

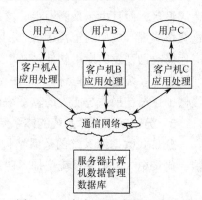

图 4-10　客户机/服务器系统结构
（单服务器结构）

① 客户机的主要任务是：

● 管理用户界面。

● 接收用户的数据和处理要求。

● 处理应用程序。

● 产生对数据库的请求。

● 向服务器发出请求。

● 接收服务器产生的结果。

● 以用户需要的格式输出结果。

② 服务器的主要任务是：

● 接收客户机发出的数据请求。

● 处理对数据库的请求。

● 将处理结果送给发出请求的客户机。

● 查询/更新的优化处理。

● 控制数据安全性规则和进行数据完整性检查。

● 维护数据字典和索引。

● 处理并发问题和数据库恢复问题。

（3）客户机/服务器系统主要技术指标

① 一个服务器可以同时为多个客户机提供数据服务，服务器必须具备对多用户共享资源的协调能力，必须具备处理并发控制和避免死锁的能力。

② 客户机/服务器应向用户提供位置透明性服务。用户的应用程序书写起来就如同数据全部都在客户机一样。用户不必知道服务器的位置，即可请求服务器服务。

③ 客户机和服务器之间通过报文交换来实现"服务请求/服务响应"的传递方式。服务器应具备自动识别用户报文的功能。

④ 客户机/服务器系统具有良好的可扩充性。

（4）客户机/服务器结构的组成

客户机/服务器系统由服务器平台、客户平台和连接支持 3 部分组成。

① 服务器平台：必须是多用户计算机系统。安装网络操作系统（如 UNIX、Windows NT），安装客户机/服务器系统支持的 DBMS 软件（如 MS SQL Server、Sybase、Oracle、Informix 等）。

② 客户平台：一般使用微型计算机，操作系统可以是 DOS、Windows、UNIX 等。应根据处理问题的需要安装方便高效的应用软件系统（如 Power Builder、Visual Basic、Developer 2000、Delphi 等）。

③ 连接支持：位于客户和服务器之间，负责透明地连接客户与服务器，完成网络通信功能。

在客户机/服务器结构中，服务器负责提供数据和文件的管理、打印、通信接口等标准服务。客户机运行前端应用程序，提供应用开发工具，并通过网络获得服务器的服务，使用服务器上的共享资源。这些计算机通过网络连接起来成为一个相互协作的系统。

（5）网络服务器的类型

目前客户机/服务器系统大多为三层结构，由客户机、应用服务器和数据库服务器组成，即把服务器端分成了应用服务器和数据库服务器两部分。应用服务器包括从客户机划分出来的部分应用，从专用服务器中划分出部分工作，从而使客户端进一步变小。特别在 Internet 结构中，客户端只需安装浏览器就可以访问应用程序。这样形成的浏览器/服务器结构是客户机/服务器体系结构的继承和发展。网络服务器包含如下类型的服务器：

① 数据库服务器：是网络中最重要的组成部分，客户通过网络查询数据库服务器中的数据，数据库服务器处理客户的查询请求，将处理结果传送给客户机。

② 文件服务器：仿真大中型计算机对文件共享的管理机制，实行对用户密码、合法身份和存取权限的检查。通过网络用户可在文件服务器和自己的计算机中上传或下载文件。

③ Web 服务器：广泛应用于 Internet/Intranet 网络中，采用浏览器/服务器网络计算模式。

④ 电子邮件服务器：客户通过电子邮件服务器在 Internet 上通信和交流信息。

⑤ 应用服务器：根据应用的需求设置的服务器。

客户机/服务器系统完整性与并发控制：数据的完整性约束条件定义在服务器上，以进行数据完整性和一致性的控制。一般系统中大多采用数据库触发器的机制，即当某个事件发生时，由 DBMS 调用一段程序检测是否符合数据完整性的约束条件，以实现对数据完整性的控制。在客户机/服务器上还设置必要的封锁机制，以处理并发控制问题和避免发生死锁。

客户机/服务器系统是计算机网络中常用的一种数据库体系结构，目前许多数据库系统都是基于这种结构的，对于具体的软件，在功能和结构上仍存在一定的差异。

2. 开放式数据库的互连技术

在计算机网络环境中，各个结点上的数据来源有很大的差异，数据库系统也可能不尽相同，利用传统的数据库应用程序很难实现访问多个数据库系统，这对数据库技术的推广和发展是个很大的障碍。因此，在数据库应用系统的开发中，需要突破这个障碍。开放式数据库互连技术（ODBC）的出现，提出了解决这个问题的办法。ODBC 是开发一套开放式数据库系统应用程序的公共接口，利用 ODBC 接口使得在多种数据库平台上开发的数据库应用系统之间可以直接进行数据存取，提高系统数据的共享性和互用性。

（1）ODBC 的总体结构

ODBC 为应用程序提供了一套调用层接口函数库和基于动态连接库的运行支持环境。在使用 ODBC 开发数据库应用程序时，在应用程序中调用 ODBC 函数和 SQL 语句，通过加载的驱动程序将数据的逻辑结构映射到具体的数据库管理系统或应用系统所使用的系统中。ODBC 的作用就在于使应用程序具有良好的互用性和可移植性，具备同时访问多种数据库的能力。

ODBC 的体系结构如图 4-11 所示。

ODBC 包括：

① ODBC 应用程序。

② 驱动程序管理器，是一个动态链接库。

③ 数据库驱动程序。

④ ODBC 数据源管理。

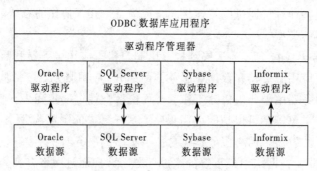

图 4-11　ODBC 体系结构

（2）ODBC 接口

ODBC 接口由一些函数组成，在 ODBC 的应用程序中，通过调用相应的函数来实现开放数据库的连接功能。这些函数主要的类别有：

① 分配与释放函数。

② 连接数据源函数。

③ 执行 SQL 语句并接收处理结果。

4.6.4　数据仓库

前面介绍的数据库系统适合于做联机事务处理（OLTP），但不能很好地支持决策分权。企业或组织的决策者做出决策时，需综合分析公司中各部门的数据，如为了正确给出公司的贸易情况、需求和发展趋势，不仅需要访问当前数据，还需要访问历史数据。这些数据可能在不同的位置，甚至由不同的系统管理。数据仓库可以满足这类分析的需要，它包含来自于多个数据源的历史数据和当前数据，扩展了 DBMS 技术，提供了对决策的支持。

1. 数据仓库的概念

数据仓库是在数据库已经大量存在的情况下，为了进一步挖掘数据资源，为了决策需要而产生的，它决不是所谓的"大型数据库"。那么，数据仓库与传统数据库比较，有哪些不同呢？数据仓库之父——Bill Inmon 对数据仓库的定义是：在支持管理的决策生成过程中，一个面向主题的、集成的、时变的、非易失的数据集合。这个定义中的数据是：

① 面向主题的：因为仓库是围绕大的企业主题（如顾客、产品、销售量）而组织的。

② 集成的：来自于不同数据源的面向应用的数据集成在数据仓库中。

③ 时变的：数据仓库的数据只在某些时间点或雾时间区间上是精确的、有效的。

④ 非易失的：数据仓库的数据不能被实时修改，只能由系统定期进行刷新。刷新时将新数据补充进数据仓库，而不是用新数据代替旧数据。

2. 数据仓库的优点

数据仓库的成功实现能为一个企业带来的主要益处有：

① 提高公司决策能力：数据仓库集成多个系统的数据，给决策者提供公司较全面的数据，让决策者完成更多、更有效的分析。

② 竞争优势：由于决策者能方便地存取许多过去不能存取的或很难存取的数据，做出更正确的决策，因而能为企业带来巨大的竞争优势。

③ 潜在的高投资回报：为了确保成功实现数据仓库，企业必须投入大量的资金，但据 IDC（国际数据公司）1996 年的研究，对数据仓库 3 年的投资利润可达 40%。

3. 数据仓库工具和技术

由于没有提供一个端到端的工具集来建立一个完全集成的数据仓库，所以需用到多个不同的商家的不同工具来建立数据仓库。集成这些工具建立一个好的数据仓库不是一件简单的任务。

（1）析取、纯化和变换工具

选择正确的析取、纯化和变换工具是数据仓库创建的关键步骤。从源系统中捕捉数据，然后纯化和变换，最后将其装入目标系统，这一系列工作可由独立的软件完成，也可由一个集成的系统来完成。集成的解决方法可分为下面几类：

① 编码生成器。它根据源和目的数据的定义按用户要求生成 3GL/4GL 的数据变换程序。这种方法的缺点是要管理的数据变换程序太多。为此一些开发商开发了像工作流或自动调度系统这样的管理组件。

② 数据库数据复制工具。它可以使用数据库触发器或恢复日志来捕捉在一系统上的单个数据源的修改，并相应修改在另一不同系统上的数据的副本。这样可实现源数据更新时自动更新仓库中的数据。缺点是实现数据变换不大方便。

③ 动态变换引擎。规则驱动的动态变换引擎在用户定义的时间间隔内从源系统捕捉数据、变换数据，然后发送并装载结果到目标系统中。有许多商品化的动态变换引擎工具，它们不仅能在关系系统间相互转换，还能对非关系型的文件或数据库进行转换。

（2）数据仓库 DBMS

数据仓库的数据库管理软件选择比较简单，关系数据库是一个很好的选择，因为大多数的关系数据库都很容易和其他类型的软件集成。当然，数据仓库数据库的潜在尺寸也是一个问题。在选择一个 DBMS 时，必须考虑数据库中的并行性、执行性能、可缩放性、可用性和可管理性等问题。

（3）数据仓库元数据

① 元数据：与数据仓库的集成有关的问题非常多，数据仓库中元数据的管理是一项非常复杂、困难的工作，但为了获得一个完全集成的数据仓库，元数据的管理是一个关键问题。

元数据的主要目的是指明仓库中数据移动变化的来路，从而使仓库管理者可以知道仓库中任何数据的历史。元数据有多个功能，涉及数据转换和装载、数据仓库管理和查询的生成。

② 同步元数据：最大的集成问题是如何使在整个数据仓库中所用的不同类型的元数据同步。数据仓库的不同工具产生和使用它们自己的元数据，要想集成，就需要这些工具能够共享它们的元数据。这是一个十分复杂且具挑战性的问题。有两种解决元数据集成问题的方法：

- 在两种工具间采用自动传送元数据的机制。
- 使用元数据库。

（4）管理工具

数据仓库是一个非常复杂的环境，不需要工具来支持这个环境的管理。这类工具比较小，特别是与数据仓库的各类元数据很好地集成的工具更小。数据仓库管理工具必须能支持下述任务：

- 监督来自于多个源的数据装载。
- 数据质量和完整性检查。
- 管理和更新元数据。
- 监督数据库性能，以确保高效的查询响应时间和资源利用。
- 审计数据仓库的使用，提供用户费用信息。
- 复制数据，构造数据子集和分配数据。
- 维护有效的数据存储管理。
- 净化数据。
- 归档和备份数据。
- 实现从故障中恢复。
- 安全管理。

4. 数据仓库的体系结构

数据仓库的实施分为数据获取、数据组织、数据应用和数据展示 4 个功能区，如图 4-12 所示。

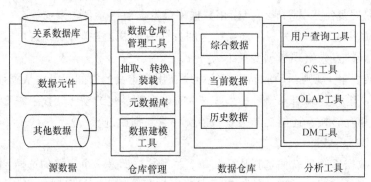

图 4-12　数据仓库系统结构图

（1）数据获取区

数据获取区主要包含数据源、数据转换区、数据质量管理 3 个组成部分，实现数据仓库模型建设、数据质量管理、数据源的定义、数据抽取、转换清洗及加载等功能。

① 数据源：即数据仓库中的数据来源，既包含组织内部的业务数据、历史数据、办公数据等，也包括互联网的相关 Web 数据及部分其他数据结构的数据。

② 数据转换区（ETL）：由于数据仓库的数据来源十分复杂，这些数据在进入数据仓库之前必须在数据转换区内进行预处理，完成数据获取、数据转换、数据加载等工作，并实现数据质量跟踪监控以及元数据抽取与创建等工作。

③ 数据质量管理：数据仓库的数据质量不但影响数据抽取转换的开发周期和日常维护，

并且还直接影响最终结果。因此在数据仓库的项目中，将数据质量的评估、管理和清洗设计进去，并融合在数据仓库和 ETL 的建设过程中。

（2）数据组织区和数据应用区

数据组织区和数据应用区主要实现数据的存储与管理。数据仓库的数据组织管理方式决定了其有别于传统数据库的特性，也决定了对外的数据表现形式。主要技术涉及多维数据库、海量数据管理、数据索引与监视、数据质量管理、元数据管理等方面。

数据组织区包含了数据仓库建模，以及数据的集成与分解、概括与聚集、预算与推导、翻译与格式化、转换与映像等功能。元数据管理主要包含了元数据游览与导航、元数据创建、创建词汇表等功能。

数据仓库实体模型是直接反映数据仓库业务的逻辑视窗，根据组织的业务发展规划与策略而制定。实体模型的设计应由业务人员与模型专家共同完成，要统筹规划、总体设计、分步实施，既要考虑模型的完整性、灵活性，也要关注扩展能力和时效性，可以先从业务问题紧迫、数据源较完备的主题入手。实体模型设计一般采用第三范式、星形模型、雪花状模型等。

数据仓库的存取与使用主要为用户提供决策分析和知识挖掘等功能，包括数据仓库存取与检索、分析与报告两部分功能。其中，数据仓库的存取与检索为用户提供了访问数据仓库或数据集市的功能，可以将用户所检索的数据转换为多维数据并存入多维数据库，包含数据仓库的直接存取、数据集市存取、数据集市重整、转换为多维结构、创建局部存储等功能；数据仓库的分析与报告为用户使用数据仓库提供了一组工具，用于帮助用户对数据仓库或数据集市进行联机分析或数据挖掘，包括报表处理、分析与决策支持、业务建模与分析、数据挖掘等工具。

（3）数据展示区

数据展示区是数据仓库的人机会话接口，包含了多维分析、数理统计、报表查询、即席查询、关键绩效指标监控和数据挖掘等功能，并通过报表、图形和其他分析工具，方便用户简便、快捷地访问数据仓库系统中的各种数据，得到分析结果。

数据展示区常用的标准报表和即席查询报表是基于各类结构化数据的报表输出，而各类结构化数据的内容包含关系型数据库、多维数据库、XML、文本及其他数据结构等。

4.6.5 数据挖掘技术

随着数据库技术的不断发展及数据库管理系统的广泛应用，数据库中存储的数据量急剧增大，在大量的数据背后隐藏着许多重要的信息，如果能把这些信息从数据库中抽取出来，将为公司创造很多潜在的利润，数据挖掘概念就是从这样的商业角度开发出来的。

确切地说，数据挖掘（Data Mining）又称数据库中的知识发现（Knowledge Discovery in DataBase，KDD），是指从大型数据库或数据仓库中提取隐含的、未知的、非平凡的及有潜在应用价值的信息或模式，是数据库研究中的一个很有应用价值的新领域，融合了数据库、人工智能、机器学习、统计学等多个领域的理论和技术。

数据挖掘工具能够对将来的趋势和行为进行预测，从而很好地支持人们的决策，如经过对公司整个数据库系统的分析，数据挖掘工具可以回答诸如"哪个客户对我们公司的邮件推销活动最有可能作出反应，为什么"等类似的问题。有些数据挖掘工具还能够解决一些很消耗人工时间的传统问题，因为它们能够快速地浏览整个数据库，找出一些专家们不易察觉的极有用的信息。

1. 数据挖掘技术的产生

数据挖掘技术是人们长期对数据库技术进行研究和开发的结果。起初各种商业数据是存储在计算机的数据库中的，然后发展到可对数据库进行查询和访问，进而发展到对数据库的即时遍历。数据挖掘使数据库技术进入了一个更高级的阶段，它不仅能对过去的数据进行查询和遍历，并且能够找出过去数据之间的潜在联系，从而促进信息的传递。

研究数据挖掘的历史，可以发现数据挖掘的快速增长和商业数据库的空前速度增长是分不开的，并且 20 世纪 90 年代较为成熟的数据仓库正同样广泛地应用于各种商业领域。从商业数据到商业信息的进化过程中，每一步前进都是建立在上一步的基础上的，如表 4-32 所示。

表 4-32　数据挖掘技术的产生

进化阶段	时 间 段	技 术 支 持	生 产 厂 家	产 品 特 点
数据搜集	20 世纪 60 年代	计算机、磁带等	IBM、CDC	提供静态历史数据
数据访问	20 世纪 80 年代	关系数据库、结构化查询语言 SQL	Oracle、Sybase、Informix、IBM、Microsoft	在纪录中动态历史数据信息
数据仓库	20 世纪 90 年代	联机分析处理、多维数据库	Pilot、Comshare、Arbor、Cognos、Microstrategy	在各层次提供回溯的动态的历史数据
数据挖掘	21 世纪正在流行	高级算法、多处理系统、海量算法	Pilot、Lockheed、IBM、SGI、其他初创公司	可提供预测性信息

2. 数据挖掘系统的分类

数据挖掘是多学科交叉的边缘学科，从概念、技术和方法等方面与众多学科发生关联，如图 4-13 所示。

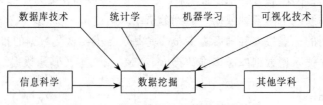

图 4-13　数据挖掘与其他学科的关联

由于数据挖掘问题与多个学科相关，因此数据挖掘研究就产生了大量的、不同类型的数据挖掘系统。

① 根据挖掘的数据库类型分类：数据库系统可以根据不同的标准分类，数据模型不同（如关系的、面向对象的、数据仓库等）和应用类型不同（如空间的、时间序列的、文本的、多媒体的等）。每一类需要相关的数据挖掘技术。

② 根据挖掘的知识类型分类：根据数据挖掘的功能（如特征化、区分、关联、聚类、孤立点分析、演变分析等）构造不同类型数据挖掘模型。

③ 根据所用的技术分类：根据用户交互程序（如自动系统、交互探察系统、查询驱动系统等），所所使用的数据分析方法（如面向对象数据库技术、数据仓库技术、统计学方法、神

经网络方法等）描述。一般应采用多种数据挖掘技术以及集成化技术，构造各种类型的数据挖掘模型。

④ 根据应用分类：不同的应用通常需要对于该应用特别有效的方法，通常根据应用系统的需求与特点确定数据挖掘的类型。

3. 数据挖掘分析方法

数据挖掘的核心模块技术历经了数十年的发展，其中包括数理统计、人工智能、机器学习。今天，这些成熟的技术，加上高性能的关系数据库引擎以及广泛的数据集成，让数据挖掘技术在当前的数据仓库环境中进入了实用的阶段。

数据挖掘利用的技术越多，得出的结果精确性就越高。原因很简单，对于某一种技术不适用的问题，其他方法却可能奏效，这主要取决于问题的类型以及数据的类型和规模。数据挖掘方法有多种，其中比较典型的有关联分析、序列模式分析、分类分析、聚类分析等。

（1）关联分析

关联分析即利用关联规则进行数据挖掘。在数据挖掘研究领域，对于关联分析的研究开展得比较深入，人们提出了多种关联规则的挖掘算法，如 APRIORI、STEM、AIS、DHP 等算法。关联分析的目的是挖掘隐藏在数据间的相互关系，它能发现数据库中形如"90%的顾客在一次购买活动中购买商品 A 的同时购买商品 B"之类的知识。

（2）序列模式分析

序列模式分析和关联分析相似，其目的也是为了挖掘数据之间的联系，但序列模式分析的侧重点在于分析数据间的前后序列关系。它能发现数据库中形如"在某一段时间内，顾客购买商品 A，接着购买商品 B，而后购买商品 C，即序列 A→B→C 出现的频度较高"之类的知识，序列模式分析描述的问题是：在给定交易序列数据库中，每个序列是按照交易时间排列的一组交易集，挖掘序列函数作用在这个交易序列数据库上，返回该数据库中出现的高频序列。在进行序列模式分析时，同样也需要由用户输入最小置信度 C 和最小支持度 S。

（3）分类分析

设有一个数据库和一组具有不同特征的类别（标记），该数据库中的每个记录都赋予一个类别的标记，这样的数据库称为示例数据库或训练集。分类分析就是通过分析示例数据库中的数据，为每个类别做出准确的描述或建立分析模型或挖掘出分类规则，然后用这个分类规则对其他数据库中的记录进行分类。

举一个简单的例子，信用卡公司的数据库中保存着各持卡人的记录，公司根据信誉程度，已将持卡人记录分成三类：良好、一般、较差，并且类别标记已赋予各个记录。分类分析就是分析该数据库的记录数据，对每个信誉等级做出准确描述或挖掘分类规则，如"信誉良好的客户是指那些年收入在 5 万元以上，年龄在 40～50 岁之间的人士"，然后根据分类规则对其他相同属性的数据库记录进行分类。目前已有多种分类分析模型得到应用，其中几种典型模型是线性回归模型、决策树模型、基本规则模型和神经网络模型。

（4）聚类分析

与分类分析不同，聚类分析输入的是一组未分类记录，并且这些记录应分成几类事先也不知道。聚类分析就是通过分析数据库中的记录数据，根据一定的分类规则，合理地划分记录集合，确定每个记录所在类别。它所采用的分类规则是由聚类分析工具决定的。聚类分析的方法很多，其中包括系统聚类法、分解法、加入法、动态聚类法、模糊聚类法、运筹方法等。采用不同的聚类方法，对于相同的记录集合可能有不同的划分结果。

聚类分析和分类分析是一个互逆的过程。例如，在最初的分析中，分析人员根据以往的经验将要分析的数据进行标定，划分类别，然后用分类分析方法分析该数据集合，挖掘每个类别的分类规则；接着用这些分类规则重新对这个集合（抛弃原来的划分结果）进行划分，以获得更好的分类结果。这样分析人员可以循环使用这两种分析方法直至得到满意的结果。

4. 数据挖掘技术的应用范围

追根溯源，"数据挖掘"这个名字来源于它有点类似于在山脉中挖掘有价值的矿藏。在商业应用中，它表现为在大型数据库中搜索有价值的商业信息。这两种过程都需要对巨量的材料进行详细地过滤，并且需要智能且精确地定位潜在价值的所在。对于给定了大小的数据库，数据挖掘技术可以用它如下的超能力产生巨大的商业机会：

① 自动趋势预测。数据挖掘能自动在大型数据库中找寻潜在的预测信息。传统上需要很多专家来进行分析的问题，现在可以快速而直接地从数据中找到答案。一个典型的利用数据挖掘进行预测的例子就是目标营销。数据挖掘工具可以根据过去邮件推销中的大量数据找出其中最有可能对将来的邮件推销作出反应的客户。

② 自动探测以前未发现的模式。数据挖掘工具扫描整个数据库并辨认出那些隐藏着的模式，如通过分析零售数据来辨别出表面上看起来没联系的产品，实际上有很多情况下是一起被售出的情况。

③ 数据挖掘技术可以让现有的软件和硬件更加自动化，并且可以在升级的或者新开发的平台上执行。当数据挖掘工具运行于高性能的并行处理系统上时，它能在数分钟内分析一个超大型的数据库。这种更快的处理速度意味着用户有更多的机会来分析数据，让分析的结果更加准确可靠，并且易于理解。

此外，数据库可以由此拓展深度和广度。深度上，允许有更多的列存在。以往，在进行较复杂的数据分析时，专家们限于时间因素，不得不对参加运算的变量数量加以限制，但是那些被丢弃而没有参加运算的变量有可能包含着另一些不为人知的有用信息。现在，高性能的数据挖掘工具让用户对数据库能进行通盘的深度遍历，并且任何可能参选的变量都被考虑进去，再不需要选择变量的子集来进行运算了。广度上，允许有更多的行存在。更大的样本让产生错误和变化的概率降低，这样用户就能更加精确地推导出一些虽小但颇为重要的结论。

本 章 小 结

本章主要介绍了关于数据库的一些基本概念和基础知识，包括数据库的定义、类型和特点，数据库管理技术的发展过程，关系数据库的基本理论以及数据库设计的一般方法。对于普通用户，掌握这些概念对于使用数据库来说已经足够。需要指出的是，数据库的理论以及其设计开发过程是非常复杂的，如果在理解本章的某些内容方面存在困难，可在以后的学习过程中，通过数据库的实际操作逐步理解这些概念。

习 题

一、单项选择题

1. DBS 是采用了数据库技术的计算机系统。DBS 是一个集合体，包含数据库、计算机硬件、软件和（　　　）。

    A. 系统分析员　　　B. 程序员　　　C. 数据库管理员　　　D. 操作员

2. 逻辑数据独立性是指（　　　）。

    A. 模式变，用户不变　　　　　　　B. 模式变，应用程序不变

    C. 应用程序变，模式不变　　　　　D. 子模式变，应用程序不变

3. DBS 中，内外存数据交换最终是通过（　　　）。

    A. UWA 完成　　　B. DBMS 完成　　　C. OS 完成　　　D. 键盘完成

4. 面向对象模型概念中，类可以有嵌套结构。系统中所有的类组成一个有根的（　　　）。

    A. 有向无环图　　　B. 有向有环图　　　C. 无向有环图　　　D. 无向无环图

5. 进行自然联接运算的两个关系必须具有（　　　）。

    A. 相同属性个数　　　B. 公共属性　　　C. 相同关系名　　　D. 相同关键字

6. 一个外部关键字的属性个数（　　　）。

    A. 至多一个　　　B. 至多 2 个　　　C. 至少一个　　　D. 至少 2 个

7. 模型是对现实世界的抽象，在数据库技术中，用模型的概念描述数据库的结构与语义，对现实世界进行抽象。表示实体类型及实体间联系的模型称为（　　　）。

    A. 数据模型　　　B. 实体模型　　　C. 逻辑模型　　　D. 物理模型

8. 分布式数据库存储概念中，数据分配是指数据在计算机网络各场地上的分配策略，一般有四种，分别是集中式、分割式、全复制式和（　　　）。

    A. 任意方式　　　B. 混合式　　　C. 间隔方式　　　D. 主题方式

9. 关系模型概念中，不含有多余属性的超键称为（　　　）。

    A. 候选键　　　B. 对键　　　C. 内键　　　D. 主键

10. 数据库系统中除了可用层次模型和关系模型表示实体类型及实体间联系的数据模型以外，还有（　　　）。

    A. E-R 模型　　　B. 信息模型　　　C. 网状模型　　　D. 物理模型

11. SQL-SELECT 语句中用于查询结果排序的子句是（　　　）。

    A. TOP　　　B. ORDER BY　　　C. GROUP BY　　　D. DISTINCT

12. 数据库管理系统是（　　　）。

    A. 一种编译系统　　　　　　　　　B. 操作系统的一部分

    C. 一种操作系统　　　　　　　　　D. 在操作系统支持下的系统软件

13. 在数据管理技术发展的三个阶段中，数据共享最好的是（　　　）。

    A. 人工管理阶段　　B. 数据库系统阶段　　C. 文件系统阶段　　D. 各阶段相同

14. 数据库应用系统中的核心问题是（　　　）。

    A. 数据库设计　　　　　　　　　　B. 数据库系统设

    C. 数据库维护   D. 数据库管理员培训

15. 下面描述中不属于数据库系统特点的是（　　　　）。

    A. 数据共享   B. 数据完整性   C. 数据冗余度高   D. 数据独立性高

16. 当数据库中数据总体逻辑结构发生变化，而应用程序不受影响，称为数据的（　　　　）。

    A. 逻辑独立性   B. 物理独立性   C. 应用独立性   D. 空间独立性

17. 层次型、关系型和网状型数据库划分原则是（　　　　）。

    A. 记录长度   B. 文件的大小

    C. 联系的复杂程序   D. 数据之间的联系方式

18. 下列关于数据库设计的叙述中，正确的是（　　　　）。

    A. 在需求分析阶段建立数据字典   B. 在概念设计阶段建立数据字典

    C. 在逻辑设计阶段建立数据字典   D. 在物理设计阶段建立数据字典

19. 在数据库设计中，将E—R图转换成关系数据模型的过程属于（　　　　）。

    A. 需求分析阶段   B. 概念设计阶段   C. 逻辑设计阶段   D. 物理设计阶段

20. 数据库设计过程不包括（　　　　）。

    A. 概念设计   B. 逻辑设计   C. 物理设计   D. 算法设计

21. 优化数据库系统查询性能的索引设计属于数据库设计的（　　　　）。

    A. 需求分析   B. 概念设计   C. 逻辑设计   D. 物理设计

22. 将E—R图转换成关系数据模型时，实体和联系都可以表示为（　　　　）。

    A. 域   B. 键   C. 关系   D. 属性

23. 在满足实体完整性约束的条件下，以下描述正确的是（　　　　）。

    A. 一个关系中应该有一个或多个候选关键字

    B. 一个关系中只能有一个候选关键字

    C. 一个关系中必须有多个候选关键字

    D. 一个关系中可以没有候选关键字

24. 数据库系统的三级模式不包括（　　　　）。

    A. 外模式   B. 内模式   C. 概念模式   D. 数据模式

25. 在数据库系统中，用于对客观世界中复杂事物的结构及它们之间的联系进行描述的是（　　　　）。

    A. 概念数据模型   B. 物理数据模型   C. 层次数据模型   D. 关系数据模型

26. 在数据库系统中，给出数据模型在计算机上物理结构表示的是（　　　　）。

    A. 概念数据模型   B. 逻辑数据模型   C. 物理数据模型   D. 关系数据模型

27. 以下模式中，能够给出数据物理存储结构和物理存取方法的是（　　　　）。

    A. 外模式   B. 内模式   C. 概念模式   D. 逻辑模式

28. 据库设计中反应用户对数据要求的模式是（　　　　）。

    A. 设计模式   B. 概念模式   C. 内模式   D. 外模式

29. 设有表示学生选课的 3 张表，分别为：学生表 S（学号、姓名、性别、身份证号），课程表 C（课程号、课程名），成绩表 SC（学号、课程号、成绩），则表 SC 的关键字为（　　　　）。

    A. 学号   B. 课程号   C. 成绩   D. 学号，课程号

30. 在数据库管理系统提供的数据语言中，负责数据的查询、增加、删除和修改等操作的是（　　）。

　　A. 数据定义语言　　　　　　　　B. 数据管理语言

　　C. 数据操纵语言　　　　　　　　D. 数据控制语言

31. 有关系 R 如表 4-33 所示，其中属性 A 为主键，则其中最后一个记录违反了（　　）。

表 4-33　关系 R

A	B	C
a	0	k1
b	1	n1
	2	p1

　　A. 实体完整性约束　　　　　　　　B. 参照完整性约束

　　C. 用户定义的完整性约束　　　　　D. 关系完整性约束

32. 设有三个关系表 R、S 和 T 如表 4-34 所示，其中三个关系对应的关键字分别为 A、B 和复合关键字（A、B）。表 T 的记录项（b,q,4）违反了（　　）。

表 4-34　关系 R、S 和 T

R			S			T		
A	B		C	D	E	A	C	F
a	1		f	g	h	a	f	3
b	n		1	x	y	b	q	4
			n	p	x			

　　A. 实体完整性约束　　　　　　　　B. 参照完整性约束

　　C. 用户定义的完整性约束　　　　　D. 关系完整性约束

33. 在数据库三级模式间引入两级映射的主要作用是（　　）。

　　A. 提高数据与程序的独立性　　　　B. 提高数据与程序的安全性

　　C. 保持数据与程序的一致性　　　　D. 提高数据与程序的可移植性

设有关系 R1～R9 如表 4-35 所示，完成 34～40 题。

34. 有三个关系 R1、R2 和 R4 如表 4-35 所示，则由关系 R1 和 R2 得到关系 R4 的操作是（　　）。

　　A. 自然连接　　　B. 差　　　　　C. 交　　　　　D. 并

35. 有两个关系 R1 和 R4 如表 4-35 所示，则由关系 R1 得到关系 R4 的操作是（　　）。

　　A. 选择　　　　　B. 投影　　　　C. 自然连接　　D. 并

36. 有三个关系 R1、R5 和 R9 如表 4-35 所示，则由关系 R1 和 R5 得到关系 R9 的操作是（　　）。

　　A. 选择　　　　　B. 投影　　　　C. 交　　　　　D. 并

表 4-35 关系 $R1 \sim R9$

R1

A	B	C
a	1	2
b	2	1
c	3	1

R2

A	B	C
a	1	2
b	2	1

R3

C
1

R4

A	B	C
c	3	1

R6

A	B
c	3

R7

A	D
c	4

R9

A	B	C
a	1	2
b	2	1
c	3	1
d	3	2

R5

A	B	C
d	3	2
c	3	1

R8

A	B	C	D
c	3	1	4

37. 有三个关系 $R1$、$R5$ 和 $R2$ 如表 4-35 所示，则由关系 $R1$ 和 $R5$ 得到关系 $R2$ 的操作是（　　）。

    A. 自然连接　　　　B. 差　　　　　　C. 交　　　　　　D. 并

38. 有三个关系 $R1$、$R6$ 和 $R3$ 如表 4-35 所示，则由关系 $R1$ 和 $R6$ 得到关系 $R3$ 的操作是（　　）。

    A. 除　　　　　　　B. 差　　　　　　C. 交　　　　　　D. 并

39. 有三个关系 $R1$、$R7$ 和 $R8$ 如表 4-35 所示，则由关系 $R1$ 和 $R7$ 得到关系 $R8$ 的操作是（　　）。

    A. 交　　　　　　　B. 差　　　　　　C. 自然连接　　　　D. 并

40. 有三个关系 $R1$、$R5$ 和 $R4$ 如表 4-35 所示，则由关系 $R1$ 和 $R5$ 得到关系 $R4$ 的操作是（　　）。

    A. 交　　　　　　　B. 差　　　　　　C. 自然连接　　　　D. 并

设有关系 $S1 \sim S8$ 如表 4-36 所示，完成 41~45 题。

表 4-36 关系 $S1 \sim S8$

S1

A	B	C
a	0	k
f	3	h
n	2	x

S2

A	B	C
a	0	K
b	1	n

S3

A	B	C
f	3	h
n	2	x

S4

A	B	C
a	0	K

S5

C	A	B
k	a	0
h	f	3
x	n	2

S6

A	C
a	k
f	h
n	x

S7

B	D
0	5
2	6
4	7

S8

A	B	C	D
a	0	k	5
n	2	x	6

41. 有三个关系 $S1$、$S2$ 和 $S4$ 如表 4-36 所示，则由关系 $S1$ 和 $S2$ 得到关系 $S4$ 的操作是 （　　）。

　　　A. 自然连接　　　　B. 差　　　　　　　C. 交　　　　　　　D. 并

42. 有三个关系 $S3$、$S4$ 和 $S1$ 如表 4-36 所示，则由关系 $S3$ 和 $S4$ 得到关系 $S1$ 的操作是 （　　）。

　　　A. 自然连接　　　　B. 差　　　　　　　C. 交　　　　　　　D. 并

43. 有两个关系 $S1$ 和 $S5$ 如表 4-36 所示，则由关系 $S1$ 得到关系 $S5$ 的操作是（　　）。

　　　A. 选择　　　　　　B. 投影　　　　　　C. 交　　　　　　　D. 并

44. 有两个关系 $S1$ 和 $S6$ 如表 4-36 所示，则由关系 $S1$ 得到关系 $S6$ 的操作是（　　）。

　　　A. 选择　　　　　　B. 投影　　　　　　C. 交　　　　　　　D. 并

45. 有三个关系 $S1$、$S7$ 和 $S8$ 如表 4-36 所示，则由关系 $S1$ 和 $S7$ 得到关系 $S8$ 的操作是 （　　）。

　　　A. 自然连接　　　　B. 差　　　　　　　C. 交　　　　　　　D. 并

二、简答题

1. 什么是多值依赖中的数据依赖？举例说明。

2. 数据库系统生存期是什么？

3. 为什么说需求分析是数据库系统开发中最困难的任务之一？

4. 简述 ORDBS 的中文含义。

5. 数据库的三级模式和两级映像体系结构中，模式/内模式映像存在于概念级和内部级之间，用于定义概念模式和内模式间的对应性。其主要作用是什么？

6. 简述逻辑数据的独立性。

7. 数据库是一个共享资源，在多用户共享系统中，并发操作的含义是什么？

8. 什么是数据库的并发控制？

参考文献

[1] 沃思 N. 算法+数据结构=程序[M]. 曹德和，等，译. 北京：科学出版社，1984.

[2] 严蔚敏，等. 数据结构（C 语言版），北京：清华大学出版社，2011.

[3] ELLIS HOROWITZ，等. 数据结构（C 语言版）[M]. 李建中，等，译. 北京：机械工业出版社，2006.

[4] 黄迪明. 软件技术基础[M]. 3 版，成都：电子科技大学出版社，2009.

[5] WILLIAM STALLINGS. 操作系统：精髓与设计原理[M]. 6 版. 陈向群，等，译. 北京：机械工业出版社，2010.

[6] 汤小丹，等. 计算机操作系统[M]. 3 版. 西安：西安电子科技大学出版社，2011.

[7] 张尧学，等. 计算机操作系统教程[M]. 3 版. 北京：清华大学出版社，2006.

[8] 沈被娜，等. 计算机软件技术基础[M]. 3 版. 北京：清华大学出版社，2000.

[9] 周大为. 软件技术基础[M]. 西安：西安电子科技大学出版社，2008.

[10] 麦中凡，等. 计算机软件技术基础[M]. 3 版. 北京：高等教育出版社，2008.

[11] 徐士良，等. 计算机软件技术基础[M]. 3 版. 北京：清华大学出版社，2010.

[12] 史济民，顾春华，李昌武，等. 软件工程. 原理、方法与应用[M]. 2 版. 北京：高等教育出版社，2002.

[13] ROGER PRESSMAN. 软件工程：实践者的研究方法[M]. 6 版. 郑人杰，马素霞，白晓颖，译. 北京：机械工业出版社，2007.

[14] 郑人杰，殷人昆，陶永雷. 实用软件工程[M]. 3 版. 北京：清华大学大学出版社，2010.

[15] 张海藩. 软件工程导论[M]. 4 版. 北京：清华大学大学出版社，2003.

[16] 张海藩. 软件工程导论[M]. 5 版. 北京：清华大学大学出版社，2008.

[17] 李芷，窦万峰，任满杰. 软件工程方法与实践[M]. 北京：电子工业出版社，2004.

[18] 王慧芳，毕建权. 软件工程[M]. 杭州：浙江大学出版社，2006.

[19] 韩万江. 软件工程案例教程[M]. 北京：机械工业出版社，2007.

[20] 罗摩克里希纳，等. 数据库管理系统原理与设计[M]. 北京：清华大学出版社，2004.

[21] 熊才权，等. 数据库原理及应用[M]. 武汉：华中科技大学出版社，2008.

[22] 何玉洁，等. 数据库原理与应用教程[M]. 北京：机械工业出版社，2010.

[23] 申德荣，等. 分布式数据库系统原理与应用[M]. 北京：机械工业出版社，2011.

[24] 郑阿奇，等. SQL Server 数据库教程[M]. 北京：人民邮电出版社，2012.

[25] KAREN MORTON，等. Oracle SQL 高级编程[M]. 北京：人民邮电出版社，2011.